金工实习教程

（第3版）

主　编　司忠志　徐　珂

副主编　胡蓬辉　千红涛
　　　　于国华

主　审　李长胜

北京理工大学出版社
BEIJING INSTITUTE OF TECHNOLOGY PRESS

内 容 简 介

本书是编者根据教育部颁布的“金工实习教学基本要求”，结合多年的实践教学经验编写而成的。本书主要内容包括机械制造中的一般加工方法和现代制造技术，以工艺为主线，具体分为金工实习基础知识、铸造加工、锻压加工、焊接加工、车削加工、铣削加工、刨削加工、磨削加工、钳工、热处理、数控加工与特种加工、数控机床仿真实训，共12章。

本书可作为本科院校机械及近机类专业的教材，亦可作为高等职业院校机械类相关专业的实习教材，还可作为相关工程技术人员的参考书。

版权专有　侵权必究

图书在版编目（CIP）数据

金工实习教程/司忠志，徐珂主编．—3版．—北京：北京理工大学出版社，2019.8
ISBN 978-7-5682-7341-1

Ⅰ．①金…　Ⅱ．①司…②徐…　Ⅲ．①金属加工—实习—教材　Ⅳ．①TG-45

中国版本图书馆CIP数据核字（2019）第167667号

出版发行／北京理工大学出版社有限责任公司
社　　址／北京市海淀区中关村南大街5号
邮　　编／100081
电　　话／（010）68914775（总编室）
（010）82562903（教材售后服务热线）
（010）68948351（其他图书服务热线）
网　　址／http://www.bitpress.com.cn
经　　销／全国各地新华书店
印　　刷／北京紫瑞利印刷有限公司
开　　本／787毫米×1092毫米　1/16
印　　张／20
字　　数／535千字
版　　次／2019年8月第3版　2019年8月第1次印刷
定　　价／70.00元

责任编辑／高　芳
文案编辑／赵　轩
责任校对／周瑞红
责任印制／李志强

图书出现印装质量问题，请拨打售后服务热线，本社负责调换

前言

"金工实习"是机械类专业学生必修的一门技术基础课。该课程以实践教学为主，使学生通过实践操作初步掌握毛坯的制造方法，了解常见零件的加工工艺，熟悉所用设备的构造、原理和使用方法等，为后续专业课程的学习提供工程实践知识。

本书在编写时以基础理论知识够用为原则，侧重技能训练和实际操作能力的培养，同时在传统工艺的基础上，加入了一些现代加工工艺，更好地反映了近些年先进的材料成形工艺及数控机械加工工艺的技术应用。

本书在《金工实习教程》（第2版）的基础上修订而成，相比前一版次，本书在保留了第一章至第十章的知识架构的基础上，作了以下几点改动：

（1）将使用者反馈的错漏之处进行了更正；

（2）将第十一章"数控加工简介"扩充为"数控加工与特种加工"，力求更全面地介绍生产实际中应用的加工技术；

（3）增加第十二章"数控机床仿真实训"，力求使学生通过实训增强自身的实际操作能力，掌握先进的制造技术。

全书分为金工实习基础知识、铸造加工、锻压加工、焊接加工、车削加工、铣削加工、刨削加工、磨削加工、钳工、热处理、数控加工与特种加工、数控机床仿真实训，共12章内容。本书主要供本科院校机械及近机类专业教学使用；如高等职业院校相关专业选用本书为教学用书，建议必修第一章至第十章，第十一章、第十二章视具体情况进行选修。本书匹配的教学学时为6~8周，选用本书的院校可根据具体情况对学时进行适当的调整。

参加本书编写工作的有：司忠志、徐珂、胡蓬辉、千红涛、于国华。本书由司忠志、徐珂担任主编，由胡蓬辉、千红涛、于国华担任副主编。

本书承李长胜教授精心审阅。李长胜教授对本书编写给予了很大的帮助，提出了许多宝贵的修改意见和建议，在此致以诚挚谢意。另外，本书在编写过程中参考了许多相关教材及著作，在此对相关作者也表示衷心的感谢。

由于编者水平有限，错漏在所难免，敬请有关专家和广大读者批评指正。

编　者

目 录

第一章

金工实习基础知识

金工实习课程是一门实践性很强的技术基础课，是机械类专业学生熟悉机械加工生产过程、培养实践动手能力的实践性教学环节。通过金工实习，可使学生了解机械制造的一般过程，熟悉各种设备和工具的安全操作使用方法，掌握金属加工的主要工艺方法和工艺过程。

第一节　机械制造过程概述

我们日常生产和生活中的任何机械设备，例如汽车或机床，都是由相应的零件装配组成的。只有制造出合乎要求的零件，才能装配出合格的机器设备。零件可以直接用型材经切削加工制成，如某些尺寸不大的轴、销或套类零件。一般情况下，零件需要将原材料经铸造、锻造、冲压、焊接等方法制成毛坯，然后由毛坯经切削加工制成。有的零件还需在毛坯制造和加工过程中穿插不同的热处理工艺。因此，一般的机械生产过程可简要归纳为毛坯制造、切削加工、装配和调试三个流程。

一、毛坯制造

常用的毛坯制造方法有如下几种：

（1）铸造。铸造是熔炼金属，制造铸型，并将熔融金属浇入铸型，凝固后获得一定形状和性能的铸件的成形方法。

（2）锻造。锻造是在加压设备及工（模）具的作用下，使坯料产生塑性变形，以获得一定几何尺寸、形状和质量的锻件的加工方法。

（3）冲压。冲压是在压力机上利用冲模对板料施加压力，使其产生分离或变形，从而获得一定形状、尺寸的产品（冲压件）的方法。冲压产品具有足够的精度和表面质量，只需进行很少（甚至无须）切削加工即可直接使用。

（4）焊接。焊接是通过加热或加压或两者共用并辅之以使用或不使用填充材料，使焊件达到原子结合的加工方法。

毛坯的外形与零件近似，其需要加工部分的外部尺寸大于零件的相应尺寸，而孔腔尺寸则小于零件的相应尺寸。毛坯尺寸与零件尺寸之差即为毛坯的加工余量。

采用先进的铸造、锻造方法亦可直接生产零件。

二、切削加工

要使零件达到精确的尺寸和光洁的表面，应将毛坯上的加工余量经切削加工切削掉。常用的方法有车、铣、刨、磨、钻和镗等。一般来说，毛坯要经过若干道切削加工工序才能成为成品零件。由于工艺的需要，这些工序又可分为粗加工、半精加工与精加工。

在毛坯制造及切削加工过程中，为便于切削和保证零件的力学性能，还需在某些工序之前（或之后）对工件进行热处理。所谓热处理，是指将金属材料（工件）采用适当的方式进行加热、保温和冷却，以获得所需要的组织结构与性能的一种工艺方法。热处理之后工件可能有少量变形或表面氧化，所以精加工（如磨削）常安排在最终热处理之后进行。

三、装配与调试

加工完毕并检验合格的各零件，按机械产品的技术要求，用钳工或钳工与机械相结合的方法按一定顺序组合、连接、固定起来，成为整台机器，这一过程称为装配。装配是机械制造的最后一道工序，也是保证机械达到各项技术要求的关键。

装配好的机器，还要经过试运转，以观察其在工作条件下的效能和整机质量。只有在检验、试车合格之后，才能装箱出厂。

思考与练习题

1. 你熟悉的日常用品中，哪些为铸件，哪些为锻件，哪些为冲压件或焊接件？试各举例说明。

2. 试述一种你所熟悉的零件的生产过程。

第二节　机械制造常用量具

在机械产品的制造过程中，为了保证零件的加工质量，制造出符合设计要求的产品，需经常对其进行检验与测量，测量时所用的工具称为量具。

为了保证零件的加工质量，加工前的毛坯要进行检查，加工过程中和加工完毕后也都要进行检验。检验用量具的种类很多，常用的有金属直尺、卡钳、游标卡尺、千分尺、百分表、量规、角尺、塞尺和水平仪等。根据工件的不同形状、尺寸、生产批量和技术要求，可选用不同类型的量具。

一、常用量具的使用

1. 金属直尺

金属直尺是直接测量长度的最简单的量具，其长度有150 mm、300 mm、500 mm、1 000 mm等几种。金属直尺一般测量精度为0.5 mm。图1-1所示为测量精度为1 mm、长度为150 mm的金属直尺。图1-2所示为金属直尺的使用方法。

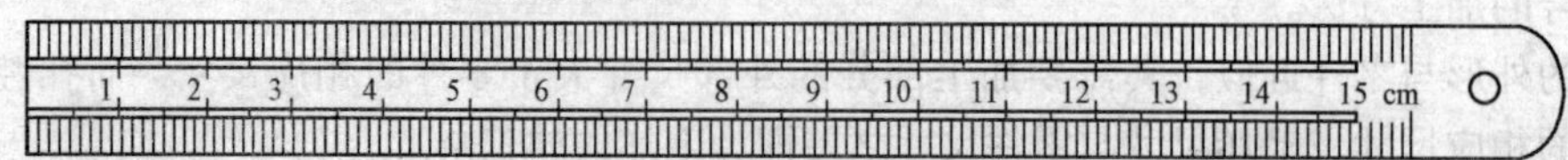

图1-1　150 mm金属直尺

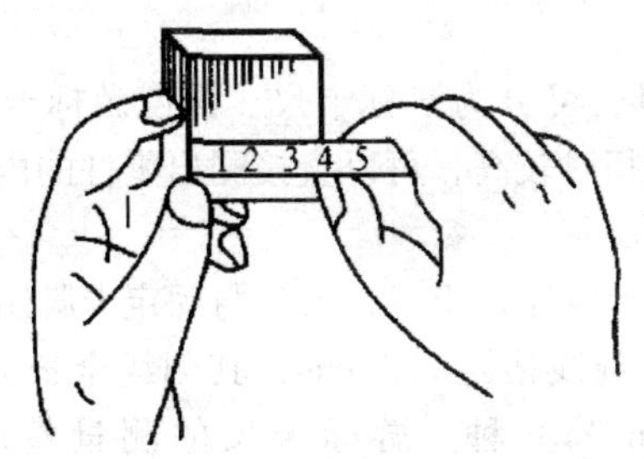

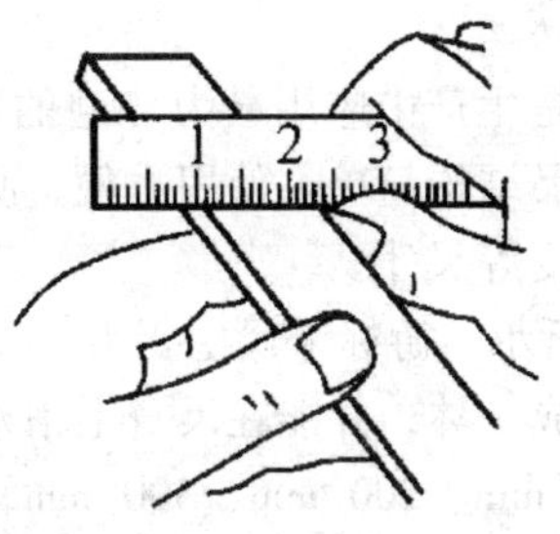

图 1-2　金属直尺的使用方法

2. 卡钳

卡钳是一种间接量具，测量时必须与金属直尺配合使用才能量得具体数据，一般在精度要求不高的情况下使用。卡钳分外卡钳、内卡钳两种，如图 1-3 所示。卡钳的使用须靠经验，测量时过松、过紧或歪斜，均会造成较大测量误差。卡钳的正确使用方法如图 1-4 所示，尺寸的确定如图 1-5所示。在现代生产中，除较大尺寸外，卡钳已很少使用。

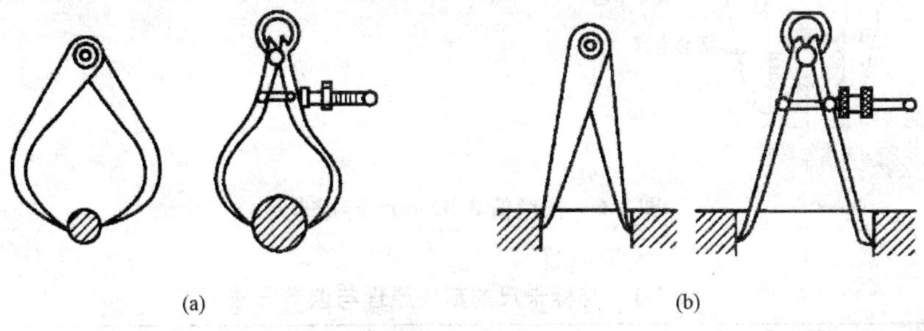

图 1-3　卡钳

（a）外卡钳；（b）内卡钳

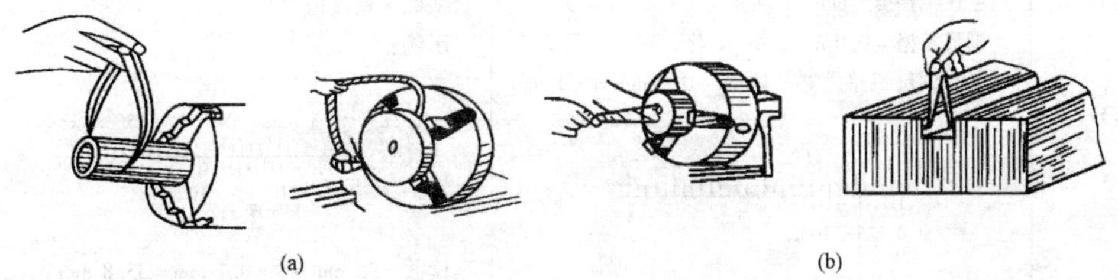

图 1-4　卡钳的使用方法

（a）测外径；（b）测内径或槽宽

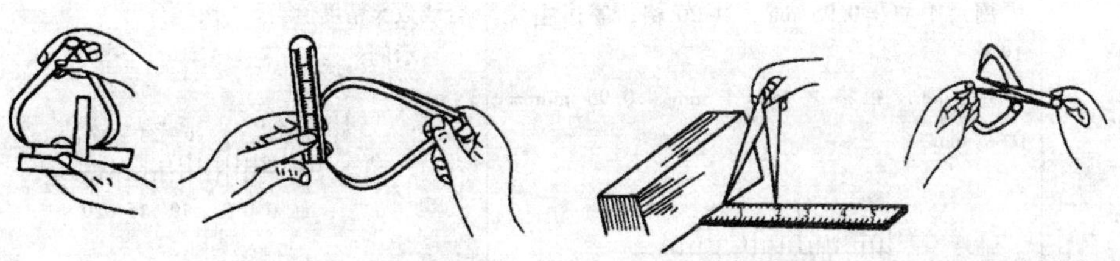

图 1-5　卡钳尺寸的确定

3. 游标卡尺

游标卡尺是生产中应用最为普遍的一种量具，可分为游标卡尺、深度游标卡尺和高度游标卡尺。游标卡尺结构简单，使用方便，测量精度相对较高，可以直接测出零件的内径、外径、长度、宽度和深度等尺寸。

如图 1-6 所示，游标卡尺主要由主尺和副尺（游标）组成，尺身与固定卡脚制成一体，游标与活动卡脚制成一体，并能在尺身上滑动。主尺刻线格距为 1 mm，其刻线全长为卡尺的规格，常见的有 125 mm、200 mm、300 mm、500 mm 等几种。游标卡尺的测量精度有 0.1 mm、0.05 mm、0.02 mm 三种，在读数时，由主尺读出整数，借助副尺读出小数。其具体刻线原理与读数方法见表 1-1。

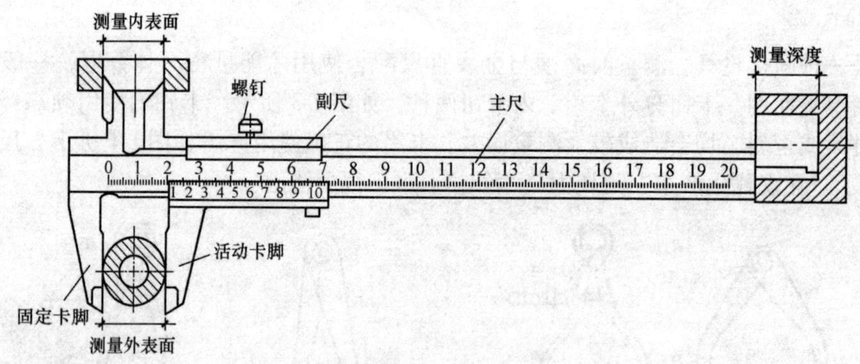

图 1-6　精度值 0.02 mm 游标卡尺

表 1-1　游标卡尺的刻线原理与读数方法

精度值/mm	刻线原理	读数方法及示例
0.1	主尺 1 格 = 1 mm 副尺 1 格 = 0.9 mm，共 10 格，等于主尺 9 格 主、副尺每格之差 = 1 mm − 0.9 mm = 0.1 mm 0 1 2 0 5 10	读数 = 副尺 0 位指示的主尺整数 + 副尺与主尺重合线数 × 精度值 示例： 3 4 5 0 5 10 读数 = 33 mm + 8 × 0.1 mm = 33.8 mm
0.05	主尺 1 格 = 1 mm 副尺 1 格 = 0.95 mm，共 20 格，等于主尺 19 格 主、副尺每格之差 = 1 mm − 0.95 mm = 0.05 mm 0 1 2 0 5 10 15 20	读数 = 副尺 0 位指示的主尺整数 + 副尺与主尺重合线数 × 精度值 示例： 5 6 7 0 5 10 15 20 读数 = 51 mm + 5 × 0.05 mm = 51.25 mm

续表

精度值/mm	刻线原理	读数方法及示例
0.02	主尺1格=1 mm 副尺1格=0.98 mm，共50格，等于主尺49格 主、副尺每格之差=1 mm-0.98 mm=0.02 mm 0 1 2 3 4 5 0 1 2 3 4 5 6 7 8 9 1	读数=副尺0位指示的主尺整数+副尺与主尺重合线数×精度值 示例： 6 7 8 9 0 1 2 3 4 5 读数=64 mm+10×0.02 mm=64.20 mm

在实际测量中，还有专门用来测量深度尺寸的深度游标卡尺（图1-7），以及用来测量工件的高度尺寸或进行精密划线的高度游标卡尺（图1-8）。深度游标卡尺和高度游标卡尺的读数方法与游标卡尺相似。

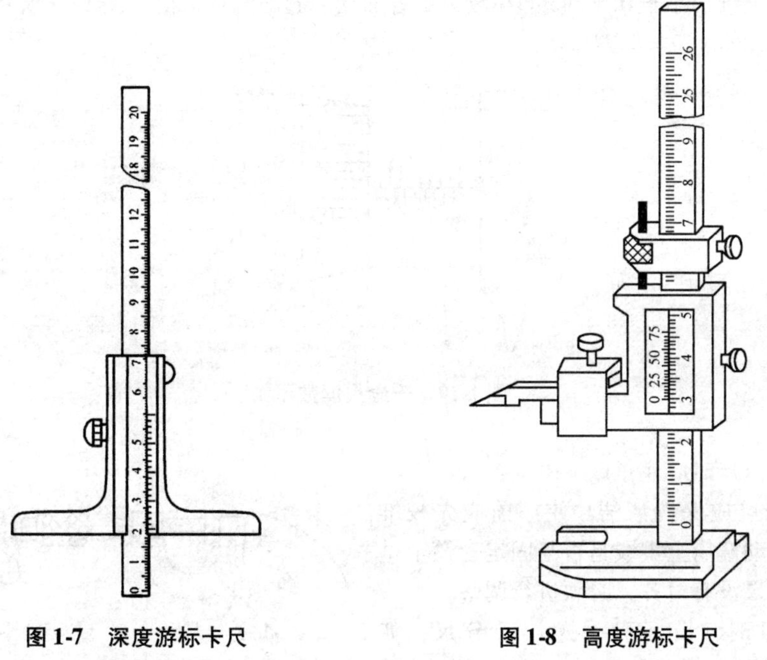

图1-7　深度游标卡尺　　　图1-8　高度游标卡尺

4. 千分尺

千分尺是精密量具，其测量精度为0.01 mm，其精度要比游标卡尺高，并且比较灵敏，因此用于测量加工精度要求较高的工件。千分尺按用途可分外径、内径、深度、螺纹中径和齿轮公法线长等类型，其中以外径千分尺用得最为普遍。

外径千分尺测量范围有0~25 mm、25~50 mm、50~75 mm…275~300 mm等。测量大于300 mm的分段尺寸为100 mm，测量大于1 000 mm的分段尺寸为500 mm。目前国产的最大千分尺为3 000 mm。

图1-9所示是0~25 mm的外径千分尺。尺架左端有砧座，测微螺杆与活动套筒是连在一起的，转动活动套筒时，测微螺杆即沿其轴向移动。测微螺杆的螺距为0.5 mm，固定套筒上轴向

中线上下相错0.5 mm各有一排刻线，每格为1 mm。活动套筒锥面边缘沿圆周有50等分的刻度线，当测微螺杆端面与砧座接触时，活动套筒上零线与固定套筒中线对准，同时活动套筒边缘也应与固定套筒零线重合。

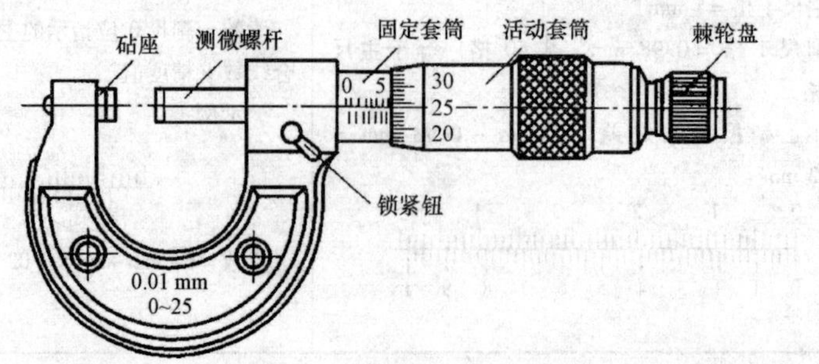

图1-9　0～25 mm外径千分尺

测量时，先从固定套筒上读出毫米数，若0.5 mm刻线也露出活动套筒边缘，加0.5 mm，然后从活动套筒上读出小于0.5 mm的小数，二者加在一起即测量数值。图1-10所示例子，读数为8.5 mm + 0.01 mm × 27 = 8.77 mm。

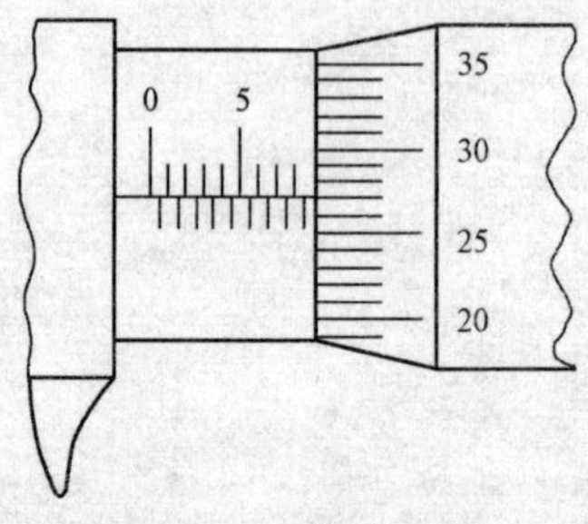

图1-10　千分尺读数示例

在使用千分尺时应注意以下事项：

(1) 千分尺应保持清洁。使用前应先校准尺寸，检查活动套筒上零线是否与固定套筒上基准线对齐。如果没有对齐，必须进行调整。

(2) 测量时，最好双手操作千分尺，如图1-11所示，用左手握住弓架，用右手旋转活动套筒，当测微螺杆即将接触工件时，改为旋转棘轮盘，直到棘轮发出“咔咔”声为止。

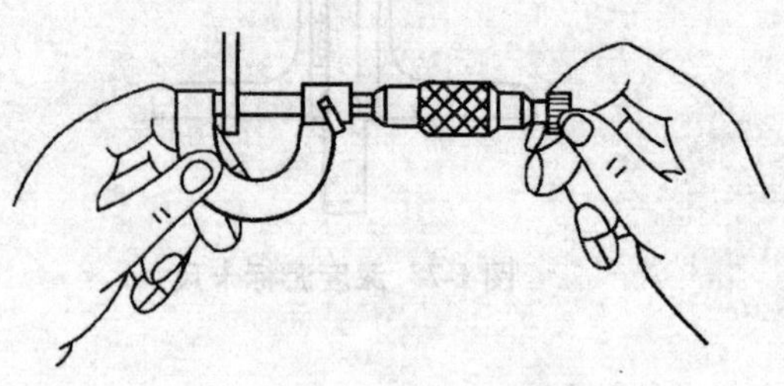

图1-11　千分尺的使用

(3) 从千分尺上读取尺寸，可在工件未取下时进行，读完后，松开千分尺，再取下工件；也可将千分尺用锁紧钮锁紧后，把工件取下后读数。

(4) 千分尺只适用于测量精度较高的工件，不能测量毛坯面，更不能在工件转动时测量。

5. 百分表

百分表是一种测量精度较高的比较量具，其测量精度为0.01 mm。百分表只能测出相对数值而不能测出绝对数值，主要用于检测工件的形状误差、位置误差，也常用于工件与刀具安装时的精确找正。

常用百分表外形如图 1-12 所示。表盘圆周均布 100 格刻线，转数指示盘圆周均布 10 格刻线，当测量杆向上移动时，就带动长指针和短指针同时转动。其测量杆移动量与指针转动的关系是：测量杆向上移动 1 mm，即长指针转一周，短指针转一格。因此，长指针每转一格表示测量杆移动 0.01 mm，短指针每转一格表示测量杆移动 1 mm。

使用百分表时，常将它装在专用表架或磁力表座上。用百分表检查工件径向圆跳动的情况如图 1-13 所示。检查时，双顶尖与工件之间不准有间隙，测量杆应垂直被测量面，用手转动工件，同时观察指针的偏摆值。

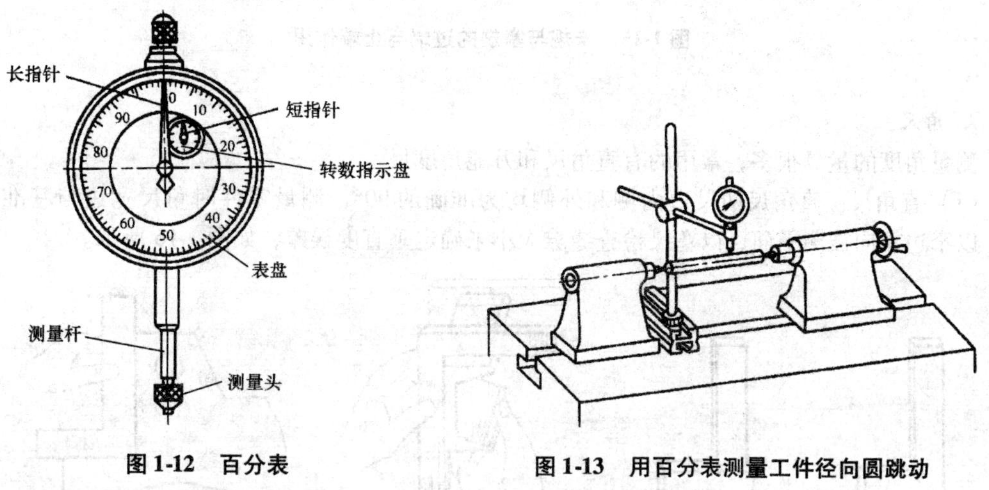

图 1-12　百分表　　**图 1-13　用百分表测量工件径向圆跳动**

6. 量规

在批量生产中，为了提高检验效率，降低生产成本，常采用一些结构简单、检测方便、造价较低的量规。常用的量规有卡规和塞规。如图 1-14 所示，卡规测量外表面尺寸（如轴径、宽度、厚度等），塞规测量内表面尺寸（如孔径、槽宽等）。测量时、过端通过、止端不通过为合格。卡规过端控制的是最大极限尺寸，而止端控制的是最小极限尺寸。塞规过端控制的是最小极限尺寸，止端控制的则是最大极限尺寸。图 1-15 所示是卡规与塞规的过端与止端作用的示意图。

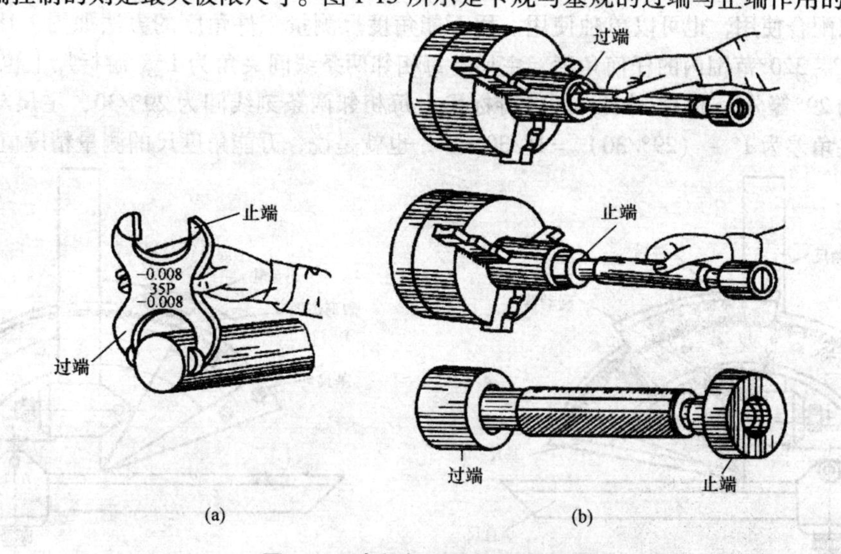

图 1-14　卡规与塞规的使用方法

（a）卡规；（b）塞规

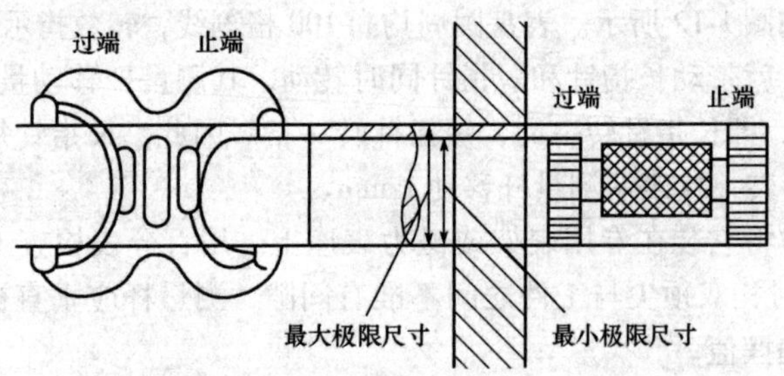

图1-15　卡规与塞规的过端与止端作用

7. 角尺

测量角度的量具很多，常用的有直角尺和万能角度尺。

（1）直角尺。直角尺两尺边内侧和外侧均为准确的90°，测量零件时角尺宽边与基准面贴合，以窄边靠向被测平面，以塞尺检查缝隙大小来确定垂直度误差，如图1-16所示。

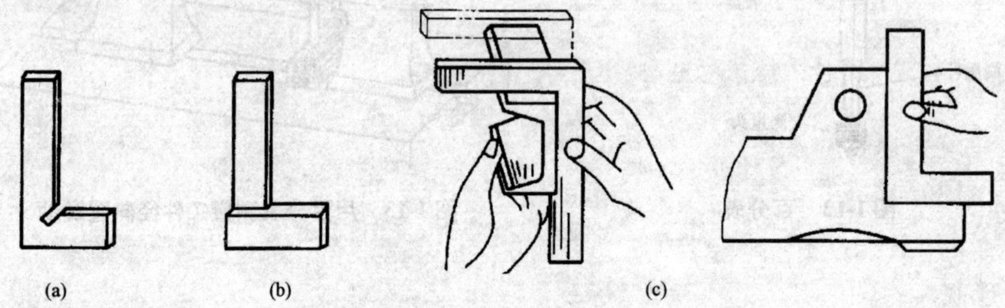

图1-16　直角尺

（a）整体式；（b）组合式；（c）应用示例

（2）万能角度尺。万能角度尺由主尺、基尺、游标、角尺、直尺、卡块、制动器组成，如图1-17所示。捏手可通过小齿轮转动扇形齿轮，使基尺改变角度，带动主尺沿游标转动，角尺和直尺可以配合使用，也可以单独使用。用万能角度尺测量工件角度的方法如图1-18所示。它可以测量0°～320°范围内的任何角度。主尺上每相邻两条线间夹角为1°，游标尺上也有刻度线，是取主尺的29°等分为30格刻线，所以游标尺上每相邻两条刻线间为29°/30，主尺与游标尺的两刻线间夹角差为1°－（29°/30）＝1°/30＝2′，也就是说，万能角度尺的测量精度值为2′。

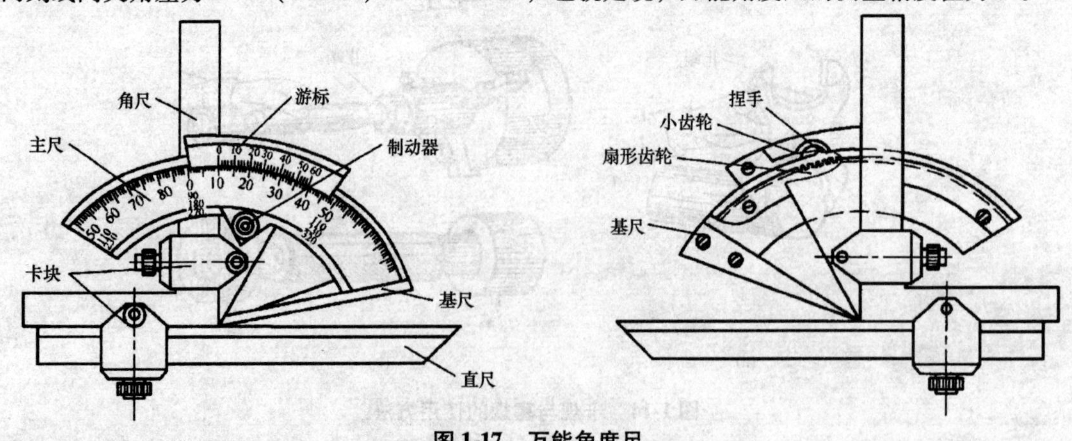

图1-17　万能角度尺

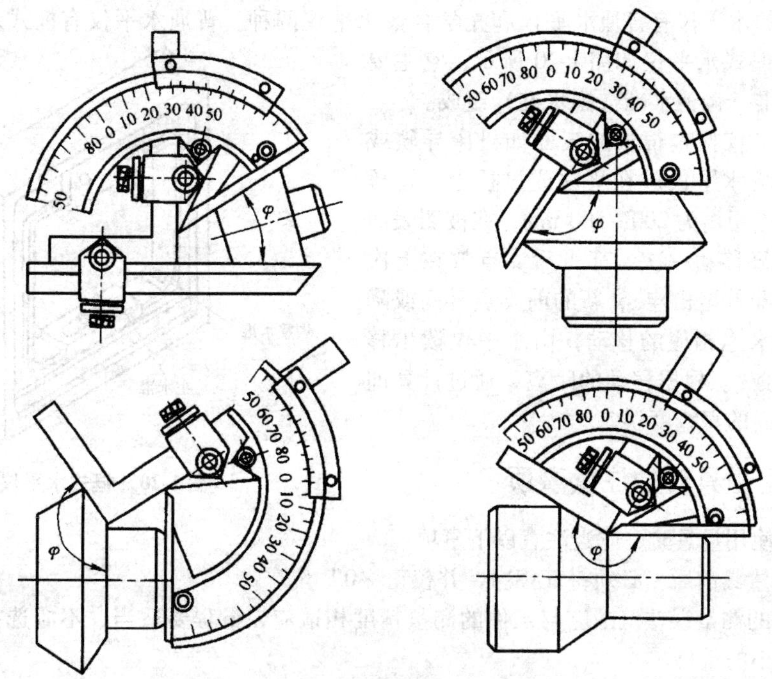

图 1-18　万能角度尺的使用

8. 塞尺

塞尺俗称厚薄尺，是测量间隙的薄片量尺。它由一组厚度不等的薄钢片组成，每片钢片上印有厚度标记。使用时根据被测间隙的大小，选择厚度接近的钢片（可用几片组合）插入被测间隙，如图 1-19 所示。

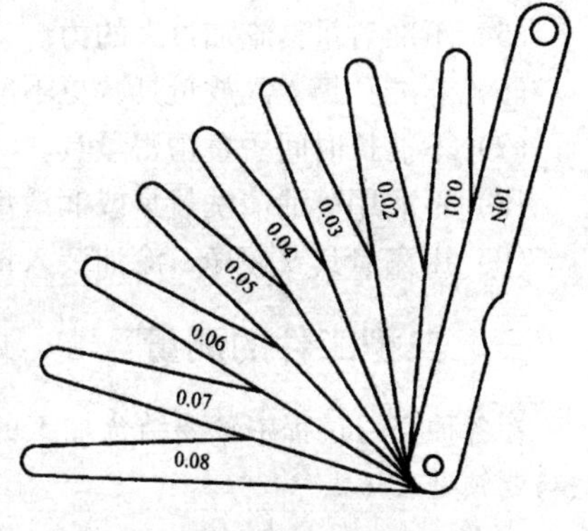

图 1-19　塞尺

塞尺一般用不锈钢制造，最薄的为 0.01 mm，最厚的为 3 mm。自 0.02 ~ 0.1 mm 间，各钢片厚度级差为 0.01 mm；自 0.1 ~ 1 mm 间，各钢片的厚度级差为 0.05 mm；自 1 mm 以上，钢片的厚度级差为 1 mm。

在使用塞尺测量时，首先要用干净的布将塞尺测量表面擦拭干净，不能在塞尺沾有油污或金属屑的情况下进行测量，否则将影响测量结果的准确性。其次将塞尺插入被测间隙中，来回拉动塞尺，感到稍有阻力，说明该间隙值接近塞尺上所标出的数值；如果拉动时阻力过大或过小，则说明该间隙值小于或大于塞尺上所标出的数值。在进行间隙的调整时，先选择符合间隙规定的塞尺插入被测间隙中，然后一边调整，一边拉动塞尺，直到感觉稍有阻力时拧紧锁紧螺母，此时塞尺上标出的数值即为被测间隙值。

在使用塞尺时要注意：不允许在测量过程中剧烈弯折塞尺，或用较大的力硬将塞尺插入被检测间隙，否则将损坏塞尺的测量表面或工件表面的精度；使用完毕后，应将塞尺擦拭干净，并涂上一薄层工业凡士林，然后将塞尺折回夹框内，以防因锈蚀、弯曲、变形而损坏；存放时，不能将塞尺放在重物下，以免损坏。

9. 水平仪

水平仪是一种以水准为读数和测量依据，检验平面对水平、平面对垂直位置偏差的测量仪器。经常使用的水平仪有普通水平仪和光学合像水平仪两种。普通水平仪有框式水平仪和条式水平仪两种。框式水平仪如图1-20所示，它主要由框架、主水准、调整水准（副水准）组成。

在使用水平仪检查很长的表面如机床导轨或工作台时，常将水平仪放在垫铁或过桥上。过桥有两支点，支点距离为200～500 mm，在被测表面上移动过桥，每移动一次，都将后支点放在上次的前支点处（即首尾相连），新的前支点升高或降低，都会引起水泡相应的移动，由水平仪读出移动的数值（格数）。根据移动的距离，通过计算即可知道被测表面的直线度误差。

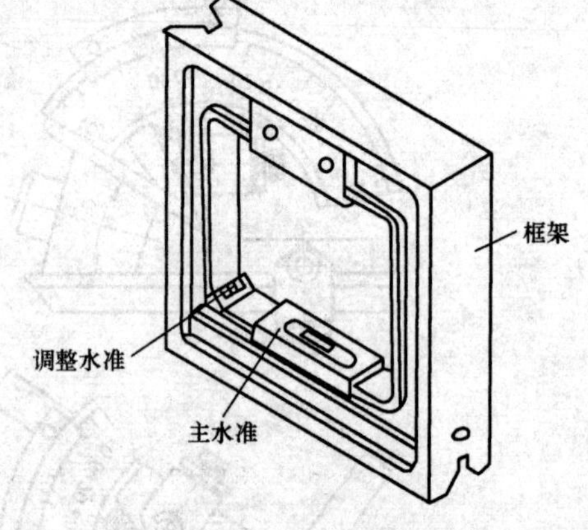

图1-20　框式水平仪

二、使用量具时的注意事项

在选择和使用量具时，应当注意以下事项：

（1）使用量具前后，必须将其擦净，并校正“0”位。

（2）量具的测量误差范围应与工件的测量精度相适应，量程要适当，不应选择测量精度和范围过大或过小的量具。

（3）不准使用精密量具测量毛坯和温度较高的工件。

（4）不准测量运动中的工件。

（5）不准对量具施加过大的力。

（6）不准乱扔、乱放量具，更不准将量具当工具使用。

（7）不准长时间手拿精密量具。

（8）不准用脏油清洗量具或润滑量具。

（9）用完量具要擦净、涂油装入量具盒内，并存放在干燥无腐蚀的地方。

三、典型工件的测量

在各种实习过程中，要结合加工的典型零件进行测量。图1-21所示为转轴，测量转轴的方法与要领见表1-2。

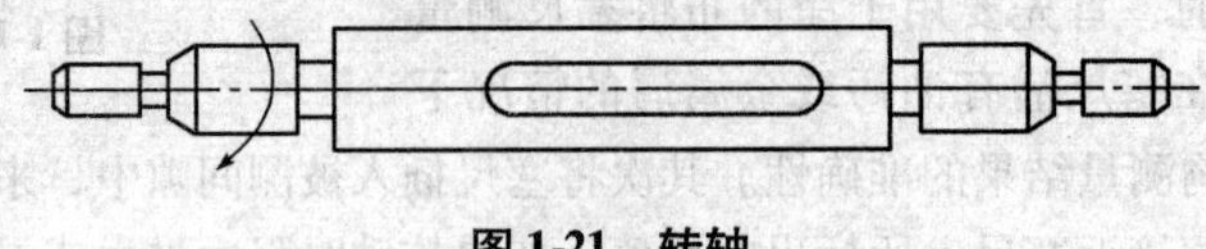

图1-21　转轴

表1-2　测量转轴的方法与要领

序号	测量内容	简图	量具	测量要领
1	测长度		金属直尺，游标卡规	1. 尺身与工件轴线平行 2. 读数时眼睛不可斜视

续表

序号	测量内容	简图	量具	测量要领
2	测直径		游标卡尺，千分尺	1. 尺身垂直于工件轴线 2. 两端用千分尺测量，其余用游标卡尺
3	测键槽		千分尺，游标卡尺或量规	1. 测槽深用千分规 2. 测槽宽用游标卡尺或量规
4	测同轴度		百分表	1. 转轴夹在偏摆检查仪上 2. 测量杆垂直于转轴轴线

思考与练习题

1. 试述游标卡尺、千分尺、塞尺和水平仪的用途。
2. 试述百分表的读数方法，并进行测量练习。
3. 怎样正确使用和保养量具？
4. 进行游标卡尺、千分尺等量具测量工件内径或外径的练习。

第三节　加工精度与表面质量

工件的加工质量包括加工精度和表面质量。加工精度越高，加工误差就越小。工件的加工精度包括尺寸精度和几何精度。表面质量是指工件经过切削加工后的表面粗糙度、表面层的残留应力、表面的冷加工硬化等，其中表面粗糙度对使用性能影响最大。加工精度和表面粗糙度是影响工件加工质量的主要指标。

一、加工精度

加工精度是指加工工件的几何参数与理想参数的符合程度。加工精度用加工公差来控制，包括尺寸公差和形位公差。

1. 尺寸公差

尺寸公差是切削加工中工件尺寸允许的变动量，在公称尺寸相同的情况下，尺寸公差越小，尺寸精度就越高。为了满足不同的精度要求，国家标准 GB/T 1800.1—2009、GB/T 1800.2—2009 规定，尺寸的标准公差分为 20 级，分别用 IT01、IT0、IT1、IT2…IT18 表示。IT 表示公差等级，其中，IT01 公差等级最高。公差等级越高，公差数值越小。公差数值越小，加工成本就越高。

公差的数值既与公差等级有关，也与公称尺寸有关。公称尺寸大，则公差相应也大。

2. 几何公差

几何公差包括零件的形状、方向、位置和跳动公差。其中，形状公差是指零件的实际形状相对于理想形状的准确程度；位置公差是指零件的实际位置相对于理想位置的准确程度。

表 1-3 所列为根据国家标准 GB/T 1182—2018《产品几何技术规范（GPS）几何公差　形状、方向、位置和跳动公差标注》规定的形位公差项目及符号。形位公差的标注如图 1-22 和图 1-23 所示。

一般零件通常只规定尺寸公差。对要求较高的零件，除了规定尺寸公差以外，还规定其所需要的形状公差和位置公差。

表 1-3　几何公差项目及其符号

公差	几何特征	符号	有或无基准要求
形状	直线度	—	无
	平面度	▱	无
	圆度	○	无
	圆柱度	⌭	无
	线轮廓度	⌒	有或无
	面轮廓度	⌓	有或无

公差	几何特征	符号	有或无基准要求
方向	平行度	//	有
	垂直度	⊥	有
	倾斜度	∠	有
定位	位置度	⌖	有或无
	同轴（同心）度	◎	有
	对称度	⌯	有
跳动	圆跳动	↗	有
	全跳动	⌰	有

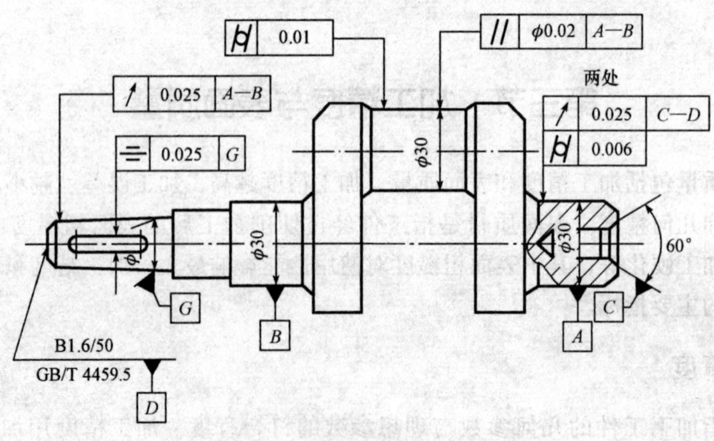

图 1-22　几何公差标注示例 1

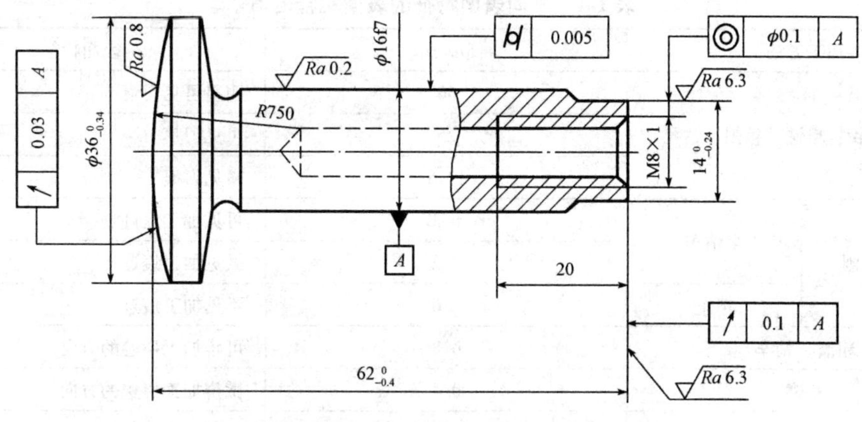

图 1-23　几何公差标注示例 2

二、表面质量

零件加工时，在零件的表面会形成加工痕迹。由于加工方法和加工条件的不同，痕迹的深浅粗细程度也不一样。零件加工表面上痕迹的粗细深浅程度称为表面粗糙度。表面粗糙度值越大，则表面越粗糙，零件的耐磨性就越差，配合性质就越不稳定（使间隙增大，过盈减小），对应力集中就越敏感，疲劳强度就越差。表面粗糙度直接影响机器装配后的可靠性和使用寿命，它一般情况下代表着零件的表面质量。

国家标准 GB/T 1031—2009《产品几何技术规范（GPS）表面结构 轮廓法 表面粗糙度参数及其数值》中推荐优先选用算术平均偏差 *Ra* 作为表面粗糙度的评定参数。在机械图样上表示表面粗糙度的符号如下：

表示该表面是用不去除材料的方法（如铸、锻、冲压变形等）获得的，或者是用来表示保持原供应状况的表面。

表示该表面是用去除材料的方法（如车、铣、刨、磨、钻、剪切等）获得的。

表面粗糙度 *Ra* 值的标注举例如下：

Ra 3.2 表示用去除材料方法获得的表面，*Ra* 的上限值为 3.2 μm。

Ra 3.2 表示用不去除材料方法获得的表面，*Ra* 的上限值为 3.2 μm。

Ra 值小，加工困难，成本高，在实践中要根据具体情况合理选择 *Ra* 的允许值。表 1-4 所列为表面粗糙度 *Ra* 允许值及其对应的表面特征。

在实际工作中，由于表面粗糙度和零件的功能关系十分复杂，很难全面按零件表面功能要求来准确地确定表面粗糙度的参数值，因此，具体选用时多用类比法来确定。其选择主要考虑以下原则：

（1）在满足零件使用性能的前提下，应选大的表面粗糙度值 *Ra* 以降低成本。

（2）防腐蚀性、密封性要求高的表面，相对运动表面，承受交变载荷和易发生应力集中部位的表面，表面粗糙度值 *Ra* 应小一些。

（3）同一零件上，配合表面的表面粗糙度值 *Ra* 应比非配合表面的值小。

（4）要求配合性质稳定的、尺寸精度高的零件，表面粗糙度值 *Ra* 要小一些。

表1-4　不同表面特征的表面粗糙度值

<table>
<tr><th colspan="2">加工方法</th><th>Ra/μm</th><th>表面特征</th></tr>
<tr><td colspan="2" rowspan="3">粗车、粗镗、粗铣、粗刨、钻孔</td><td>50</td><td>明显可见刀痕</td></tr>
<tr><td>25</td><td>可见刀痕</td></tr>
<tr><td>12.5</td><td>微见刀痕</td></tr>
<tr><td rowspan="3">精铣、精刨</td><td rowspan="2">半精车</td><td>6.3</td><td>可见加工痕迹</td></tr>
<tr><td>3.2</td><td>微见加工痕迹</td></tr>
<tr><td>精车</td><td>1.6</td><td>不见加工痕迹</td></tr>
<tr><td colspan="2">粗磨、精车</td><td>0.8</td><td>可辨加工痕迹的方向</td></tr>
<tr><td colspan="2">精磨</td><td>0.4</td><td>微辨加工痕迹的方向</td></tr>
<tr><td colspan="2">刮削</td><td>0.2</td><td>不辨加工痕迹的方向</td></tr>
<tr><td colspan="2">精密加工</td><td>0.1～0.008</td><td>按表面光泽判别</td></tr>
</table>

三、表面粗糙度与尺寸精度的关系

表面粗糙度与尺寸精度有一定联系。一般情况下，尺寸精度越高，表面粗糙度 Ra 的数值越小。但是，表面粗糙度 Ra 值小，尺寸精度不一定高，如手柄、手轮等外露零件，主要考虑外观光亮，表面粗糙度 Ra 值较小，但尺寸精度却不高。因此，表面粗糙度与尺寸精度要根据零件的具体情况分别对待。

思考与练习题

1. 常用的形状公差和位置公差分别有哪些项目？
2. 在机械图样上表示表面粗糙度的符号有哪些？
3. 测量下列尺寸应该选择何种量具？

（1）表面粗糙度若用不去除材料的方法获得的 $\phi25$ mm 轴径。

（2）表面粗糙度 $Ra=12.5$ μm 的 $\phi25$ mm 轴径。

（3）表面粗糙度 $Ra=6.3$ μm 的 $\phi25$ mm ± 0.1 mm 轴径。

（4）表面粗糙度 $Ra=0.8$ μm 的 $\phi25$ mm ± 0.02 mm 轴径。

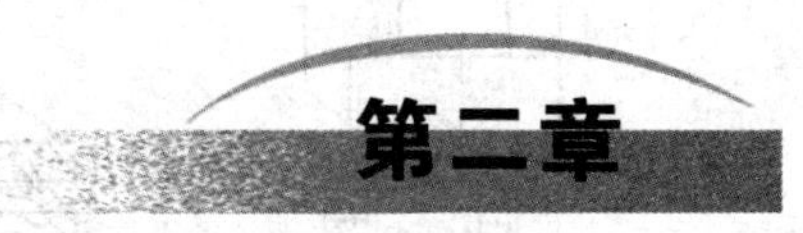

第二章 铸造加工

第一节 铸造加工概述

铸造是将熔炼合格的液态金属或合金注入铸型，冷却凝固后获得铸件的一种成型方法。通过铸造生产的金属制品称为铸件。因其尺寸精度不高、表面粗糙、一般达不到零件的要求，常需要经过切削加工转化为零件方可使用。

常用的铸造方法可分为砂型铸造和特种铸造两大类，目前最基本、应用最广泛的是砂型铸造。砂型铸造主要分为砂箱造型和金属的熔炼与浇注两个过程。

我国铸造技术历史悠久。早在 3 000 多年前，青铜铸器已有应用；2 500 年前，铸铁工具已相当普遍。大量历史显示着我国古代人民在铸造技术上的精湛创作。砂型、金属型和熔模铸造是我国创造的三大铸造技术。

一、铸造加工的特点及工艺过程

铸造加工具有以下特点：

（1）适用范围广。铸造成型几乎不受零件大小、薄厚和复杂程度的限制，尤其是复杂的内腔，这是其他金属成型方法极难办到的。

（2）可以铸造各种合金铸件。用铸造方法可以生产铸钢件，铸铁件，各种铝合金、铜合金、镁合金、钛合金及锌合金等铸件；对脆性金属或合金，铸造是唯一可行的成型方法。

（3）铸造的成本低廉。铸件在一般机器生产中占总质量的 40% ~80%，而成本只占总成本的 25% ~30%。成本低廉的原因是：容易实现机械化生产；可大量利用废旧金属；与锻件相比，其动力消耗小，铸件形状、尺寸与零件比较接近，可节约加工工时和金属材料。

（4）由于铸造成型工艺过程复杂且工序多，有些工艺过程难以控制，若技术和管理不当，常会使铸件产生气孔、夹渣、缩孔、缩松、晶粒粗大等铸造缺陷。加之铸件的力学性能比锻件低，因而限制了铸件的应用范围。另外，铸造生产条件较差，劳动强度高，有待于进一步改善。

铸造生产是制造毛坯的主要方法之一，在机械制造中占有极其重要的地位。形状复杂、受压应力为主的一般性结构件多以铸件为毛坯。

铸造生产过程是一个既复杂、烦琐又多工序的工艺过程，基本上是由造型（造芯）、合金熔炼及浇注、落砂与清理三个独立工艺过程构成。图2-1所示为砂型铸造的基本工艺过程。

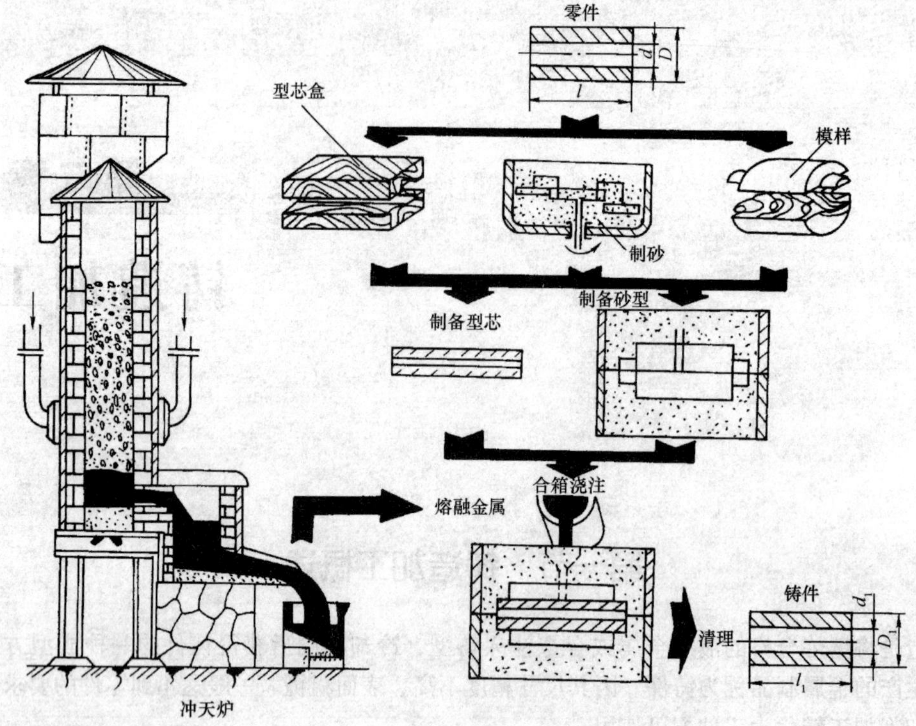

图2-1　砂型铸造的基本工艺过程

二、铸件的结构工艺性

设计铸件结构时，不仅要保证其使用性能和力学性能，还应考虑铸造工艺、铸件切削加工性能，以及铸造方法等对铸件结构的要求。正确的铸件结构应使铸造生产工艺过程简便，能减少和避免产生缺陷，并应考虑到切削加工、装配和运输方面的要求，使零件全部生产过程能做到技术上合理、制造上经济。铸件结构是否合理，即结构工艺性是否好，对铸件质量、生产率及成本有很大影响。

铸件的结构工艺性遵循的原则如下：

（1）铸件的壁厚应合理、均匀。

（2）铸件壁的转角、连接处应圆角过渡。

（3）铸件要避免过大的水平面结构。

（4）铸件应有结构斜度。

（5）铸件要避免冷却收缩受阻。

（6）铸件应有利于型芯的定位、排气和清理。

三、铸造加工实习安全操作规程

在铸造过程中，合金须熔炼成液体，因此铸造生产是在高温下工作，容易出现烧伤、灼伤、热辐射等对人体的伤害。尤其是砂型铸造，所使用的砂（主要成分为二氧化硅）在混制和落砂清理时，含有硅的粉尘四处飞扬，容易吸入体内，造成硅肺病。混砂机、造型机及各种熔化炉的运转，都可能发生机械碰击或绞轧事故。因此，铸造生产时，要注意安全操作和劳动保护。具体注意事项如下：

（1）必须按规定穿戴劳动保护用品，如石棉服装、手套、皮靴、防护眼镜、安全帽、口罩等。

（2）混制型砂或落砂清理时，要适当浇水淋湿。

（3）制造砂型和型芯时不可用嘴吹砂。

（4）不可坐卧在机器和输送设备上休息，不能横跨带式运输机，不要在起重机下方停留。

（5）避免高温伤害。浇注前，铸型必须紧固，或在上砂箱上放置比铸件重量大 3 ~5 倍的压铁，以免浇注时抬箱或跑火伤人；浇注场地要通畅无阻，无积水；浇包的金属液不能太满，一般不能超过容积的 80%；吊装、抬运时，动作要协调，以防金属液溅出烧灼人体。

（6）色盲者不能进入浇注区。

（7）剩余金属液不能乱倒。

（8）铸件未完全冷却时不能用手接触。

（9）用锤击法去除浇冒口时，应注意敲打方向，不要正对他人。

思考与练习题

1. 试述铸造生产的特点及应用。
2. 试述砂型铸造的工艺过程及砂型的组成。
3. 铸件和零件两者在形状与尺寸上有何区别？

第二节　砂箱造型实习

一、实习内容

轴承盖砂型铸造操作训练。

二、工艺知识

砂箱造型是铸件生产过程中最复杂、最主要的工序，对铸件的质量影响极大。合型后的砂型，其各部分的名称如图 2-2 所示。实际生产中，由于铸件的大小、形状、材料、批量和生产条件的不同，需采用不同的造型方法。造型方法可分为手工造型和机器造型两大类。

1. 手工造型

通过手工和手动工具完成造型的工序称为手工造型。它具有投资少，所用工具简单，生产灵活，生产准备时间短，适应性强等优点；缺点是效率低，劳动强度大，工作环境差，只适用于单件小批量生产。手工造型按起模特点可分为整模造型、分模造型、挖砂造型、假箱造型、活块造型等。

（1）整模造型。整模造型的模样是整体的，分型面是平面，铸型型腔全部在一个砂箱内。整模造型操作简便，铸件不会产生错型缺陷，适用于最大截面在一端且为平面、形状简单的铸件。其造型过程如图 2-3 所示。

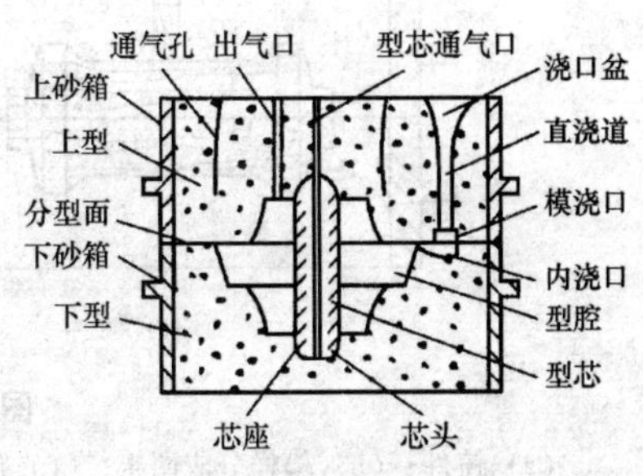

图 2-2　砂型各部分名称

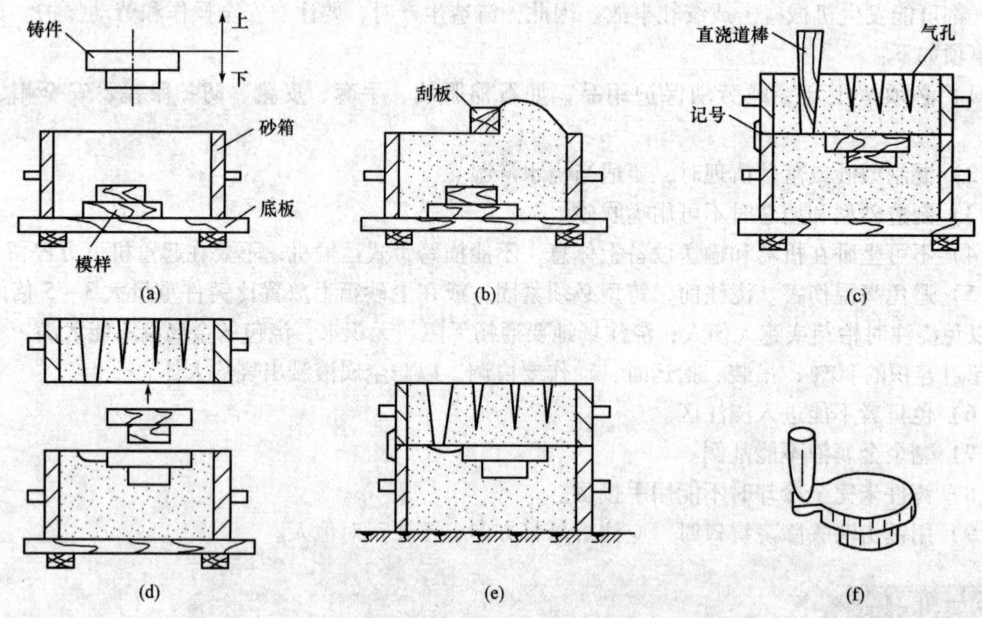

图 2-3　整模造型过程示意图

（a）放好模样和砂箱；（b）造下型；（c）造上型；
（d）翻箱、起模、挖浇道；（e）合型待浇注；（f）带浇注系统的铸件

（2）分模造型。分模造型使用的模样由两部分组成，一般沿着模样截面最大处将其分割为两半。分模面与造型时的分型面一致。为便于造型操作，分模之间定位用的销子或榫必须设在上半模样上，而销孔或榫孔应开在下半模样上。当模样分成两部分时，就采用两箱造型，两半模样分别置于上砂箱和下砂箱内。图 2-4 所示为套管的分模两箱造型过程。这种方法操作简便，适用于生产各种批量的圆柱体、套筒、管等形状的零件。

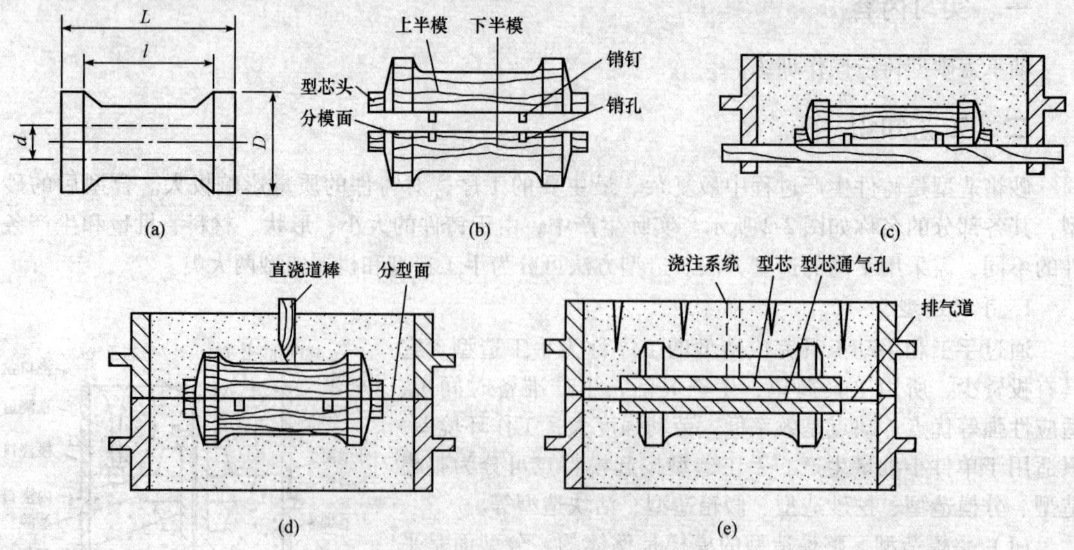

图 2-4　分模两箱造型过程示意图

（a）铸件；（b）模样分成两半；（c）用下半模造下砂型；（d）用上半模造上砂型；（e）起模、放型芯、合型

（3）挖砂造型和假箱造型。有些铸件的模样，上下都不是平面，但由于模样的结构（强度、刚度等）要求或制模工艺等原因，又不便于分成两半，只好用整体模先造好下型，在分型面上挖去阻碍模样取出的那一部分型砂，并修成光滑向上的斜面，然后再造上型，这种造型方法称为挖砂造型。其造型过程如图 2-5 所示。

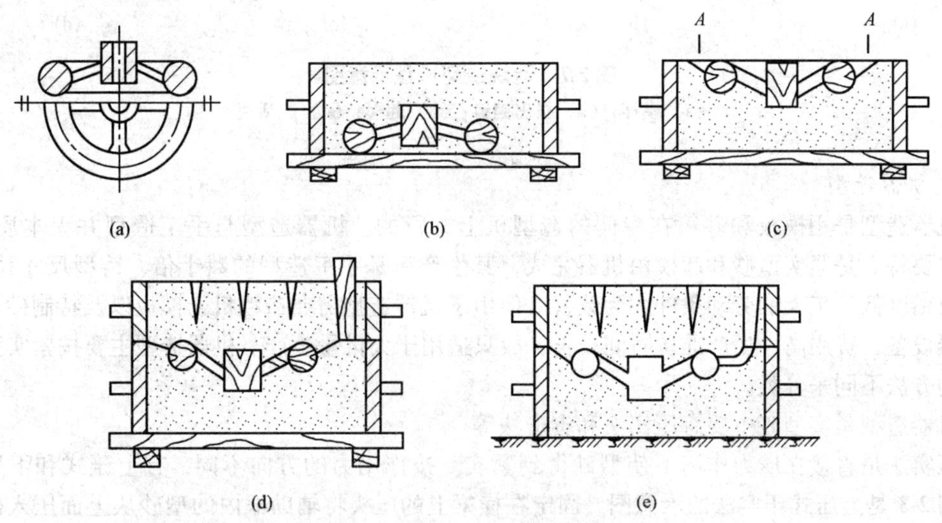

图 2-5　挖砂造型过程示意图

（a）铸件；（b）造下型；（c）挖下型分型面；（d）造上型；（e）合型待浇注

挖砂造型时，每造一个铸型就要挖砂一次，生产效率低且对操作者技术水平要求高，只适用于单件生产。若要小批量生产，可预先做一个特制的、能多次使用的假箱来代替造型用的模底板承托模样，如图 2-6（a）所示。在其上先造出下型，然后翻转砂箱，如图 2-6（b）所示，再在此下箱上造上型，这就省去了每次造型挖砂的工序。由于假箱只是代替模底板用来造型，而不是用来浇注铸件，故称为假箱造型。当生产批量较大时，可用木制的成型模底板代替假箱，如图 2-6（c）所示。

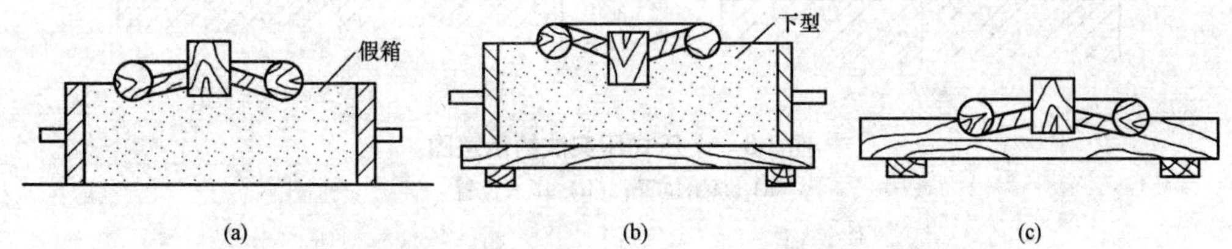

图 2-6　假箱和模底板造型过程示意图

（a）假箱及放在假箱上的模样；（b）用假箱或模底板制出的下型；（c）放在模底板上的模样

（4）活块造型。当模样侧面有较小局部凸起时，造型起模受到阻碍，这时可将模样上凸起部分与模样本体分开，做成可拆卸的活动模块。造型时先用销钉固定在模样本体上，待活块周围的型砂紧实后，再小心地拔掉销钉。起模时先起出模样本体，然后再用弯曲的起模针通过型腔取出活块部分。这种造型方法称为活块造型，如图 2-7 所示。活块造型生产率低，对操作者的技术要求高，只适用于单件生产。

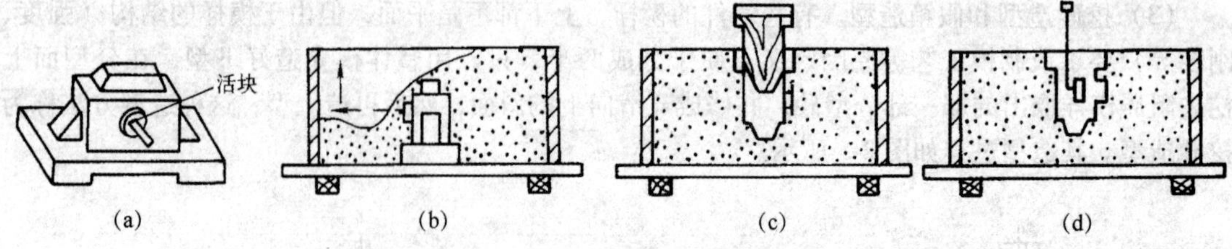

图 2-7　活块造型过程示意图

（a）模样；（b）拔出销钉；（c）起模；（d）起活块

2. 机器造型

机器造型是用模板和砂箱在专门的造型机上进行的。机器造型与手工造型并无本质区别，它的主要特点是紧实型砂和起模由机器完成，其生产率是手工造型的数十倍，铸型尺寸精度高，表面粗糙度低，工人的劳动条件大为改善。但由于机器造型需要造型机、模板以及特制砂箱等专用机器设备，费用高，生产准备时间较长，故只适用于大批量生产。机器造型主要按紧实型砂和起模的方法不同来分类。

机器造型紧实型砂主要有压实法和震击法等。

压实法是直接在压力作用下使型砂得到紧实。按作用力的方向不同，有上压式和下压式两种。图 2-8 是上压式压实法的示意图，固定在横梁上的压头将辅助框内的型砂从上面压入砂箱得以紧实。

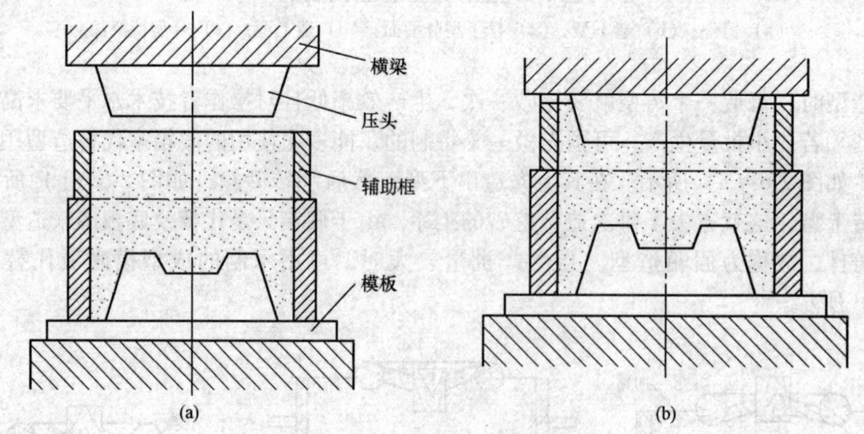

图 2-8　上压式压实法的示意图

（a）原始位置；（b）压入位置

压实法具有压实型砂速度快、生产率高、机器结构简单和工作时噪声小等优点；缺点是只能压实砂箱高度不超过 150 mm 的砂型。

震击法是用工作台将砂箱连同型砂一起升高到一定高度（砂箱置于工作台上），然后突然下落，使工作台与机座发生撞击，由于砂箱中的型砂在下落时具有一定的动能，在震击瞬间产生一定的惯性力，将型砂紧实。震击若干次之后，型砂即得到要求的紧实程度。图 2-9 是震击机构的示意图。当压缩空气从进气孔进入汽缸时，活塞与工作台一起上升。当活塞上升距离 S 后，与大气相通的排气孔打开，压缩空气从排气孔排出，活塞急剧下落，工作台与机座发生撞击。震击时产生的惯性力形成砂箱中的上层型砂对下层型砂的瞬时压力，从而使型砂得以紧实。由于一次震击使型砂在砂箱中移动的距离很小，所以要进行十几次、几十次的震击，才能使型砂达到要求的紧实度。震击法可以紧实砂箱高度大于 150 mm 的砂型。震击法的缺点是生产率低，工作时噪声大。

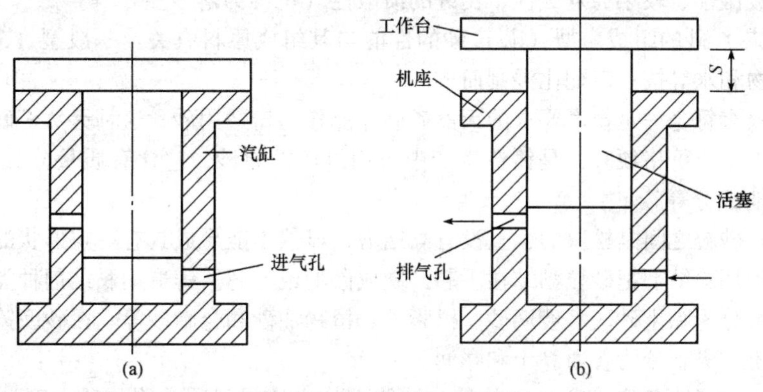

图 2-9　震击机构示意图

（a）原始位置；（b）活塞抬起位置

为了实现机械起模，机器造型所用的模样与底板连成一体，称为模板。模板上有定位销与砂箱精确定位。图 2-10 是顶箱起模的示意图。起模时，4 个顶杆一起将砂箱顶起一定高度，从而使固定在模板上的模样与砂型脱离。

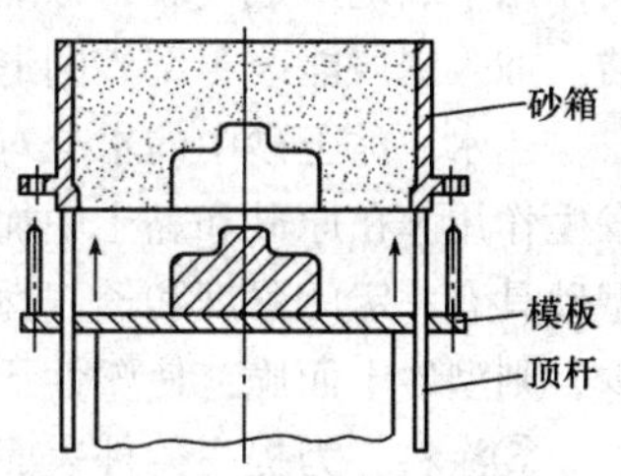

图 2-10　顶箱起模的示意图

3. 型（芯）砂

制造铸型的造型材料称为型砂，制造型芯的造型材料称为芯砂。型（芯）砂质量对铸件质量的影响很大，其质量不好会使铸件产生气孔、砂眼、粘砂等缺陷，所以必须严格控制型（芯）砂的性能。

（1）型（芯）砂应具备的性能。

①强度。型（芯）砂抵抗外力破坏的能力称为强度。如果型（芯）砂的强度不够，则在生产过程中铸型易损坏，会使铸件产生砂眼、冲砂、夹砂等缺陷；如果型（芯）砂的强度过高，则会使其透气性和退让性降低。型砂中黏土的含量越高，型砂的紧实度越高；砂粒越细，则强度就越高。此外，含水量对型（芯）砂的强度也有很大影响，含水量过多或过少均可使其强度降低。

②透气性。型（芯）砂应具备让气体通过和使气体顺利逸出的能力，这个能力称为透气性。型（芯）砂透气性不好，则易在铸件内形成气孔，甚至产生浇不足现象。砂粒越粗大、均匀，且为圆形，砂粒间孔隙就越大，透气性就越好。随着黏土含量的增加，型砂的透气性通常会降低；但黏土含量对透气性的影响与水分的含量密切相关，只有含适量的水分，型砂的透气性才能达到最大值。型砂紧实度增大，砂粒间孔隙就减少，则其透气性降低。

③耐火性。型（芯）砂在高温作用下不熔化、不烧结、不软化、保持原有性能的能力称为耐火性。耐火性差的型（芯）砂易被高温熔化而产生粘砂等缺陷。原砂中的 SiO_2 含量越高，杂质越少，则耐火性越好；砂粒越粗，其耐火性越好；圆形砂粒的耐火性比较好。

④退让性。在铸件冷却收缩时，型（芯）砂能相应地被压缩变形而不阻碍铸件收缩的性能称为型（芯）砂的退让性。型（芯）砂的退让性差，易使铸件产生内应力、变形或裂纹等缺陷。含有无机黏结剂的型（芯）砂高温时发生烧结，退让性差；含有有机黏结剂的型（芯）砂退让

性较好。为了提高型（芯）砂的退让性，可加入少量木屑等附加物。

此外，型（芯）砂在浇注后处于金属液的包围中，工作条件差，除应具有上述性能外，还必须有较低的吸湿性、较小的发气性、良好的溃散性（也称为落砂性）等。

(2) 型（芯）砂的组成。型（芯）砂的性能与其组成原料有关。一般型（芯）砂由原砂、黏结剂、附加物和水等按一定配比混制而成。

①原砂。只有符合一定技术要求的天然矿砂才能作为铸造用砂，这种天然矿砂称为原砂。天然硅砂因资源丰富、价格便宜，是铸造生产中应用最广的原砂，它含有质量分数占85%以上的SiO_2和少量其他成分等。

②黏结剂。砂粒之间是松散的，且没有黏结力，显然不能形成具有一定形状的整体。在铸造生产过程中，须用黏结剂把砂粒黏结在一起，制成砂型或型芯。铸造用黏结剂种类较多，按照黏结剂的不同，可分为黏土砂、水玻璃砂、树脂砂、植物油砂和合脂砂等。在砂型铸造中，所用黏结剂大多为黏土。黏土分为普通黏土和膨润土。

③附加物。为了改善型（芯）砂的某些性能而加入的材料称为附加物。型砂中常加入的附加物有煤粉、锯屑等。在一些中小型铸铁件的湿砂型中常加入煤粉，煤粉的作用是在高温液态金属作用下燃烧形成气膜，以隔绝液态金属与铸型内腔的直接作用，防止铸件粘砂，使铸件表面光洁。加入锯屑能改善型砂的退让性和透气性。

④水。黏土砂中的水分对型砂性能和铸件质量影响极大。黏土只有被水湿润后，其黏性才会发生作用。在原砂和黏土中加入一定量的水混合后，在砂粒表面包上一层黏土膜，经紧实后会使型砂具有一定的强度和透气性。水分过多，容易形成黏土浆，使型砂强度和透气性下降；水分太少，则型砂干而脆，使塑性下降。

⑤涂料。为提高铸件表面质量，可在砂型或型芯表面涂上涂料。如在铸件的湿砂型上，可用石墨粉喷洒在砂型或型芯表面；在干砂型上，用石墨粉加少量黏土的水涂料涂刷在型腔表面即可。

(3) 型（芯）砂的处理和制备。铸造合金不同、铸件大小不同，对型（芯）砂的性能要求也不同。为了保证型（芯）砂的性能要求，型（芯）砂应选用不同材料，按不同的比例配置。配置好的型（芯）砂的性能可用专门的仪器来测定，也可以凭经验手测。合格的型（芯）砂用手感法检验的结果如图2-11所示，用手捏一把型（芯）砂，感到柔软、容易变形、不粘手，掰断时不粉碎，说明型（芯）砂性能合格。型（芯）砂湿度适当时，可用手捏成砂团，如图2-11(a)所示；手放开时可看出清晰的手纹，如图2-11(b)所示；折断时断面没有碎裂状，有足够的强度，如图2-11(c)所示。

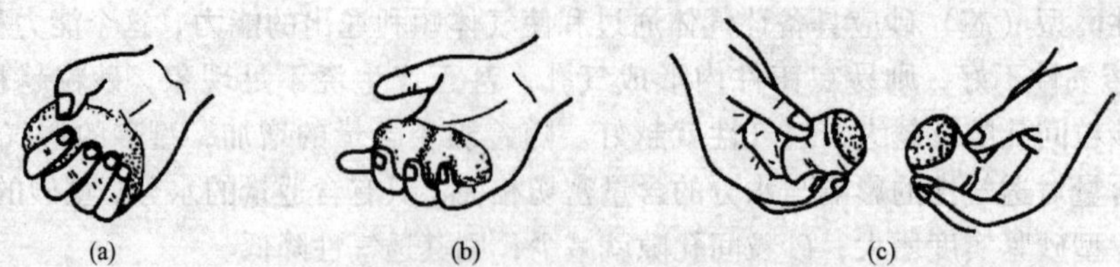

图2-11　手感法检验型（芯）砂的性能

(a) 用手捏成砂团；(b) 手放开时；(c) 折断时

4. 砂型制造的工模具

模样是由木材、金属或其他材料制成，用来形成铸型型腔的工艺装备。图2-12所示为常见模样的种类。其中，模板一般多用于机器造型。

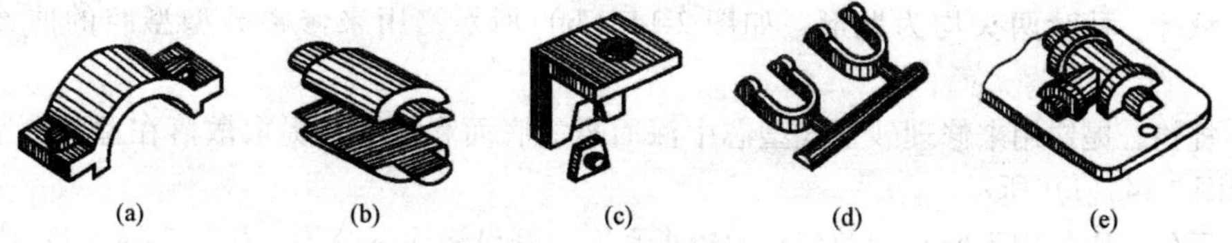

图 2-12　常见模样的种类

（a）整体模样；（b）分开模样；（c）活块模样；（d）带浇道的模样；（e）模板

芯盒是制造型芯或其他种类耐火材料芯的装备，一般为木制。图 2-13 所示为常见芯盒的种类，整体式芯盒用于制作形状简单的型芯，分开式芯盒用于制作圆柱、圆锥等回转体及形状对称的型芯，可拆式芯盒用于制作形状复杂的型芯。

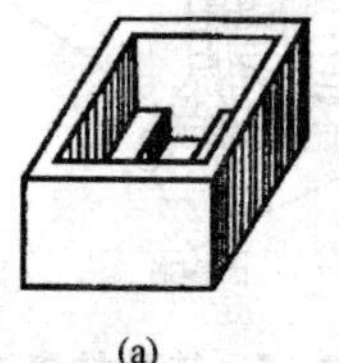

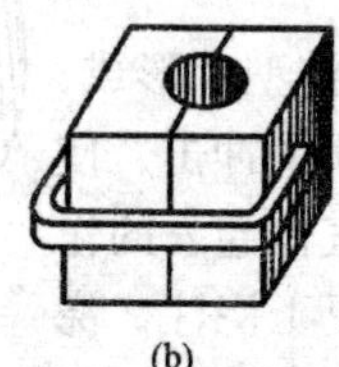

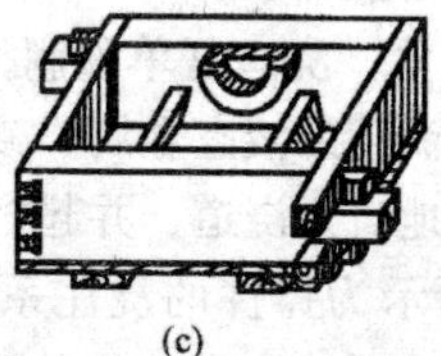

图 2-13　常见芯盒的种类

（a）整体式芯盒；（b）分开式芯盒；（c）可拆式芯盒

造型时，砂箱是容纳和支撑砂型的刚性框，其作用是在造型、运转和浇注时支承砂型，防止砂型变形和被破坏，材料一般为灰铸铁或铝合金。砂箱和常用的手工造型工具如图 2-14 所示。

（1）底板。底板用于放置模样，如图 2-14（b）所示。

（2）砂舂。造型时砂舂用来舂实型砂，先用扁头舂实后再用平头舂，如图 2-14（c）所示。

（3）通气针。通气针用来在砂型中扎出通气的孔眼，有直、弯两种，如图 2-14（d）所示。

（4）起模针。起模针用于起出模样，其工作端为尖锥形，如图 2-14（e）所示。用锤子将其钉进模样适当位置，并左右轻轻敲击，然后提起模样，完成起模。

（5）手风箱。手风箱又称为皮老虎，用来吹去散落在型腔内的型砂，如图 2-14（f）所示。

（6）镘刀。镘刀用钢材制造，有平头形、圆头形、尖头形等，如图 2-14（g）所示，用来修理砂型或型芯的较大平面，还可以用来挖浇冒口，切割沟槽和铸肋，修整砂坯及软硬砂床，把砂型表面的加强钉钉入砂型等。

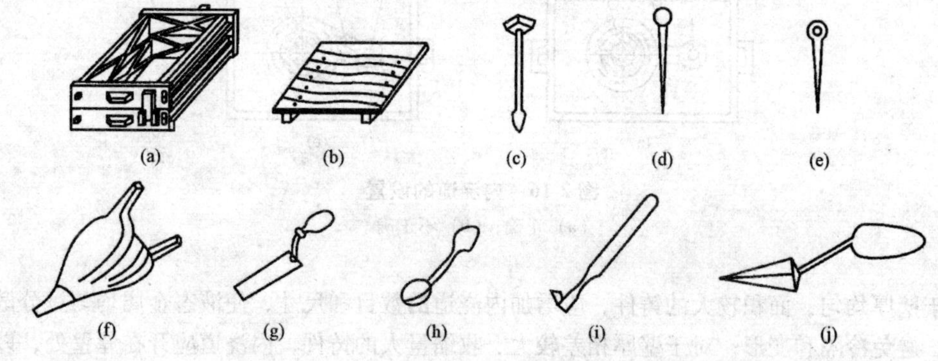

图 2-14　砂箱及造型工具

（a）砂箱；（b）底板；（c）砂舂；（d）通气针；（e）起模针；（f）手风箱；（g）镘刀；（h）秋叶；（i）提钩；（j）压勺

（7）秋叶。秋叶两头均为匙形，如图2-14（h）所示，用来修整砂型型腔的曲面或窄小凹面。

（8）提钩。提钩用来修理砂型或型芯中深而窄的底面和侧壁，提取散落在型腔深窄处的型砂等，如图2-14（i）所示。

（9）压勺。压勺用于修整砂型型腔的较小平面，开设浇注系统等，如图2-14（j）所示。

5. 浇注系统

浇注系统包括浇口盆、直浇道、横浇道、内浇道等。浇注系统的任务是让液态金属连续、平稳、均匀地填充铸型型腔，能调节铸件各部分温度并起到挡渣的作用。若浇注系统设计不合理，铸件容易产生冲砂、砂眼、夹渣、浇不足、气孔和缩孔等缺陷。

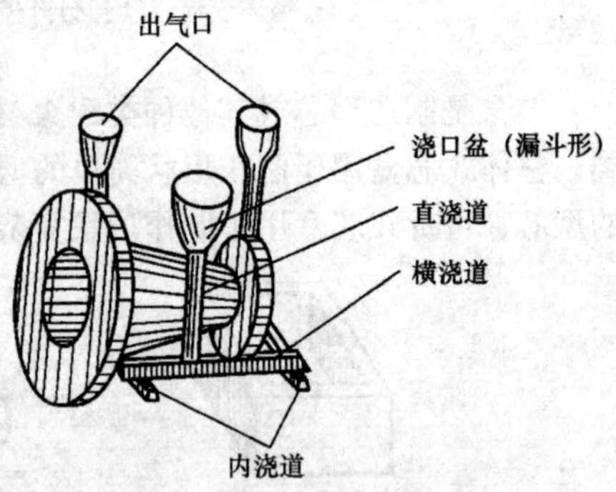

图2-15　铸件的浇注系统

（1）浇口盆。浇口盆单独制作或直接在铸型中形成，用于接纳浇包流下的液态金属，减少液态金属的冲击，使液态金属平稳地流入浇道，并起挡渣和防止气体卷入的作用。图2-15所示为铸件的浇注系统。为了便于浇注，浇口盆多做成漏斗形或盆形，前者用于浇注中小型铸件，后者用于浇注大型铸件。

（2）直浇道。直浇道是连接浇口盆和横浇道的垂直通道，有一定的锥度，以便造型时取出浇口棒。液态金属依靠直浇道内高度产生的静压力，连续均匀地填满型腔。通常小型铸件直浇道高出型腔最高处100~200 mm。

（3）横浇道。横浇道是连接直浇道和内浇道的水平通道，其截面形状多为梯形，一般开在上型的分型面以上的位置。横浇道将液体金属分配给各个内浇道并起挡渣作用。

（4）内浇道。内浇道是连接横浇道和型腔的通道，其作用是控制液态金属流入型腔的速度和方向，并调节铸件各部分的温度。内浇道的设置如图2-16所示。内浇道的形状、位置和数目以及导入液流的方向是决定铸件质量的关键要素。内浇道的截面形状一般为梯形、半圆形或三角形，其位置低于横浇道。内浇道不应开在铸件的重要部位上，而应开在能使液态金属顺着型壁流动、避免直接冲击型芯或砂型的凸出部分。同时，内浇道的布置应能满足铸件凝固顺序的要求。为使清除浇道时不损坏铸件，在内浇道与铸件的连接处还应带有缩颈。

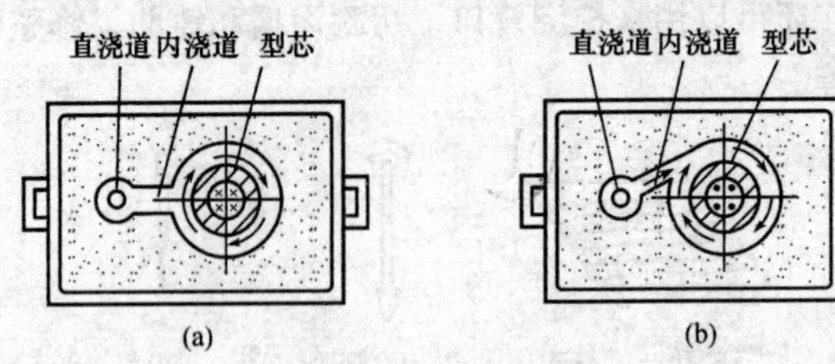

图2-16　内浇道的设置

（a）正确；（b）不正确

对于壁厚均匀、面积较大的铸件，应增加内浇道的数目和尺寸，使液态金属均匀、分散地进入型腔，避免冷隔和变形；对于壁厚相差较大、收缩量大的铸件，内浇道应开在厚壁处，以保证金属液体对铸件的补缩，有利于防止缩孔。

常用的浇注系统如图2-17所示，按内浇道的注入位置不同可分为以下几种。

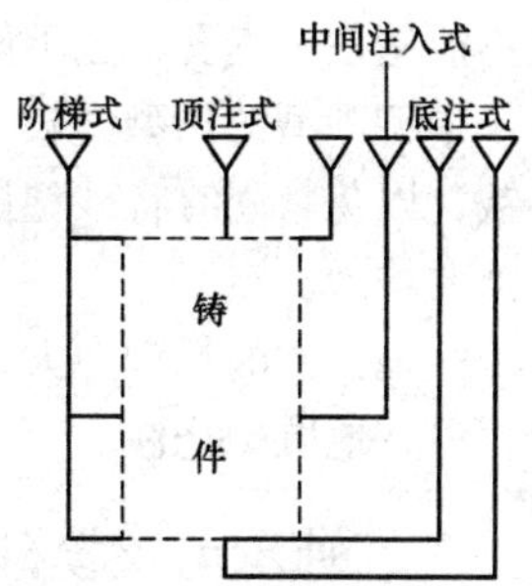

图 2-17　常用的浇注系统

（1）顶注式浇口。顶注式浇口开设在铸件顶部，其金属消耗少，补缩作用好，但容易冲坏砂型和产生飞溅，挡渣作用也差。顶注式浇口主要用于高度较小且形状简单、壁薄的铸件。

（2）底注式浇口。底注式浇口开设在铸件底部，浇注时液态金属流动平稳，不易冲坏砂型和产生飞溅，但补缩作用较差，不易浇满薄壁铸件。底注式浇口主要用于形状较复杂、壁厚、高度较大的大中型铸件。

（3）中间注入式浇口。中间注入式浇口是介于顶注式浇口和底注式浇口之间的一种浇口，开设方便，应用广泛。中间注入式浇口主要用于一些中型、高度较小但水平尺寸较大的铸件。

（4）阶梯式浇口。阶梯式浇口由于内浇口从铸件底部、中部、顶部分层开设，因而兼有顶注式浇口和底注式浇口的优点，主要用于高大铸件的浇注。

6. 冒口和冷铁

冒口的主要功能是补给铸件液态凝固收缩时所需的金属液，以避免产生缩孔，并具有排气和集渣的作用。冒口安置在铸件的最厚、最高处，一般在顶部。冒口多在浇注收缩性较大的金属（如钢、球墨铸铁、铝硅合金等）铸件时使用。

冷铁是为增大铸件厚大部位冷却速度而安放在铸型内的金属块。它的主要作用是实现顺序凝固，防止缩孔和缩松。另外，冷铁还具有减小铸件应力和提高铸件表面硬度和耐磨性的作用。冷铁通常由钢或铸铁制成。

铸件的冒口与冷铁的设置如图 2-18 所示。

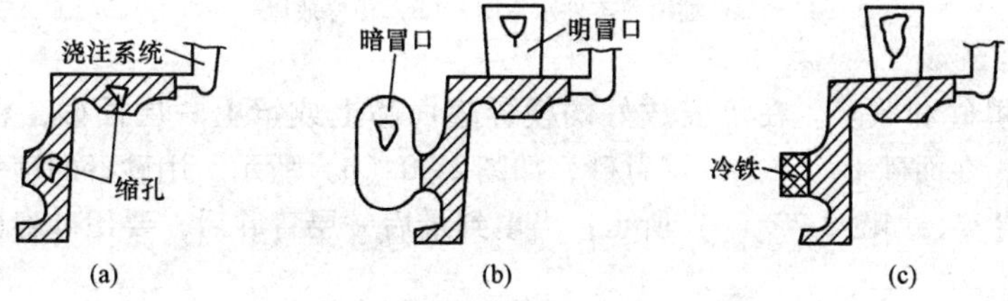

图 2-18　铸件的冒口与冷铁的设置

（a）铸件；（b）设冒口；（c）设冷铁

7. 合型

将上型、下型、型芯、浇口盆等组合成一个完整铸型的操作过程称为合型，又称为合箱。合型是制造铸型的最后一道工序，直接关系到铸件的质量。即使铸型和型芯的质量良好，若合型操作不当，也会产生气孔、砂眼、错箱、偏芯、飞翅和跑火等缺陷。合型操作的具体过程如下。

（1）铸型的检验和装配。下芯前，应先清除型腔、浇注系统和型芯表面的浮砂，并检查其形状、尺寸和排气道是否通畅。下芯应平稳、准确，然后导通型芯和砂型的排气道，检查型腔主要尺寸，固定型芯，在芯头与芯座的间隙处填满泥条或干砂，防止浇注时金属液钻入芯头间隙而堵死排气道，最后平稳、准确地合上上型。

（2）铸型的紧固。金属液浇入型腔后会产生较大的抬型力。因此，砂型合型后必须进行紧固才能浇注。紧固的方法应根据砂型的大小、砂箱结构和造型方法来决定。

小型铸件浇注时的抬型力不大，因此，可用压铁紧固。用压铁紧固砂型时应注意：压铁重力应大于抬型力；安放压铁时要小心轻放，且要压放在箱带或箱边上，位置要对称均衡；安放压铁时不能堵住出气孔，也不能妨碍浇注操作。

中型砂型的抬型力较大，因此需用卡子或螺栓紧固。紧固时应注意：紧固前要在箱角处垫上垫铁，以免紧固时将砂型压崩；紧固螺栓时最好在对称方向上同时进行，以免上型倾斜，紧固时用力要均匀。

大型铸件的抬型力大，因此常用大型螺杆与压梁来紧固。大型铸件的浇注高度较高，为了安全，可在地坑中浇注。

三、轴承盖整模砂箱造型操作实习

1. 造型前准备

按照铸造工艺要求准备模样、芯盒以及操作工具。

2. 操作过程

（1）安放平板模样及砂箱。图2-19（a）所示为轴承盖零件的示意图，按铸造的工艺方案将模样安放在造型平板的适当位置，如图2-19（b）所示。套上下砂箱，使模样与砂箱内壁之间有足够的吃砂量。若模样容易粘砂，可撒一层防粘模材料，如石英粉等。

图2-19　轴承盖零件示意图及模样放置

（a）轴承盖零件示意图；（b）模样放置

（2）下砂箱填砂和紧实。在已安放好的模样表面筛上或铲上一层面砂，将模样盖住，如图2-20（a)所示；在面砂上面铲加一层背砂，如图2-20（b）所示；用砂舂的扁头将分批填入的型砂分阶段分层舂实，如图2-20（c）所示；当填到最后一层背砂后，要用砂舂的平头舂实，如图2-20（d）所示。

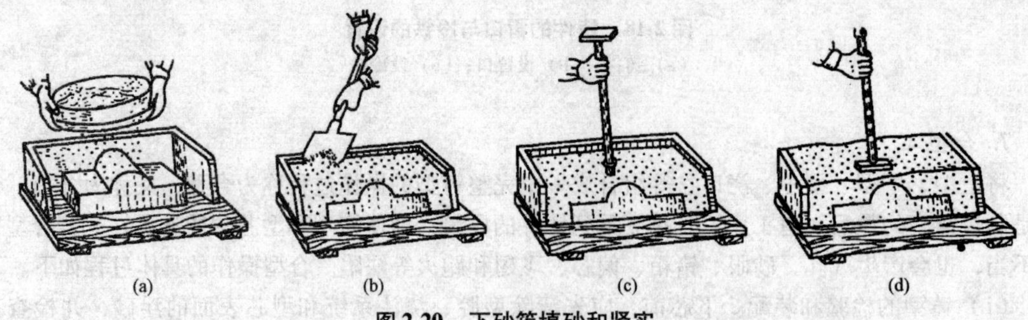

图2-20　下砂箱填砂和紧实

（a）筛上面砂；（b）填背砂；（c）舂背砂；（d）用砂舂平头舂砂

（3）修整和翻型。刮去砂型上面多余的背砂后，使其表面与砂箱四边平齐，如图2-21（a）所示，再用通气针扎出分布均匀、深度适当的出气孔，将已造好的下型翻转180°，如图2-21（b）所示。

（4）修整分型面。用镘刀将分型面模样周围的砂型表面压光修平，撒上一层分型砂，再用手风箱吹去落在模样上的分型砂，如图2-22所示。

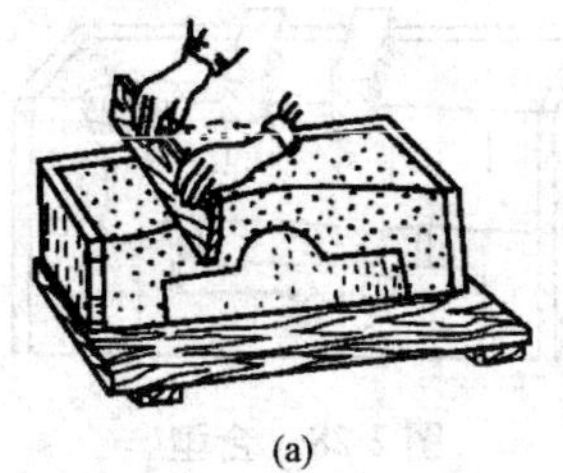
(a)

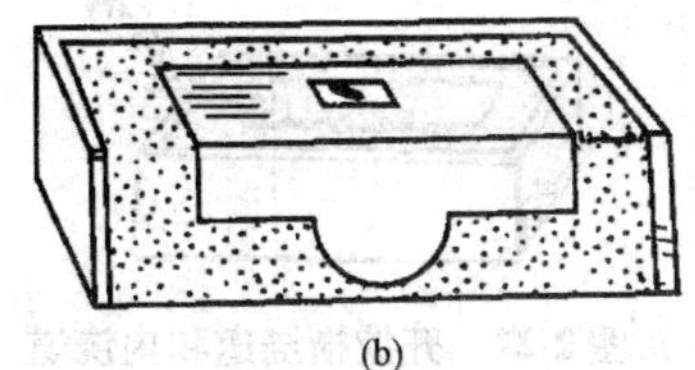
(b)

图 2-21　修整和翻型

（a）刮去多余的背砂；（b）翻转后的下型

（5）放置上砂箱及撒防止粘模的材料。将与下砂箱配套的上砂箱安放在下砂箱上，再均匀地撒上防止粘模的材料，如图 2-23 所示。

图 2-22　吹去模样上的分型砂

图 2-23　撒防止粘模的材料

（6）上砂箱填砂和紧实。先放置浇冒口，浇冒口的位置要合理可靠，并先用面砂固定它们的位置。其填砂和舂砂方法与下砂箱操作相同。

（7）修整上型表面及开型。先用刮板刮去多余的背砂，使砂型表面与砂箱四边平齐，再用镘刀刮平浇冒口处的型砂，用通气针扎出气孔，取出浇冒口模样，在浇口处开设浇口盆。若砂箱没有定位装置，则还需要在砂箱外壁上、下型相接处做出定位记号。再移去上型，将上型翻转 180°后放平，如图 2-24 所示。

（8）修整分型面。清除分型面上的分型砂，用掸笔润湿模样周围的型砂，准备起模，如图 2-25所示。

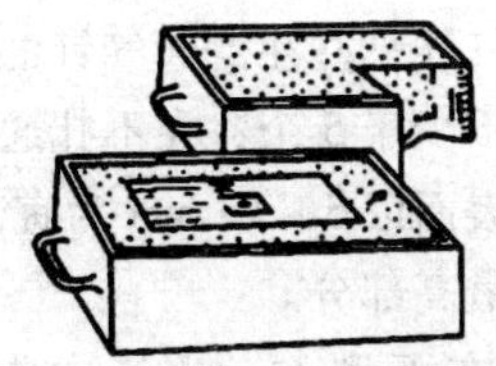

图 2-24　移去上型翻转平放

图 2-25　刷水

（9）敲模和起模。使模样向四周轻轻松动，再用起模针或起模钉将模样从砂型中起出，如图 2-26 所示。

（10）修型。先开挖浇注系统的横浇道和内浇道，如图 2-27 所示，并修光浇冒口系统表面。将砂型型腔损坏处修好，最后修整、刮平全部型腔表面。

（11）合型。按定位标记将上型合在下型上，放置适当重量的压铁，抹好箱缝，准备浇注。合型后的轴承盖砂型制作完成，如图 2-28 所示。

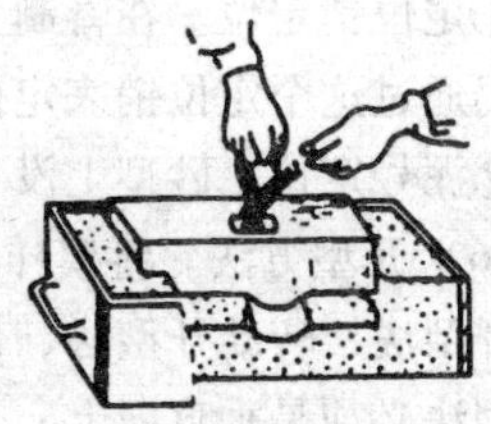

图 2-26　起模

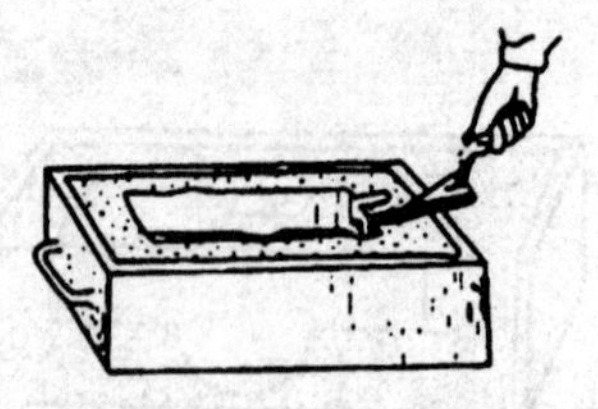
图 2-27　开挖横浇道和内浇道

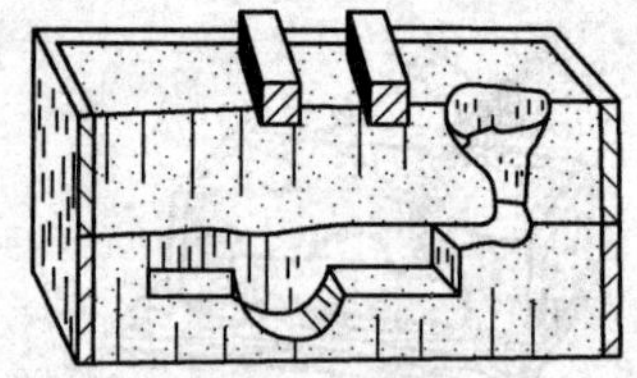
图 2-28　合型

3. 操作要点

（1）模样放置。在造型平板上安放模样时，应注意以下几个方面：

①注意模样的起模斜度方向，以保证模样容易从砂型中起出。

②应留出浇注系统冒口的安放位置。

③应使铸件的重要加工面处在浇注位置的底面或侧面。

④模样与砂箱内壁和顶面间必须留有 30 ~ 100 mm 的距离（即吃砂量）。

（2）填砂和舂砂。填入砂型中的型砂有面砂和背砂两种，贴近模样的为面砂，其余为背砂。面砂厚度由铸件的壁厚决定，一般舂实后为 20 ~ 60 mm，其余部分可用背砂分层填入和舂实。舂砂是造型过程中最基本的操作之一，其目的是使砂型紧实。合理的紧实度为：靠近砂箱内壁的型砂应比靠近模样的型砂紧；砂型下部要比上部紧；下型要比上型紧，砂型型腔表面的紧实度要大，以抵挡金属液的压力。舂砂时，对于小型模样，可用重物或手压住模样；对于较大模样，操作者可站在模样上舂砂，或用舂砂扁头在模样周围舂几下，将模样固定，然后从砂箱内壁处或砂箱内角处开始舂实，逐渐向中间模样靠近，使紧实度均匀。

（3）撒分型砂。上型的舂砂工作是放在下型上进行的，因而为了不使上、下型粘在一起，生产中常在分型面上均匀地撒一层很薄的隔离材料，即细粒度的干砂，通常称为分型砂。注意模样表面的分型砂，特别是模样凹角处所撒落的分型砂一定要清扫干净，否则将影响铸件表面质量。

（4）砂型的排气。在浇注时，砂型中会产生大量的气体，为了尽量排出气体，在造型时可采用以下工艺措施。

①扎出气孔。砂型舂实刮平后，用通气针扎出出气孔，并注意通气针的粗细应根据砂型的大小来选用，出气孔的数目应保证每平方分米的面积上不少于5个；在不扎通砂型型腔表面的前提下，出气孔的深度越深越好，一般扎入的针尖距模样表面以 5 ~ 10 mm 为宜。

②设置出气冒口。出气冒口应设置在砂型型腔的最高部分。

（5）砂型定位。在合型时，上型必须准确地合在下型上，生产中常采用以下几种定位方法：

①定位销定位。在舂制上型前，先将上、下型通过定位销定好位，舂制好上型起模后再合型时，仍通过这个定位销来定位，如图 2-29 所示。

②泥号定位。砂型上没有专用定位装置时，常用泥号作为砂型的定位标记，如图 2-30 所示。

（6）开型方法。将模样从砂型中取出的过程称为开型。开型的方法很多，有直接开型法、活动开型法、转动开型法、带模开型法、翻转开型法、异向开型法等。开型时的操作应注意：直接开型法必须是垂直向上，否则砂型会被损坏；采用转动开型法时，在转动轴附近，上、下型之间的箱把处要垫枕木等物，以防砂型滑移或摆动而损坏砂型；当上、下型一起翻转时，要在预先准备好的松砂地上翻转，防止砂型损坏。

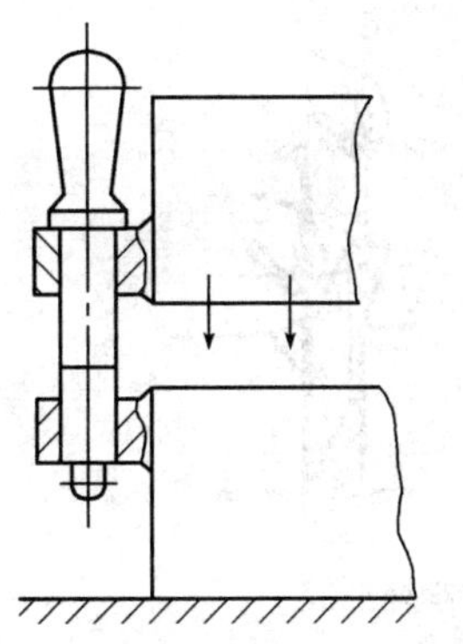
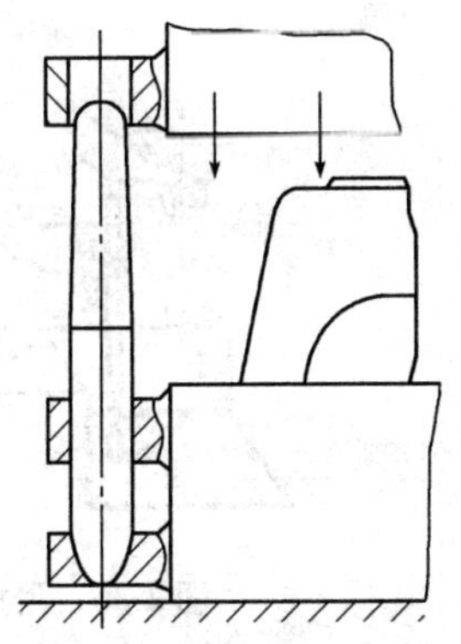

图 2-29　定位销定位

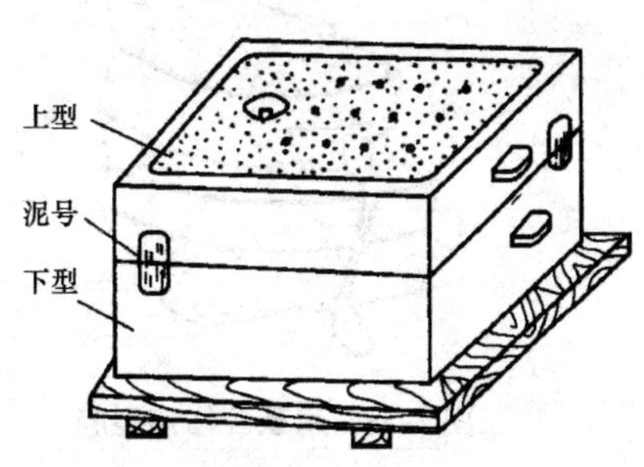

图 2-30　泥号定位

（7）起模。在起模前应做好准备工作，即刷水和敲模。对于小型铸件的起模，将起模针扎在模样重心上，用一只手垂直向上提起模针，另一只手拿木槌轻击模样，边敲边向上提；对于大中型铸件的起模，则应采用起重机起模，注意吊钩要对准模样的重心位置，边敲边起模，当模样起高 30 mm 左右时，应停止敲击和起模，用造型工具将模样四周的分型面修平，再继续起模，直到模样脱离型腔。

（8）修型。对砂型有损坏的地方应进行修整，修型所用的造型材料为面砂，为了保证修型质量，在砂型需要修补的地方可先用水湿润，其修型操作应该自上而下地进行，以防止上面修理好的砂型又被落下的散砂弄脏或损坏。在修补型腔平面时，要注意镘刀的拿法，不能在型腔表面用镘刀来回多次地刮平，以免使型腔的表面层和里层分离。修平面时，镘刀的拿法和运动方向如图 2-31 所示。图 2-32 至图 2-36 所示为常见的修型操作方法。

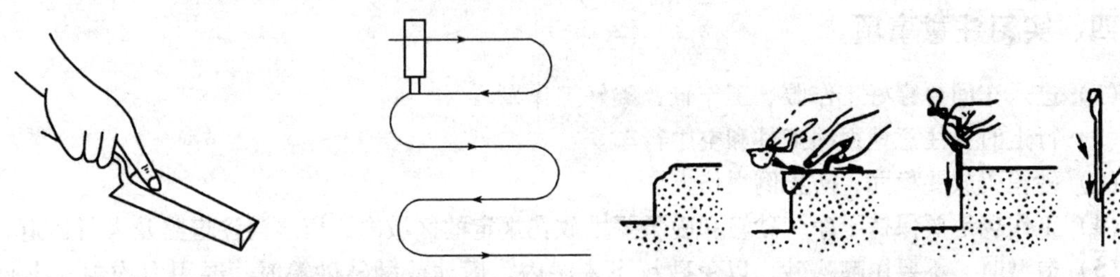

图 2-31　镘刀的拿法和运动方向

图 2-32　型腔两壁相交处的修补

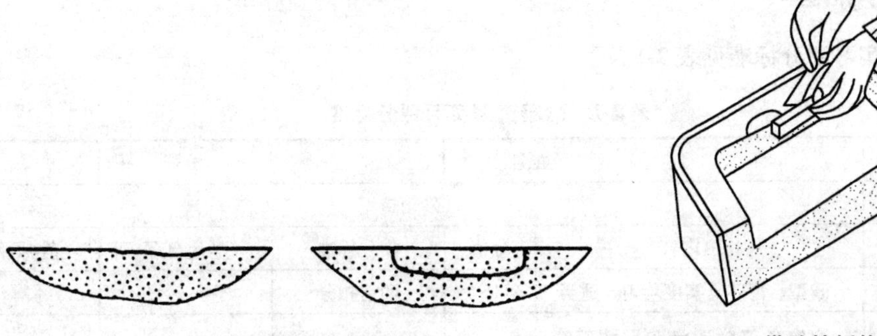

图 2-33　砂型薄层损坏处的修补

图 2-34　借助挡板修整型腔

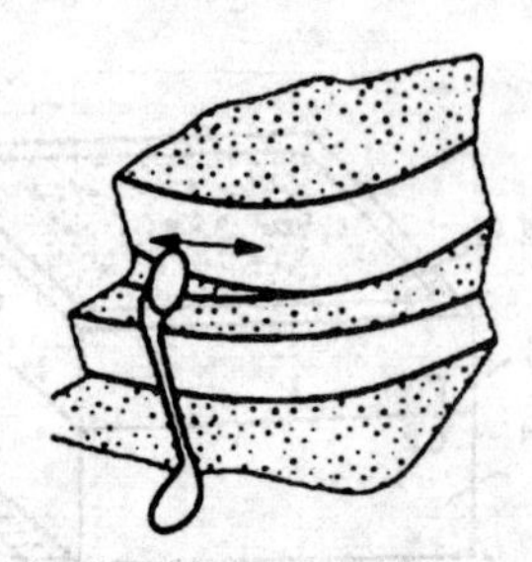

图 2-35　用秋叶修整型腔

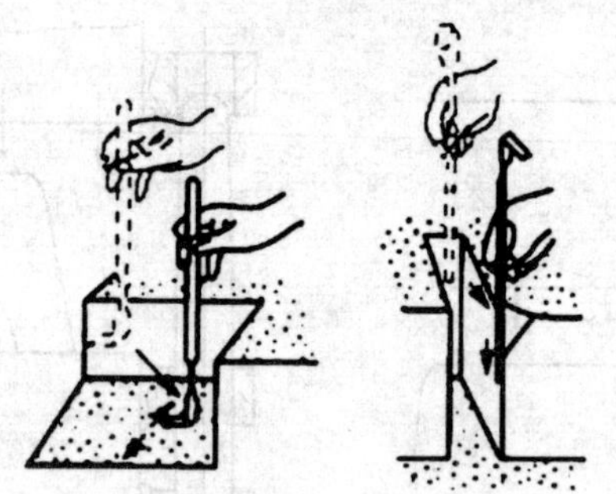

图 2-36　用提钩修补型腔

（9）开设浇注系统。在开设浇注系统时要注意以下几点：

①内浇道的开设不能正对型芯和型腔内的薄弱部分，防止浇注时冲坏型芯或砂型。

②内浇道不能开设在横浇道的两个端部和上面，以及直浇道的下面，这是为了让金属液中的杂质能存留在横浇道中，防止流入型腔。

③内浇道开设的数目是根据铸件的大小、形状、材质及壁厚情况来确定的。对于结构简单的小型铸件，可不设横浇道，只开设一条内浇道，并直接与直浇道相连，根据浇冒口的作用，应将其开设在铸件浇注位置的最高处。

（10）刷涂料或敷料。在砂型型腔表面刷涂料或敷料的目的是防止铸件表面粘砂，涂料在使用之前，必须搅拌均匀（因为涂料是一种悬浊液，容易产生沉淀）。若型腔表面需经多次涂刷，第一层涂料的浓度应稍大，刷后用镘刀修光型腔表面，最后一层使用较稀的涂料涂刷，除了在型腔表面应刷涂料外，在分型面、型腔交接处、浇冒口、芯头和芯座等处，也应刷适当的涂料层。

四、实习注意事项

（1）进入车间要穿好工作服、工作鞋，戴好工作帽。

（2）行走时要注意地面的工件和空中行车。

（3）砂箱码放要稳固，防止倒塌伤人。

（4）工作场地要保持干净，砂箱和砂子要堆放在规定的区域内，留出浇注道路及人行通道。

（5）造型时，不要用嘴吹砂，以免砂粒飞入眼内。搬动或翻转砂箱时，要用力均匀，小心轻放，不要压伤手脚。

五、评分标准

砂箱造型实习评分标准见表 2-1。

表 2-1　砂箱造型实习评分标准

班级		姓名		学号	
实习内容	砂箱造型				
序号	检测内容	分值	扣分标准	学生自评	教师评分
1	砂型、型芯紧实度均匀、适当	15	酌情扣分		
2	型腔各部分形状和尺寸符合要求	15	酌情扣分		
3	砂型定位号准确可靠	5	酌情扣分		

续表

班级		姓名		学号	
4	浇冒口的开设位置、形状符合要求	10	酌情扣分		
5	型腔内无散砂，合型准确，压型安全可靠	10	酌情扣分		
6	砂型分型面平整	5	酌情扣分		
7	表面光滑，轮廓清晰，圆角均匀	10	酌情扣分		
8	出气孔的数量和分布合理	10	酌情扣分		
9	浇冒口表面光滑，各浇道连接部分圆角均匀	10	酌情扣分		
10	遵守纪律和安全规范	10	酌情扣分		
综 合 得 分		100			

思考与练习题

1. 型砂主要由哪些原料组成？它应具备哪些性能？
2. 什么是分型面？选择分型面时必须注意什么问题？
3. 造型的基本方法有哪几种？各种造型方法的特点及其应用范围如何？
4. 浇注系统由哪几部分组成？开设内浇道时要注意哪些问题？

第三节 金属的熔炼与浇注实习

一、实习内容

轴承盖砂型熔炼和浇注操作实习。

二、工艺知识

1. 铸铁熔炼

铸铁熔炼是将金属料、辅料入炉加热，熔化成铁液，为铸造生产提供预定成分和温度，非金属夹杂物和气体含量少的优质铁液的过程，它是决定铸件质量的关键工序之一。熔炼的设备有冲天炉、感应电炉、电弧炉等多种。目前冲天炉应用最为广泛，它的特点是结构简单、操作方便、生产率高、成本低，并且可以连续生产。

(1) 冲天炉的基本结构。图 2-37 所示为冲天炉的结构简图，它由支承部分、炉体、前炉、送风系统和炉顶部分组成。

①支承部分。支承部分包括炉底与炉基，整个冲天炉装在炉底板上，炉底板用四根支柱对整座炉子和炉料起支承作用。炉底板上装有两扇可以开闭的炉底门，以方便装入炉料等操作。

②炉体。炉体包括炉身、炉缸、炉底和工作门等，是冲天炉的主要部分。炉体内部砌耐火材

料，金属熔炼在这里完成。加料口下缘至第一排风口之间的炉体称为炉身，其内部空腔称为炉膛。第一排风口至炉底之间的炉体称为炉缸。燃料在炉体内燃烧，熔化的金属液和液态炉渣在炉缸会聚，最后排入前炉。

③前炉。前炉包括过桥、前炉体、前炉盖、渣门、出铁槽和出渣槽等，其作用是储存铁液，均匀其成分及温度，并使炉渣和铁液分离。前炉中的铁液由出铁口放出，熔渣则由位于出铁口侧上方的出渣口放出。

④送风系统。送风系统指从鼓风机出口至风口出口处为止的整个系统，包括进风管、风箱和风口，其作用是向炉内均匀送风。

⑤炉顶部分。炉顶部分包括加料口以上的烟囱和除尘器，作用是添加炉料，排出炉气，消除或减少炉气中的烟尘和有害成分。

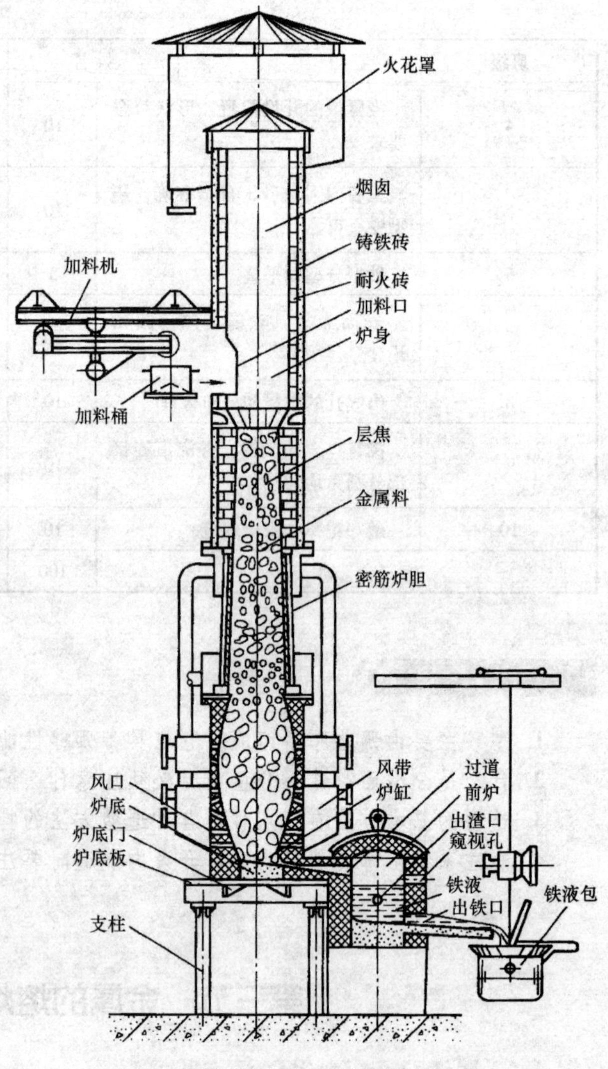

图 2-37　冲天炉结构简图

（2）冲天炉熔炼基本原理。冲天炉熔炼一般过程是：冲天炉开风后，由风口进入的空气和底焦发生燃烧反应，生成的高温炉气穿过炉料向上流动，给炉料加热。底焦顶面上的金属料熔化后，铁液下滴，在穿过底焦到炉缸的过程中，被高温炉气和炽热的焦炭进一步过热，过热的铁液温度可达1 600 ℃。随着底焦燃烧的消耗和金属料的熔化，料层逐渐下降，由层焦补偿底焦，批料逐次熔化，使熔炼过程连续进行，最后出铁温度为1 380～1 430 ℃。

在冲天炉熔炼过程中，发生一系列冶金反应，使铁液成分发生变化，石灰石高温分解后与焦炭中的灰分和炉衬侵蚀物作用形成炉渣，所以说冲天炉熔炼有底焦燃烧、热量交换和冶金反应三个基本过程。

（3）冲天炉熔炼操作过程。

①修炉与烘炉。冲天炉每一次开炉前都要对上次开炉后炉衬的侵蚀和损坏进行修理，用耐火材料修补好炉壁，关闭炉底门，用型砂捣实炉底。然后用干柴或烘干器慢火充分烘干前、后炉。

②点火与加底焦。烘炉后，在炉底铺一层刨花，再装入木柴点燃，在火焰旺盛后即加入40%底焦，这时各风口是开放的，让其自然通风。当第一批焦炭上面被烧红了再加入第二批底焦，其数量仍为全部底焦的40%。这批焦炭烧红后从风口将其捣实，再装入剩余的底焦，并测量底焦的高度，底焦表面应达到高于风口的一定高度，如达不到应予补足。这里，底焦是指金属料加入以前的全部焦炭量，底焦高度则是从第一排风口中心线至底焦顶面为止的高度，不包括炉缸内的底焦高度。

③装料。加完底焦后，加入两倍批料量的石灰石，然后加入一批金属料，以后依次加入批料中的焦炭、熔剂、废钢、新生铁、铁合金、回炉铁，这样一层层装到加料口下缘为止。加入层焦的作用是补充底焦的消耗，批料中熔剂的加入量为层焦重量的20%～30%。

④开风熔炼。装料完毕后，自然通风30分钟左右，即可开风熔炼。在熔炼过程中，应严格控制风量、风压、底焦高度，注意铁液温度、化学成分变化，保证熔炼正常进行。熔炼过程中，金属料被熔化，铁液滴穿过底焦缝隙下落到炉缸，再经过通道流入前炉，而生成的渣液则漂浮在铁液表面。此时可打开前炉出铁口排出铁液用于铸件浇注，同时每隔30～50分钟打开出渣口出渣。在熔炼过程中，正常投入批料，使料柱保持规定高度，最低不得比规定料位低二批料。

⑤出铁及出渣。加料完毕后即鼓风，当底焦高度正常时，鼓风3～6分钟，在风口处即可看到铁液滴下，经过一定时间（如一刻钟或半小时）就将从出渣口放出，打通出铁口的泥塞把铁液放到预先准备好的浇包里，浇包充满后即可将出铁口塞住，浇包的铁液即送去浇注。

⑥停风打炉。先打开风口，停止鼓风，出净铁液和炉渣，打开炉底门，用铁棒将底焦和未熔炉料捅下，并喷水熄灭。

2. 浇注

将熔炼好的金属液浇入铸型的过程称为浇注。浇注操作不当，铸件会产生浇不足、冷隔、夹砂、缩孔和跑火等缺陷。

（1）浇注系统。浇注系统是铸型中液态金属流入型腔的通道。浇注系统的作用主要是将液体金属平稳、迅速注入铸型，并能调节各部分温度和起到挡渣作用。浇注系统通常由外浇口、直浇道、横浇道和内浇道等组成，如图2-38所示。

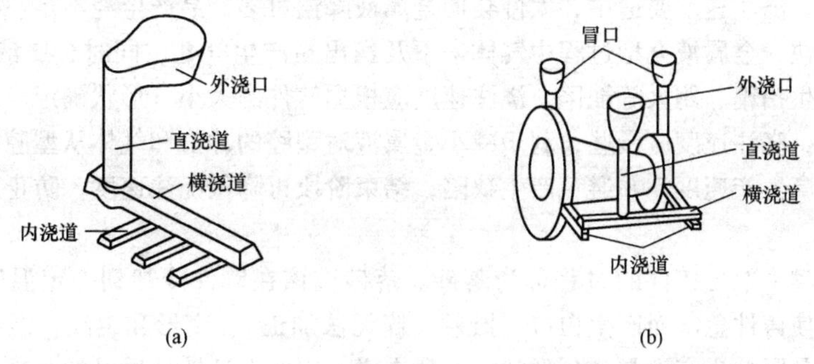

图2-38　浇注系统的组成

（a）带盆形外浇口的浇注系统；（b）带漏斗形外浇口的浇注系统

（2）浇注前的准备工作。

①准备浇包。浇包是用于盛装铁液进行浇注的工具。应根据铸型大小、生产批量准备合适和足够数量的浇包。浇包在使用前应烘干，以免降低铁液温度或引起铁液飞溅。浇包按容量可分为吊包、手提浇包、抬包。常见的浇包如图2-39所示。

吊包的容量在200 kg以上，用吊车装运进行浇注，适用于浇注大型铸件。吊包有一个操纵装置，浇注时，能倾斜一定的角度，使金属液流出。这种浇包可减轻工人的劳动强度，改善生产条件，提高劳动生产率。

手提浇包的容量在20 kg左右，适用于浇注小铸件。其特点是适合一人操作，使用方便、灵活，不容易伤害操作者。

抬包的容量在50～100 kg，适用于浇注中小型铸件。至少要由两人操作，使用也比较方便，但劳动强度大。

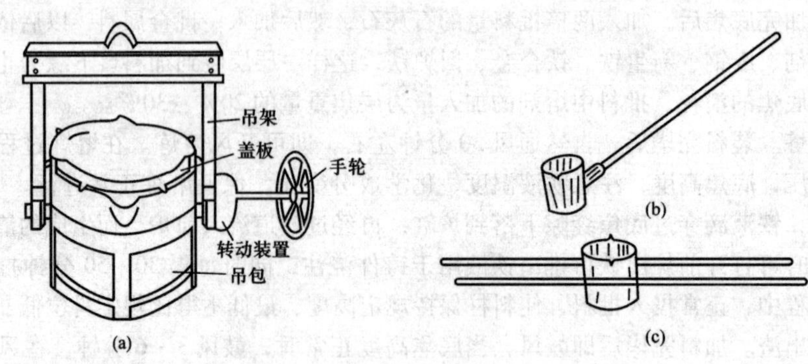

图2-39　浇包

（a）吊包；（b）手提浇包；（c）抬包

②清理通道。浇注时行走的通道不能有杂物挡道，更不许有积水。

（3）浇注工艺。

①浇注温度。金属液浇注温度的高低，应根据铸件材质、大小及形状来确定。浇注温度过低时，铁液的流动性差，易产生浇不足、冷隔、气孔等缺陷；而浇注温度偏高时，铸件收缩大，易产生缩孔、裂纹、晶粒粗大及粘砂等缺陷。铸铁件的浇注温度一般为1 250～1 360 ℃，铝合金的浇注温度为620～730 ℃。对形状复杂的薄壁铸件，浇注温度应高些；厚壁简单铸件，浇注温度可低些。

②浇注速度。浇注速度要适中，太慢会使金属液降温过多，易产生浇不足、冷隔、夹渣等缺陷；浇注速度太快，金属液充型过程中气体来不及逸出易产生气孔，同时金属液的动压力增大，易冲坏砂型或产生抬箱、跑火等缺陷。浇注速度应根据铸件的大小、形状确定。

浇注开始时，浇注速度应慢些，利于减小金属液对型腔的冲击和气体从型腔排出；随后浇注速度加快，以提高生产速度，并避免产生缺陷；结束阶段再降低浇注速度，防止发生抬箱现象。

3. 落砂

浇注后从铸型中取出铸件的过程称为落砂。落砂应该在铸件冷却到一定温度后进行，温度太高时落砂，会使铸件急冷而产生白口（既硬又脆无法加工）、变形和裂纹；但也不能冷却到常温时才落砂，以免影响生产率与铸件形状。一般来说，应在保证铸件质量的前提下尽早落砂。

落砂的方法有手工落砂和机械落砂两种。在专业化或大量生产中一般用落砂机进行落砂。常用的机械为震动式落砂机。

4. 清理

将铸件上的粘砂、浇冒口、飞边和氧化皮清除掉的工序称为清理。

清理工作主要包括切除浇冒口、清除砂芯、清除粘砂和对铸件进行修整等工作。浇冒口常用敲击、锯削和氧气切割清除。飞边、氧化皮可用风铲和手工工具清除。用高压水束喷射铸件清理残留砂，称为水力清砂。将铸件和星铁（专用于清理的小铁件）装在滚筒中，滚筒转动，铸件和星铁互相碰撞摩擦进行清理称为滚筒清理。抛丸清理是利用高速旋转的叶轮产生的离心力，将铁丸抛向铸件进行表面清理。

5. 时效处理

铸件壁厚不均、冷却速度不同，造成各部分收缩不一致而产生内应力，从而使铸件产生变形，甚至出现裂纹。时效处理的主要目的就是消除内应力。时效处理分为自然时效和人工时效。自然时效是把铸件露天堆放一年以上，使应力自然消除。人工时效一般把铸件加热到550～600 ℃，保温2～4小时，然后随炉缓冷；必要时还需高温退火，把铸件加热到900～950 ℃，保温2～5小时后随炉缓冷，可使白口铸铁中的渗碳体分解成石墨，以消除白口组织，便于加工。

6. 检验

检验是检查铸件是否符合要求的必要工序。外观检查可以检查铸件的形状、尺寸和表面缺陷。铸件内的缺陷可用射线、超声波检查。铸件的化学成分、金相组织可分别用化学分析和金相显微镜检查。

三、轴承盖砂型熔炼和浇注操作实习

1. 金属的熔炼

用金属熔炼设备熔炼金属。

2. 金属液的浇注

用浇包浇注时，金属液流应对准浇口盆，浇包高度要适宜。要一次浇满铸型，不能断断续续地浇注，以防铸件产生冷隔现象。浇注时，应保持浇口盆充满金属液，否则熔渣会进入型腔。若型腔内金属液沸腾，应立即停止浇注，用干砂盖住浇口。型腔充满金属液后，应稍等一些时间，再在浇口盆内补浇一些金属液，在上面盖上干砂以保温，防止产生缩孔和缩松。

3. 铸件的落砂与清理

铸件冷却到合适温度后进行落砂，落砂后的铸件如图2-40所示。最后清除铸件浇冒口、去除毛刺和清理铸件表面粘砂，浇注操作完成。

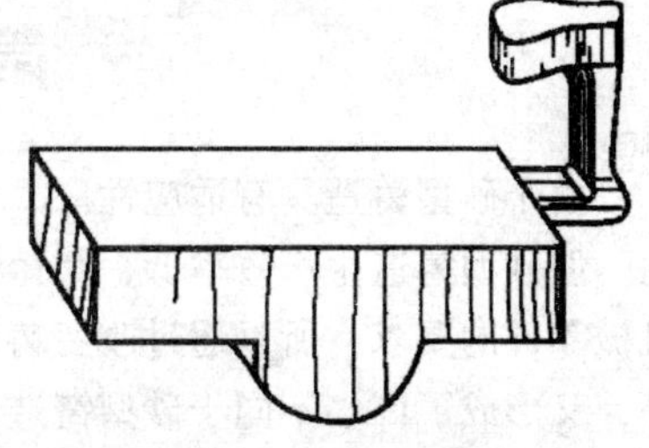

图2-40 落砂后的铸件

四、实习注意事项

（1）浇注前应清理生产现场，了解铸型情况，估计好铁液的重量，铁液不够时不应浇注。

（2）尽量事先除去浇包内浮在铁液表面的熔渣，以利浇注时扒渣或挡渣。

（3）开始时应细流浇注，防止飞溅；结束时也应细流浇注，防止铁液溢出，并可减少抬箱力。

（4）应注意及时引燃从铸型的冒口和出气孔中排出的气体，防止CO等有害气体污染空气。

（5）浇注过程中不能出现断流，应使浇口盆始终保持充满液态金属，以利于熔渣上浮。

（6）铸件凝固后应及时卸去压铁和砂箱紧固装置，以防铸件受到过大的铸造应力而产生裂纹。

五、评分标准

金属的熔炼与浇注实习评分标准见表2-2。

表2-2 金属的熔炼与浇注实习评分标准

班级		姓名		学号	
实习内容	金属的熔炼与浇注				
序号	检测内容	分值	扣分标准	学生自评	教师评分
1	熔炼	20	酌情扣分		
2	浇注	20	酌情扣分		

续表

班级		姓名		学号	
3	落砂和清理	20	酌情扣分		
4	铸件质量	20	酌情扣分		
5	工艺过程	10	酌情扣分		
6	遵守纪律和安全规范	10	酌情扣分		
综　合　得　分		100			

思考与练习题

1. 冲天炉熔化金属可采用哪些炉料？各起什么作用？
2. 液态金属浇注时，型腔中的气体从哪里来？应采取哪些措施防止铸件产生气孔？
3. 浇注温度过高或过低会产生什么后果？
4. 浇注速度的快慢对铸件有何影响？浇注时断流会产生什么缺陷？

第四节　特种铸造简介

由于砂型铸造具有适应性广、生产设备简单、铸件成本低等优点，在生产中得到了广泛应用。但砂型铸造生产效率低，其铸件尺寸精度和表面质量及内部质量已远不能满足现代工业对机械零件的要求，所以通过改变铸型材料、浇注方法、液态合金充填铸型的形式或铸件凝固条件等，又形成了许多不同于砂型铸造的其他铸造方法。凡是有别于砂型铸造工艺的其他铸造方法，统称为特种铸造。特种铸造包括熔模铸造、金属型铸造、压力铸造、离心铸造、陶瓷型铸造、低压铸造、挤压铸造等。

本节就几种较为常见的特种铸造方法的工艺过程、特点及应用做简单介绍。

一、熔模铸造

熔模铸造也称失蜡铸造或精密铸造，是指用易熔材料（通常用蜡料）制成模样，然后在模样上涂挂耐火涂料，制成型壳经硬化后，再将模样熔化、排出型外，从而获得无起模斜度、无分型面、带浇注系统的整体铸型进行铸造的方法。

1. 熔模铸造工艺过程

熔模铸造工艺过程包括熔模组制造、型壳制作、脱蜡、型壳焙烧、浇注、落砂和清理，如图2-41所示。

（1）熔模组制造。熔模材料有两种：一种是由50%石蜡加50%（质量分数）硬脂酸组成的蜡基模料，另一种是树脂（松香）基模料。制造熔模的方法是用压力把糊状模料压入型腔，待其凝固、冷却后取出，如图2-41（a）、（b）所示。然后将多个熔模按一定方式焊在浇口棒熔模上，组成模组，如图2-41（c）所示。

（2）型壳制作。将蜡模组浸泡在耐火涂料中，一般铸件用石英粉水玻璃涂料，高合金钢件用钢玉粉硅酸乙酯水解液涂料，如图2-41（d）所示。待熔模表面均匀挂上一层涂料后，在蜡模表面撒上一层细石英砂，然后硬化。水玻璃涂料型壳浸在氯化铵溶液中硬化，硅酸乙酯水解液型

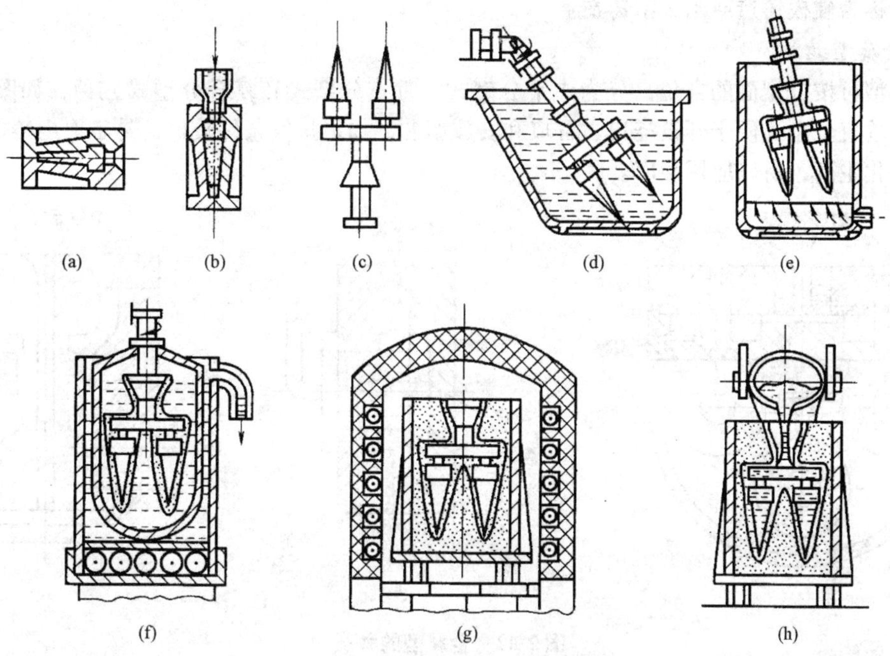

图 2-41　熔模铸造的工艺过程

（a）压型；（b）压制蜡模；（c）焊蜡模组；（d）挂涂料；（e）结壳；（f）脱蜡；（g）焙烧；（h）浇注

壳通氯气硬化，如图2-41（e）所示。一般经过5～9次的重复挂涂料、撒砂和硬化过程，就在熔模外面制得一个多层的型壳。在型壳的制作过程中，其内层撒砂粒度应细小，外表层（加固层）粒度应逐渐加大。铸件越大，砂壳层数应越多。

（3）脱蜡、型壳焙烧。常用脱蜡的方法有热水法和高压蒸汽法，热水法适用于一般铸件，高压蒸汽法适用于质量要求较高的复杂铸件，如图2-41（f）所示。起模后把型壳加热到800～1 000 ℃进行焙烧，水玻璃型壳取下限，硅酸乙酯水解液型壳取上限，如图2-41（g）所示。焙烧后可提高型壳强度，型腔更为干净。

（4）浇注、落砂和清理。为提高金属液的充型能力，防止产生浇不到、冷隔等缺陷，焙烧后应趁热（型壳温度为600～700 ℃）进行浇注，如图2-41（h）所示。待铸件冷却后去掉型壳，清理型砂、毛刺等，即可得到所需铸件。

2. 熔模铸造的特点及应用

熔模铸造的特点是铸件尺寸精度高，能铸造外形复杂的零件，铝、镁、铜、钛、铁、钢等合金零件都能用此方法铸造，现代航空航天、兵器、船舶、机械制造、家用电器、仪器仪表等行业都有应用，如铸铝热交换器、不锈钢叶轮、铸镁金属壳体等。

熔模铸造的主要缺点是：生产工艺过程繁杂、生产周期长（4～15天），铸件成本比砂型铸造高。此外，熔模铸造难以实现全部机械化、自动化生产，且铸件不宜过大，一般为几十克到几千克，最大不超过25千克。

二、金属型铸造

用金属材料制成的铸型称为金属型。液态合金依靠重力浇入金属铸型获得铸件的方法，称为金属型铸造。由于金属型是用铸铁、钢或其他合金制成，能反复多次使用，所以习惯上又把金属型铸造称为硬模铸造或永久型铸造。

1. 金属型结构

金属型可按分型面的方位，分为水平分型式、垂直分型式和复合分型式三种，如图2-42所示。其中垂直分型式便于开设浇口、冒口和安放型芯，加之排气条件较好，易于取出铸件，便于实现机械化生产，所以应用最广。

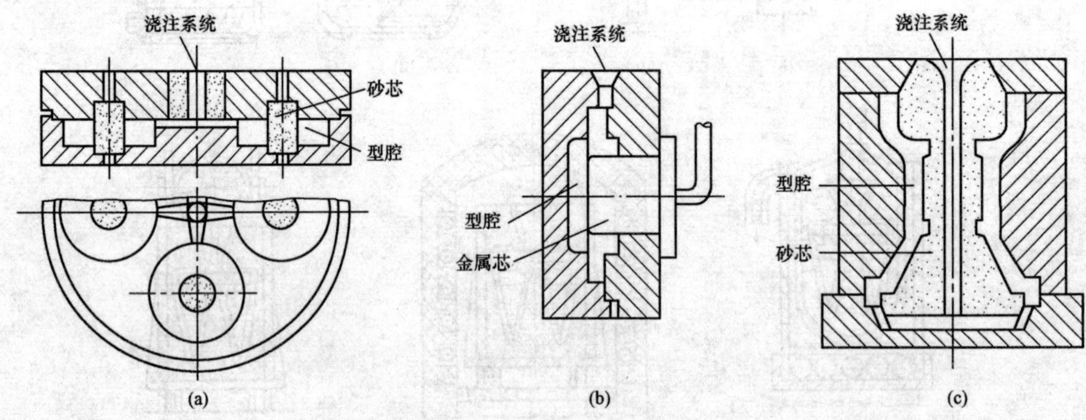

图2-42 金属型的种类

(a) 水平分型式；(b) 垂直分型式；(c) 复合分型式

2. 金属型铸造工艺特点

由于金属型较砂型导热快，为了获得优质铸件和延长金属型的使用寿命，必须严格控制其铸造工艺。

(1) 预热金属型。金属型在浇注前要进行预热。通常铁质金属件预热温度为200~350 ℃，非铁金属件预热温度为100~250 ℃。预热的目的是防止因金属液冷却过快和冷却不均匀而造成浇不足、冷隔、裂纹等缺陷。同时，因减少了铸型与金属液的温差，铸型的寿命得以延长。

(2) 喷刷涂料。金属型型腔和型芯在浇注前应喷刷涂料，以便减缓铸件的冷却速度，防止高温金属对铸型的直接冲刷，保护铸型且不粘型，提高铸件质量。涂料一般由耐火材料（石墨粉、氧化锌、硅石粉和耐火黏土等）、水玻璃黏结剂和水组成。涂料层厚度为0.1~0.5 mm。

(3) 适当的开型时间及防止铸件产生白口倾向。金属型无退让性，浇注后，铸件在铸型中停留时间越长，由于收缩量增加，铸件的出型及抽芯困难，铸件的裂纹倾向加大；同时，因铸件的冷却速度快，铸铁的白口倾向加大。为此，应使铸件尽早从铸型中取出。通常小型铸铁件的出型时间为10~60 s，铸件温度为780~950 ℃。为防止铸铁件产生白口，铸件壁厚不宜过薄（一般大于15 mm）。

3. 金属型铸造的特点及应用

与砂型铸造相比，金属型铸造的主要优点是：能实现“一型多铸”，便于机械化和自动化生产，大大提高了生产率，改善了劳动条件；铸件尺寸精度高，表面质量好；铸件冷却速度快，结晶晶粒细小，组织致密，具有较高的力学性能（铸件抗拉强度比砂型铸造高10%~20%）。

其主要缺点是：制造铸型的成本高，周期长，铸造工艺要求严格；铸铁件易产生白口，不宜生产大型、复杂铸件。

金属型铸造主要适用于成批生产非铁金属铸件，如铝合金、镁合金、铜合金等中小型铸件。

三、压力铸造

压力铸造是将熔融金属在高压下快速压入铸型，并在压力下凝固，以获得铸件的铸造方法。压力铸造通常是在压铸机上完成的，压铸机有多种形式，目前应用最多的是卧式冷压室压铸机，其压射室不浸在高温金属液中，压射室中心线呈水平位置。

1. 压力铸造工艺过程

图2-43所示为卧式冷压室压铸机工作过程示意图。铸型由定型和动型组成，定型固定在机架上，动型由合型机构带动，可以在水平方向上移动。工作时，首先预热金属铸型、喷涂料；然后合型、注入金属液，如图2-43（a）所示；压射冲头在高压下推动金属液充满型腔并凝固，如图2-43（b）所示；最后动型由合型机构带动打开铸型，由顶杆顶出铸件，如图2-43（c）所示。

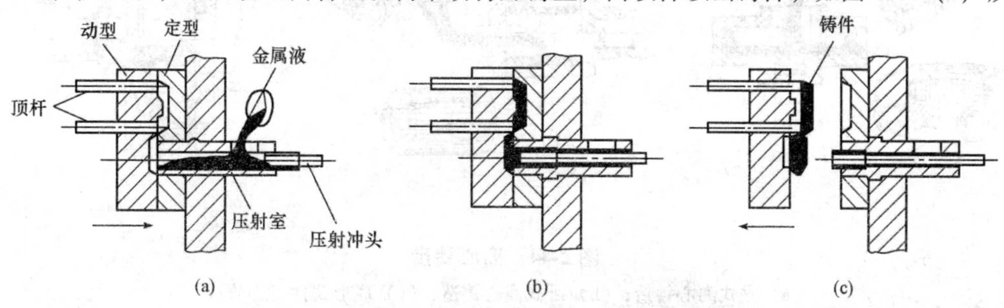

图2-43　卧式冷压室压铸机工作过程示意图

（a）合型、浇注；（b）压射；（c）开型、顶出铸件

2. 压力铸造的特点及应用

压力铸造的主要优点是：铸件的精度和表面质量较其他铸造方法均高，因此压铸件不经机械加工或仅个别表面进行少量加工即可使用；由于压型精密，又增加了在高温下高速充型的能力，极大地提高了合金的充型能力，故压铸可铸出形状复杂的薄壁件，或直接铸出小孔、螺纹等；因铸件冷却速度快，又是在压力下结晶，所以铸件表层晶粒致密，强度和硬度都较高，铸件的抗拉强度比砂型铸造提高25%～30%；压力铸造的生产率比其他铸造方法高，易实现自动化生产。

压力铸造虽然是实现少切削或无切削加工非常有效的途径，但也有很多不足。主要是由于熔融金属的充型速度快、排气困难，常常在铸件的表皮下形成许多气孔。这些气孔是在高压下形成的，在热处理加热时，孔内气体膨胀将导致铸件表面产生气泡，所以压铸件不能用热处理来提高其性能。

压力铸造目前主要应用于铝、锌、镁、铜等有色合金的中、小型铸件的生产。在压铸件中，铝合金压铸件的生产占30%～50%，其次为锌合金压铸件。目前压铸已广泛应用于汽车、拖拉机、电器仪表、航空航天、精密仪器、医疗器械等行业。生产的零件有发动机气缸体、气缸盖、变速箱箱体、发动机罩、仪表和照相机的壳体等。

四、离心铸造

离心铸造是指将液态金属浇入高速旋转的铸型中，使金属液在离心力的作用下凝固成铸件的一种铸造方法。

1. 离心铸造过程

离心铸造主要用于生产圆筒形铸件。为使铸型旋转，离心铸造必须在离心铸造机上进行。根据铸型旋转轴空间位置不同，离心铸造机可分为立式和卧式两大类，如图2-44所示。

在立式离心铸造机上，铸型是绕垂直轴旋转的，如图2-44（a）所示。此种方式的优点是便于铸型的固定和金属液的浇注，但其内表面呈抛物线状，使铸件上薄下厚，因此不适宜铸造轴向长度较大的铸件，而主要用于铸造高度小于直径的圆环类铸件。

在卧式离心铸造机上，铸型是绕水平轴旋转的，如图2-44（b）所示。采用这种方式铸造，铸件各部分的冷却条件相似，故铸出的圆筒形铸件无论在轴向和径向的壁厚都是均匀的，因此适用于生产长度较大的套筒、管类等铸件。

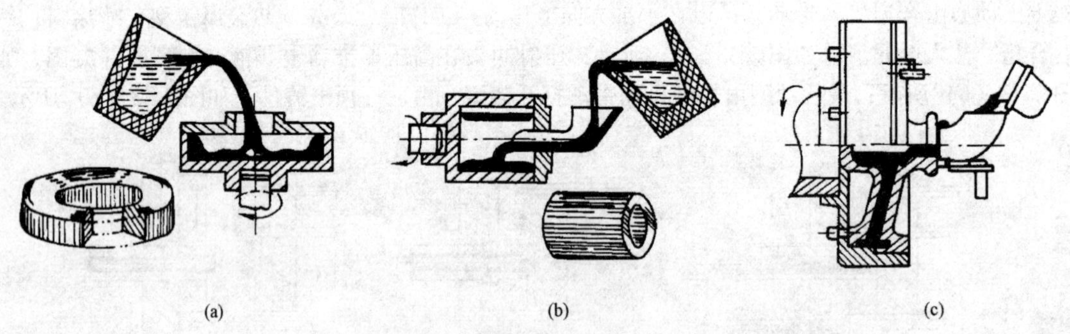

图2-44　离心铸造

（a）立式离心铸造；（b）卧式离心铸造；（c）成形铸件离心铸造

2. 离心铸造的特点及应用

离心铸造的主要优点是：可利用自由表面生产圆筒形铸件，省去型芯和浇注系统，因此，省工、省料，降低了铸件成本；在离心力的作用下，铸件由外向内定向凝固，有利于气体、熔渣的排除，故铸件组织致密，极少有气孔、夹渣等缺陷；熔融金属受离心力的作用，充型能力强，便于生产流动性差的合金及薄壁件；便于铸造双金属铸件，如滑动轴承的轴瓦等，其结合面牢固、耐磨，可节约贵重金属材料。

离心铸造的缺点是：内壁尺寸偏差大且质量较差，不适于铸造密度偏大的合金及轻合金，如铅青铜、铝合金、镁合金等。

离心铸造主要用于生产铁质金属、非铁金属等材料的各类管状零件的毛坯，如铸铁管、气缸套、铜套和双金属轴承等。

思考与练习题

1. 什么是熔模铸造？简述熔模铸造的工艺过程、生产特点和应用范围。
2. 试举出几种特种铸造方法。相对于砂型铸造，它们具有什么优点？

第三章

锻压加工

第一节 锻压加工概述

锻造和冲压都是对坯料施加外力，使其产生塑性变形，改变尺寸、形状并改善性能，以获得毛坯或零件的加工方法，统称为锻压。

用于锻压的金属应具有良好的塑性，以便在锻压加工时能产生较大的塑性变形而不破坏。常用的金属材料中，钢、铝、铜等塑性良好，可以锻压，铸铁塑性很差，不能锻压。锻造是在加热状态下进行的，而冲压则多以板料为原材料，在室温下进行。

按照成形方式的不同，锻造可分为自由锻造和模型锻造两类。

将加热后的金属坯料放在铁砧上或锻造机械的上、下砧之间进行的锻造，称为自由锻造。前者称为手工自由锻造，后者称为机器自由锻造。自由锻造所用的设备、工具有极大的通用性，工艺灵活性高，最适合于形状较简单的单件、小批生产件和大型锻件的生产。由于锻件的精度低、生产率低等缺点，随着工业的发展，除特大锻件外，自由锻造更多地被模型锻造所取代。

将加热后的金属坯料放在固定于模型锻造设备上的锻模模膛内，施加冲击力或压力，使坯料产生塑性变形，从而获得与模膛形状相同的锻件，这种锻造方法称为模型锻造，简称模锻。模型锻造与自由锻造相比具有如下特点：有较高的生产率；锻件尺寸精确，加工余量小；可以锻出形状比较复杂的锻件；可节省金属材料，减少切削加工工作量，降低了零件的成本。但是模型锻造使坯料整体受压同时变形，变形抗力较大，要求使用吨位大而较精密的设备，所用的锻模是贵重的模具钢经复杂加工制成的，成本较高，因此适用于大批量生产。受设备吨位的限制，模型锻造一般仅限于生产 150 kg 以下的小型锻件。

一、锻压加工的特点及应用

锻压加工具有以下特点：

（1）能改善金属的组织，提高其力学性能。这是由于加工时的塑性变形可以使金属坯料获得较细密的晶粒，并能消除钢锭遗留下来的内部缺陷（微裂纹、气孔等），合理控制零件的纤维方向，因而制成的产品力学性能较好。

（2）能节约金属，提高经济效益。由于锻造可使坯料的体积重新分配，获得更接近零件外形的毛坯，加工余量小，因此在零件的制造过程中材料损耗少。如制造直径为 8 mm、长 22 mm 的螺钉，锻压加工所用的材料仅为切削加工的 1/3。

（3）能加工各种形状及重量的产品。如形状简单的螺钉，形状复杂的多拐曲轴；重量极轻的表针及重达数百吨的大轴。

锻压不适合加工形状极为复杂的零件。

锻压是机械制造中提供机械零件毛坯的主要加工工艺之一。如承受重载荷、冲击载荷的重要机械零件（主轴、连杆、重要的齿轮等），多以锻件为毛坯。汽车、拖拉机、航空、家用电器、仪器仪表等工业中广泛使用的是板料冲压件。

二、锻压加工实习安全操作规程

锻压实习时必须遵守以下安全操作及劳动保护要求：

（1）要按规定穿戴好工作服、工作皮鞋和防护帽。

（2）未经实习指导教师许可，不准擅自动用任何设备、电闸、开关和操作手柄，以免发生安全事故。

（3）如有异常现象或发生安全事故，应立即拉下电闸或关闭电源开关，并停止实习，保留现场并及时报告指导教师，待查明事故原因后方可再行实习。

（4）实习前应清点工具，检查锤柄是否牢固，铁砧面有无裂纹。

（5）严禁空击铁砧面，铁砧面禁止有油或水，铁砧面上的氧化皮应随时清除。

（6）不许锻打过烧或冷却了的金属。

（7）不许赤手拿金属块。

（8）锻打工件要将夹钳放平，谨防工件打偏飞出。

（9）拿夹钳时，手指不要放在两个钳柄之间，钳柄不要对准腹部，工具的尾柄应放在身体的侧面，挥锤时身后 2.5 m 以内严禁站人。

（10）机锻时严禁上下铁砧空击，禁止说笑和擅自落锤，严禁把手放入上下铁砧之间。

思考与练习题

1. 锻压加工有哪些特点？

2. 用于锻压加工的材料应具有什么样的性能？常用材料中哪些可以锻压？哪些不能锻压？

第二节　自由锻造加工实习

一、实习内容

手工自由锻阶梯轴操作实习。

二、工艺知识

1. 锻造生产过程

锻造生产过程主要包括下料、坯料的加热、锻造成形、锻件的冷却、锻件的热处理等。

（1）下料。下料是根据锻件的形状、尺寸和重量，从选定的原材料上截取相应的坯料。中小型锻件一般以热轧圆钢或方钢为原材料。锻件坯料的下料方法主要有剪切、锯削、氧气切割等。大批量生产时，剪切可在锻锤或专用的棒料剪切机上进行，生产效率高，但坯料切口质量较差。锯削可在锯床上使用弓锯、带锯或圆盘锯进行，坯料切口整齐，但生产率低，主要适用于中小批量生产。锯削采用砂轮锯片可大大提高生产率。氧气切割设备简单，操作方便，但切口质量较差，且金属损耗较多，只适用于单件、小批量生产，特别适合大截面钢坯和钢锭的切割。

（2）坯料的加热。锻造前要对金属坯料加热，目的在于提高其塑性和降低其变形抗力，亦即提高其锻造性。

加热过程中，金属表面被氧化而形成氧化皮，不仅造成金属损耗，而且在锻造时易被压入锻件表面，影响表面质量。钢的加热温度越高，加热时间越长，则氧化皮越多。因此，对坯料加热的要求是：在保证坯料均匀热透的前提下，用最短的时间加热到所需的温度，以减少金属的氧化和降低燃料的消耗。

锻件的整个锻打过程是在金属的锻造温度范围内进行的。坯料加热后塑性提高，但是加热温度过高，坯料会产生许多加热缺陷，甚至成为废品。我们把允许加热的最高温度称为始锻温度。始锻温度一般低于熔点 100 ~ 200 ℃。在锻打过程中，随着坯料温度的降低，塑性下降，其变形抗力也增高。当温度低到一定程度，不仅锻打费力，而且容易打裂，必须停止锻打。我们把金属材料允许变形的最低温度称为终锻温度。从始锻温度到终锻温度这一温度区间称为锻造温度范围。一般来说，始锻温度应使锻坯在不产生过热、过烧缺陷的前提下尽可能高些，终锻温度应使锻坯在锻造中不产生冷变形强化的前提下，尽可能低些，这样可减少加热次数和提高生产率。坯料加热到始锻温度后即开始锻打。随着锻打的进行，坯料温度逐渐降低，当温度降到其终锻温度时应终止锻打。如果锻件还未完成，应重新加热后再进行锻打。常用金属材料的锻造温度范围见表 3-1。

表 3-1　常用金属材料的锻造温度范围

种　类	始锻温度/ ℃	终锻温度/ ℃
低　碳　钢	1 200 ~ 1 250	800
中　碳　钢	1 150 ~ 1 200	800
低碳合金钢	1 100 ~ 1 150	850
铝　合　金	450 ~ 500	350 ~ 380
铜　合　金	800 ~ 900	650 ~ 700

锻造时坯料的加热温度可用仪表测量，但生产中一般通过观察金属的火色来大致判断。碳钢加热温度与火色的关系见表 3-2。

表 3-2　碳钢加热温度与火色的关系

温度/ ℃	1 300	1 200	1 100	900	800	700	600
火色	黄白	淡黄	黄	淡红	樱红	暗红	赤褐

金属坯料的加热，按所采用的热源不同，分为火焰加热与电加热两大类。

火焰加热是采用烟煤、焦炭、重油、柴油、煤气作燃料，当燃料燃烧时，产生含有大量热能的高温火焰将金属加热。

火焰加热常用设备有手锻炉、室式重油炉和煤气炉等。手锻炉由炉膛、烟罩、鼓风机、风门、风管等组成，其构造如图 3-1 所示，常用的燃料为烟煤。手锻炉具有结构简单、操作容易等优点，但生产率低，加热质量不高。室式重油炉的结构及工作原理如图3-2所示，重油与具有一定压力的空气分别由两个管道送入喷嘴，当压缩空气从喷嘴喷出时，所造成的负压能将重油带出，在喷嘴口附近混合雾化后，喷入炉膛进行燃烧。调节重油及空气流量，便可调节炉膛的燃烧温度。煤气炉的构造与室式重油炉基本相同，其主要区别在于喷嘴的结构不同。

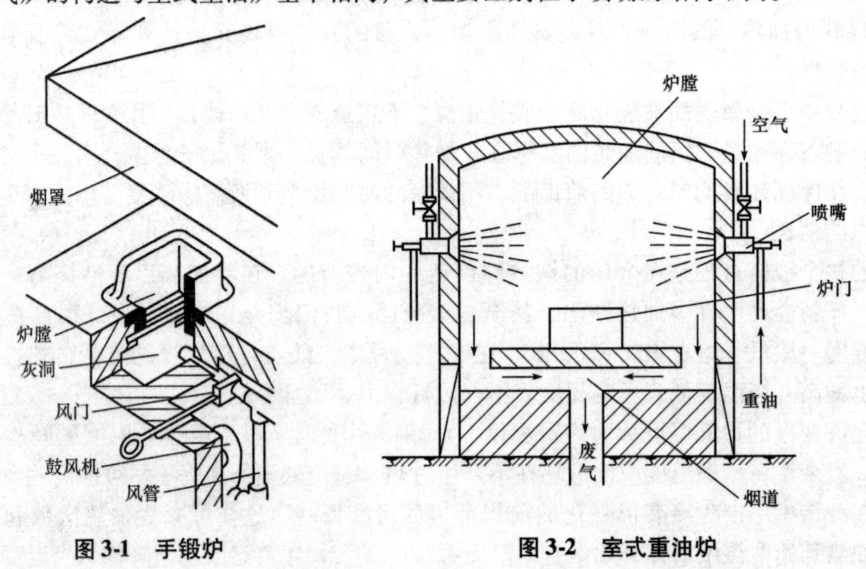

图3-1　手锻炉　　**图3-2　室式重油炉**

电加热是通过把电能转变为热能来加热金属坯料。电加热的方法主要有电阻加热、接触加热和感应加热，工作原理如图3-3所示。

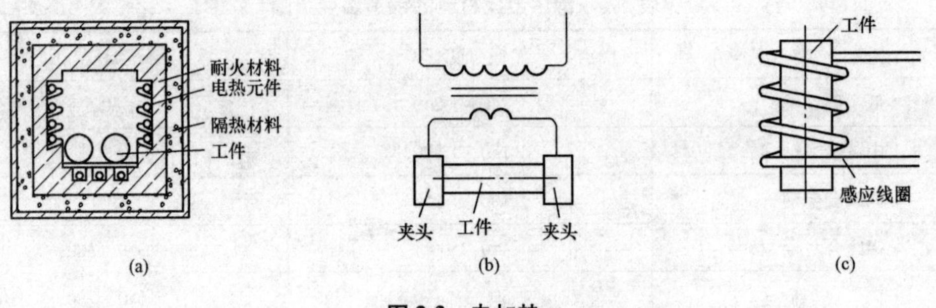

图3-3　电加热

（a）电阻加热；（b）接触加热；（c）感应加热

电阻加热是利用电流通过电热元件产生热量，间接加热金属，加热炉通常做成箱形。电阻加热的特点是结构简单，炉内气温容易控制，升温慢，温度控制准确。电阻加热主要用于有色金属、耐热合金和高合金钢的加热。

接触加热是利用变压器产生的大电流通过金属坯料，坯料因自身的电阻而得到加热。这种方法的优点是加热速度快，热效率高，金属烧损少，耗电少，加热温度不受限制。接触加热适用于棒料的加热。

感应加热是用交变电流通过感应线圈而产生交变磁场，使置于感应线圈中的坯料内部产生交变涡流而升温加热。该方法感应加热设备复杂，但加热速度快，加热质量好，温度控制准确，便于和锻压设备组成生产线以实现机械化、自动化，适用于现代化生产。

锻造时，加热不当可能产生多种缺陷。常见的加热缺陷有氧化、脱碳、过热、过烧、裂纹等。

①氧化。在高温下，坯料的表层金属与炉气中的氧化性气体（氧、二氧化碳、水蒸气及二氧化硫等）进行化学反应生成氧化皮，造成金属烧损，这种现象称为氧化。减少氧化的措施是在保证加热质量的前提下，尽量采用快速加热和避免金属在高温下停留时间过长。在使燃料完全燃烧的条件下，严格控制送风量，尽量减少送进的空气也是减少氧化的办法。坯料每加热一次，氧化烧损量占坯料重量的2%～3%，在计算坯料的重量时，应加上这个烧损量。

②脱碳。在加热过程中，金属表层的碳与炉气中的二氧化碳、水蒸气、氧气等发生化学反应，引起表层含碳量减少的现象称为脱碳。脱碳层厚度小于锻件的加工余量时，对零件没有危害；脱碳层厚度大于加工余量时，零件表层的硬度和强度会降低。

③过热。当坯料加热温度过高或高温下保持时间过长时，内部晶粒会迅速长大，成为粗晶粒，这种现象称为过热。过热的坯料在锻造时容易产生裂纹，力学性能变差，所以应当尽量避免产生过热现象。锻后如发现晶粒粗大，可进行热处理使之细化。

④过烧。加热温度超过始锻温度过多，使晶粒边界出现氧化及熔化的现象称为过烧。碳钢发生过烧时，由于晶界被氧化，会射出耀眼的白炽色火花。过烧缺陷是无法挽救的，故加热时不允许有过烧现象。避免金属过烧的措施是注意加热温度、保温时间和控制炉气成分。

⑤裂纹。大型或复杂的锻件，由于其材料的塑性差或导热性差，如加热速度过快或装炉温度过高，造成坯料内外温差大，膨胀不一致，就可能会产生裂纹。为了防止裂纹的产生，要严格制定和遵守正确的加热速度和装炉温度。

（3）锻造成型。锻造成型主要指二次塑性加工，即以一次塑性加工的棒材、板材、管材或铸件为毛坯生产零件及其毛坯。锻造成型又称为体积成型，受力状态主要是三向压应力状态。锻造分为自由锻和模锻两大类。

自由锻造根据锻造设备类型及外力作用方式不同，可分为手工锻造、锤上自由锻造和液压机上自由锻造三种方式。自由锻造的生产效率和锻造尺寸精度均较模锻低，但在单件、小批量生产，特别是大锻件的生产中仍是一种最有效的成型方法。

模锻在变形过程中，由于模膛对金属坯料流动的限制，因而锻造终了时可获得与模膛形状相符的模锻件。模锻根据使用设备不同，可分为锤上模锻、压力机上模锻、胎模锻等。模锻具有生产效率高、锻件尺寸精确、加工余量小、锻件形状复杂、生产批量大、零件成本低、操作简单，劳动强度低等优点，尤其适合小型锻件的大批量生产。

（4）锻件的冷却。锻件的冷却是保证锻件质量的重要环节。冷却的方法有以下几种。

①空冷。热态锻件在空气中冷却的方法，称为空冷。其冷却速度较快，低、中碳钢和低合金钢的小型锻坯一般采用这种方法冷却。这种方法对环境的要求是没有过堂风，地面干燥。

②坑冷。将热态锻件放在地坑（或铁箱）中缓慢冷却，这种方法称为坑冷，其冷却速度较空冷低。

③灰砂冷。将热态锻件埋入炉渣、灰或砂中缓慢冷却，该方法称为灰砂冷，其冷却速度低于坑冷。

④炉冷。锻后将锻件放入炉中缓慢冷却，这种方法称为炉冷，其冷却速度低于灰砂冷。

一般而言，锻件中碳及合金元素的含量越高，锻件越大，形状越复杂，其冷却速度越要缓慢，否则，锻件会产生变形，甚至裂纹。冷却速度过快，还会使锻件表面产生硬皮，难以切削加工。对于碳素结构钢和低合金钢的中小型锻件，锻后均采用冷却速度较快的空冷方法；对于成分复杂的合金钢锻件和大型碳钢件，要采用坑冷或炉冷。

（5）锻件的热处理。锻件在切削加工前，一般都要进行一次热处理，以便进行切削加工。

锻后也要进行热处理，使锻件的内部组织进一步细化和均匀化，消除锻造残余应力，降低锻件硬度。常用的锻后热处理方法有正火、去应力退火和球化退火等。具体的热处理方法和工艺要根据锻件的材料种类和化学成分确定。

2. 手工自由锻造工具

锻造生产中以自由锻造最为简单形象，常通过自由锻造的过程来完成锻造操作。自由锻造有手工自由锻造和机器自由锻造两种方法。手工自由锻造是靠人力和手工工具使金属变形，只能生产小型锻件。机器自由锻造是借助于空气锤或压力机使金属变形，常用于生产大型锻件。在生产实习中，受设备条件限制，手工自由锻造最容易实现，通常以手工自由锻造实习为主。

手工自由锻造工具可分为支持工具、锻打工具、成形工具、夹持工具和测量工具。

(1) 支持工具。支持工具是指锻造过程中用来支持坯料承受打击及安放其他用具的工具，如铁砧。铁砧多用铸钢制成，重量为100～150 kg，其主要形式如图3-4所示。

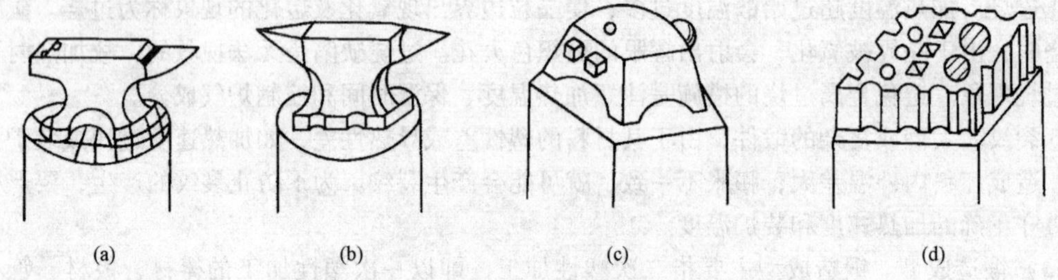

图3-4　铁砧

(a) 羊角砧；(b) 双角砧；(c) 球面砧；(d) 花砧

(2) 锻打工具。锻打工具是指锻造过程中产生打击力并作用于坯料上使之变形的工具，如大锤、手锤等。大锤一般用60钢、70钢或T7钢、T8钢制造，质量为3.6～3.7 kg，其主要形式如图3-5所示；手锤的质量为0.67～0.9 kg，其锤头主要形式如图3-6所示。

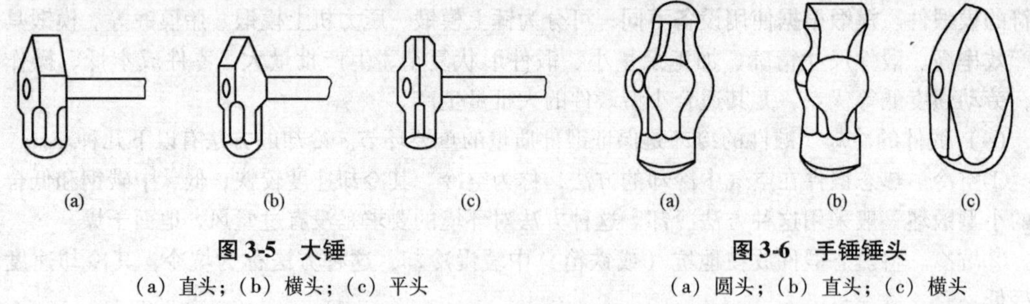

图3-5　大锤

(a) 直头；(b) 横头；(c) 平头

图3-6　手锤锤头

(a) 圆头；(b) 直头；(c) 横头

(3) 成形工具。成形工具是指锻造过程中直接与坯料接触并使之变形而达到所需要形状的工具。常用的成形工具如图3-7所示，包括冲孔用的冲子、修光外圆面的摔子以及漏盘、型锤等。

(4) 夹持工具。夹持工具是指用来夹持、翻转和转移坯料的工具。常用的有各种形状的钳子，如图3-8所示。

(5) 测量工具。测量工具是指用来测量坯料和锻件尺寸或形状的工具。常用的测量工具有钢直尺、卡钳、样板等，如图3-9所示。

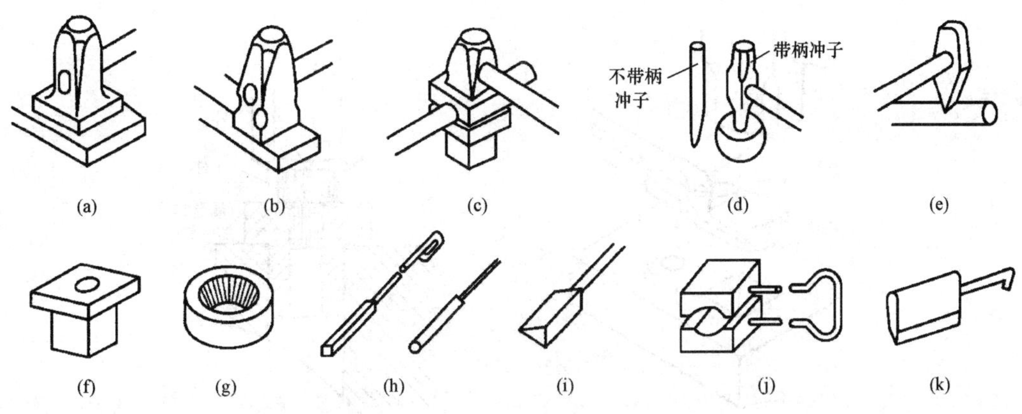

图 3-7　成形工具

（a）方平锤；（b）窄平锤；（c）型锤；（d）冲子；（e）錾子；
（f）漏盘；（g）垫环；（h）刻模；（i）压铁；（j）摔子；（k）剁刀

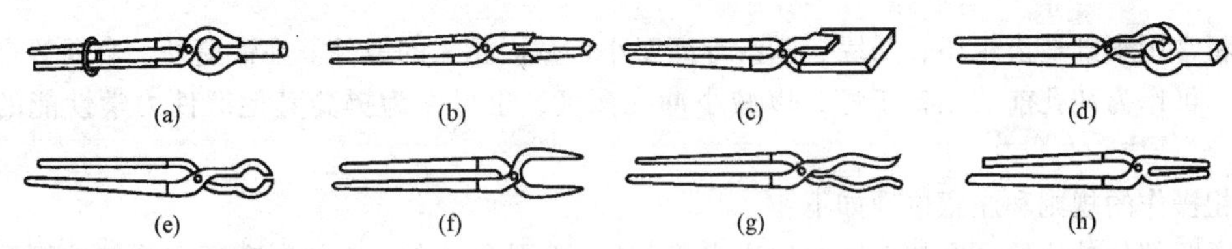

图 3-8　钳子

（a）圆钳子；（b）方钳子；（c）扁钳子；（d）方钩钳子；
（e）圆钩钳子；（f）大尖口钳子；（g）小尖口钳子；（h）圆尖钳子

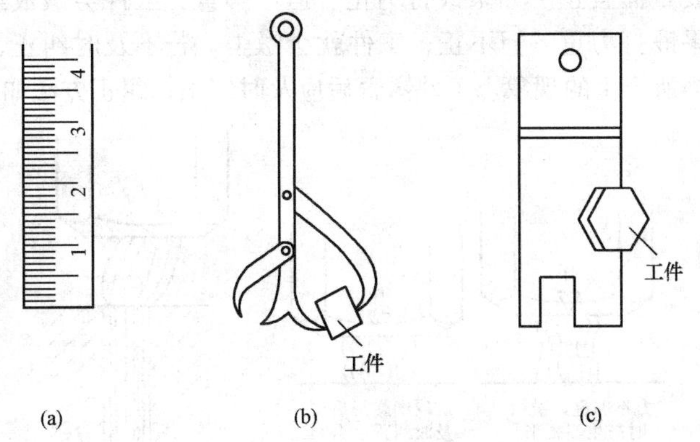

图 3-9　测量工量

（a）钢直尺；（b）卡钳；（c）样板

3. 手工自由锻造的基本工序及其操作

手工自由锻造的基本工序有镦粗、拔长、冲孔、弯曲、扭转、错移和切割，其中前三种应用较多。

（1）镦粗。镦粗是使坯料长度减小、横截面增大的操作。根据坯料的镦粗范围和所在部位的不同，镦粗可分为完全镦粗和局部镦粗两种，如图 3-10 所示。

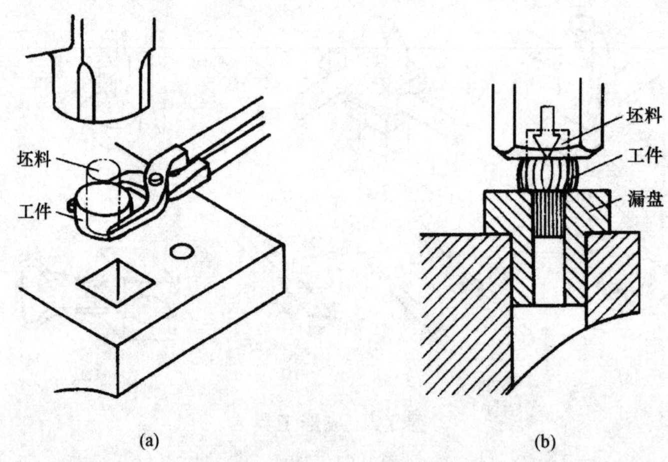

图 3-10　镦粗

（a）完全镦粗；（b）局部镦粗

镦粗常用来锻造齿轮坯、凸缘、圆盘等高度小、截面积大的锻件。在锻造环、套筒等空心类锻件时，可作为冲孔前的预备工序，以减小冲孔深度，也可作为提高其他锻件力学性能的预备工序。

镦粗操作的规则和注意事项如下：

①镦粗部分的原始高度与直径之比应小于2.5，否则会镦弯。工件镦弯后应将其放平，轻轻锤击矫正。

②镦粗前应使坯料的端面平整，并与轴线垂直，以免镦歪。坯料镦粗部分的加热必须均匀，否则镦粗时变形不均匀，镦粗后工件将呈畸形。

③镦粗时锻打力要重而且正。如果锻打力正、但不够重，工件会锻成细腰形，若不及时纠正，会镦出夹层；如果锻打力重、但不正，工件就会镦歪，若不及时纠正，就会镦偏。图 3-11 所示为镦粗时用力不当所产生的现象。工件镦歪后应及时纠正，纠正方法如图 3-12 所示。

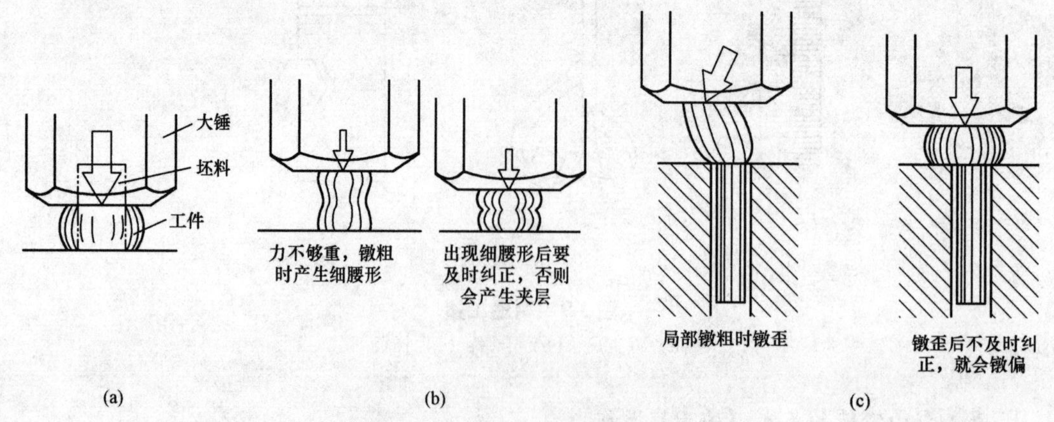

图 3-11　镦粗时用力要重而且正

（a）力要重且正；（b）力正但不够重；（c）力重但不正

（2）拔长。拔长是使坯料长度增大、横截面减小的操作。其主要用于轴、拉杆、长筒形等具有长轴线的锻件。

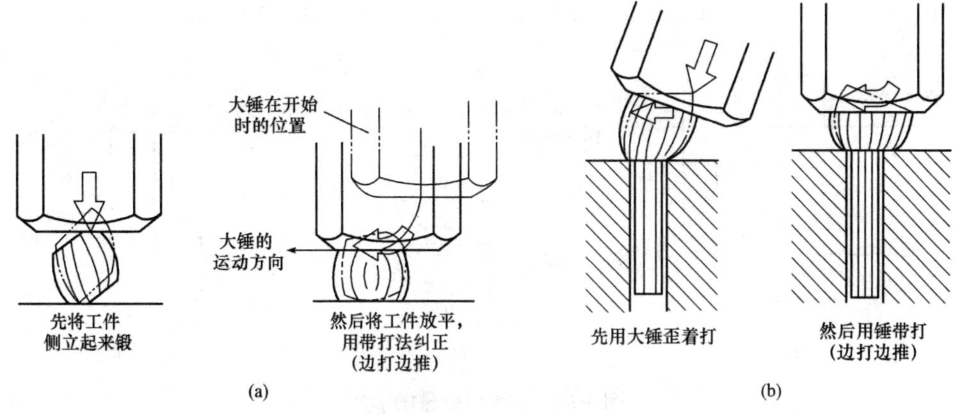

图 3-12　镦歪的纠正

（a）完全镦粗；（b）局部镦粗

拔长操作的规则和注意事项如下：

①拔长时工件要放平，锤打要准，力的方向要垂直，以免产生菱形，如图 3-13 所示。

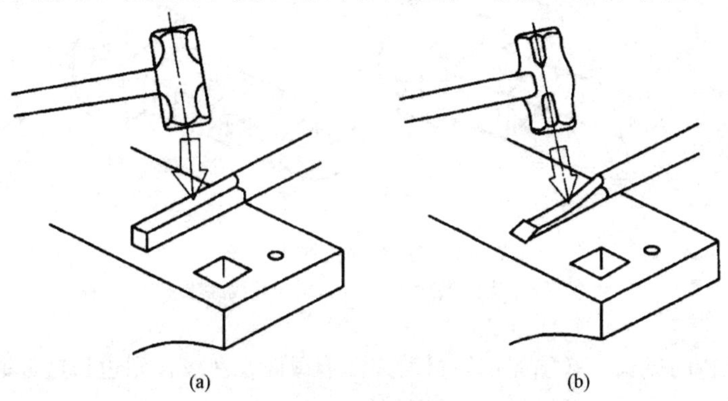

图 3-13　锤打的位置和力的方向

（a）工件延伸正确；（b）工件延伸产生菱形

②拔长时工件应沿上下砧的宽度方向送进，每次送进量 L 应为砧面宽度 B 的 30% ~70%，如图 3-14（a）所示。送进量太大，锻件主要向宽度方向流动，降低延伸效率，如图 3-14（b）所示；送进量太小，容易产生夹层，如图 3-14（c）所示。

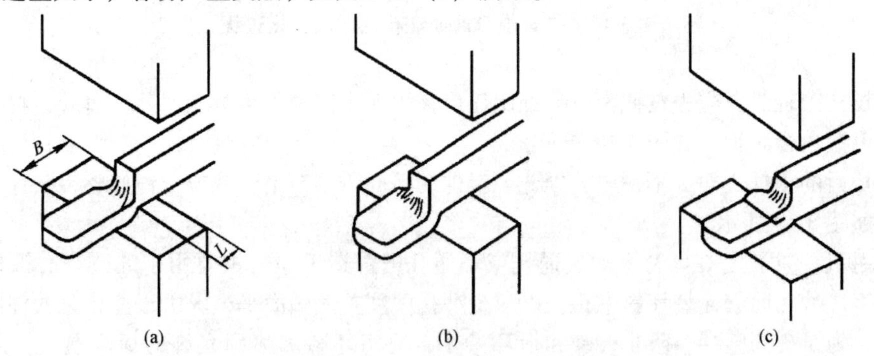

图 3-14　拔长时的送进方向和送进量

（a）送进量合适；（b）送进量太大；（c）送进量太小

③单边压下量 h 应小于送进量 L，否则会产生折叠，如图3-15所示。

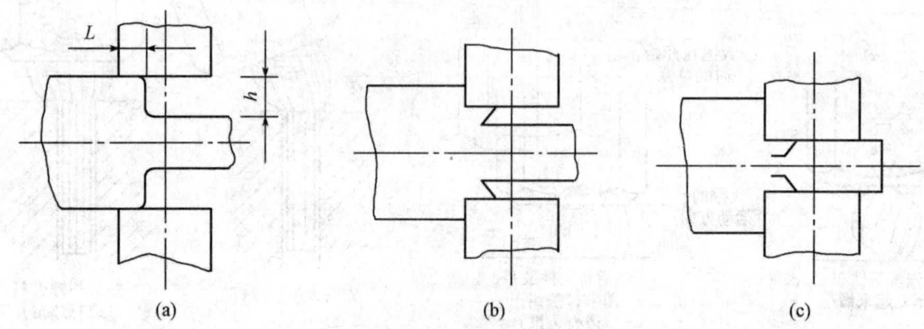

图3-15　拔长时折叠的形成

（a）压下量 $h>L$；（b）压下量太大；（c）形成折叠

④为了保证坯料在拔长过程中各部分的温度及变形均匀，不产生弯曲，需将坯料不断地绕轴线翻转，常用的翻转方法有反复90°翻转和沿螺旋线翻转两种，如图3-16所示。

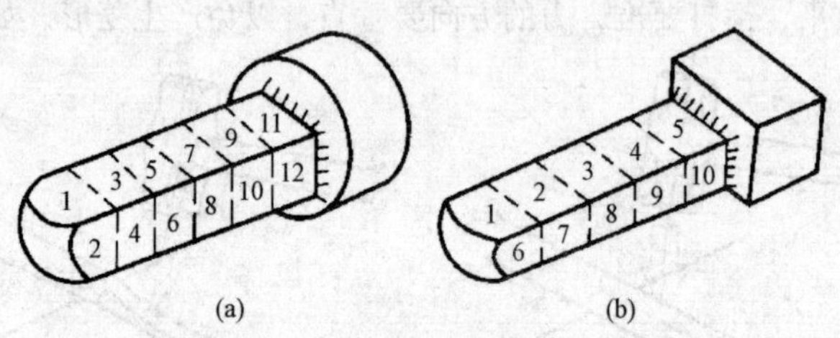

图3-16　拔长时的翻转方法

（a）反复90°翻转；（b）沿螺旋线翻转

⑤圆形截面坯料的拔长，必须先把坯料锻成方形截面，在拔长到边长接近锻件的直径时，再锻成八角形，最后滚成圆形，其过程如图3-17所示。

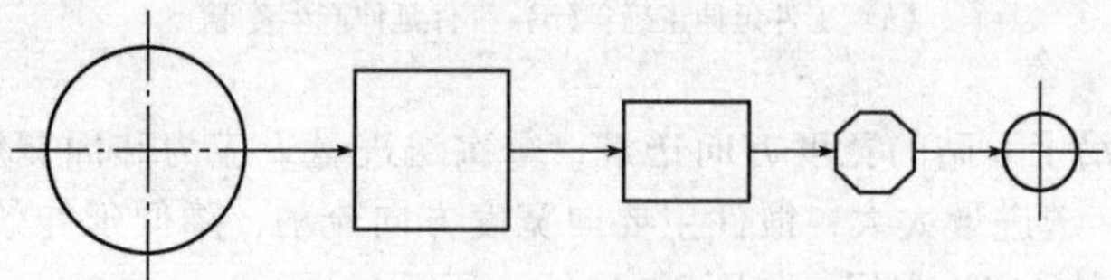

图3-17　拔长圆形截面坯料的截面变化过程

⑥拔长台阶轴时，应先在截面分界处用压肩摔子压出凹槽，称为压肩。压肩后，将一端局部拔长，即可锻出台阶轴，如图3-18所示。

⑦拔长后的工件表面并不平整，因此，工件的平面需用窄平锤或方平锤修整，圆柱面需用型锤修整，如图3-19所示。

（3）冲孔。冲孔是在坯料上冲出通孔或不通孔的锻造工序，主要用于锻造空心锻件，如齿轮、圆环等。冲孔前需先将坯料镦粗，以减少冲孔深度并使端面平整。由于冲孔时锻件的局部变形量很大，为了提高塑性，防止冲裂和损坏冲子，应将坯料加热到允许的最高温度，并应均匀热透。

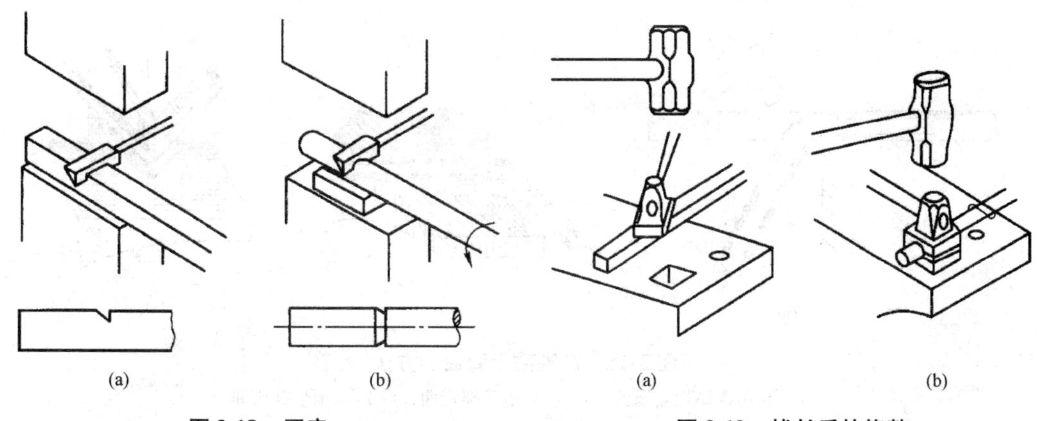

图 3-18　压肩

（a）方料的压肩；（b）圆料的压肩

图 3-19　拔长后的修整

（a）平面的修整；（b）圆柱面的修整

冲通孔的步骤如图 3-20 所示。首先为了保证冲出孔的位置准确，需先试冲，即在孔的位置上轻轻冲出孔的痕迹，如图 3-20（a）所示；如果位置不准确，可对其修正。然后冲出浅坑，并在坑内撒些煤粉，以便冲子容易从深坑中拔出，如图 3-20（b）所示；最后将孔冲深到工件厚度约 2/3 的深度，拔出冲子，如图 3-20（c）所示；将工件翻转，从反面冲通，如图 3-20（d）所示。采用这种操作方法可避免在孔的周围冲出毛刺。还应注意当孔快要冲通时，应将工件移到砧面的圆孔上，以便将余料冲出。

冲孔时应注意的事项如下：

①冲子必须与冲孔端面垂直；

②翻转后冲孔时，必须对正孔的中心（可根据暗影找正）；

③冲子头部要经常浸水冷却，以免受热变软。

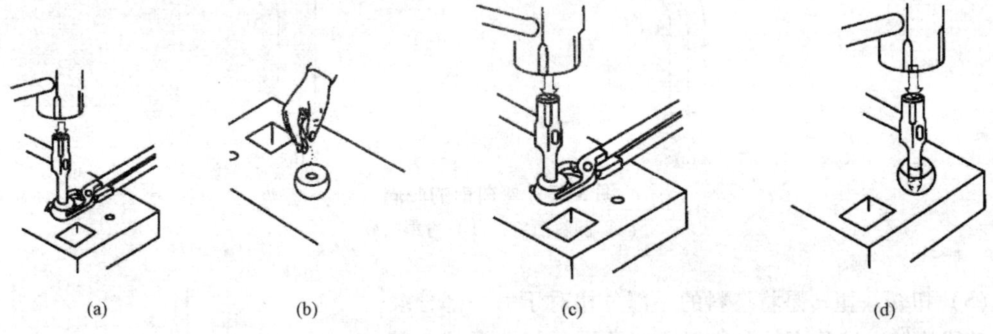

图 3-20　冲通孔的步骤

（a）放正冲子，试冲；（b）冲浅坑，撒煤粉；（c）冲至工件厚度的 2/3；（d）翻转工件，将孔冲通

（4）弯曲。弯曲是将坯料弯成一定形状的锻造工序，常用于锻造吊钩、链环等锻件。

弯曲时一般应将坯料需要弯曲的部分加热。弯曲的方法很多，最简单的弯曲方法是在铁砧的边角上进行，图 3-21 所示为常用的在铁砧上弯曲的方法。

坯料弯曲时，其弯曲部分的截面形状会走样，并且截面积会减小，如图 3-22（a）、（b）所示。此外，由于弯曲区外层金属受拉可能会产生裂纹，而内层金属受压则会形成皱纹，如图 3-22（c）所示。为了消除坯料弯曲时缺陷，可在弯曲前将弯曲部分进行局部镦粗，并修出凸肩，如图 3-23 所示。

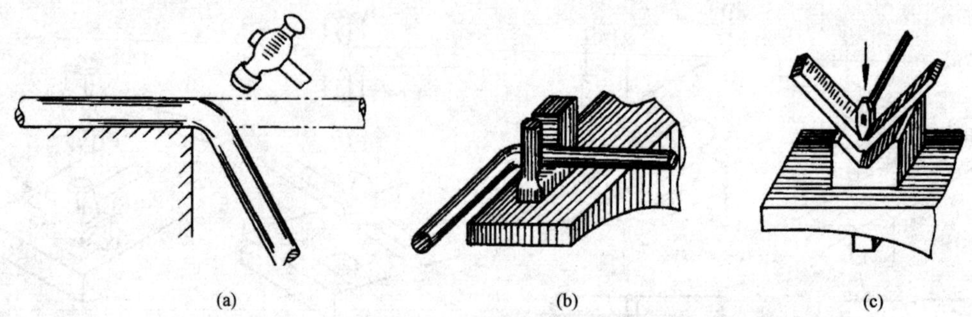

图 3-21　在铁砧上弯曲的方法

（a）利用铁砧边角弯曲；（b）利用叉架弯曲；（c）利用垫铁弯曲

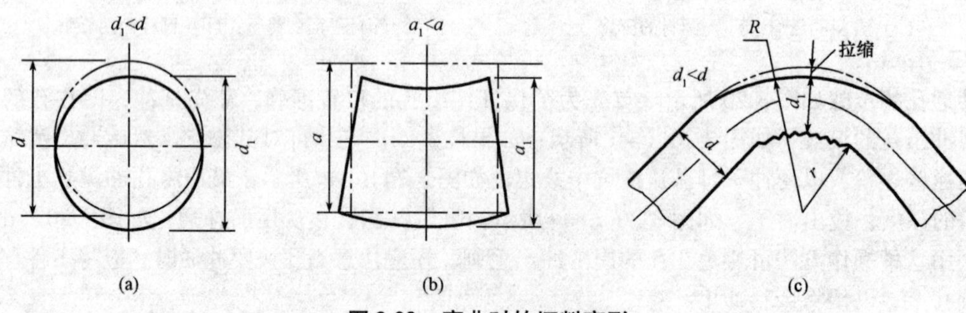

图 3-22　弯曲时的坯料变形

（a）圆截面的改变；（b）方截面的改变；（c）拉缩和皱纹

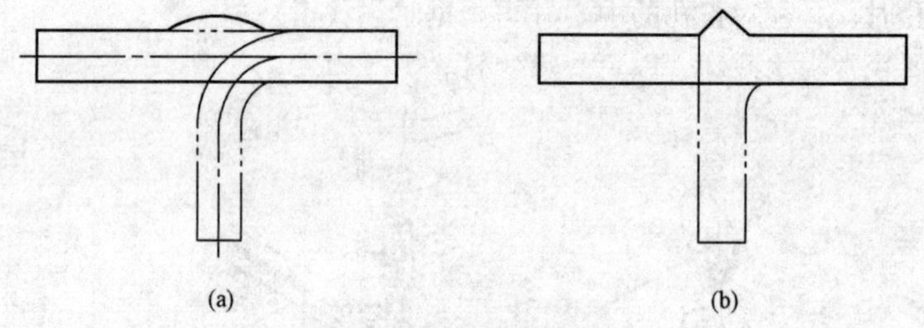

图 3-23　弯曲前的凸肩

（a）圆料凸肩；（b）方料凸肩

（5）扭转。扭转是将坯料的一部分相对于另一部分绕其共轴线旋转一定角度的锻造工序，常用于制造多拐曲轴和连杆等。扭转过程中，金属变形剧烈，很容易产生裂纹，因此，扭转前应将工件加热到始锻温度，并保证均匀热透，同时受扭转部分必须表面光滑，不允许存在裂纹、伤痕等缺陷，扭转后的锻件应缓慢冷却。

小锻件的扭转，通常在钳台上进行。扭转时，把坯料的一端夹紧在台虎钳上，另一端用扳手转动到要求的位置，如图 3-24 所示。

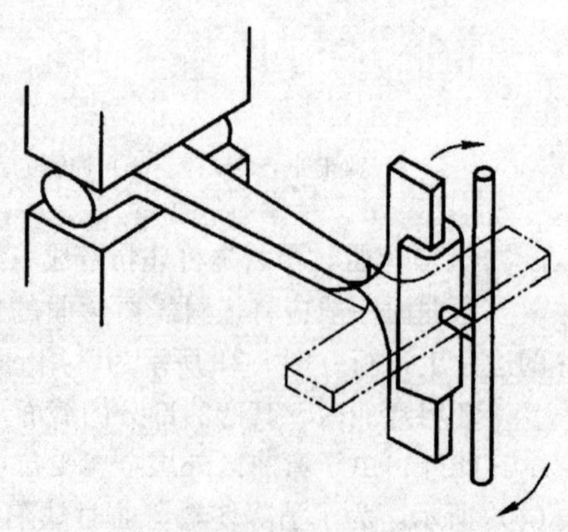

图 3-24　扭转

（6）错移。错移是将坯料的一部分相对于另一部分平移错开但仍保持轴心平行的锻造工序，主要用于曲轴的制造。如图 3-25 所示，错移的操作过程是先在错移部位压肩，然后加垫板及支撑，锻打错开，最后修整。

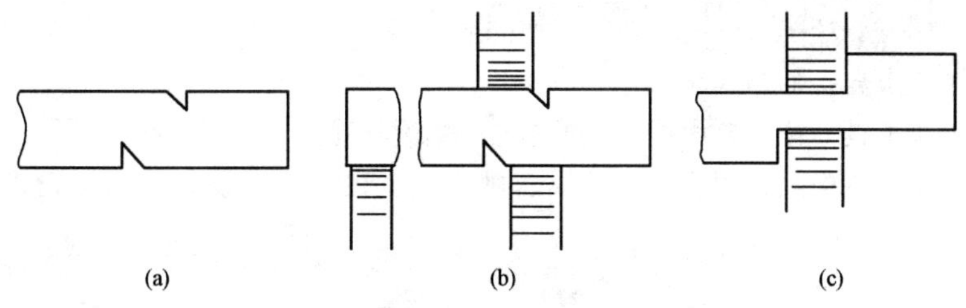

图 3-25　错移

（a）压肩；（b）锻打；（c）修整

（7）切割。切割是把坯料切断、劈开或切除工件料头的锻造工序。切断时，工件放在砧面上，用錾子錾入一定的深度，然后将工件的錾口移到铁砧边缘錾断，如图 3-26 所示。

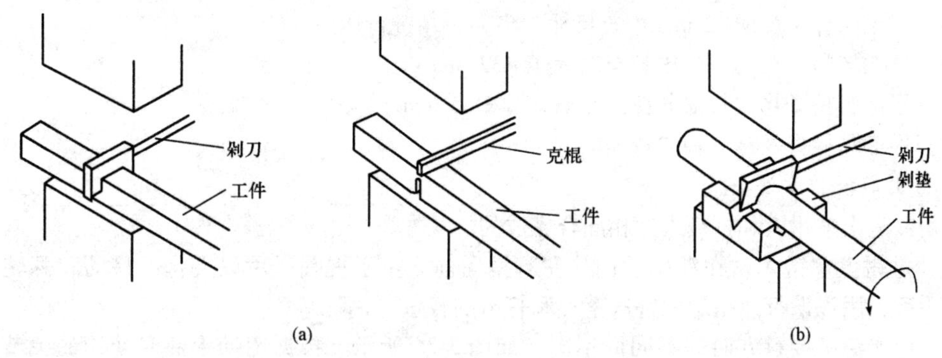

图 3-26　切割

（a）方料的切割；（b）圆料的切割

三、阶梯轴自由锻造操作实习

零件名称：阶梯轴，如图 3-27 所示。

材料：45 钢。

设备：150 kg 空气锤。

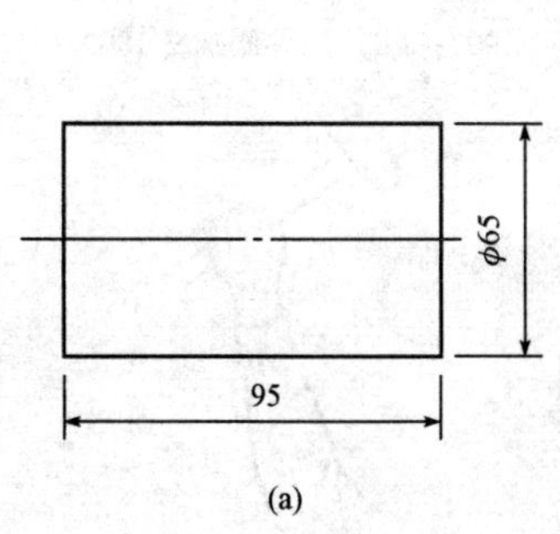

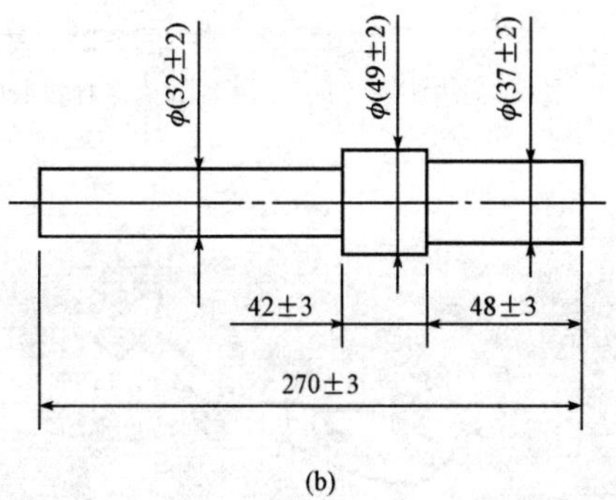

图 3-27　阶梯轴

（a）毛坯图；（b）锻件图

1. 锻造前准备

（1）制定零件的加工工序过程。阶梯轴类锻件自由锻的主要变形工序是整体拔长及分段压肩、拔长。

（2）拟定加热次数。加热两次。

（3）准备操作工具。按照自由锻工艺要求准备操作工具。

（4）设备的熟悉、检查和使用。按照要求熟悉设备的使用方法，并试运行设备，检查其有无故障。

2. 操作过程

（1）将毛坯件加热到 1 200 ℃开始锻造，控制锻造温度为 800 ~ 1 200 ℃。

（2）将坯料整体拔长至 ϕ（49 ±2）mm。

（3）采用压肩摔子在工件 48 mm 处边轻打边旋转坯料进行压肩操作。

（4）将 48 mm 长度部分直径拔长至略大于 ϕ37 mm。

（5）用摔圆摔子将拔长部分摔圆至 ϕ（37 ±2）mm。

（6）用压肩摔子截取 42 mm 中段尺寸，将另一端进行压肩。

（7）将毛坯另一头的直径拔长至略大于 ϕ32 mm。

（8）用摔圆摔子将拔长部分摔圆至 ϕ（32 ±2）mm。

（9）用工具检查及修整轴向弯曲。

3. 自由锻操作方法

自由锻是由掌钳人和打锤人互相配合完成的。

（1）掌钳。掌钳人站在铁砧后面，左脚稍向前。左手握钳，用以夹持、移动和翻转工件；右手握手锤，用以锻打或指示大锤的落点和打击的轻重。

握钳的方法随翻料方向的不同而不同，如图 3-28 所示。根据挥动手锤时使用的关节不同，手锤的打法分为三种，如图 3-29 所示。其中手挥法和肘挥法用于给大锤作指示，臂挥法有时用来修整锻件。

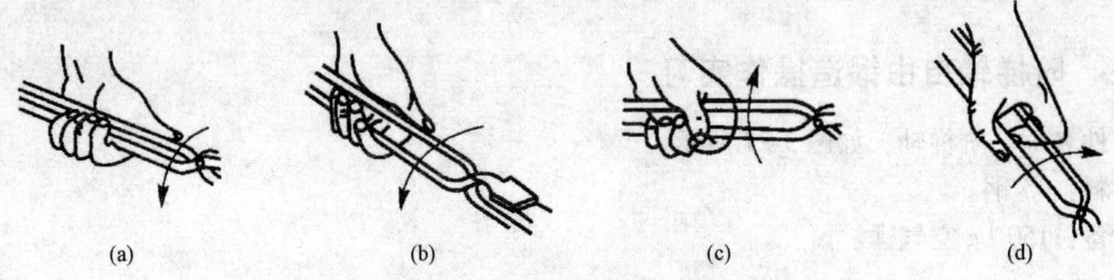

图 3-28　翻料时的握钳方法

（a）向内侧翻转 90°；（b）向内侧翻转 180°；（c）向外侧翻转 90°；（d）向外侧翻转 180°

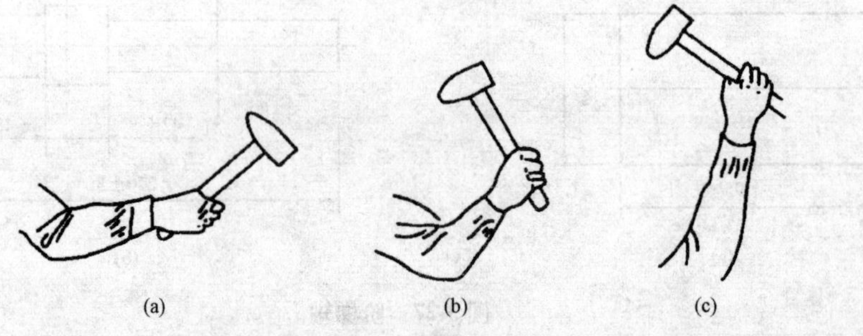

图 3-29　手锤的打法

（a）手挥；（b）肘挥；（c）臂挥

（2）打锤。锻造时，打锤人应听从掌钳人的指挥，锤击的轻重和落点由手锤指示。大锤的打法有抱打、抡打和横打三种。使用抱打时，在打击坯料的瞬间能利用坯料对锤的弹力使举锤较为省力；抡打时，打击速度快，锤击力大；只有当锤击面与砧面垂直时，才使用横打法。

四、实习注意事项

（1）手锻操作要检查大锤、手锤的锤头与柄连接是否牢固，打大锤时，先要看周围是否有人，以免伤人。

（2）不得用手锤、大锤对砧面进行敲击，以免锤头反跳被击伤。

（3）操作时，要密切配合，听从“轻打”“打”“重打”“停止”等口令。

（4）加热时，要严格控制锻造温度范围，不准猛开风门，以防火星或煤屑飞出伤人。

（5）下料和冲孔时，周围人员应避开，以防料头及冲头等飞出伤人。

（6）不准用手代替钳子直接拿取工件，以防烫伤。

（7）未经许可，不准擅自动用锻造机。操纵空气锤时，只准一个人操纵，严禁他人在旁帮忙。

（8）空气锤在开始时不可“强打”，使用完毕，将锤头提起，并用木块垫好。

（9）在砧面上不得积存渣皮，必须用扫帚清除。

（10）工作完毕，及时熄灭手锻炉，并清理工作场地。

五、评分标准

自由锻造加工实习评分标准见表 3-3。

表 3-3 自由锻造加工实习评分标准

班级		姓名		学号	
实习内容	自由锻造				
序号	检测内容	分值	扣分标准	学生自评	教师评分
1	加热均匀，不产生过热及过烧现象	15	酌情扣分		
2	锻件直径尺寸误差小于 ±1.5 mm	15	酌情扣分		
3	锻件圆柱度误差小于 ±1.5 mm	10	酌情扣分		
4	无明显锤痕	10	酌情扣分		
5	锻造两火次内完成	10	酌情扣分		
6	锻件长度尺寸应满足零件加工要求	5	酌情扣分		
7	锻件的同轴度应满足零件加工要求	10	酌情扣分		
8	设备使用、工具操作正确	10	酌情扣分		
9	遵守纪律和安全规范	10	酌情扣分		
综合得分		100			

思考与练习题

1. 锻造对材料有哪些要求？
2. 坯料在锻造前为什么要加热？
3. 锻件的加热缺陷及其预防措施有哪些？
4. 自由锻的基本工序有哪些？各工序在操作的过程中应注意哪些问题？

第三节　板料冲压加工实习

一、实习内容

板料冲压垫片操作实习。

二、工艺知识

板料冲压是利用冲模使板料产生分离或变形，从而获得所需毛坯或零件的加工方法。板料冲压时金属板的厚度一般都在6 mm以下，且通常是在室温下进行的，故又称为冷冲压，简称冲压。只有当板料厚度超过8 mm时，才采用热冲压。

板料冲压的优点是：冲压件尺寸精度高、表面质量好、互换性好、强度和刚度好、材料利用率高；冲压过程操作简单，易于实现机械化和自动化生产，生产效率高（一台压力机班产量可达30 000个零件），成本低。板料冲压广泛应用于航空航天、汽车、电器、仪表等行业部门。板料冲压的缺点是冲模结构复杂、制造周期长、成本高，只有在大批量生产时，才显示出其优越性。板料冲压所用的原材料必须具有足够高的塑性，常用的金属材料有低碳钢、铜合金、铝合金、镁合金及塑性高的合金钢等。

1. 板料冲压设备

（1）剪床。剪床又称为剪板机，是用剪切方法使板料分离的冲压设备，主要用途是把板料切成一定宽度的条料。

图3-30所示为剪床工作原理图。电动机经带轮、齿轮、离合器使曲轴转动并带动滑块上下运动，装在滑块上的上切削刃与装在工作台上的下切削刃相互运动而实现剪切。制动器控制滑块运动，使上切削刃剪切后停在最高处，便于下次剪切。为减小剪切力，将上切削刃做成斜度为6°～9°的倾斜切削刃，这种剪板机称为斜刃剪板机，适于剪切宽而薄的板料。平刃剪板机的上、下切削刃互相平行，适于剪切宽度小而厚度较大的板料。

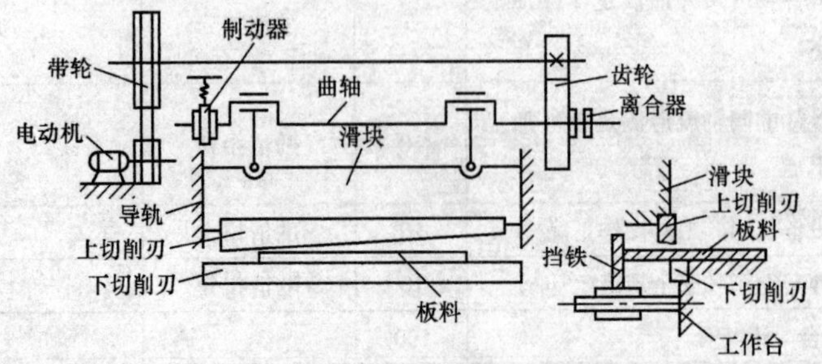

图3-30　剪床工作原理图

（2）冲床。冲床又称压力机，是进行冲压加工的基本设备，将完成除剪切以外的其他冲压工作。

图 3-31 所示为开式双柱冲床。电动机通过 V 带减速系统带动带轮转动。踩下踏板后，离合器闭合并带动曲轴旋转，再经过连杆带动滑块沿导轨做上下往复运动，进行冲压加工。如果将踏板踩下后立即抬起，滑块冲压一次后便在制动器的作用下停止在最高位置上；如果踏板不抬起，滑块就进行连续冲击。冲床的规格以额定公称压力来表示，如 100 kN（10 t）。其他主要技术参数有滑块行程（mm）、滑块行程次数（次/min）和封闭高度等。

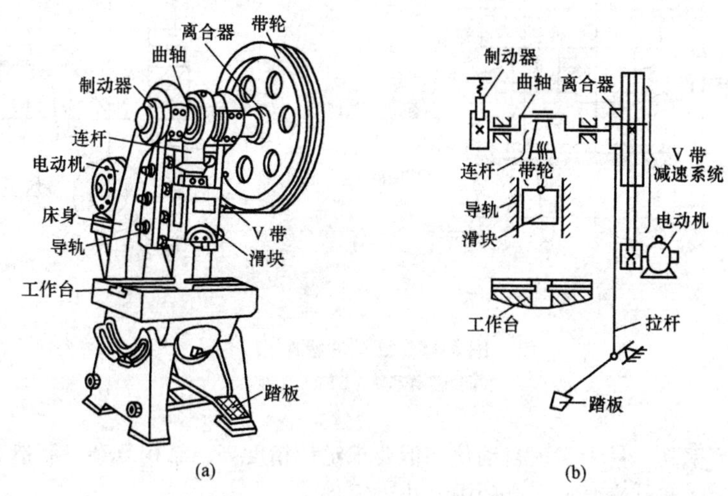

图 3-31　开式双柱冲床

（a）外观图；（b）传动简图

2. 板料冲压模具

板料冲压模具是使板料分离或成形的工具，它可分为简单冲模、连续冲模和复合冲模三种。

（1）简单冲模。在冲床滑块的一次行程中只完成一道工序的模具称为简单冲模，如图 3-32 所示。凹模用下压板固定在下模板上，下模板用螺栓固定在冲床的工作台上。凸模用上压板固定在上模板上，上模板则通过模柄与冲床的滑块连接，凸模可随滑块做上下运动。上、下模利用导柱和导套的滑动配合导向，保持凸凹模间隙均匀。条料在凹模上沿两个导板之间送进，碰到定位销为止。凸模向下冲压时，冲下部分进入凹模孔，而条料则夹住凸模一起回程向上运动。条料碰到卸料板时被推下，这样，条料继续在导板间送进。重复上述动作，即可连续冲压。

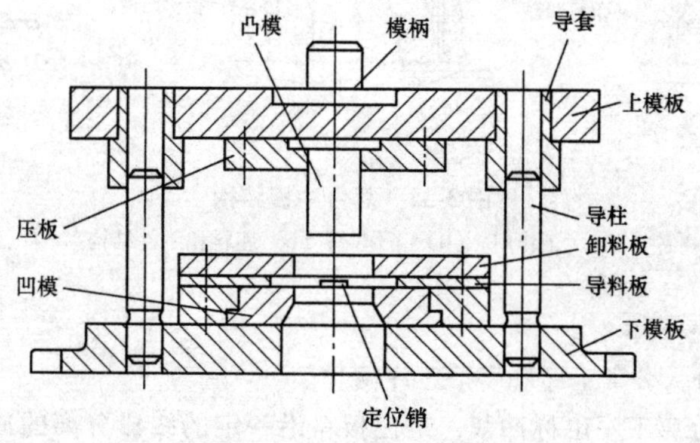

图 3-32　简单冲模结构

（2）连续冲模。连续冲模可在冲床的一次行程中，在模具的不同位置上同时完成多个工序。图3-33所示为冲裁垫圈的连续冲模，右侧为冲孔模，左侧为落料模。条料每次送进都是先经冲孔再进行落料。在冲孔位置上冲下的是废料，在落料位置上冲下的是成品零件。落料冲头上有导正销，上模下降时，导正销首先插入已冲出的孔内，这样就可保证孔边相对位置的精度。另外，冲模上还设有卸料板及限位销。

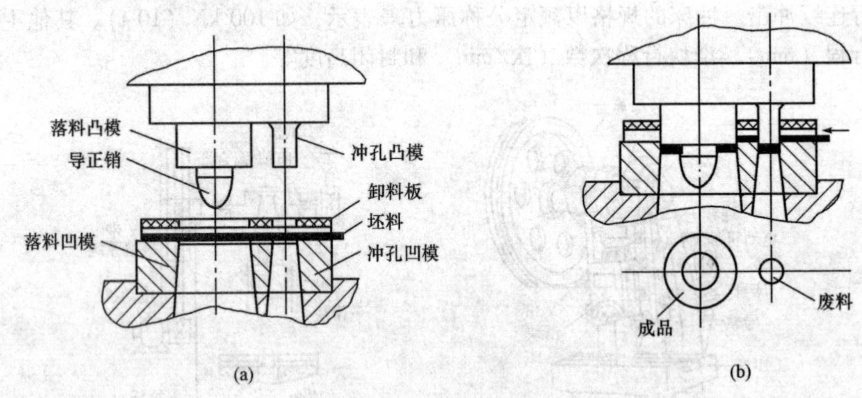

图3-33　连续冲模结构

（a）工作前；（b）工作时

连续冲模生产率高，易于实现自动化，但要求定位精度高，结构复杂，制造难度大，成本较高，适用于大批量生产精度要求不高的中、小型零件。

（3）复合冲模。在滑块的一次行程中，在模具的同一位置完成两个或多个冲压工序的冲模称为复合冲模。图3-34所示为落料、拉深的复合冲模。上模下降时，首先由落料凸、凹模完成落料工序；上模继续下降，拉深凸模即将坯料反顶入拉深凹模，完成拉深工序。拉深过程中，压板向下退让，顶出器向上退让。上模回程中，顶出器和压板分别将工件从上、下模中顶出。

复合冲模具有生产率高、零件加工精度高、平整性好等优点，但制造复杂，成本高，适用于大批量生产。

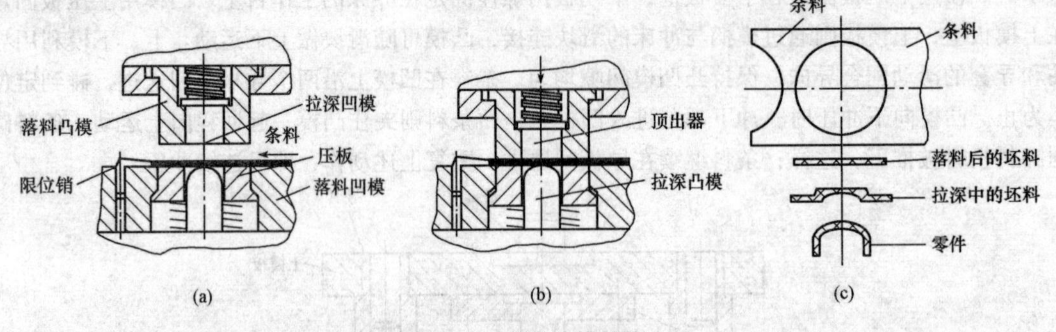

图3-34　复合冲模结构

（a）工作前；（b）工作时；（c）坯料和零件结构

3. 板料冲压的工序

板料冲压的工序分为分离工序和变形工序两类。

（1）分离工序。分离工序也称冲裁，是使板料沿一定的线段分离的冲压工序，有切断、落料、冲孔、切口和切边等。常用分离工序的特点见表3-4。

表 3-4 分离工序的特点

工序名称	工序简图	特点及应用范围
切断	零件	用剪刀或冲模切断板材，切断线不封闭
落料	废料 零件	用冲模沿封闭轮廓曲线冲切板料，冲下来的部分为工件
冲孔	零件 废料	用冲模沿封闭轮廓线冲切板料，冲下来的是废料
切口		在坯料上沿不封闭线冲出缺口，切口部分发生弯曲
切边		将工件的边缘部分修切整齐或切成一定的形状

（2）变形工序。变形工序是使板料在不破坏的条件下发生塑性变形，制成所需形状和尺寸精度的工件，包括弯曲、拉深、翻边和胀形等工序。常见变形工序的特点见表 3-5。

表 3-5 变形工序的特点

工序名称	工序简图	特点及应用范围
弯曲		把板料弯成一定的形状
拉深		把平板形坯制成空心工件
翻边		将板料上的孔或外缘翻成一定角度的直壁，或将空心件翻成凹缘

续表

工序名称	工序简图	特点及应用范围
胀形		在双向拉应力作用下实现的变形，可以形成各种空间形状的零件
缩口		在空心毛坯或者管状毛坯的某个部位上使其径向尺寸减小的变形方法
扩孔		在空心毛坯或者管状毛坯的某个部位上使其径向尺寸扩大的变形方法
压印		在板料的平面上压出加强肋或凹凸标识

4. 冲压件的结构工艺性

冲压件的结构工艺性指冲压件结构、形状、尺寸对冲压工艺的适应性。良好的结构工艺性应保证材料消耗少、工序数目少、模具结构简单且寿命长、产品质量稳定、操作简单等。

（1）对冲裁件的要求。冲裁件的外形应能使排样合理，废料最少，以提高材料的利用率。冲裁件的形状应简单、对称，凸、凹部分不能太窄、太深，孔间距离或孔与零件边缘之间的距离不能太小，这些参数值的大小与板料厚度有关，如图3-35所示。图中t为板料厚度。

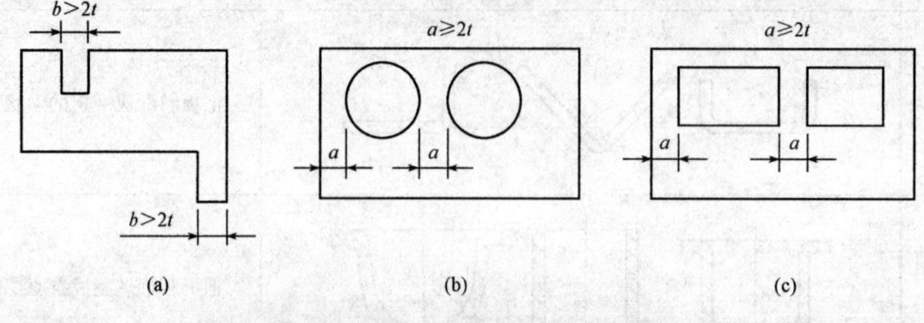

图3-35　冲裁件凸凹部分和孔的位置

（a）冲凸凹部分；（b）冲圆孔；（c）冲方孔

冲孔时因受凸模强度限制，孔的尺寸不能太小。

（2）对弯曲件的要求。弯曲件形状应尽量对称，弯曲半径不能小于材料允许的最小弯曲半径；弯曲边过短不易成形，故应使弯曲边的平直部分$H>2t$（图3-36）；弯曲带孔件时为避免孔的变形，孔的位置应如图 3-37 所示，图中 $L > 1.5t \sim 2t$；在弯曲半径较小的弯边交接处易开裂，此时可在弯曲前钻出止裂孔，以防裂纹的产生，如图 3-38 所示。

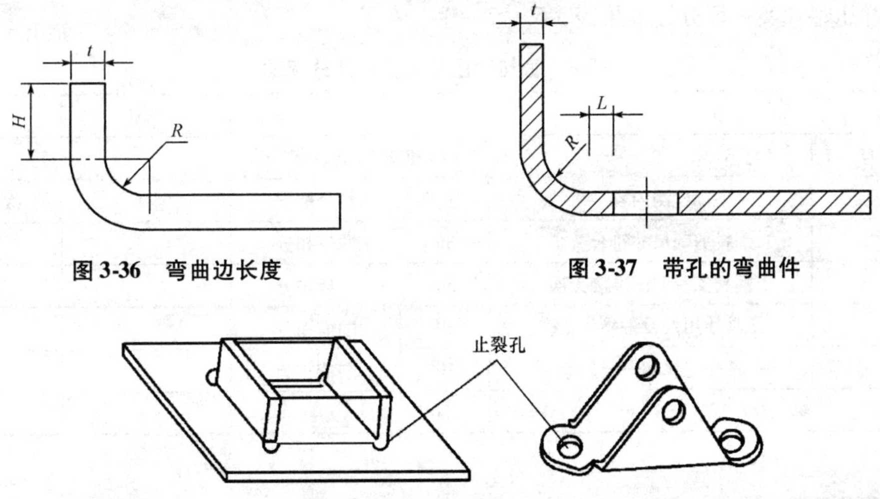

图 3-36　弯曲边长度

图 3-37　带孔的弯曲件

图 3-38　弯曲件的止裂孔

（3）对拉深件的要求。拉深件的形状应力求简单、对称；拉深件应尽量避免直径小而深度过深；拉深件的底部与侧壁，凸缘与侧壁应有足够的圆角；不能对拉深件提出过高的精度和表面质量要求，拉深件直径方向上的公差等级一般为 IT10 ~ IT9，经整形后公差等级可达到 IT7 ~ IT6。

三、板料冲压垫片操作实习

1. 冲压前准备

（1）将 1 000 mm × 2 000 mm 的板料用剪板机剪成宽度为 32 ~ 33 mm 的条料。

（2）根据工艺规程，选择吨位合适的冲床，检查制备好的模具是否完好。

（3）按照要求熟悉设备的使用方法，试运行设备，检查其有无故障。

2. 模具的安装调试

将整套装配好的冲模搬运到冲床工作台上，模柄对准冲床滑块的模柄孔。用手转动飞轮，使滑块下端面与上模座上平面接触。若滑块到了下止点还未与上模接触，则需调节冲床连杆的长度，使它们相互接触。锁紧模柄。用手转动飞轮，使上、下模分开，调节连杆长度，使滑块在下止点时凸模进入凹模 1 mm 左右。锁紧连杆。连续转动飞轮，使冲床完成一个行程，若无异常，则说明冲模已安装完毕，可以进行冲压操作。

3. 冲压操作

脚踏冲压踏板进行冲压操作。

四、实习注意事项

（1）冲压操作时必须使用夹钳拿取工件，禁止把手直接伸进模具中间。

（2）严禁连冲，禁止把脚一直放在离合器踏板上进行操作，必须每冲一次踩一下。

（3）两人以上合作操作一台设备时，必须分工明确，协调配合，注意力高度集中。

（4）在放置毛坯、取出冲压件、清理废料或工件时，都必须使用工具进行操作。

（5）实习结束后，应切断电源，擦净模具涂油，将模具放回模架。

五、评分标准

板料冲压垫片实习评分标准见表3-6。

表3-6　板料冲压垫片实习评分标准

班级		姓名		学号	
实习内容	板料冲压垫片				
序号	检测内容	分值	扣分标准	学生自评	教师评分
1	条料剪裁尺寸符合要求	30	酌情扣分		
2	模具安装调试准确无误	30	酌情扣分		
3	工具使用及设备操作正确	30	酌情扣分		
4	遵守纪律和安全规范	10	酌情扣分		
综合得分		100			

思考与练习题

1. 试说明锻造和板料冲压的主要区别。
2. 冲压有哪些基本工序？
3. 落料和冲孔有什么区别？

焊接加工

第一节　焊接加工概述

焊接是指通过加热或加压，或两者并用，使焊件达到结合的一种加工方法。

根据焊接过程中金属所处的状态不同，焊接方法可分为熔焊、压焊和钎焊三大类，其中又以熔焊中的电弧焊应用最为普遍。

熔焊：将待焊处的母材金属熔化，但不加压力以形成焊缝的焊接方法。

压焊：在焊接过程中，必须对焊件施加压力（加热或不加热），以完成焊接的方法，包括固态焊、热压焊、锻焊、扩散焊、气压焊及冷压焊等。

钎焊：利用比母材熔点低的金属材料作钎料，将焊件和钎料加热到高于钎料熔点但低于母材熔点的温度，利用液态钎料润湿母材，填充接头间隙，并与母材相互扩散而实现连接焊件的方法。根据使用钎料的不同，钎焊可分为硬钎焊和软钎焊两类。

金属焊接方法分类如图 4-1 所示。

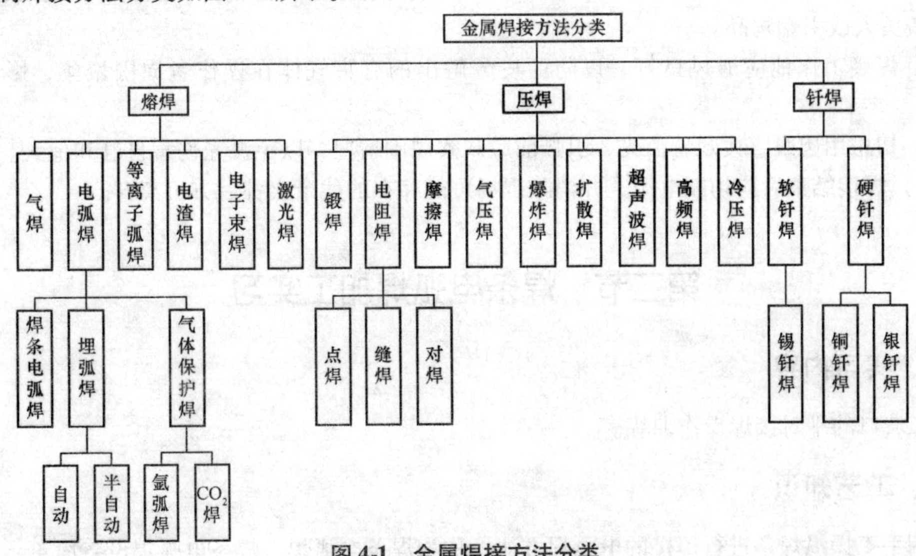

图 4-1　金属焊接方法分类

一、焊接加工的特点和应用

焊接加工具有以下特点：

（1）与铆接相比，焊接具有节省金属材料，生产率高，接头强度高，密封性能好，易于实现机械化和自动化等优点。

（2）与铸造相比，焊接工序简单，生产效率高，节省材料，成本低，有利于产品的更新。

（3）对于大型、复杂的结构件，采用铸—焊、锻—焊、冲—焊复合工艺，能实现以小拼大，化繁为简，以克服铸造或锻造设备能力的不足，有利于降低成本，节省材料，提高经济效益。

（4）能连接异种金属，便于制造双金属结构。如将硬质合金刀片和车刀刀杆焊在一起；在已磨损的工件表面堆焊一层耐磨材料，以延长其使用寿命。

但焊接也存在一些不足之处，如结构不可拆，更换修理不方便；焊接结构容易产生应力与变形，容易产生焊接缺陷等。

焊接技术主要应用于金属结构的制造，如建筑结构、船体、车辆、航空航天、电子电器产品、锅炉及压力容器等方面。

二、焊接安全技术

（1）焊接前要穿好工作服、工作鞋，戴好手套，施焊时必须使用面罩，防止弧光伤害皮肤、脸和眼睛。

（2）电焊前要检查焊机是否接地线，电缆、焊钳绝缘是否完好，焊钳不要放在已接电的工作台或工件上，防止短路烧毁焊机。

（3）人体不要同时触摸焊接的两输出端，以防触电。

（4）气焊用氧气瓶和乙炔发生器附近严禁烟火。

（5）气焊前要检查回火防止器的水位，发生回火时要立即关闭乙炔阀门，检查原因，设法排除。

（6）气焊时不要把火焰喷到人身上和橡胶管上。

（7）刚焊好的焊件不可用手直接触及，清理焊渣时应注意周围情况，控制焊渣的飞出方向，防止热渣烫人或引燃物品。

（8）焊接工作地应通风良好，以防药皮分解出的有害气体在操作者周围聚集，影响人体健康。

（9）切忌用肉眼直接观看弧光，引弧前应观察周围情况，以免弧光伤害自己和他人。

（10）焊接结束后应切断电源，并消除现场可能存在的残余火种后方可离开。

第二节　焊条电弧焊加工实习

一、实习内容

V形坡口的平对接焊操作训练。

二、工艺知识

利用手工操纵焊条进行焊接的电弧焊方法，称为焊条电弧焊。焊条电弧焊设备简单，操作灵活，对不同空间位置、不同接头形式的焊件都能进行焊接，是焊接生产中应用最为广泛的焊接方法。但焊条电弧焊对焊工的技术水平要求高，劳动条件差，生产效率较低。

1. 焊条电弧焊焊缝的成形过程

焊条电弧焊是利用电弧放电所产生的高热量，将焊条和被焊金属局部加热至熔化，经冷却凝固完成焊接。如图 4-2 所示，将工件和焊钳分别连接到电焊机的两个电极上，并用焊钳夹持焊条；将焊条与工件瞬时接触，随即将焊条提起，在焊条与工件之间便产生了电弧；电弧区的温度很高，中心处最高温度可达 6 000 ℃，将工件接头附近的金属和焊条熔化，形成焊接熔池；随着焊条沿焊接方向陆续移动，新的焊接熔池不断形成，原先熔化了的金属迅速冷却和凝固，形成一条牢固的焊缝，将分离的金属焊接为整体。焊条外层的药皮被电弧熔化后，浮在熔池的表面，冷凝后形成一层渣壳覆盖在焊缝金属表面，起保护焊缝的作用。

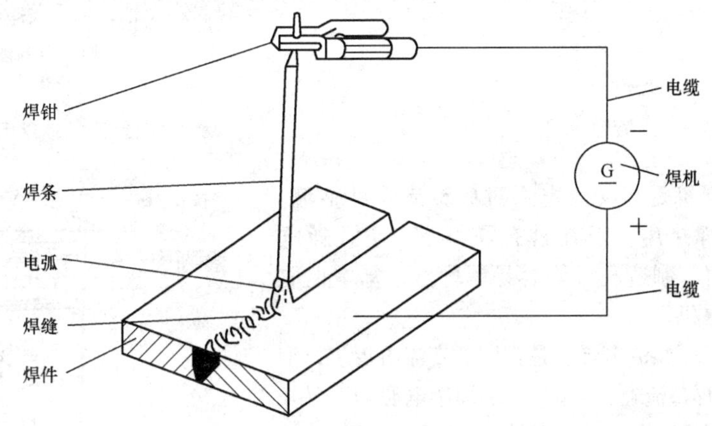

图 4-2　焊条电弧焊焊缝成形过程

2. 焊条电弧焊的设备

焊条电弧焊的主要设备是电焊机，它是产生焊接电弧的电源，故也称弧焊电源。电焊机可分为交流电焊机和直流电焊机两大类。

（1）交流电焊机。交流电焊机实际上就是符合焊接要求的降压变压器。它可将工业用电压 220 V 或 380 V 降低到空载时的 60 ~ 80 V，电弧引燃时为 20 ~ 30 V，同时它能提供很大的焊接电流，并可根据需要在一定的范围内调节。交流电焊机具有结构简单、节省电能、成本低廉、使用可靠和维修方便等优点，因此在一般焊接结构的生产中得到广泛的应用；缺点是在电弧稳定性方面略有不足。

BX1 – 330 型弧焊变压器是一种最常用的交流电焊机。型号中“B”表示焊接变压器，“X”表示焊接电源为下降外特性，“1”表示该系列产品中的序号，“330”表示额定焊接电流为330 A。交流电焊机的结构如图 4-3 所示。

（2）直流电焊机。直流电焊机有直流弧焊发电机和弧焊整流电焊机两大类。

直流弧焊发电机是由交流电动机和直流发电机组成的，如图 4-4 所示。电动机带动发电机旋转，发出满足焊接要求的直流电。直流弧焊发电机焊接时电弧稳定，焊接质量较好，但结构复杂，噪声大，价格高，耗电大，耗材多，不易维修，因此其应用受到了限制。

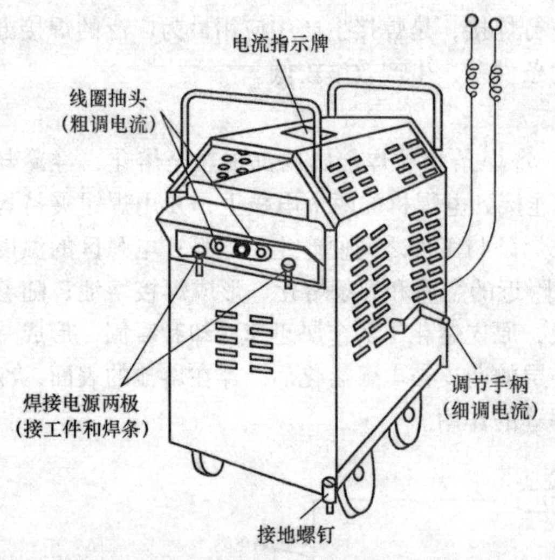

图4-3　交流电焊机

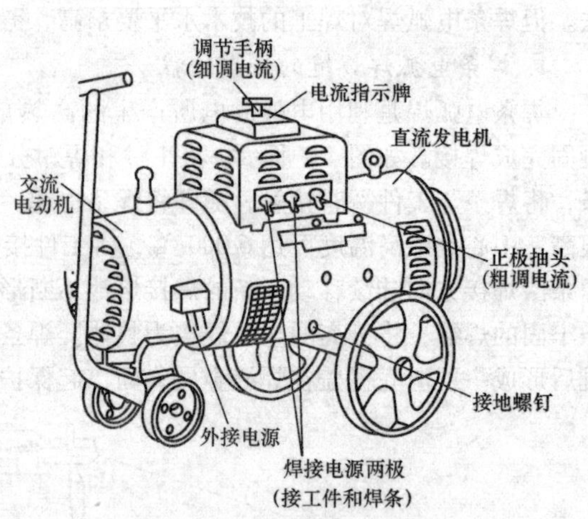

图4-4　直流弧焊发电机

弧焊整流电焊机是将交流电通过硅整流元件整流，转换为直流电供焊接用。因其具有噪声小、空载耗电少、电弧稳定性好、制造和维修容易等优点，基本上取代了直流弧焊发电机。

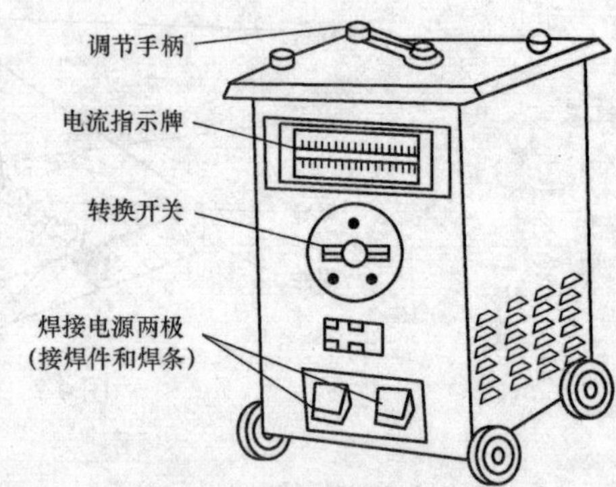

图4-5　弧焊整流电焊机

ZXG－300型弧焊整流电焊机是常用的直流电焊机，型号中“Z”表示弧焊整流器，“X”表示焊接电源为下降外特性，“G”表示焊机采用硅整流元件，“300”表示最大额定电流为300 A。弧焊整流电焊机的结构如图4-5所示。

1）ZX5系列晶闸管整流弧焊机。ZX5系列晶闸管整流弧焊机广泛应用于直流焊条电弧焊及碳弧气刨，特别适用于碱性低氢型焊条焊接重要的低碳钢、中碳钢以及普通的低合金结构件。采用电流负反馈获得陡降的外特性，具有动特性好、电弧稳定、飞溅小、焊缝成形美观、有利于进行全位置焊接等优点。电路中有电网电压自动补偿和过流保护环节，还有远控盒，可远距离调节电流。此外，还有引弧电流和推力电流装置，易于起弧，不沾焊条。

ZX5系列晶闸管整流弧焊机由焊接电源、电缆、遥控盒、焊钳等组成。其电源外形图如图4-6所示。

图4-6　ZX5系列晶闸管整流弧焊机电源

①焊接电源。主电路由主变压器、晶闸管整流器和输出电抗器组成。输入电源的电压经三相电源变压器降压后，通过晶闸管元件整流，再经滤波电感滤波后输出，利用改变晶闸管的导通角来控制输出直流电流的大小，从直流输出分流器上取出电流负反馈信号，与给定信号相比较，随着输出电流的增加，负反馈亦增加，晶闸管导通角减小，输出直流电压下降，从而获得了下降的外特性。

②电源外特性的设置特点。弧焊整流器的输出端电压高于 15 V 时，电弧推力控制环节不起作用。当输出端电压低于 15 V 时，电压负反馈起作用，使整流器的外特性在低压段下降缓慢、出现外拖，短路电流增大，使焊件熔深增加并避免焊条被粘住。调节相应电位器可以改变外特性在低压外拖段的斜率，以满足不同工件施焊时对电弧穿透力的要求。

③“推力”“引弧”电流功能的使用。“推力”电流是当使用偏低规范焊接，如焊缝根部焊道、全位置焊接时，可适当调节“推力”电流，增加短路电流值，使焊条不易粘住。一般正常焊接时，焊条不易粘住，可不加“推力”电流，另外特别需要注意，焊接时如需要加入“推力”电流亦要适当，过大的“推力”电流会使飞溅明显增加。

“引弧”电流是在引弧时叠加一个电流，使起弧时电流较大，因而起弧较容易，调节此“引弧”电流值，亦即调节起弧附加热量，有利于焊缝接头的熔透。

2）ZX7 系列逆变弧焊电源。直流—交流之间的变换称为逆变，实现这种变换的装置称为逆变器。为焊接电弧提供电能，并具有弧焊方法所要求性能的逆变器，即为逆变弧焊电源。这种电源一般是将三相工频（50 Hz）交流网络电压，先经输入整流器整流和滤波，变成直流，再通过大功率开关电子元件（晶闸管 SCR、晶体管 GTR、场效应管 MOSFET 或 IGBT）的交替开关作用，逆变成几千赫兹至几十千赫兹的中频交流电压，同时经变压器降至适合于焊接的几十伏电压后，再次整流并经电抗滤波输出相当平稳的直流焊接电流。控制电路对整机进行闭环控制，使焊接电源具有良好的抗电网波动能力，焊接性能优异，其原理图如图 4-7 所示。

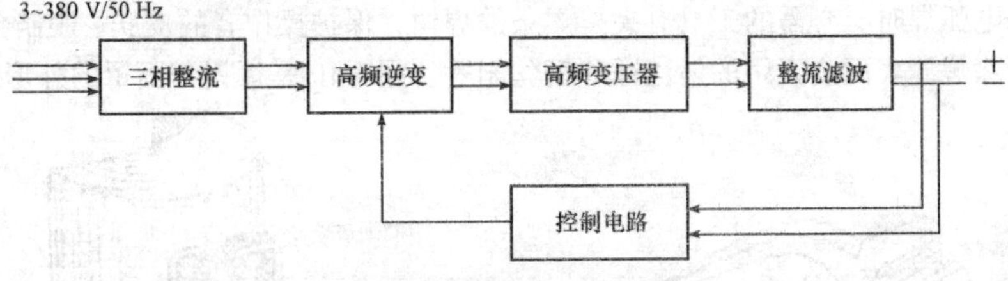

图 4-7　弧焊逆变器原理图

IGBT 即双极型绝缘效应管，其符号及等效电路图如图 4-8 所示，其开关频率为 20 ~ 30 kHz。但它可以通过大电流（100 A 以上），而且由于外封装引脚间距大，爬电距离大，能抵御环境高压的影响，安全可靠。

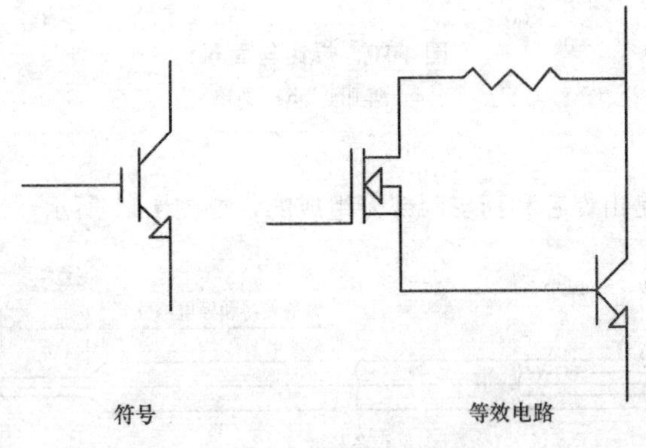

图 4-8　IGBT 符号及等效电路图

IGBT 逆变焊机电源是一种新型的高效节能焊机电源，代表了当今焊机电源的发展方向，其无论作为手工电弧焊还是自动焊电源，都具有极高的综合指标。图 4-9 所示为 ZX7 逆变式

图 4-9　ZX7 逆变式手工电弧焊电源

手工电弧焊电源。由于该焊机特有的静特性及良好的动特性，加之 IGBT 大容量模块的商用化，其有着广阔的应用前景。

ZX7 逆变式弧焊电机具有如下特点：

①动态响应快、性能可靠、焊接电弧稳定、焊缝成形美观。

②电网电压适应范围宽，输出功率稳定性高。

③采用软开关技术，整机空载损耗小，比传统焊机节能 1/3 以上，可大幅度降低生产成本，是理想的节能焊接设备。

④体积小、质量轻、携带方便。

⑤引弧容易、飞溅小、噪声小，可大大改善操作者的工作环境。

该焊机特别适用于钻井平台、石油化工、天然气管道、船坞、铁路、桥梁、矿山、建筑施工及设备维修等需要频繁移动焊机的场合，也适用于批量产品及大型结构等需要高负载持续率的焊接加工制造。

3. 焊条电弧焊的工具

进行焊条电弧焊时，必需的工具有夹持焊条的焊钳，保护操作者的皮肤、眼睛免于灼伤的手套和面罩，清除焊缝表面渣壳用的清渣锤和钢丝刷等。图 4-10 是焊钳与面罩的外形图。

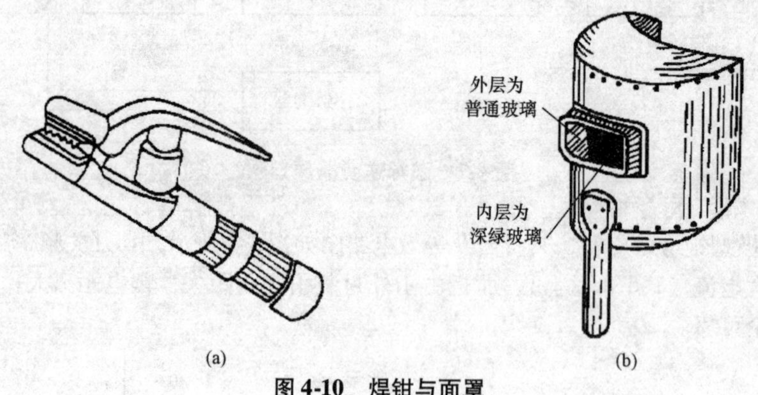

图 4-10　焊钳与面罩

（a）焊钳；（b）面罩

4. 焊条

电弧焊使用的焊条是由焊芯和药皮两部分组成的，如图 4-11 所示。

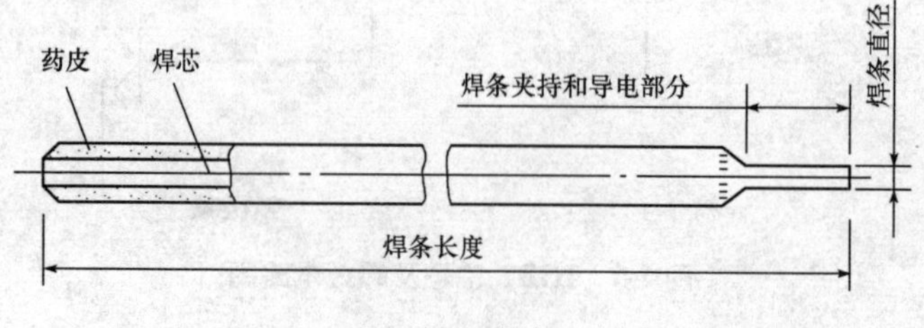

图 4-11　焊条

焊芯是用符合国家标准的焊接用钢丝制成。焊芯在焊接时的作用有两个：一是作为电极，产生电弧；二是熔化后作为填充金属，与熔化后的工件一起形成焊缝。为了保证焊接质量，国家标准对焊芯的化学成分和质量有一定限制。焊接碳素钢时，焊芯的材料常用 H08、H08A 和 H08MnA；焊接合金钢或不锈钢时，则应采用相应钢种的焊芯。焊条的直径和长度是指焊芯的直径和长度。常用焊条的焊芯直径为 1.6～6 mm，长度为 300～450 mm。

药皮是压涂在焊芯表面的涂料层。它是由矿石粉、有机物粉、铁合金粉和黏结剂（水玻璃）等原料按一定比例配制而成。药皮的作用：一是熔化时形成的熔渣和气体形成气、渣联合保护，防止空气侵入焊缝；二是可以改善焊接工艺性，有利于引弧、稳弧，减少飞溅，易脱渣等；三是可以通过药皮掺入有益的合金元素，以改善焊缝的质量。

根据化学成分和用途，焊条可分为碳钢焊条、低合金钢焊条、不锈钢焊条、堆焊焊条、铸铁焊条、铜及铜合金焊条、铝及铝合金焊条等，其中以碳钢焊条应用最广。按照焊条药皮熔化后熔渣性质的不同，又有酸性焊条和碱性焊条之分。药皮熔化后形成的熔渣以酸性氧化物如 TiO_2、SiO_2 等为主的焊条称为酸性焊条；熔渣以碱性氧化物如 CaO 和 CaF_2 为主的焊条称为碱性焊条。酸性焊条能交、直流两用，焊接工艺性能好，但焊缝的力学性能较差，适用于一般低碳钢和强度较低的普通低合金钢的焊接。碱性焊条的焊缝具有良好的抗裂性和力学性能，但工艺性能较差，焊接时应采用直流反接并注意排除有毒气体（氟化氢），其主要适用于焊接重要结构，如锅炉、压力容器以及合金结构钢的焊接等。

在焊接生产中，焊条的选用原则如下：

（1）根据被焊件材质选择焊条种类。如焊接碳素结构钢或低合金结构钢时，应选用结构钢焊条；焊接不锈钢焊件时，应选用不锈钢焊条等。

（2）根据被焊件强度选择焊条型号。选择与母材等强度的焊条。对于不同钢种的焊接，如低碳钢与低合金结构钢的焊接，一般选用与强度较低的焊件等强度的焊条。

（3）根据焊接结构的使用条件选择药皮类型。如一般结构件的焊接选用酸性焊条，重要结构件的焊接选用碱性焊条。

5. 电弧焊焊接工艺

（1）焊接接头和坡口。根据被焊金属相对位置的不同，须采用不同形式的接头来连接，常用的接头形式有对接接头、搭接接头、角接接头和 T 形接头，如图 4-12 所示。

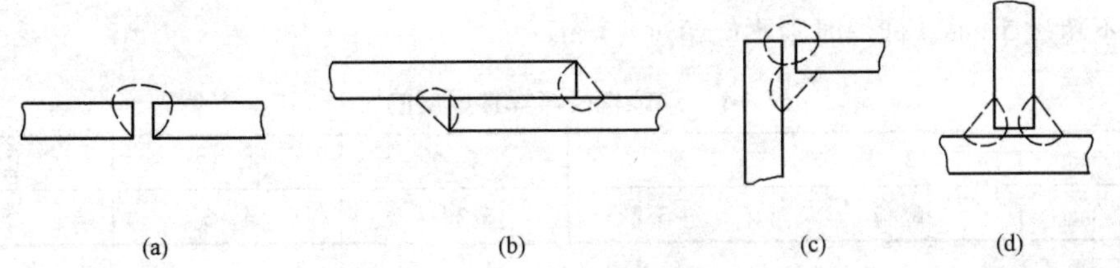

图 4-12　焊接接头形式

（a）对接接头；（b）搭接接头；
（c）角接接头；（d）T 形接头

为保证焊接强度，焊接接头必须焊透。当板厚小于 6 mm 时，只需在接头处留一定间隙就能从一面或两面焊透；对于板厚大于 6 mm 的板料，焊前需要把接头部位加工成一定的几何形状（坡口），如图 4-13 所示，以便焊条能伸入底部引弧焊接，保证焊透。坡口的根部留 2～3 mm 的直边，防止将接头烧穿。

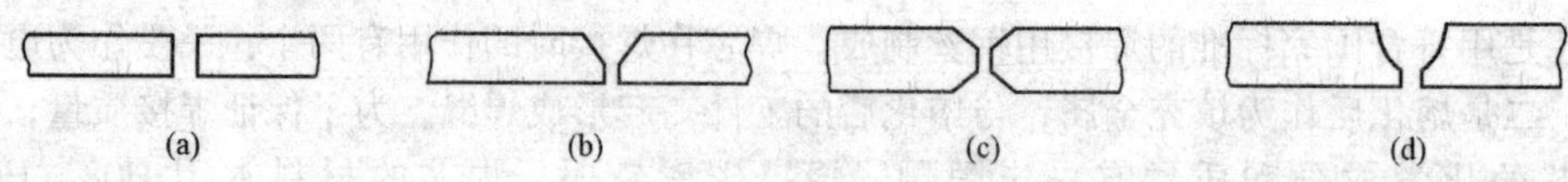

图 4-13　对接接头坡口形式

（a）I形坡口；（b）V形坡口；

（c）X形坡口；（d）U形坡口

（2）焊缝的空间位置。根据焊缝在空间所处的位置分为平焊、立焊（向上立焊、向下立焊）、横焊和仰焊，如图4-14所示。其中以平焊最易操作，劳动条件好，质量容易保证。立焊和横焊位置焊接时，由于金属液受重力作用容易往下流，焊缝成形困难，操作较困难。仰焊位置焊接时熔池倒悬，熔滴极易下落，焊缝更难成形，操作最困难，质量也最难保证。因此焊接时，应尽量对焊件实施平焊位置的焊接。

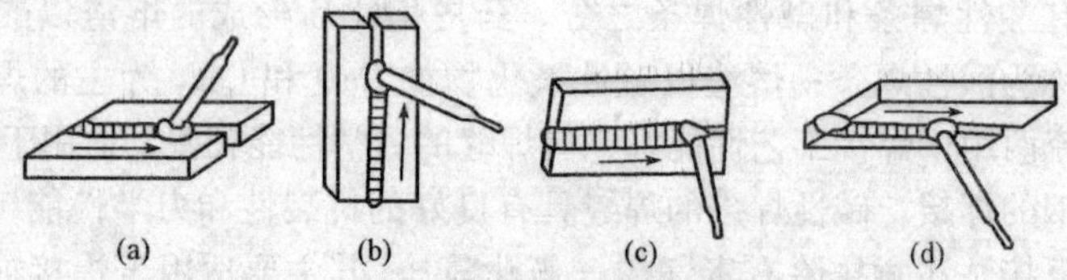

图 4-14　焊缝的空间位置

（a）平焊；（b）立焊；

（c）横焊；（d）仰焊

6. 焊接参数的选择

焊接参数是为了保证焊接质量而选定的各个参数的总和。焊条电弧焊的焊接参数包括焊条直径、焊接电流、电弧电压、焊接速度和焊接层数等。焊接参数选择得是否正确直接影响焊接质量和生产率。

（1）焊条直径。为了提高生产率，通常选用直径较大的焊条，但焊条直径一般不大于6 mm。厚度在4 mm以下的工件进行对接焊时，一般用直径小于或等于工件厚度的焊条，焊条直径与焊件厚度的关系见表4-1。焊接厚度较大的工件时，一般接头处都要开坡口。在进行打底层焊时，可采用直径为2.5～4 mm的焊条，之后的各层均可采用直径为5～6 mm的焊条。立焊时，焊条直径一般不超过5 mm，仰焊时则不应超过4 mm。

表 4-1　焊条直径与焊件厚度的关系

焊件厚度/mm	2	3	4～7	8～12	9～13
焊条直径/mm	1.6～2	2.5～3.2	3.2～4	4～5	5～6

（2）焊接电流。焊接电流的大小对焊件的质量有很大影响：电流过大，会使焊条药皮失效，同时使金属的熔化速度加快，加剧了金属的飞溅，易造成焊件烧穿、咬边等缺陷；电流过小，会造成夹渣、未焊透等缺陷，降低焊接接头的力学性能。

焊接电流的大小主要根据焊条的直径和焊缝的位置来确定，焊接电流 I 与焊条直径 d 的关系为：$I=(30\sim55)\,d$（A），d 的单位为mm。

选择焊接电流还要考虑焊缝的空间位置。焊接平焊缝时可以选择较大的电流，而横焊、立焊和仰焊的电流要比平焊小10%～20%。实际操作中，可根据经验来判断所选择的焊接电流是否合适。

①听声音。焊接时可以通过电弧的响声来判断电流大小。当焊接电流较大时，发出“哗哗”的声音；当焊接电流较小时，发出“嗞嗞”的声音，容易断弧；焊接电流适中时，发出“沙沙”的声音，同时夹着清脆的“噼啪”声。

②看飞溅。电流过大时，飞溅严重，电弧吹力大，爆裂声响大，可以看到大颗粒的熔滴向外飞出；电流过小时，电弧吹力小，飞溅小，熔渣和铁液不易分清。

③看焊条熔化情况。电流过大时，焊条用不到一半就会发红，出现药皮脱落现象；电流过小时，焊条熔化困难，易与焊件粘连。

④看熔池状况。电流较大时，椭圆形熔池长轴较长；电流较小时，熔池呈扁形；电流适中时，熔池形状呈鸭蛋形。

⑤看焊缝成形。电流过大时，焊缝宽而低，易咬边，焊波较稀；电流较小时，焊缝窄而高，焊缝与母材熔合不良；电流适中时，焊缝成形较好，高度适中，细腻平滑。

（3）电弧电压。电弧电压由电弧长度决定。电弧长，则电弧电压高，反之则低。焊接过程中，为保证焊缝质量，一般要求电弧长度不超过焊条直径。

（4）焊接速度。焊条沿焊接方向移动的速度称为焊接速度。焊接速度对焊接质量影响很大，一般在保证焊透和焊缝良好成形的前提下，应快速施焊；但焊速过快，易产生焊缝的熔深小、焊缝窄及焊不透等缺陷；焊速过慢，容易将焊件焊穿。

（5）焊接层数。中厚板焊接时，要加工坡口，进行多层多道焊。一般每层焊缝厚度不宜超过 4 mm。

7. 焊条电弧焊的操作技术

在进行焊条电弧焊操作时，焊条末端和工件之间燃烧的电弧产生高温，使焊条药皮、焊芯熔化，熔化的焊芯端部形成细小的金属熔滴，通过弧柱过渡到局部熔化的工件表面，熔化工件形成熔池。随着焊条以适当速度在工件上连续向前移动，熔池液态金属逐步冷却结晶，形成焊缝，如图 4-15 所示。药皮熔化过程中产生气体和熔渣，使熔池、电弧与周围空气隔绝。熔化了的药皮、焊芯、工件发生一系列反应，保证所形成的焊缝的性能。熔渣冷却凝固后形成的渣壳要清除掉。

（1）电弧的引燃方法。引弧就是使焊条和焊件之间产生稳定的电弧。引弧时，将焊条端部与焊件表面接触，形成短路，然后迅速将焊条提起 2 ~ 4 mm，电弧即可引燃。根据焊条末端与焊件接触过程不同，引弧方法分为两种，即敲击法和划擦法，如图 4-16 所示。

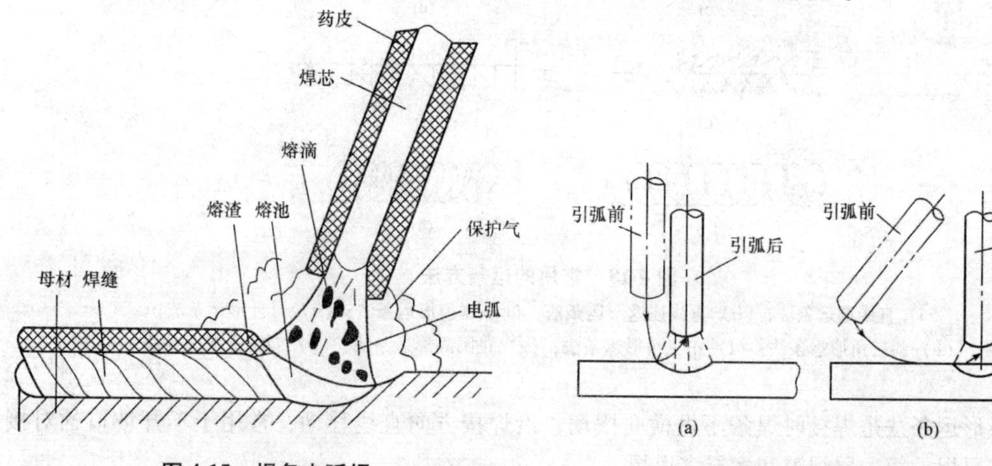

图 4-15　焊条电弧焊

图 4-16　引弧方法

（a）敲击法；（b）划擦法

敲击法是将焊条垂直地触及焊件表面后立即提起，并与焊件保持一定距离，即可引燃电弧。操作时必须掌握好手腕上下动作的时间和距离。划擦法的动作与擦火柴相似，即先将焊条末端对准焊件，然后将焊条在焊件表面划一下即可。二者比较，划擦法较容易掌握，但有时会在焊件表面形成一道划痕，影响外观。敲击法对初学者较难掌握，一般容易发生电弧熄灭或造成短路。

引弧操作应掌握两点要领：一是焊条与焊件接触时间不宜过长，否则大的短路电流将使接触点金属熔化而造成焊条粘在焊件上，此时可将焊条左右摇动后拉开，若拉不开，则要松开焊钳，切断焊接电路，待焊条稍冷后再作处理；二是焊条提起的距离不能太大，否则电弧会燃而复灭。

（2）运条方法。焊接时，焊条相对焊缝所做的各种动作的总称叫作运条。为了维持电弧稳定燃烧形成良好的焊缝，运条必须保持三个方向协调动作：一是焊条向熔池方向不断送进，以维持稳定的弧长。电弧长度合适，则发出“油煎”声；电弧过长，则呼呼作响，飘摇不定，且飞溅大，易断弧；电弧过短，则声、光均弱，易短路粘条。二是焊条的横向摆动，以获得一定宽度的焊缝。三是焊条沿焊接方向移动，其速度就是焊接速度。焊接速度对焊接质量影响很大。焊接速度太快，则电弧来不及熔化足够的焊条与母材金属，会造成未焊透或焊缝较窄；焊接速度太慢，则会造成焊缝过高、过宽、外形不整齐，且焊薄板时容易烧穿。图4-17所示为运条的基本动作。

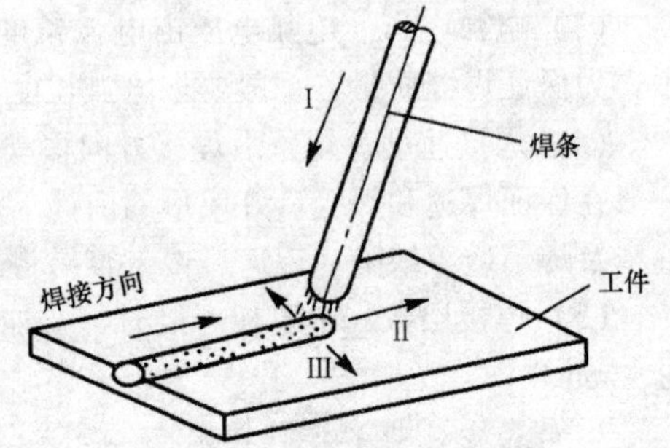

图4-17　运条的基本动作

Ⅰ—向下送进；Ⅱ—沿焊接方向移动；Ⅲ—横向往复摆动

常用的运条方法有直线形、直线往返形、锯齿形、月牙形、三角形和圆圈形运条法，如图4-18所示。

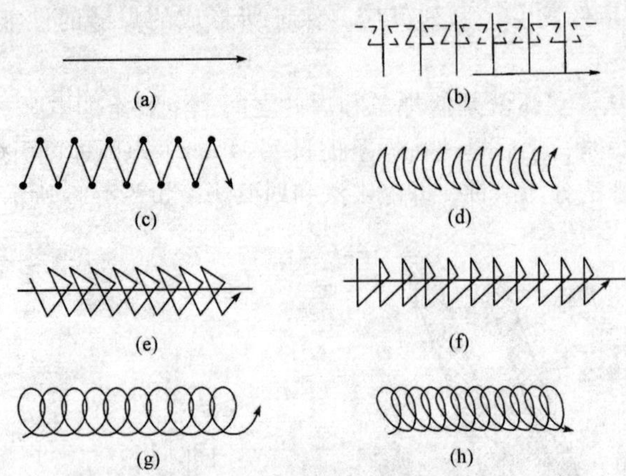

图4-18　常用的运条方法

（a）直线形运条法；（b）直线往返形运条法；（c）锯齿形运条法；（d）月牙形运条法；（e）斜三角形运条法；（f）正三角形运条法；（g）正圆圈形运条法；（h）斜圆圈形运条法

直线形运条法是焊接时焊条不做横向摆动，沿焊接方向直线移动，常用于不开坡口的对接平焊、多层焊的第一层焊道和多层多道焊。

直线往返形运条法是焊接时焊条末端沿焊缝的纵向做来回直线摆动，适用于薄板和接头间隙较大的多层焊的第一层焊道。

锯齿形运条法是焊接时焊条末端做锯齿形横向摆动，并在焊缝两侧边缘的适当位置稍做停留。这种运条方法较易掌握，生产中应用较广，对厚板平焊、仰焊、立焊的对接接头均可采用。

月牙形运条法是焊接时焊条末端做月牙形横向摆动，也要在焊缝两侧边缘的适当位置稍做停留。这种运条方法适用于平焊、仰焊、立焊的对接接头和立焊的角接接头。

三角形运条法是焊接时焊条末端做连续的三角形横向摆动，并不断向前移动。其中斜三角形运条法适用于角接接头的仰焊和开V形坡口对接接头的横焊；正三角形运条法适用于开坡口的对接接头和角接接头的立焊。

圆圈形运条法是焊接时焊条末端做连续的圆圈形横向摆动并不断向前移动。其中斜圆圈形运条法适用于角接接头的平焊、仰焊，对接接头的横焊；正圆圈形运条法适用于较厚焊件的平焊。

(3) 焊缝的收尾。焊缝焊好后熄灭电弧称为收尾。收尾不仅是熄弧，还应在熄弧前填满收尾处的弧坑。收尾的动作有划圈法（在终点做圆圈运动，填满弧坑）、回焊法（到终点后再反方向往回焊一小段）和反复断弧法（在终点处多次熄弧、引弧，把弧坑填满）。回焊法适用于碱性焊条，反复断弧法适用于薄板或大电流焊接。

(4) 焊缝的接头。由于受焊条长度的限制，不可能用一根焊条焊完一条较长的焊缝，因此焊缝前后两段的接头是不可避免的。为了实现焊缝的均匀连接，避免产生接头过高、脱节和宽窄不一的缺陷，焊接时应选择适当的连接方式。常用的接头方法是在焊道弧坑前约10 mm处引弧，拉长电弧移至原弧坑2/3处。压低电弧，焊条做微微转动，待填满弧坑后即向前运动进入正常焊接，如图4-19所示。在接头时更换焊条的动作越快，越有利于保证焊缝质量，且焊缝成形美观。

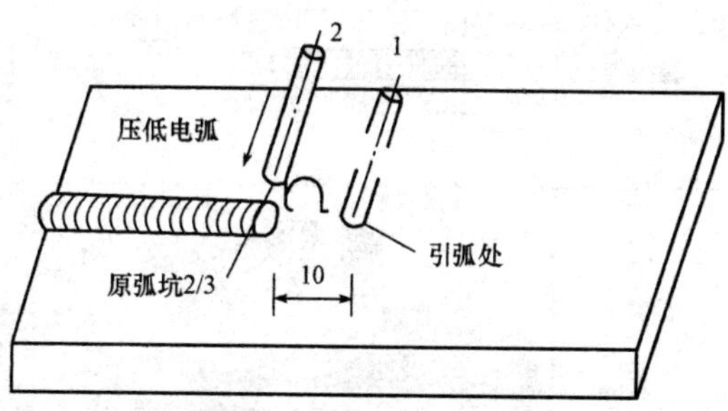

图4-19　接头的运条方法

(5) 焊后清理。焊后要用钢丝刷、清渣锤等工具把焊渣和飞溅物等清理干净。

8. 常见的焊接缺陷

焊接生产中材料选择不当，焊前准备工作不周到，施焊工艺或操作技术欠佳等原因，会使焊接接头产生各种缺陷。表4-2给出了常见焊接缺陷的特征及形成原因。

表4-2　常见焊接缺陷的特征及形成原因

缺陷名称	图例	特征	产生原因
焊缝外形尺寸不符合要求		焊缝过窄、凹陷、余高过大	1. 焊件坡口尺寸不当或装配间隙不均 2. 焊接电流过大或过小 3. 运条不正确
咬边		焊缝与焊件交界处凹陷	1. 焊接电流过大 2. 焊条角度、运条速度或电弧长度不适当

续表

缺陷名称	图例	特征	产生原因
气孔		在焊缝内部或表面存在孔穴	1. 焊件表面清理不良、药皮受潮 2. 焊接电流过小、焊接速度太快、电弧过长
夹渣	夹渣　夹渣	在焊缝内部存在非金属夹杂物	1. 焊件边缘及焊层之间清理不干净 2. 焊接电流过小、焊接速度太快
未焊透		焊缝金属与焊件之间或焊缝金属之间的局部未熔合	1. 焊接电流过小、焊接速度太快 2. 坡口角度太小，钝边太厚，间隙太小
裂纹		焊缝、热影响区内部或表面因开裂而形成的缝隙	1. 焊接材料化学成分不当 2. 焊接顺序不正确 3. 焊件设计不合理 4. 焊缝金属冷却速度太快
焊瘤		熔化金属流淌到未熔化的焊件或凝固的焊缝上所形成的金属瘤	1. 焊接电流太大、电弧过长 2. 运条不当、焊接速度太慢
焊穿及塌陷		液态金属从焊缝背面漏出凝成疙瘩或在焊缝上形成穿孔	1. 焊接电流太大、焊接速度太慢 2. 焊件装配间隙太大

三、开V形坡口的平对接焊操作实习

1. 焊前准备

（1）工件。Q235A钢板300 mm×100 mm×38 mm（两块）。

（2）焊条。E4303，ϕ3.2 mm、ϕ4 mm。

（3）焊机。额定焊接电流大于300 A的交流电焊机一台。

（4）辅助工具。焊帽、焊工手套、磨光机、钢丝刷、敲渣锤等。

2. 操作方法及要领

（1）工件组装定位焊。预留2.5 mm对接间隙，工件两端定位焊，定位焊缝长10 mm左右。为防止焊后变形，应做1°~2°反变形。

（2）打底焊。将焊接电流调至90~110 A，采用锯齿形运条法进行焊接。

（3）填充焊。先将打底层熔渣清除干净。采用140~160 A焊接电流，用锯齿形运条法短弧焊接，在距离焊缝端部10 mm左右处引弧，将电弧拉长并移至焊缝起焊处压低电弧施焊，摆动到两坡口侧面时，焊条稍做停留，待坡口两侧与母材熔合良好后方可移动，焊条角度与焊接前进方向的夹角为80°～85°，与两侧工件夹角为90°，如图4-20所示。应控制焊接速度，使每层焊道厚度为3～4 mm，各层之间的焊接方向应相反，且接头相互错开不小于30 mm，收尾填满弧坑。最后一道填充层后，其表面应距焊件表面1～1.5 mm，为盖面焊做好准备。

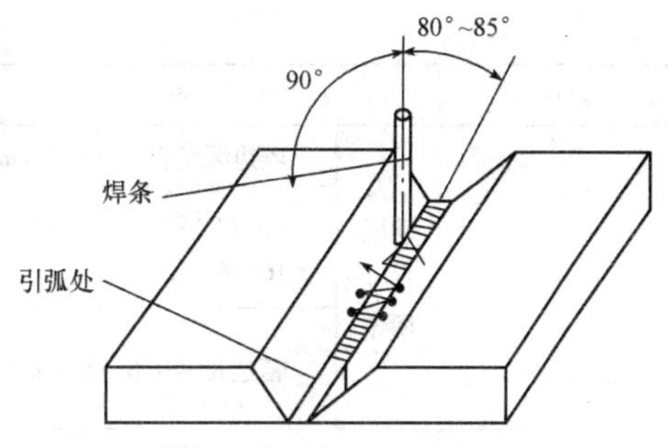

图4-20　填充焊时引弧及锯齿形运条

（4）盖面焊。正面最后一层或背面焊缝均属于盖面焊。采用140～160 A焊接电流，锯齿形运条法施焊；横向摆动至坡口两侧1～1.5 mm的边缘，以控制焊缝宽度；两侧要充分停留，以防发生咬边。背面盖面层采用锯齿形运条法进行焊接。一般厚度12 mm以下的工件开V形坡口平对接焊，正面焊缝高度0.5～1.5 mm，焊缝宽度14～16 mm。

四、实习注意事项

（1）开始工作前应检查电焊机是否接地，电缆、焊钳的绝缘是否完好。焊接操作时应穿绝缘胶鞋，或站在绝缘地板上操作。

（2）电弧发射出大量紫外线和红外线，对人体有害。操作时必须戴电焊手套和电焊面罩，穿好套袜等防护用品，特别要防止电焊的弧光直接照射眼睛。刚焊完的工件需用手钳夹持。敲击焊渣时应注意焊渣飞出的方向，以防伤人。

（3）不得将焊钳放在工作台上，以免短路烧坏电焊机；发现电焊机或线路发热烫手时，应立即停止工作；操作完毕和检查电焊机及电路系统时，必须拉闸停电。

五、评分标准

焊条电弧焊加工实习评分标准见表4-3。

表4-3　焊条电弧焊加工实习评分标准

班级			姓名		学号	
实习内容	焊条电弧焊操作实习					
序号	检测内容		分值	扣分标准	学生自评	教师评分
1	焊接参数选择正确		10	酌情扣分		
2	引弧位置正确		10	酌情扣分		
3	焊缝起头平滑、无过高现象		5	酌情扣分		
4	焊缝连接处接头平滑		5	酌情扣分		
5	运条平直		10	酌情扣分		
6	收尾无弧坑		5	酌情扣分		
7	焊缝	两面焊透	10	酌情扣分		
		焊缝宽度5～8 mm，余高0～3 mm	10	酌情扣分		
		外观无裂痕、气孔、夹渣、焊瘤和电弧擦伤	5	酌情扣分		

续表

班级		姓名		学号		
8	缺陷尺寸限定	咬边深度应小于0.3 mm	5	酌情扣分		
		焊缝两侧咬边总长度≤16～40 mm	5	酌情扣分		
		错边量≤0.6～1.6 mm	5	酌情扣分		
9	工具及防护用品使用正确		5	酌情扣分		
10	遵守纪律和安全规范		10	酌情扣分		
综合得分			100			

思考与练习题

1. 什么是焊接？焊接可分为几大类？各种焊接方法有何特点？
2. 焊条由哪两部分组成？各部分的作用是什么？简述焊条的分类。
3. 什么是焊条电弧焊？简述其焊接过程。其焊接参数有哪些？
4. 焊条电弧焊如何引弧？有哪几种方法？需注意什么？
5. 常用的焊接接头形式有哪些？应该如何选择焊接接头形式？
6. 焊接坡口的作用是什么？

第三节　气焊加工实习

一、实习内容

低碳钢板平对接操作实习。

二、工艺知识

气焊是利用可燃性气体和氧气混合燃烧所产生的火焰来加热工件与熔化焊丝进行焊接操作，其工作情况如图4-21所示。

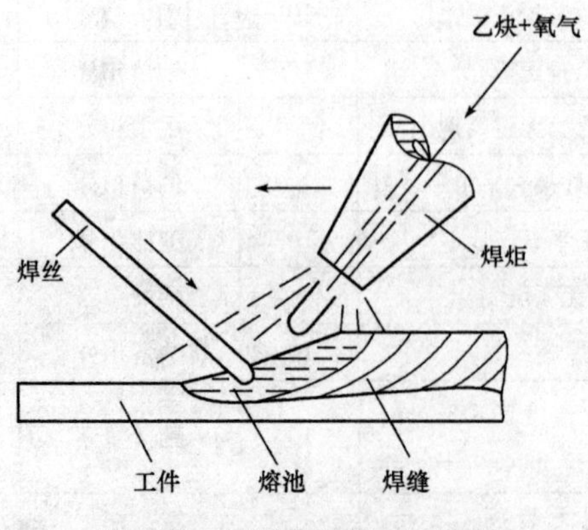

图4-21　气焊工作情况示意图

气焊通常使用的可燃性气体是乙炔（C_2H_2），氧气是气焊中的助燃气体。乙炔用纯氧助燃，与在空气中燃烧相比，能大大提高火焰的温度。乙炔和氧气在焊炬中混合均匀后从焊嘴喷出燃烧，将工件和焊丝熔化形成熔池，冷凝后形成焊缝。

气焊的主要优点是设备简单，操作灵活方便，不需要电源，但气焊火焰的温度比电弧低，热量比较分散，生产率低，工件变形严重，所以应用不如电弧焊广泛。

气焊主要用于焊接厚度在 3 mm 以下的薄钢板，铜、铝等有色金属及其合金，以及铸铁的补焊等，此外，没有电源的野外作业也常使用气焊。

1. 气焊设备

气焊所用设备及管路系统的连接方式如图 4-22 所示。

（1）乙炔瓶。乙炔瓶是储存溶解乙炔的装置，如图 4-23 所示。瓶内装有浸满丙酮的多孔填充物，丙酮对乙炔有良好的溶解能力，可使乙炔稳定而安全地储存在瓶中。瓶体上部装有瓶阀，可用方孔套筒扳手启闭。使用时，溶入丙酮中的乙炔不断逸出，瓶内压力降低，剩下的丙酮可供再次灌气使用。乙炔瓶的表面被涂成白色，并用红漆写上“乙炔”字样。

（2）氧气瓶。氧气瓶是贮运高压氧气的容器，容积为 40 L，贮氧的最大压力为14.7 MPa。氧气瓶外表漆成天蓝色，并用黑漆写上“氧气”字样。

氧气的助燃作用很大，如果在高压下遇到油脂，就会有自燃爆炸的危险，所以，应正确地保管和使用氧气瓶。氧气瓶必须放置得平稳可靠，不能与其他气瓶混在一起。气焊工作地和其他火源要距氧气瓶 5 m 以上，禁止撞击氧气瓶，严禁沾染油脂等。

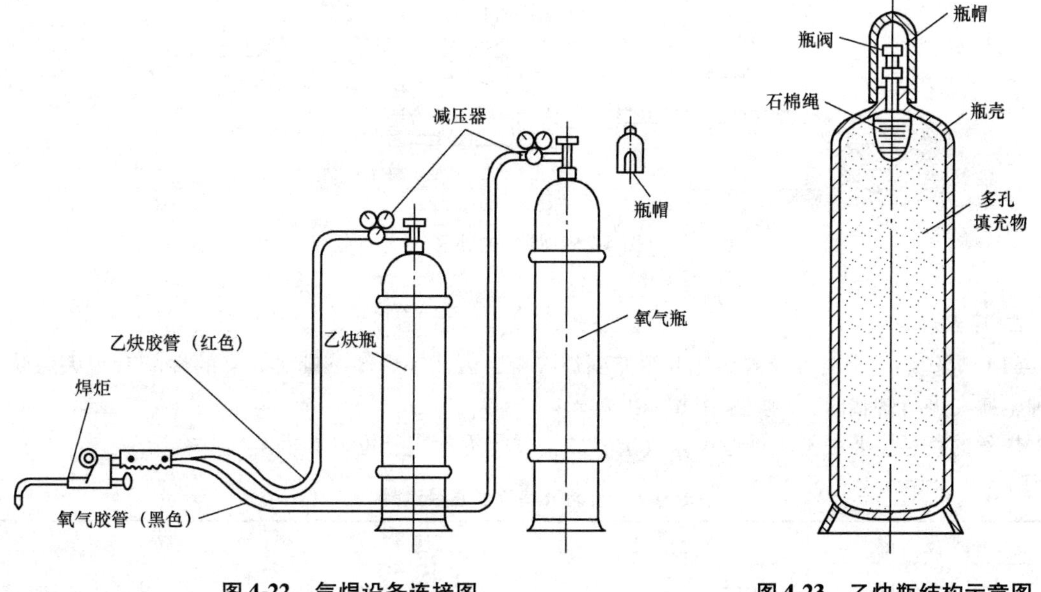

图 4-22　气焊设备连接图

图 4-23　乙炔瓶结构示意图

（3）减压器。减压器是用来将氧气瓶（或乙炔瓶）中的高压氧（或乙炔），降低到焊炬需要的工作压力，并保持焊接过程中压力基本稳定的仪表，如图 4-24 所示。使用减压器时，先缓慢打开氧气瓶（或乙炔瓶）阀门，然后旋转减压器调压手柄，待压力达到所需要的值时为止。停止工作时，先松开调压螺钉，再关闭氧气瓶（或乙炔瓶）阀门。

（4）焊炬。焊炬是使乙炔和氧气按一定比例混合并获得气焊火焰的工具。焊炬的外形如图 4-25所示。工作时，先打开氧气阀门，后打开乙炔阀门，两种气体便在混合管内均匀混合，并从焊嘴喷出，点火后即可燃烧。控制各阀门的大小，可调节氧气和乙炔的不同混合比例。一般焊炬备有5种直径不同的焊嘴，以便用于焊接不同厚度的工件。焊接较厚的工件时，要选用直径较大的焊炬和焊嘴，才能将工件焊透；如工件小而薄时，则应使用直径小的焊炬和焊嘴。

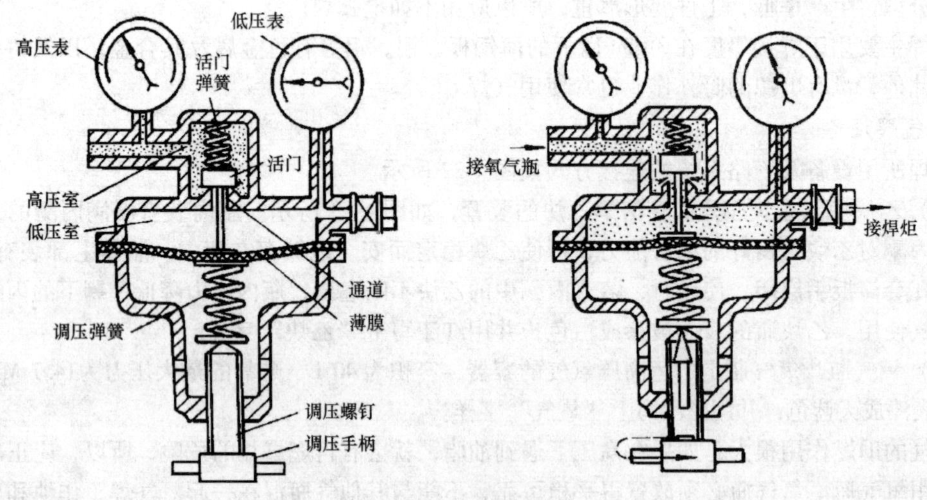

图4-24　减压器

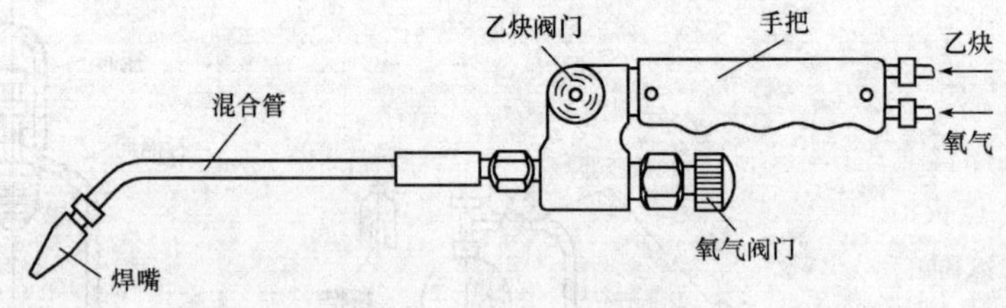

图4-25　焊炬的外形

2. *焊丝和焊剂*

（1）焊丝。气焊时焊丝被熔化并填充到焊缝中，因此，焊丝质量对焊接的性能有很大影响。各种金属在进行焊接时，均应采用相应的焊丝。

焊丝的直径主要根据工件厚度来决定，碳钢气焊焊丝直径可参考表4-4选择。

表4-4　碳钢气焊焊丝直径选择

工件厚度/mm	1.0～2.0	2.0～3.0	3.0～6.0
焊丝直径/mm	1.0～2.0或不用焊丝	2.0～3.0	3.0～4.0

（2）焊剂。焊剂的作用是去除焊缝表面的氧化物和保护熔池金属。在气焊低碳钢时，因火焰本身已具有相当的保护作用，可不使用焊剂。在气焊铸铁、有色金属及合金钢时，则需用相应的焊剂。

常用的焊剂有CJ101（气剂101）（用于焊接不锈钢、耐热钢，俗称不锈钢焊粉）、CJ201（气剂201）（用于焊接铸铁）、CJ301（气剂301）（用于焊接铜合金）、CJ401（气剂401）（用于焊接铝合金）。用于铜合金、铸铁的焊剂，其主要成分有硼酸（H_3BO_3）、硼砂（$Na_2B_4O_7 \cdot 10H_2O$）及碳酸钠（Na_2CO_3）。

3. 气焊火焰

气焊操作时，调节焊炬的氧气阀门和乙炔阀门，可以改变氧气和乙炔的混合比例而得到三种不同的气焊火焰：中性焰、碳化焰和氧化焰，如图4-26所示。

(1) 中性焰。当氧气和乙炔的体积比为1～1.2时，产生的火焰为中性焰，又称正常焰。正常焰由焰心、内焰和外焰组成，靠近喷嘴处为焰心，呈白亮色，其次为内焰，呈蓝紫色，最外层为外焰，呈橘红色。火焰的最高温度产生在焰心前端2～4 mm处的内焰区，温度高达3 150 ℃，焊接时应以此区来加热工件和焊丝。

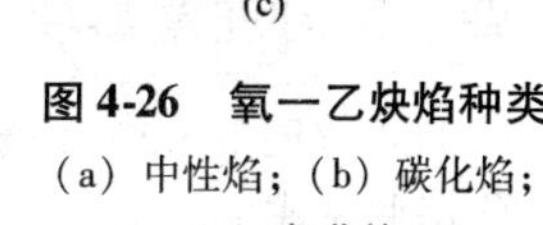

图4-26　氧—乙炔焰种类
(a) 中性焰；(b) 碳化焰；(c) 氧化焰

中性焰用于焊接低碳钢、中碳钢、合金钢、紫铜和铝合金等材料，是应用最广泛的一种气焊火焰。

(2) 碳化焰。当氧气和乙炔的体积比小于1时，则得到碳化焰。由于氧气较少，燃烧不完全，整个火焰比中性焰长，且火焰中含乙炔比例越高，火焰就越长。当乙炔过多时，还会冒出黑烟（碳粒）。

碳化焰用于焊接高碳钢、铸铁和硬质合金等材料。在焊接其他材料时，会使焊缝金属增加碳分，变得硬而脆。

(3) 氧化焰。当氧气和乙炔的体积比大于1.2时，则得到氧化焰。由于氧气较多，燃烧剧烈，火焰明显缩短，焰心呈锥形，内焰几乎消失，并有较强的"嗞嗞"声。

氧化焰易使金属氧化，故用途不广，仅用于焊接黄铜，其目的是防止锌元素在高温时蒸发。

4. 气焊基本操作方法

气焊的基本操作有点火、调节火焰、焊接和熄火等几个步骤。

(1) 点火。点火时，先把氧气阀门略微打开，以吹掉气路中的残留杂物，然后打开乙炔阀门，点燃火焰，这时的火焰是碳化焰。若有放炮声或者火焰点燃后即熄灭，则应减少氧气或放掉不纯的乙炔，再行点火。

(2) 调节火焰。火焰点燃后，逐渐开大氧气阀门，将碳化焰调整成中性焰。

(3) 焊接。气焊时，右手握焊炬，左手拿焊丝。在焊接开始时，为了尽快地加热和熔化工件形成熔池，焊炬倾角应大些，接近于垂直工件；正常焊接时，焊炬倾角一般保持在40°～50°，如图4-27所示。焊接结束时，则应将倾角减小一些，以便更好地填满弧坑及避免焊穿。

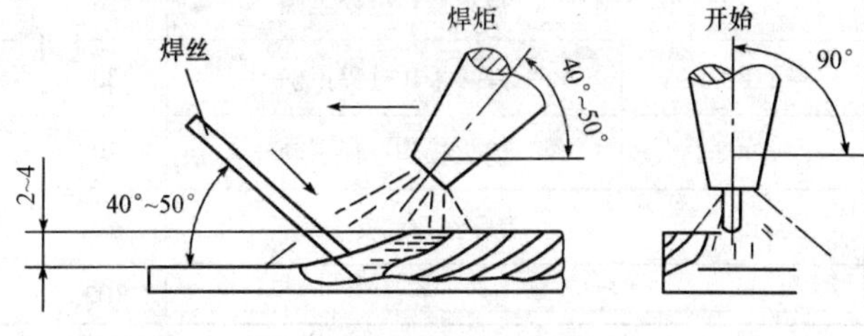

图4-27　焊炬与焊丝倾角

焊炬向前移动的速度应能保证工件熔化并保持熔池具有一定的体积。工件熔化形成熔池后，再将焊丝适量地点入熔池内熔化。

(4) 熄火。工件焊完熄火时，应先关乙炔阀门，再关氧气阀门，以免发生回火和减少烟尘。

三、低碳钢板平对接气焊操作实习

1. 工件备料尺寸

300 mm × 150 mm × 3 mm（两块）。

2. 焊丝

选用 ϕ3 mm 焊丝。

3. 焊炬

选择 H03 型焊炬。

4. 设备检查

检查焊炬、导管、氧气表及乙炔表是否正常，各连接处是否紧密。

5. 焊前清理

清理焊缝 10 mm 范围内的铁锈和油污。

四、实习注意事项

（1）点火时，先微开氧气阀门，再打开乙炔阀门，随后点燃火焰。然后逐渐开大氧气阀门，将碳化焰调整成中性焰。

（2）熄火时，应先关闭乙炔阀门，后关闭氧气阀门。

（3）氧气瓶不得撞击，不得暴晒，不得沾上油脂或其他易燃物品。乙炔瓶必须竖立放稳，严禁在地面上卧放使用。氧气瓶和乙炔瓶附近严禁烟火，并需隔开一定距离放置。

（4）刚刚气焊好的工件不要用手触及，以防烫伤。

（5）气焊前应检查氧气瓶和乙炔瓶的导管接头处是否漏气，检查焊炬和割炬的气路是否通畅、射吸能力及气密性是否符合标准等技术要求。

五、评分标准

低碳钢板平对接气焊操作实习评分标准见表 4-5。

表 4-5 低碳钢板平对接气焊操作实习评分标准

班级		姓名		学号	
实习内容	低碳钢板平对接气焊				
序号	检测内容	分值	扣分标准	学生自评	教师评分
1	操作前准备充分	20	酌情扣分		
2	点火操作过程正确	20	酌情扣分		
3	焊接操作过程正确	30	酌情扣分		
4	熄火操作过程正确	20	酌情扣分		
5	遵守纪律和安全规范	10	酌情扣分		
综 合 得 分		100			

思考与练习题

1. 气焊点火操作的正确顺序是什么？
2. 气焊火焰有哪些类型？如何区别？

第四节　气割操作实习

一、实习内容

板材切割操作实习。

二、工艺知识

气割是根据高温的金属能在纯氧中燃烧的原理进行的，它与气焊有着本质不同的过程，即气焊是熔化金属，而气割是金属在纯氧中的燃烧。

气割时，先用火焰将金属预热到燃点，再用高压氧气使金属燃烧，并将燃烧所生成的氧化物熔渣吹走，形成切口，如图 4-28 所示。金属燃烧时放出大量的热，又预热待切割的部分，所以，切割的过程实际上就是重复进行预热—燃烧—去渣的过程。

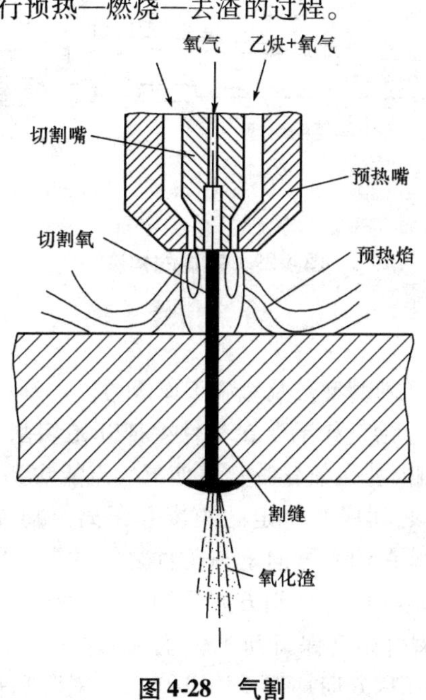

图 4-28　气割

1. 气割的条件

根据气割原理，被切割的金属应符合一定的条件才能进行气割。

（1）金属的燃点应低于其熔点，否则在切割前金属已熔化，不能形成整齐的切口。钢的熔点随含碳量的增加而降低，当含碳量等于 0.7% 时，钢的熔点接近于燃点，故高碳钢和铸铁难以进行气割。

（2）燃烧生成的金属氧化物的熔点应低于金属本身的熔点，且流动性要好，以便氧化物及时熔化并被吹掉。铝的熔点（660 ℃）低于其氧化物 Al_2O_3 的熔点（2 050 ℃），铬的熔点（1 550 ℃）低于其氧化物 Cr_2O_3 的熔点（1 990 ℃），故铝合金和不锈钢不具备气割条件。

（3）金属的导热性不能太高，否则预热火焰的热量和切割中所发出的热量会迅速扩散，使切割处热量不足，导致切割困难。铜、铝及其合金燃烧时释放出的热量较小，且热导性又好，因而不能进行气割。

综上所述，能满足上述条件的金属材料有低碳钢、中碳钢和部分低碳合金钢。与其他切割方法比较，气割最大的优点是灵活方便，适应性强，可在任意位置和任意方向切割任意形状和任意厚度的工件。气割设备简单，操作方便，生产率高，切口质量也相当好，但对金属材料的适用范围有一定的限制。由于低碳钢和低合金钢是应用最广的材料，所以气割应用非常普遍。

2. 气割设备

气割时，用割炬代替焊炬，其余设备与气焊相同。割炬的构造如图4-29所示。割炬与焊炬相比，增加了输送切割氧气的管道和阀门，其割嘴的结构与焊嘴也不相同。割嘴的出口有两条通道，其周围的一圈是乙炔与氧气的混合气体出口，中间的通道为切割氧的出口，两者互不相通。

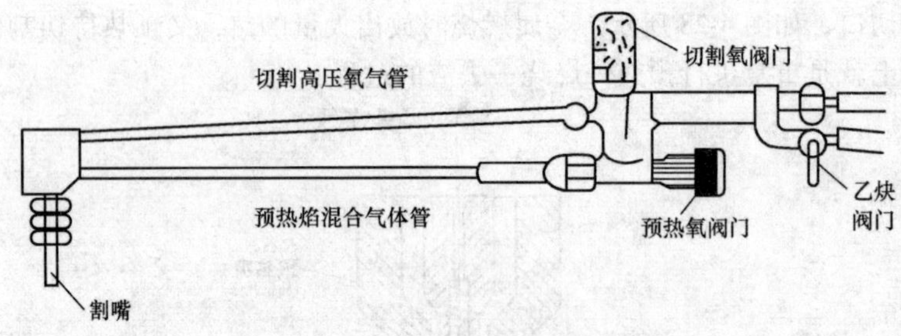

图4-29 割炬的构造

3. 气割工艺

（1）根据气割工件厚度选择割嘴型号及氧气工作压力。

（2）气割应从工件的边缘开始，如果要在工件中部开始切割，则应先在气割前钻一个直径大于5 mm的工艺孔，以便气割时排出氧化物，并使氧气流能吹到工件的整个厚度上。

（3）气割时，割嘴与工件之间应有一定的角度和距离。割嘴对切口左右两边必须保持垂直，如图4-30（a）所示。割嘴在切割方向上与工件之间的夹角随工件厚度变化而变化。切割厚度在5 mm以下的钢板时，割嘴应向切割方向后倾20°～50°，如图4-30（b）所示。切割厚度为5～30 mm的钢板时，割嘴可始终保持与工件垂直，如图4-30（c）所示。切割厚度在30 mm以上的钢板时，开始时朝切割方向前倾5°～10°，收尾时后倾5°～10°，中间切割过程中保持割嘴与工件垂直，如图4-30（d）所示。割嘴离工件表面的距离应始终使预热的焰心端部距工件3～5 mm。

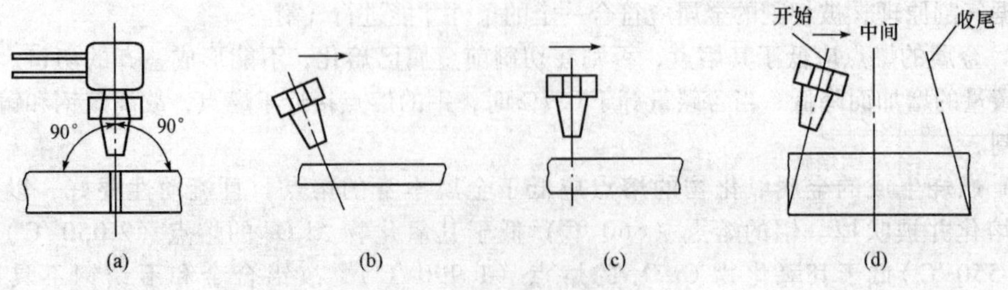

图4-30 割炬与工件的角度

（4）气割速度与工件厚度有关。工件越薄，气割速度越快；反之，则越慢。

三、低碳钢板气割操作实习

1. 气割前的准备

（1）工件材料选用低碳钢中厚板（6 ~ 10 mm）。

（2）割炬选用 G01 - 30，2 号环形割嘴，氧气压力 0.4 ~ 0.5 MPa，乙炔压力 0.03 ~ 0.1 MPa。

（3）对切口处的铁锈、油污等杂质进行清理。

（4）确定切割位置，垫平工件。

（5）调整好乙炔和氧气的压力，并检查有无漏气。

2. 气割操作过程

（1）先微开氧气阀门，再开乙炔阀门，然后将焊嘴靠近明火点燃火焰，且调节成中性焰。

（2）右手握住割炬，使食指靠在预热氧调节阀门上，左手拇指和食指握住切割氧调节阀，其余三指托住混合管。

（3）对切割端进行预热，加热至 1 300 ℃左右的高温（亮红色）后，再打开切割氧阀门，使已预热的金属部分激烈氧化而燃烧，再用高压氧流吹走氧化物熔渣，将被割金属从表面直烧到深层以至穿透，随割炬向前移动，形成切口而分离工件。

（4）气割完毕后，先关闭切割氧调节阀，再关闭乙炔调节阀，最后关闭预热氧调节阀。及时查看并去除粘在割嘴上的金属氧化物和飞溅物，以保证后续切割工作顺利进行。

四、实习注意事项

（1）氧气瓶在搬运过程中尽量避免振动或互相碰撞，禁止依靠人背着氧气瓶搬运或用吊车吊运。

（2）禁止乙炔发生器及乙炔瓶靠近火源，应将其放在空气流通的地方，并且保证不能漏气。

（3）当需要离开工作场地时，严禁将点燃的割炬放在工作台上，以免发生意外。

五、评分标准

低碳钢板气割操作实习评分标准见表 4-6。

表 4-6　低碳钢板气割操作实习评分标准

班级		姓名		学号	
实习内容	低碳钢板气割				
序号	检测内容	分值	扣分标准	学生自评	教师评分
1	操作前准备充分	10	酌情扣分		
2	点火操作过程正确	20	酌情扣分		
3	火焰调节过程合理	10	酌情扣分		
4	割炬切割操作过程正确	40	酌情扣分		
5	熄火后对割炬的检查、维护过程正确	10	酌情扣分		
6	遵守纪律和安全规范	10	酌情扣分		
综　合　得　分		100			

思考与练习题

1. 气割的工作原理是什么？有何特点？气割对材质条件有何要求？
2. 简述气割的基本操作技术，并说出气割与气焊所用设备与工具的区别。

第五节 CO_2 气体保护焊加工实习

一、实习内容

扁铁对接平焊；扁铁垂直角形焊缝焊接。

二、工艺知识

CO_2 气体保护焊（简称 CO_2 焊）是采用 CO_2 气体作为保护气体的电弧焊。它是用焊丝作电极，靠焊丝和焊件之间产生的电弧提供热量熔化金属，CO_2 气体以一定流量从焊枪喷嘴端部流出，包围电弧和熔池，可防止空气对液态金属的有害作用。CO_2 保护焊的焊接装置如图 4-31 所示。

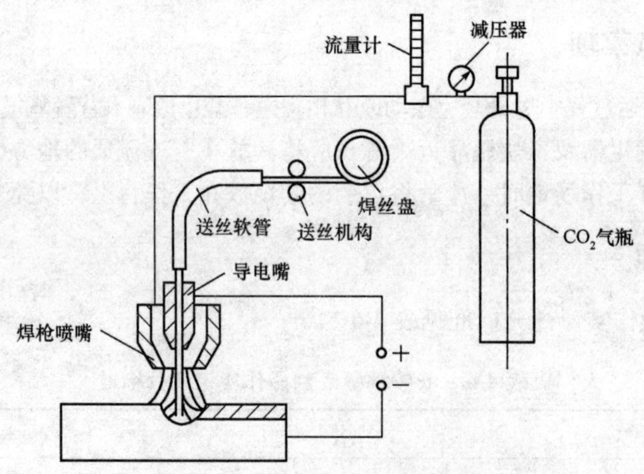

图 4-31　CO_2 气体保护焊示意图

CO_2 气体保护焊熔池易于观察，焊枪操作方便，可实现全位置焊接。由于其焊丝外没有涂层，电流较高，使得熔深较大，熔敷率高。CO_2 气体保护焊抗氢能力强、经济性高，广泛适用于低碳钢和低合金钢等材料的焊接。

1. CO_2 气体保护焊焊接设备

为保证焊接电弧的稳定、飞溅的减少，CO_2 气体保护焊焊接电源通常采用直流电源，对焊接电源的要求如下：具有合适的空载电压；具有良好的动特性；具有合适的调节范围。施焊时，采用细丝及中等直径焊丝进行焊接，需配备平特性和缓降特性电源和等速送丝机构，依靠电弧自身调节作用保持电弧长度的稳定；对粗丝，则配备陡降特性电源，依靠电弧电压反馈稳定电弧长度。

（1）CO_2 气体保护焊设备的分类和组成。CO_2 气体保护焊设备可分为半自动和自动两种类型，半自动焊机采用细焊丝（直径不超过 $\phi 1.6$ mm），适用于短的、不规则焊缝的焊接；自动焊机采用粗焊丝（直径超过 ϕ1.6 mm），适用于长的、规则焊缝和环形焊缝的焊接。CO_2 气体保护焊设备主要由焊接电源、送丝装置、焊枪和行走机构（自动焊）、控制系统以及供气和水冷系统等部分组成。其组成示意图如图 4-32 所示。

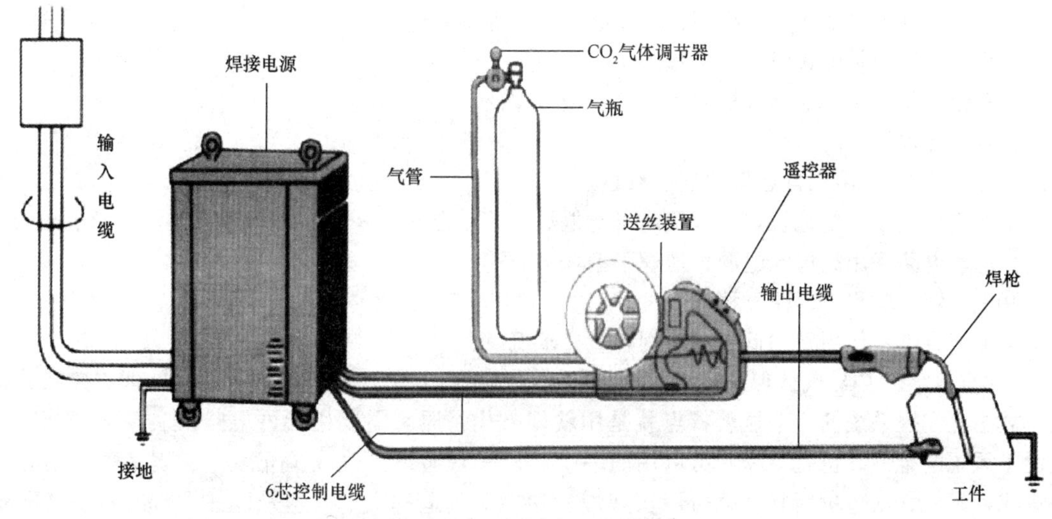

图 4-32　半自动 CO_2 气体保护焊组成示意图

（2）典型 CO_2 气体保护焊机介绍。

1）逆变式 CO_2 气体保护焊机。NBC 系列逆变式气体保护焊机是一种用于 CO_2 或富氩混合气体保护焊的高性能通用半自动数字化电焊机。采用了 IGBT 软开关逆变技术，工频三相 380 V 电源输入整流后由 IGBT 逆变器变为高频交流，经高频变压器降压，高频整流器整流，滤波后输出适合于焊接的直流电。通过这个过程，提高了焊机的动态响应速度，减小了焊机的体积和质量。控制电路对整机进行闭环控制，使焊接电源具有良好的抗电网波动能力，焊接性能优异（图 4-33）。

图 4-33　奥太 NBC－500 逆变式气体保护焊机

该系列逆变焊机性能特点如下：

①逆变技术可以保证焊接电压在电网电压波动及电弧长度变化的情况下高度平稳，电弧自调节能力强，焊接过程稳定。

②焊接飞溅小，金属熔敷率高，焊缝成形好，焊接变形小。

③采用精细控制方式引弧，引弧成功率更高。

④全数字化控制面板，人机界面友好，调节方便。

⑤可预置焊接电流。

⑥可存储 10 套用户自定义的规范参数。

⑦四步功能在大规范长焊缝焊接时可降低焊工劳动强度。

⑧送丝电路采用高稳定电源，送丝平稳。

⑨重量轻，体积小，便于移动。

⑩节能省电，使用费用低，对电网容量要求低。

2）全数字化 CO_2 气体保护焊机。全数字化焊机是由 DSP、ARM 等嵌入式微处理器控制的焊机。数字化主控系统的一个显著特点就是用软件来代替原来需要用硬件电路来实现的功能，这增加了系统的柔性，也就意味着可以用同一个焊机平台通过更改或扩充软件实现多种焊接方法的集成，另外，通过更新软件就可以实现焊机功能的改造和提升，这是以往焊机绝对不能实现的，是全数字化焊机的最大优势。此外，数字化主控系统一般具有 SPI、SCI、CAN 等接口，外界接口具有良好的扩充性能，各功能模块相互独立，增加新功能完全不影响原有功能和性能，所以全数字化焊机功能可以做得很丰富，对于构成大的系统具有较大的优势。全数字化 CO_2 气体保护焊机具有以下特点：

①一致性好、性能稳定。传统焊机的构成特点决定了它的性能特点完全依靠各元器件的参数，元器件参数的不一致直接导致焊机性能的不一致，而任何厂家生产的元器件都不可能保证其参数完全一致，所以经常出现同一品牌的焊机之间性能不一样的问题。另外，元器件的参数会随温度、湿度等环境的变化而变化，所以焊机性能会出现时好时坏的现象。

数字化电路的特点是对元器件参数变化不敏感，比如一个输入或输出电阻从 1 kΩ 变化到 10 kΩ 都不会影响焊机的性能。

②可靠性高。数字化焊机采用高速 DSP 控制，能够及时发现和纠正主变偏磁，有效避免了焊机因主变偏磁而损坏，大大提高了其可靠性；具备欠压、过压及过热保护功能；此外，由于采用数字化技术，大大减少了元器件数量，提高了电路的可靠性。

③控制精确度高。模拟控制的精度一般由元件参数值引起的误差和运算放大器非理想特性参数引起的误差决定，很难做到高精度控制。而数字化控制的精度仅仅与模—数转化的量化误差及系统有限字长有关，因此数字化控制可以获得很高的精度。特别是对于像脉冲气保这样先进的焊接方式，对电弧能量控制要求非常严格，要达到无飞溅、短弧、低热输入量的目的，必须精确控制每个脉冲的电流电压，真正实现一脉一滴基值过渡。

④动态响应速度快。新型的数字化焊机大都采用了高频技术，大大提高了焊机的动态响应速度，动态响应速度的提高极大地提升了焊机的焊接性能。

⑤优良的焊接性能。由于监控系统对实际焊接参数与设定参数进行数字式的比较并及时调整，因而这种焊机创造了迄今为止独一无二的、无可比拟的精确度，无与伦比的焊接质量，并具有最佳的焊接特性。

在车间或施工现场，数字化家族的产品有着广泛的应用。不论是手工焊、自动焊或机器人，数字化电源都是最理想的。在材料适用方面，最适合各种碳钢、镀锌板、不锈钢的焊接，尤其适合铝及铝合金的焊接，能满足各种苛刻的工业要求。特别适合于焊接质量要求高的军工、汽车生产、模具制造、化工、机器制造以及造船业、有色金属焊接等领域（图 4-34、图 4-35）。

图 4-34　时代全数字 TDN 半自动气保焊

图 4-35　奥地利福尼斯 TPS 全数字气保焊

2. 送丝系统

送丝系统通常由送丝机构（包括电动机、减速器、校直轮、送丝轮）、送丝软管、焊丝盘等组成。送丝系统及送丝机构如图 4-36、图 4-37 所示。CO_2 气体保护电弧焊焊机的送丝系统根据其送丝方式的不同，通常可分为四种类型。

（1）推丝式。推丝式是半自动熔化极气体保护电弧焊应用最广泛的送丝方式之一。这种送丝方式的焊枪结构简单、轻便，操作维修都比较方便，如图 4-38（a）所示。但这种送丝方式的焊丝要经过一段较长的送丝软管，焊丝的送丝阻力较大。特别是焊丝较细（直径小于 0.8 mm）时，随着软管的加长，送丝阻力加大，送丝的稳定性变差。一般钢焊丝软管的长度为 3 ~ 5 m，铝焊丝软管的长度不超过 3 m。

图 4-36　推丝式送丝系统

图 4-37　推丝式送丝机构

（2）拉丝式。拉丝式有三种形式：一种是将送丝机构安装在焊枪内，焊丝盘和焊枪分开，两者通过送丝软管连接，如图4-38（b）所示。另一种是将焊丝盘、送丝机构直接安装在焊枪上，如图4-38（c）所示。这两种都适用于细丝半自动熔化极气体保护焊，但焊枪较重，操作不灵活，加重了焊工的劳动强度。还有一种是焊丝盘、送丝机构与焊枪分开，如图4-38（d）所示。这种送丝方式一般用于自动熔化极气体保护电弧焊。

（3）推拉丝式。这种送丝方式的特点是在推丝式焊枪上加装了微型电动机作为拉丝动力，如图4-38（e）所示。推丝电动机是主要的送丝动力，拉丝电动机的主要作用是保证焊丝在送丝软管中始终处于轻微的拉伸状态，减少焊丝由于弯曲在软管中产生的阻力。推拉丝的两个动力在调试过程中要有一个配合，尽量做到同步，但以推为主。这种送丝方式的送丝软管最长可以达到15 m左右，扩大了半自动焊的操作距离。

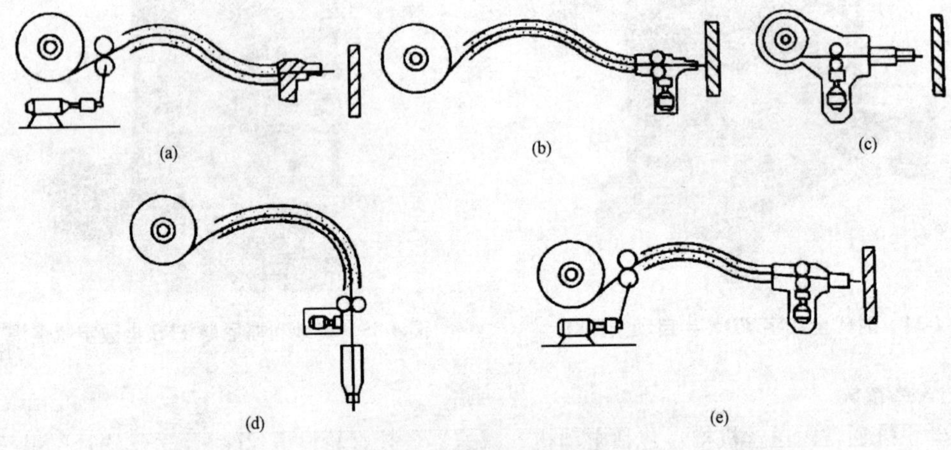

图4-38　送丝方式示意图

（a）推丝式；（b）（c）（d）拉丝式；（e）推拉丝式

（4）行星式（线式）。行星式送丝系统是根据“轴向固定的旋转螺母能轴向推送螺杆”的原理设计的，如图4-39所示。三个互为120°的滚轮交叉地安装在一块底座上，组成一个驱动盘。驱动盘相当于螺母，通过三个滚轮中间的焊丝相当于螺杆。三个滚轮与焊丝之间有一个预先调定好的螺旋角。当电动机控制主轴带动驱动盘旋转时，三个滚轮即向焊丝施加一个轴向的推力，将焊丝往前推送。送丝过程中，三个滚轮在围绕焊丝公转的同时又绕着自己的轴自转。调节电动机的转速即可调节焊丝的送进速度。这种送丝机构可一级一级地串联起来使用而成为所谓的线式送丝系统，使送丝距离更长（可达60 m）。

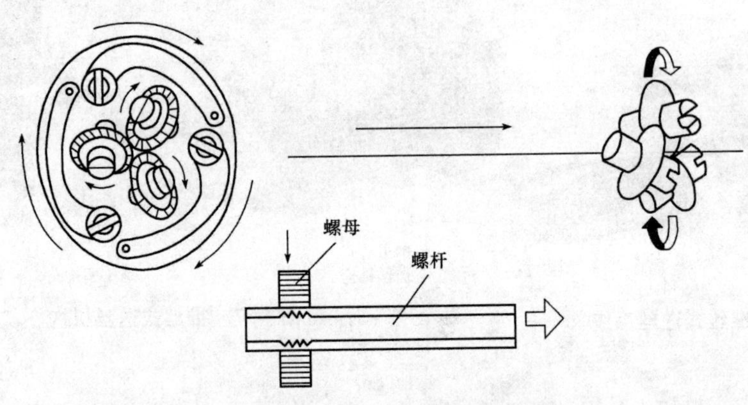

图4-39　行星式送丝系统工作原理

3. 供气系统

供气系统一般由气源（高压气瓶）、减压阀、流量计和气阀组成。对于 CO_2 气体，通常还需要安装预热器、高压干燥器和低压干燥器。对于熔化极混合气体保护电弧焊，还需要安装气体混合装置。

（1）减压阀。减压阀用来将气瓶内的高压气体降低到焊接所需的压力，并维持压力的恒定。每种气体都有专用减压阀。

（2）流量计。流量计用来标定和调节保护气体的流量大小。通常采用转子流量计。转子流量计的读数是用空气作为介质来标定的，而各保护气体的密度与空气不同，所以保护气体实际的流量与流量计的标定值有些差异，要想准确地知道实际气体的流量大小必须进行换算。

（3）气阀。气阀是用来控制保护气体暂时通断的元件，包括机械气阀和电磁气阀。其中电磁气阀应用比较广泛，焊接时由控制系统自动完成保护气体的通断。

（4）预热器。CO_2 气瓶中混有一定的水分，CO_2 气体在减压时温度降低，易使气体中混有的水分在钢瓶出口处及减压表中结冰，堵塞气路，因此在减压前要用预热器将 CO_2 气体预热。预热器一般安装在钢瓶出口处，且开启气瓶前，先将预热器通电加热。

（5）干燥器。为了最大限度地减少 CO_2 气体中的水分含量，供气系统中一般设有干燥器。干燥器分为装在减压阀之前的高压干燥器和装在减压阀之后的低压干燥器两种。可根据钢瓶中 CO_2 气体的纯度选用其中之一，或二者都用。如果 CO_2 气体的纯度较高，能满足焊接生产的要求，也可不设干燥器。

4. 焊枪

熔化极气体保护电弧焊的焊枪分为半自动焊枪和自动焊枪。

（1）半自动焊枪。半自动焊枪按冷却方式可分为气冷和水冷两类，按结构形式可分为手枪式和鹅颈式两类。手枪式焊枪适用于较大直径的焊丝，它对冷却效果要求较高，因而采用内部循环水冷却。因手枪式焊枪的重心不在手握部分，操作时不太灵活。鹅颈式焊枪适用于小直径的焊丝，其重心在手握部分，操作灵活方便，使用较广。图 4-40 所示为这两种焊枪的典型结构示意图。其组成如下：

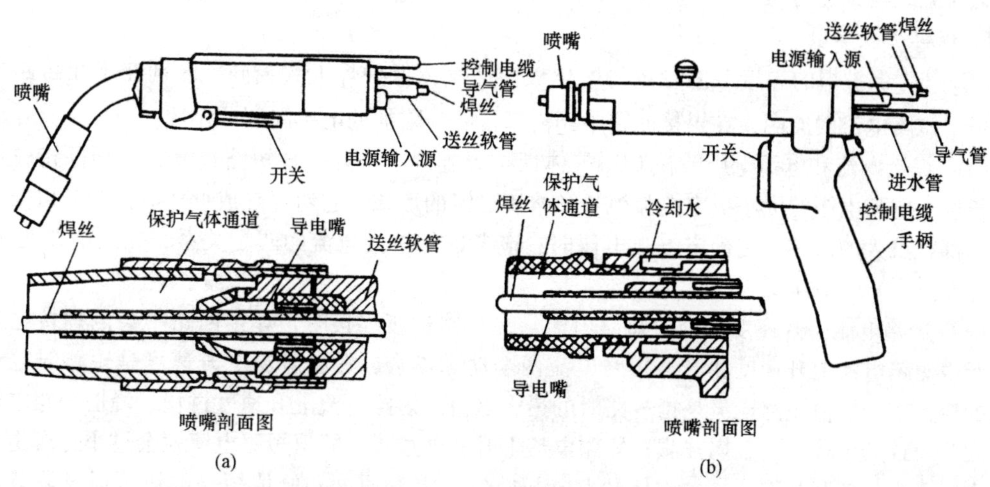

图 4-40　典型半自动焊枪结构示意图

（a）鹅颈式（气冷）；（b）手枪式（水冷）

①导电部分。把焊接电源连接到焊枪后端，电流通过导电杆、导电嘴导入焊丝。导电嘴是一个较重要的零件，要求导电嘴材料导电性好、耐磨性好及熔点高，通常采用纯铜，最好是锆铜制造。

②导气部分。保护气体从焊枪导气管进入焊枪后先进入气室，这时气流处于紊流状态。为了使保护气体形成流动方向和速度趋于一致的层流，在气室接近出口处安装具有网状密集小孔的分流环。保护气体流经的最后部分即焊枪的喷嘴部分。喷嘴按材质分为陶瓷喷嘴和金属喷嘴。

③导丝部分。焊丝经过焊枪时的阻力越小越好。对于鹅颈式焊枪，要求鹅颈角度合适，鹅颈过弯时则阻力过大，不易送丝。

（2）自动焊枪。自动焊枪的主要作用与半自动焊枪相同，常见结构如图4-41所示。自动焊枪固定在机头上或行走机构上，经常在大电流情况下使用，除要求其导电部分、导气部分及导丝部分性能良好外，为了适应大电流、长时间连续焊接，需采用水冷装置。

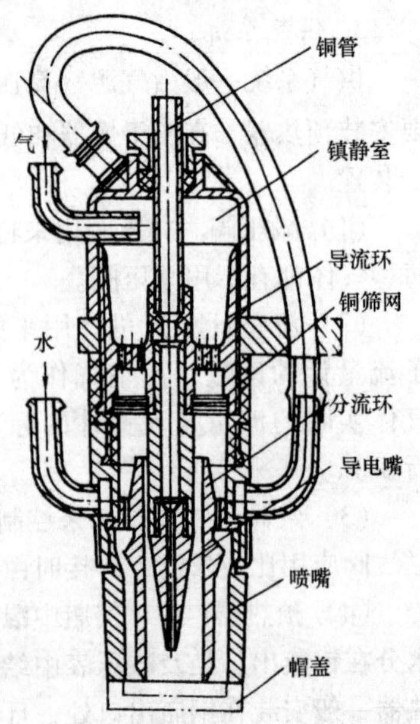

图4-41　自动焊枪结构示意图

5. CO_2 气体和焊丝

CO_2 气体在常温下是一种无色、无味的气体。气液态时比较稳定且来源广泛、价格低廉。在1.013 kPa和0 ℃时，其密度为1.976 8 g/L，为空气的1.5倍，因此在施焊时能将空气有效地排开以保护焊接区域。由于 CO_2 在电弧的高温作用下会分解为CO和 O_2，因此 CO_2 气体保护焊具有较强的氧化性，会烧损Mn、Si等合金元素，使焊缝增氧，力学性能下降，还会形成气孔。为保证焊缝的合金元素含量，CO_2 气体保护焊须采用含Mn、Si较高的焊接用焊丝或含相应合金元素的合金钢焊丝，焊丝的含碳量一般小于0.15%。焊接低碳钢和普通低合金结构钢（$\sigma_b < 600$ MPa）时常用的焊丝是H08Mn2SiA。另外还可以使用Ar和 CO_2 混合气体保护对强度级别较高的普通低合金结构钢进行焊接。

6. 焊接工艺参数

CO_2 气体保护焊的焊接工艺参数与熔化极惰性气体保护焊大致相同，区别在于在短路过渡时，由于短路电流的原因，在焊接回路中还需串接一个附加的电感起调节作用。

（1）焊接电流和电弧电压。在 CO_2 气体保护焊施焊时，要实现短路过渡，必须保持较短的电弧长度。电弧电压的大小决定电弧弧长和熔滴过渡的形式，它对焊缝成形、焊接缺陷以及力学性能等都有很大的影响。在确定电弧电压时，应考虑与焊接电流的匹配关系，一般电压为18～24 V，电流为80～180 A。

（2）短路电流上升速度和峰值短路电流。在短路过渡焊接时，焊接回路中会因焊接电流短路而产生短路电流上升速度和峰值短路电流两个动态参数。短路电流上升速度是短路时电流随时间的变化率，峰值短路电流是指短路时的最大电流。短路电流上升速度过快，峰值短路电流就会过大，导致产生较多的金属飞溅；短路电流上升速度过慢，峰值短路电流就会过小，产生大颗粒的金属飞溅，甚至会造成焊丝固体短路。短路电流上升速度和峰值短路电流可通过调节电感的大小控制。电感越大，短路电流上升速度和峰值短路电流越小；电感越小，则反之。

（3）焊丝直径和焊丝伸出长度。短路过渡焊接主要采用直径为0.6～1.4 mm的焊丝。随着焊丝直径的增大，飞溅颗粒和颗粒数量也相应增大。在实际运用中，所用焊丝最大直径为1.6 mm。当直径大于1.6 mm时，短路过渡焊接飞溅严重，极少应用。其他参数不变时，随着焊丝伸出长度增加，焊接电流会下降，熔深也减小，直径越细、电阻率越大的焊丝影响越大。从这一点上看，在适度范围内增加焊丝伸出长度，使焊丝上的电阻热增加，有利于焊丝的熔化及提高生产效率。但焊丝伸出长度过长，焊丝电阻热过大，会造成焊丝成段熔断，飞溅增大，焊接过程不稳。此外，焊丝伸出长度增大，使喷嘴离工件的距离也增大，使气保护效果变差。一般在生产中，焊丝伸出长度为焊丝直径的10～12倍为宜。

（4）气体流量。一般细直径焊丝在小规范焊接时气体流量常为5～15 L/min。较大规范时，气体流量常在20 L/min以上。

（5）电源极性。一般情况下，CO_2气体保护焊采用直流反接。反接时，飞溅小，电弧稳定，熔深较大，成形好。

三、CO_2气体保护焊加工实习

1. 焊前准备

（1）工件。Q235扁铁300 mm×100 mm×4 mm（两块），检查钢板平直度，并修复平整，为保证焊接质量，在焊接区30 mm内除锈、打磨干净，漏出金属光泽，避免产生气孔、裂纹等缺陷。

（2）焊接设备。选用额定焊接电流大于300 A的直流电焊机一台，配备送丝机构、焊枪、气体流量表、CO_2气瓶。

（3）辅助工具。操作区附近应准备好焊帽、手锤、钢丝刷、钢直尺、直磨机、钢丝钳等。

2. 操作过程

（1）装配与定位焊。焊接操作中装配与定位焊很重要。施焊前检查气瓶是否漏气、气体流量表是否损坏、焊枪焊嘴是否有堵塞现象，将两块矫平除锈后的试件放在焊接平台上，调整两板间距为2 mm，左手握焊帽，右手握焊枪，焊嘴对准试件右端，距试件高度5～8 mm，引燃电弧开始施焊，施焊长度10 mm左右，左端与右端一致。

（2）焊接。施焊时，清理喷嘴，通常采用左焊法，由点焊处开始，焊接过程中要保持焊枪适当倾斜和正确的枪嘴高度，调整焊丝伸出长度为10～12 mm，气体流量为15 L/min，焊枪工作角90°，前进角80°～85°，使焊枪尽可能地匀速运动，由于板薄、间隙小，无须摆动，焊接时必须根据焊接实际效果判断焊接工艺参数是否合适。根据熔池情况、电弧稳定性、飞溅大小及焊缝成形的好坏来修正焊接工艺参数，直至满意为止。焊接结束前必须收弧，若收弧不当容易产生弧坑并出现裂纹、气孔等缺陷。

（3）试件与现场清理。练习结束后，首先关闭二氧化碳瓶阀门，然后关闭焊接电源。将焊好的试件用钢丝刷反复拉刷焊道，除去焊缝氧化层。注意不得破坏试件原始表面，不得用水冷却。

四、实习注意事项

（1）开始工作前应检查电焊机是否接地，电缆、焊枪的绝缘是否完好。焊接操作时应穿绝缘胶鞋，或站在绝缘地板上操作。

（2）送丝机应避免受到外力的强烈撞击。

（3）不要用拉动焊枪的方式来移动送丝机，以免造成损坏。

（4）焊枪要轻拿轻放，更不允许把焊枪作为敲击工具使用。

（5）电弧发射出大量紫外线和红外线，对人体有害。操作时必须戴电焊手套和电焊面罩，

穿好套袜等防护用品，特别要防止电焊的弧光直接照射眼睛。

（6）不得将焊枪放在工作台上，以免短路烧坏电焊机；发现电焊机或线路发热烫手时，应立即停止工作；操作完毕和检查电焊机及电路系统时，必须拉闸停电。

五、评分标准

CO_2 气体保护焊加工实习评分标准见表 4-7。

表 4-7　CO_2 气体保护焊加工实习评分标准

<table>
<tr><td>班级</td><td colspan="2"></td><td>姓名</td><td></td><td>学号</td><td></td></tr>
<tr><td>实习内容</td><td colspan="6">CO_2 气体保护焊</td></tr>
<tr><td>序号</td><td colspan="2">检测内容</td><td>分值</td><td>扣分标准</td><td>学生自评</td><td>教师评分</td></tr>
<tr><td>1</td><td colspan="2">焊接参数选择正确</td><td>10</td><td>酌情扣分</td><td></td><td></td></tr>
<tr><td>2</td><td colspan="2">引弧位置正确</td><td>10</td><td>酌情扣分</td><td></td><td></td></tr>
<tr><td>3</td><td colspan="2">焊缝起头平滑、无过高现象</td><td>5</td><td>酌情扣分</td><td></td><td></td></tr>
<tr><td>4</td><td colspan="2">焊缝表面波纹均匀，与母材平滑过渡</td><td>5</td><td>酌情扣分</td><td></td><td></td></tr>
<tr><td>5</td><td colspan="2">运枪平直</td><td>10</td><td>酌情扣分</td><td></td><td></td></tr>
<tr><td>6</td><td colspan="2">收尾无弧坑</td><td>5</td><td>酌情扣分</td><td></td><td></td></tr>
<tr><td rowspan="3">7</td><td rowspan="3">焊缝</td><td>两面焊透</td><td>10</td><td>酌情扣分</td><td></td><td></td></tr>
<tr><td>焊缝宽度 5 ~ 8 mm，余高 0 ~ 3 mm</td><td>10</td><td>酌情扣分</td><td></td><td></td></tr>
<tr><td>外观无裂痕、气孔、焊瘤和电弧擦伤</td><td>5</td><td>酌情扣分</td><td></td><td></td></tr>
<tr><td rowspan="3">8</td><td rowspan="3">缺陷尺寸限定</td><td>咬边深度小于 0.3 mm</td><td>5</td><td>酌情扣分</td><td></td><td></td></tr>
<tr><td>焊缝两侧咬边总长度不大于 40 mm</td><td>5</td><td>酌情扣分</td><td></td><td></td></tr>
<tr><td>错边量不大于 1.6 mm</td><td>5</td><td>酌情扣分</td><td></td><td></td></tr>
<tr><td>9</td><td colspan="2">工具及防护用品使用正确</td><td>5</td><td>酌情扣分</td><td></td><td></td></tr>
<tr><td>10</td><td colspan="2">遵守纪律和安全规范</td><td>10</td><td>酌情扣分</td><td></td><td></td></tr>
<tr><td colspan="3">综 合 得 分</td><td>100</td><td></td><td></td><td></td></tr>
</table>

思考与练习题

1. 简述 CO_2 气体保护焊的特点。
2. 简述 CO_2 气体保护焊飞溅问题产生的原因和预防措施。
3. 简述 CO_2 气体保护焊设备的组成及基本功能。
4. 如何确定 CO_2 气体保护焊焊丝的伸出长度？

车削加工

第一节　车削加工概述

车削加工是机械加工中应用最为广泛的加工方法之一，在机械加工的各类机床中，车床约占总数的50%；在需要切削加工完成的零件中，约有50%以上是由车削加工完成的。

一、车削加工范围

车削加工主要用于回转体零件的加工，包括内外圆柱面、内外圆锥面、端面、沟槽、内外螺纹面、成形面、钻孔、铰孔、滚花以及盘绕弹簧等，如图5-1所示。

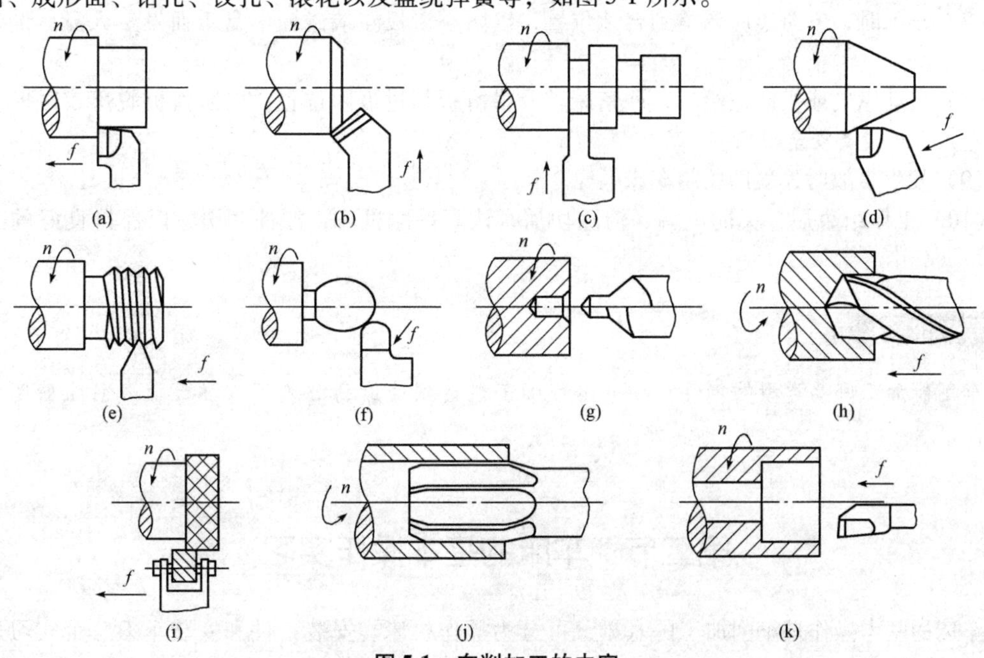

图5-1　车削加工的内容

（a）车外圆；（b）车端面；（c）切槽；（d）车锥面；（e）车螺纹；（f）车成形面；（g）钻中心孔；（h）钻孔；（i）滚花；（j）铰孔；（k）车孔

一般车削加工公差等级可达IT9～IT7，表面粗糙度 Ra 为6.3～1.6 μm。

二、车削加工实习目的与要求

（1）了解金属切削加工的基本知识，了解车削加工的工艺特点及加工范围。

（2）熟悉卧式车床的组成及各部分的作用，了解卧式车床的型号及传动系统，掌握卧式车床的主要调整方法并能正确调整卧式车床。

（3）掌握普通车刀的组成、安装与刃磨，了解车刀的主要角度及作用，了解刀具切削部分材料的性能要求及常用刀具材料，并能独立刃磨与安装车刀。

（4）熟悉车削时常用的工件装夹方法、特点和应用，了解卧式车床常用附件的大致结构和用途。

（5）掌握车外圆、车端面、车内孔、钻孔、车螺纹以及切槽、切断、车圆锥面、车成形面的车削方法，熟悉车削所能达到的尺寸精度、表面粗糙度范围，能独立加工中等复杂程度零件并具有一定的操作技能。

（6）了解机械加工车间生产安全技术及进行简单经济分析。

三、车削加工实习安全操作规程

（1）要穿合适的工作服，长头发要压入帽内，不能戴手套操作。

（2）两人共用一台车床时，只能一人操作并注意他人安全。

（3）卡盘扳手使用完毕后，必须及时取下，否则不能启动车床。

（4）开车前，检查各手柄的位置是否到位，确认正常后才准许开车。

（5）开车后，人不能靠近正在旋转的工件，更不能用手触摸工件的表面，也不能用量具测量工件的尺寸，以防发生人身安全事故。

（6）严禁开车时变换车床主轴转速，以防损坏车床而发生设备安全事故。

（7）车削时，方刀架应调整到合适位置，以防小滑板左端碰撞卡盘爪而发生人身、设备安全事故。

（8）机动纵向或横向进给时，严禁床鞍及横滑板超过极限位置，以防滑板脱落或碰撞卡盘而发生人身、设备安全事故。

（9）发生事故时，立即关闭车床电源。

（10）工作结束后，关闭电源，清除切屑，认真擦净机床，加油润滑，以保持良好的工作环境。

思考与练习题

车削能加工哪些类型的零件？一般车削加工能达到的最高公差等级和最低表面粗糙度值是多少？

第二节　车床的基本操作实习

车床的基本操作是车削加工的基础，可分为操作机床、安装工件和安装车刀三个实习过程进行操作训练。

实习一　操作机床

一、实习内容

根据车床的操作过程分组进行机床操作训练。

二、工艺知识

1. 普通车床的型号及主要技术规格

车床的种类很多，有卧式车床、立式车床、仪表车床、单轴自动车床、多轴自动/半自动车床、转塔车床、落地车床、仿形及多刀车床等。其中应用最广泛的是卧式车床。

机床型号是机床产品的代号，用以简明地表示机床的类别、主要技术参数、结构特征等。国家标准《金属切削机床　型号编制方法》（GB/T 15375—2008）规定，机床的型号由大写的汉语拼音字母和阿拉伯数字组成。例如，CA6140 型车床型号中字母及数字的含义如下："C"为机床的类别代号，表示"车床"，读"车"；"A"为机床的特性代号，包括通用特性和结构特性，用汉语拼音字母表示。结构特性代号是为了区别主参数相同而结构不同的机床，如 CA6140 和 C6140 型车床是结构有区别而主参数相同的普通车床。当机床有通用特性代号，也有结构特性代号时，结构特性代号应排在通用特性代号之后。此外，结构特性代号字母是根据各类机床的情况分别规定的，在不同型号中的含义可以不同；"61"为机床的组和系别代号，表示卧式车床。每一类机床分为若干组，每组又分为若干系。用两位数字作为组和系别代号，位于类别和特性代号之后，第一位数字表示组别，第二位数字表示系别；"40"为机床的主参数，反映机床的主要技术规格，用两位十进制数并以折算值表示。车床的折算值为 40，折算系数为 1/10，即主参数表示工件的最大回转直径为 400 mm。

2. 普通车床的组成部分及其作用

如图 5-2 所示，CA6140 型普通卧式车床由床身、主轴箱、交换齿轮箱、进给箱、光杠、丝杠、溜板箱、刀架和尾座等部分组成。

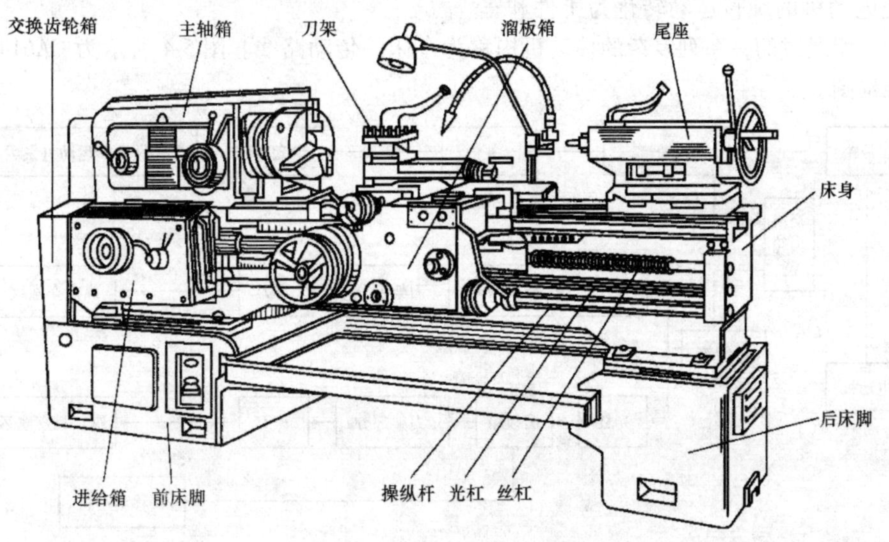

图 5-2　CA6140 型普通卧式车床结构

(1) 床身。床身是车床的基础零件，用来支承和安装车床的各部件，保证其相对位置，如主轴箱、进给箱、溜板箱等。床身具有足够的刚度和强度，表面精度很高，以保证各部件之间有正确的相对位置。床身上有四条平行的导轨，供床鞍和尾座相对于主轴箱进行正确的移动。为了保持床身表面精度，在操作车床后应注意维护保养。

（2）主轴箱。主轴箱用以支承主轴并使之旋转。主轴为空心结构，其前端外锥面安装三爪卡盘等附件来夹持工件，前端内锥面用来安装顶尖，细长孔可穿入长棒料。

（3）交换齿轮箱。交换齿轮箱又称挂轮箱，把主轴的旋转运动传递给进给箱，更换箱内齿轮，配合进给箱内的变速机构，可以得到车削各种不同螺距的螺纹的进给运动，并能满足车削时对不同进给量的要求。

（4）进给箱。进给箱内装有进行进给运动的变速齿轮，可调整进给量和螺距，并将运动传至光杠或丝杠。

（5）光杠、丝杠。光杠、丝杠用于将进给箱的运动传给溜板箱。光杠用于一般车削的自动进给，丝杠用于车削螺纹。

（6）溜板箱。溜板箱是车床进给运动的操纵箱。它可将光杠传来的旋转运动变为床鞍、中滑板的纵向、横向的直线进给运动；可将丝杠传来的旋转运动，通过开合螺母直接变为车刀的纵向移动，用以车削螺纹。

（7）刀架。刀架固定在小滑板上，可同时安装四把车刀，松开手柄即可转动刀架，把所需要的车刀转到工作位置上。

（8）尾座。尾座安装在床身导轨上，在尾座的套筒内安装顶尖以支承工件；也可安装钻头、铰刀等刀具，在工件上进行孔加工；将尾座偏移，还可用来车削圆锥体。尾座结构如图5-3所示。

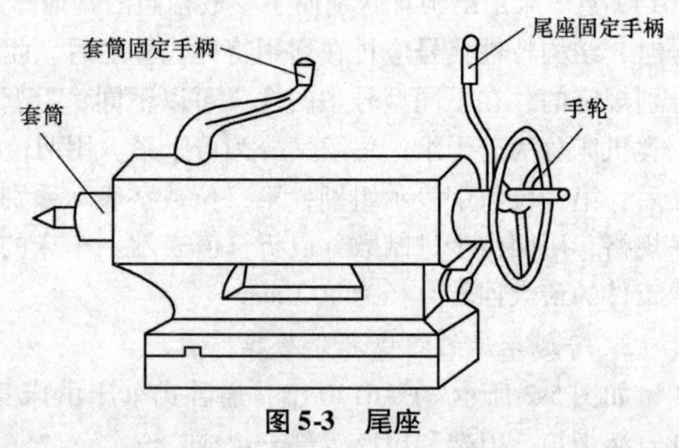

图5-3 尾座

3. 普通车床的传动系统

为把电动机的旋转运动转化为工件和车刀的运动，所通过的一系列复杂的传动机构称为车床的传动路线。图5-4所示为CA6140型车床传动路线框图。

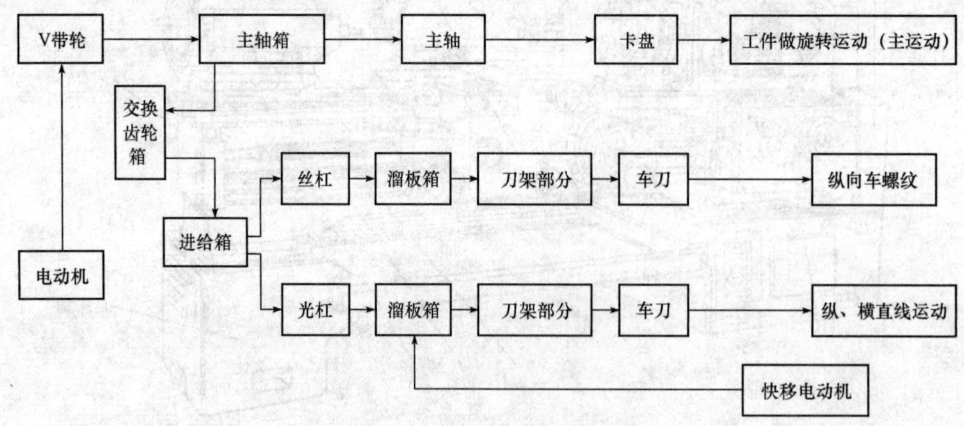

图5-4 CA6140型车床传动路线框图

电动机驱动V带轮，把运动输入主轴箱。通过变速机构变速，使主轴获得不同的转速，再经卡盘（或夹具）带动工件做旋转运动。主轴把旋转运动输入交换齿轮箱，再通过进给箱变速后由丝杠或光杠驱动溜板箱和刀架部分，很方便地实现手动、机动、快速移动及车螺纹等操作。

三、卧式车床的操作实习

1. 手动移动床鞍、中滑板、小滑板和摇曲线

（1）移动床鞍。床鞍的纵向移动由溜板箱正面左侧的大手轮控制。顺时针方向转动手轮时，床鞍向右运动；逆时针方向转动手轮时，床鞍向左运动。手轮轴上的刻度盘圆周等分成300格，手轮每转过1格，纵向移动1 mm。

（2）移动中滑板。中滑板的横向移动由中滑板手柄控制。顺时针方向转动手轮时，中滑板向前运动横向进刀；逆时针方向转动手轮时，向操作者运动横向退刀。手轮轴上的刻度盘圆周等分100格，手轮每转过1格，纵向移动0.05 mm。其原理为：刻度盘紧固在丝杠轴头上，中滑板和丝杠螺母紧固在一起，当中滑板手柄带动刻度盘转动一周时，丝杠也转动一周，这时，螺母带着横刀架移动一个螺距。所以，中滑板移动的距离可根据刻度盘上的格数来计算。刻度盘每转一格，横刀架移动的距离等于丝杠导程除以刻度盘一圈格数。对于CA6140型车床，丝杠导程为5 mm，刻度盘每圈等分成100格，则每转一格移动距离为（5÷100）mm＝0.05 mm。由于是径向进给，所以工件的直径将减小0.1 mm。调整刻度时，如果刻度盘手柄转过头，或试切后发现尺寸不对，而需将车刀退回一数值时，由于丝杠与螺母之间有间隙，刻度盘不能直接退回到所要刻度，应按图5-5所示的方法调整。例如，要求手柄摇至30，但摇至40，如图5-5（a）所示，此时需要调整到30。如图5-5（b）所示直接退至30的做法是不正确的，应在反转约一圈后，再转至所需位置30，如图5-5（c）所示。

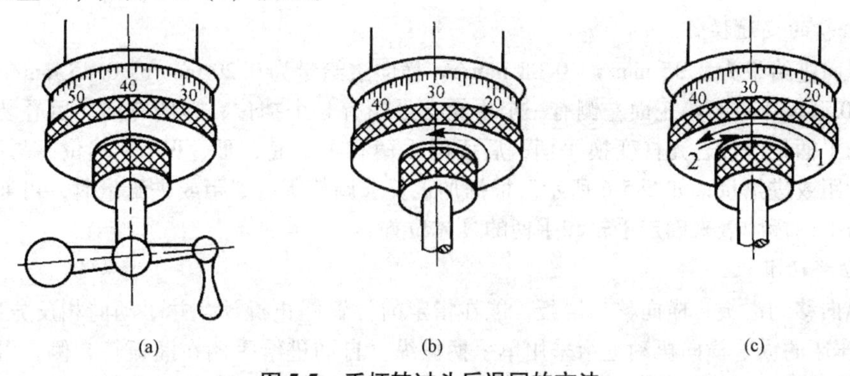

图5-5　手柄转过头后退回的方法

（3）移动小滑板。小滑板可做短距离的纵向移动。小滑板手柄顺时针方向转动时，小滑板向左运动；逆时针方向转动时，小滑板向右运动。小滑板手轮轴上的刻度盘圆周等分成100格，手轮每转过1格，纵向或斜向移动0.05 mm。

（4）摇曲线。卡盘装夹一块木板，木板上画一条曲线，刀架上固定一根细铁丝，用铁丝模仿车刀，双手控制滑板，使铁丝沿曲线运动以熟悉滑板的移动方向。

2. 车床的启动与停止操作

（1）检查车床各变速手柄是否处于空挡位置，离合器是否处于正确位置，操纵杆是否处于停止状态，确认无误后，合上车床电源总开关。

（2）按下床鞍上的绿色启动按钮，电动机启动。

（3）向上提起溜板箱右侧的操纵杆手柄，主轴正转；操纵杆手柄回到中间位置，主轴停止转动；操纵杆向下压，主轴反转。

（4）按下床鞍上的红色停止按钮，电动机停止工作。

3. 主轴箱的变速操作

调整主轴转速分别为 16 r/min、450 r/min、1 400 r/min，确认后启动车床并观察。每次进行主轴转速调整必须停车。主轴变速通过改变主轴箱正面右侧的两个叠套手柄的位置来控制。前面的手柄有 6 个挡位，每个有 4 级转速，由后面的手柄控制，所以主轴共有 24 级转速，如图 5-6 所示。主轴箱正面左侧的手柄用于螺纹的左右旋向和加大螺距变换，共有 4 个挡位，即右旋螺纹、左旋螺纹、右旋加大螺距螺纹和左旋加大螺距螺纹。

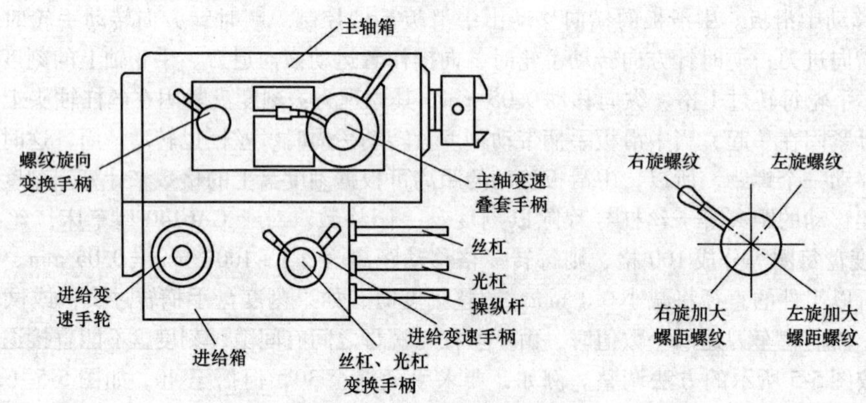

图 5-6　主轴箱和进给箱变速

4. 进给箱的变速操作

调整纵向进给量为 0. 35 mm/r、0. 08 mm/r，横向进给量为 0. 20 mm/r、0. 45 mm/r。

CA6140 型车床进给箱正面左侧有一个手轮，手轮有 8 个挡位；右侧有前、后叠装的两个手柄，前面的手柄是丝杠、光杠变换手柄，后面的手柄有Ⅰ、Ⅱ、Ⅲ、Ⅳ4 个挡位，与手轮配合，用以调整螺距或进给量，如图 5-6 所示。根据加工要求调整所需螺距或进给量时，可通过查找进给箱油池盖上的标牌表来确定手轮和手柄的具体位置。

5. 机动移动滑板

机动纵向移动滑板、横向移动滑板，能在指定的位置停止机动，并手动向相反方向摇滑板。CA6140 型车床的纵、横向机动进给采用单手柄操纵。自动进给手柄在溜板箱右侧，可沿十字槽纵、横扳动，手柄扳动方向与刀架运动方向一致，操作简单、方便。手柄在十字槽中央位置时，停止进给运动。另外，在自动进给手柄顶部有一快进按钮，按下此钮，快速电动机工作，床鞍或中滑板手柄扳动的方向与滑板纵向或横向快速移动的方向相同；松开按钮，快速电动机停止转动，快速移动中止。

6. 手动切削工件操作练习

卡盘装夹一台阶轴，用铁丝模仿车刀，做手动进给操作练习。利用中滑板手柄刻度盘，使刀架横向进刀，利用床鞍刻度盘控制纵向进给长度，铁丝接近工件台阶的端面中滑板快速退刀，熟练后用车刀进行车削。

7. 机动切削工件操作练习

在手动的基础上进行机动切削练习。机动时，铁丝接近台阶轴端面脱开机动进给，用手动进给使铁丝和端面接触，熟练后用车刀进行车削。

8. 维护机床

（1）清除各部位积屑，擦拭床身各滑板导轨面及尾座套筒滑动面。

（2）向各滑板导轨面、尾座套筒滑动面及其他部位油嘴油槽加注润滑油，黄油杯中加入黄油。

（3）将床鞍移动到机床尾部，中滑板移动到靠近操作者一方。

四、实习注意事项

（1）开车后严禁变换主轴转速，否则会发生机床事故。

（2）开车前要检查各手柄位置是否正确，如没有到位，则主轴或机动进给就不会接通，甚至会发生危险。

（3）纵向和横向手动进退方向不能摇错，如把退刀摇成进刀，会使工件报废。

（4）操作时严禁两人同时操作。

（5）机床在运转过程中，严禁操作者离开机床。

五、评分标准

车床的基本操作实习评分标准见表5-1。

表5-1　车床的基本操作实习评分标准

班级		姓名		学号	
实习内容	操作机床				
序号	检测内容	分值	扣分标准	学生自评	教师评分
1	手动移动滑板	10	酌情扣分		
2	摇曲线	10	酌情扣分		
3	车床启动与停止	10	酌情扣分		
4	调整车床主轴转速	20	酌情扣分		
5	调整进给量	10	酌情扣分		
6	手动进行车削	10	酌情扣分		
7	机动进行车削	10	酌情扣分		
8	车床维护	10	酌情扣分		
9	遵守纪律和安全规范	10	酌情扣分		
综　合　得　分		100			

思考与练习题

1. 说明C6140型车床型号的意义。
2. 卧式车床由哪几部分组成？各部分有何作用？
3. 主轴变速之前为什么需要先停车？
4. 进行机动进给车削工件，为什么当刀具接近端面时要变为手动？

实习二　安装工件

一、实习内容

把 $\phi40\times80$ mm 毛坯料安装在三爪卡盘上，伸出长度 60 mm。

二、工艺知识

安装工件的基本要求是定位准确、夹紧可靠。定位准确就是工件在机床或夹具中必须有一个正确的位置，即被加工表面的轴线须与车床主轴中心重合。夹紧可靠就是工件夹紧后能够承受切削力，不改变定位并保证安全，且夹紧力适度，以防工件变形，保证加工工件质量。

根据工件的形状、大小和加工数量不同，工件的安装可以采用不同的方法，有用三爪自定心卡盘安装、用四爪单动卡盘安装、用双顶尖安装、用花盘安装和用心轴安装等。

1. 用三爪自定心卡盘安装工件

三爪自定心卡盘是车床上应用最广的一种通用夹具，适合于安装短棒或盘类工件，其构造如图 5-7 所示。当用卡盘扳手转动小锥齿轮时，与它相啮合的大锥齿轮随之转动，大锥齿轮背面的平面螺纹则带动三个卡爪同时等速地向中心靠拢或退出，以夹紧或松开工件。用三爪自定心卡盘安装工件，可使工件中心与车床主轴中心自动对中，自动对中的准确度为 0.05 ~ 0.15 mm。

三爪自定心卡盘一般配备两套卡爪，一套正爪，一套反爪。当工件直径较小时，工件置于三个长爪之间装夹；当工件孔径较大时，可将三个卡爪伸入工件内孔中，利用长爪的径向张力装夹盘状、套状或环状零件；当工件直径较大，用正爪不便装夹时，可用反爪进行装夹；当工件长度大于 4 倍直径时，应在工件右端用车床上的后座顶尖支撑，如图 5-8 所示。

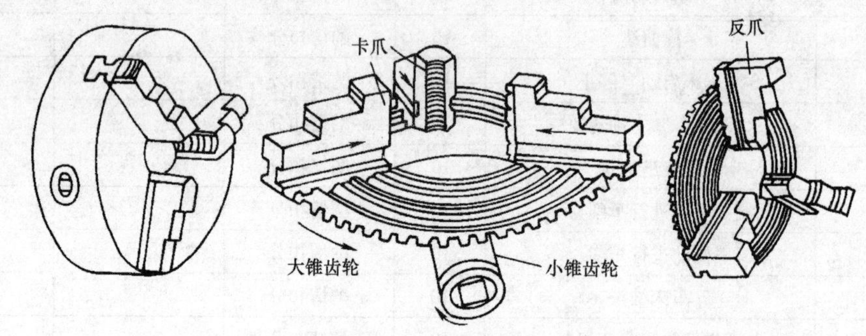

图 5-7　三爪自定心卡盘

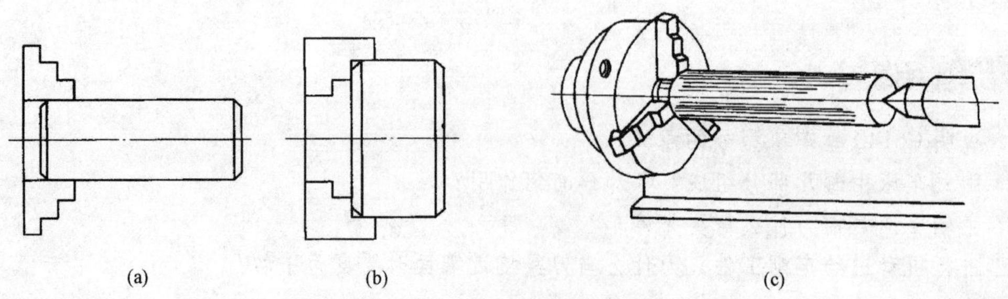

图 5-8　三爪自定心卡盘装夹工件

（a）正爪装夹；（b）反爪装夹；（c）与顶尖配合装夹

用三爪自定心卡盘安装工件时，应先将工件置于三个卡爪中找正，轻轻夹紧，然后开动机床使主轴低速旋转，检查工件有无歪斜偏摆，并做好记号。若有偏摆，停车后用锤子轻敲校正，然后夹紧工件，并及时取下卡盘扳手，将车刀移至车削行程最右端，调整好主轴转速和切削用量后，才可开动车床。

2. 用四爪单动卡盘安装工件

四爪单动卡盘的外形如图 5-9 所示。它有四个卡爪，每个卡爪的背面有半瓣内螺纹与一螺杆相啮合，螺杆端部有一方孔，用来安插卡盘扳手。当用卡盘扳手转动某一螺杆时，就能驱动该卡爪做向心或离心的移动，以夹紧或松开工件。因此，用四爪单动卡盘可安装截面为正方形、长方形、椭圆以及其他不规则形状的工件，可车偏心轴和偏心孔。此外，由于四爪单动卡盘的夹紧力比三爪自定心卡盘大，所以也常用来装夹较大直径圆截面工件。四爪单动卡盘可全部用正爪或反爪装夹工件，也可用一个或两个反爪而其余仍用正爪。

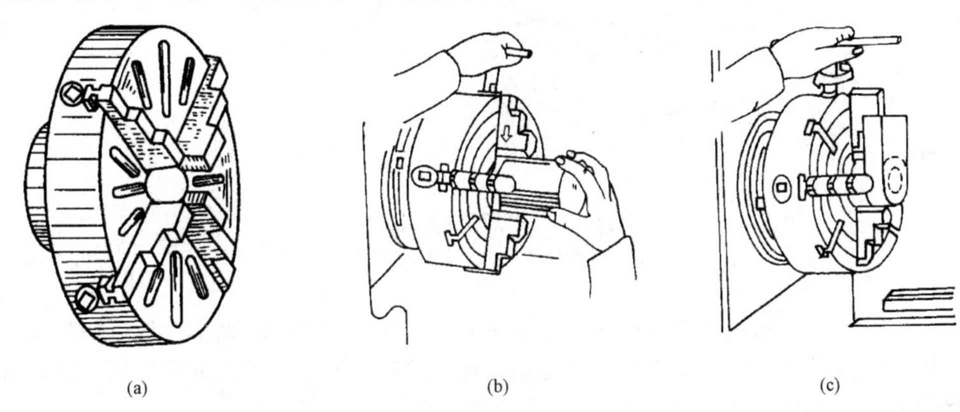

(a)　(b)　(c)

图 5-9　四爪单动卡盘及安装工件方式

（a）外形结构；（b）正爪安装工件；（c）正反爪混用安装工件

由于四爪单动卡盘的四个卡爪不是同步移动，而是各由一个螺杆单独调整和传动，不能自动定心，因此安装工件时要仔细找正，以使加工面的轴线对准主轴旋转中心。用划针盘按工件内外圆表面或预先划出的加工线找正，定位精度在 0.2 ~ 0.5 mm；用百分表按工件的精加工表面找正，可达到的定位精度为 0.01 ~ 0.02 mm，如图 5-10 所示。

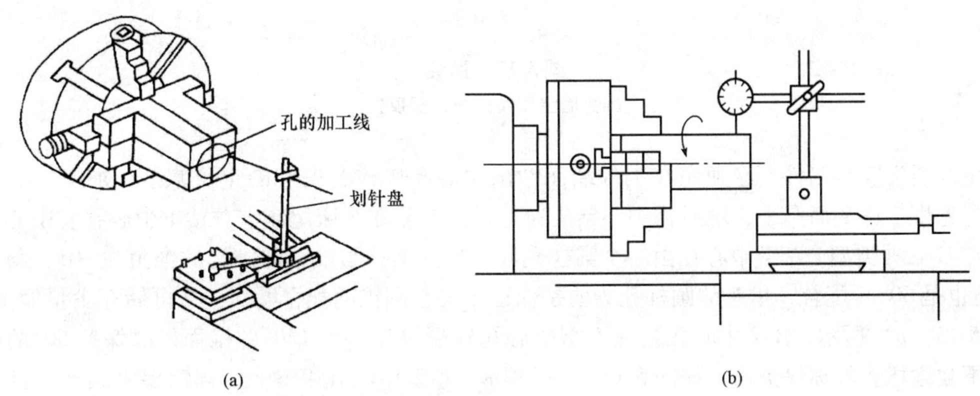

(a)　(b)

图 5-10　四爪单动卡盘安装工件时的找正

（a）用划针盘找正；（b）用百分表找正

3. 用双顶尖安装工件

有些工件在加工过程中需要多次装夹，要求有同一定位基准，这时可在工件两端钻出中心孔，采用前后两个顶尖安装工件。前顶尖装在主轴上，通过卡箍和拨盘带动工件与主轴一起旋转，后顶尖装在尾架上随之旋转，如图 5-11（a）所示。也可以用圆钢料车一个前顶尖，装在卡盘上以代替拨盘，通过鸡心夹头带动工件旋转，如图 5-11（b）所示。

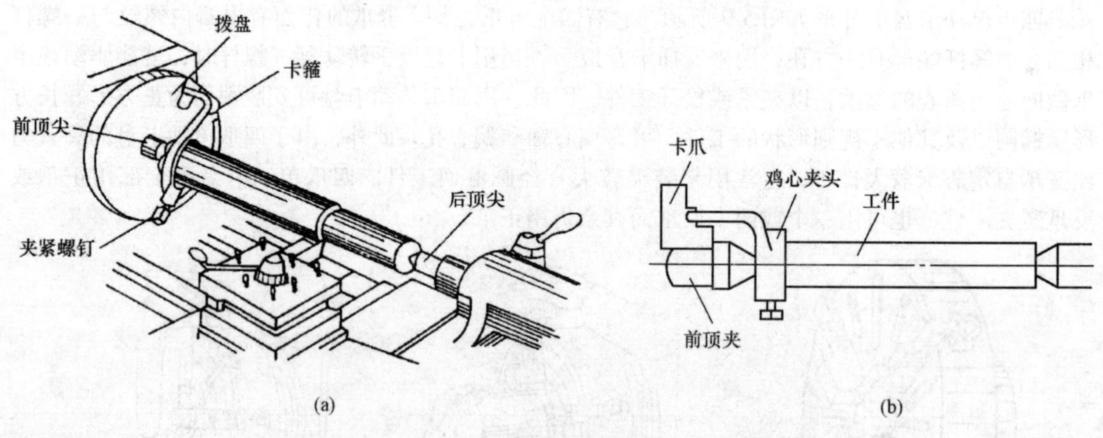

图 5-11　用双顶尖安装工件

（a）借助卡箍和拨盘；（b）借助鸡心夹头和卡盘

顶尖有固定顶尖（普通顶尖或死顶尖）和活顶尖两种，如图 5-12 所示。低速切削或精加工时以使用固定顶尖为宜。高速切削时，为防止摩擦发热过高而烧坏顶尖或顶尖孔，宜采用活顶尖。但活顶尖工作精度不如固定顶尖，故常在粗加工或半精加工时使用。

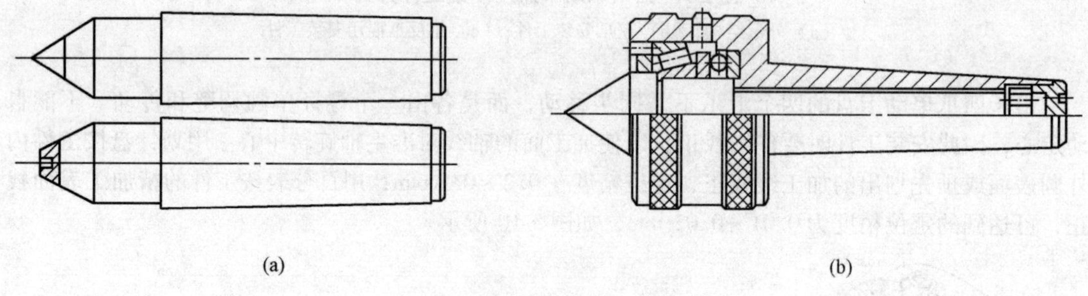

图 5-12　顶尖

（a）固定顶尖；（b）活顶尖

用双顶尖安装工件，必须先在工件端面钻出中心孔以作为安装的定位基准。加工中心孔之前，应先将工件端面车平，然后将中心钻头通过钻夹头装在车床尾座上，钻出中心孔。中心孔有 A、B、C 三种类型。A 型中心孔由一个圆柱孔和一个圆锥孔组成，圆锥孔的锥角为 60°，与顶尖（锥角也是 60°）配合，里头的圆柱孔为的是保证顶尖与圆锥面配合贴切，并可储存少量润滑油，如图 5-13（a）所示；B 型中心孔是在 A 型中心孔外端再加一个 120° 的锥面，以保护 60° 的锥孔外缘不被碰坏，故称保护锥，如图 5-13（b）所示。C 型中心孔带螺孔，当需要将其他零件轴向固定在轴上时，可采用这种类型。

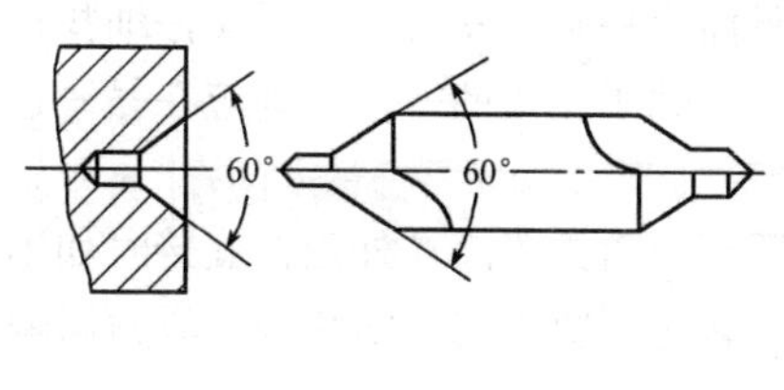

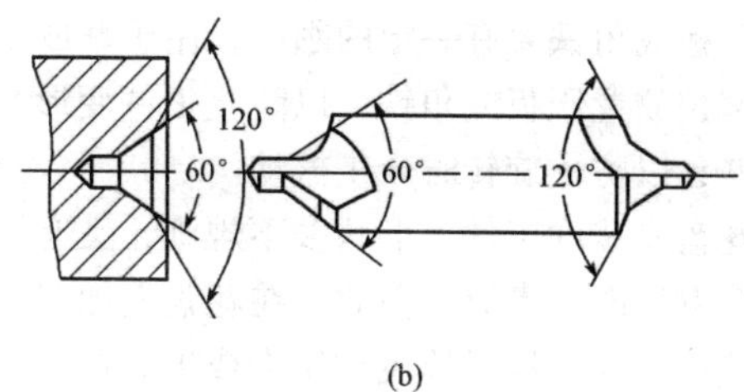

图 5-13　中心孔与中心钻

(a) A 型；(b) B 型

用双顶尖安装工件的步骤（图 5-14）如下。

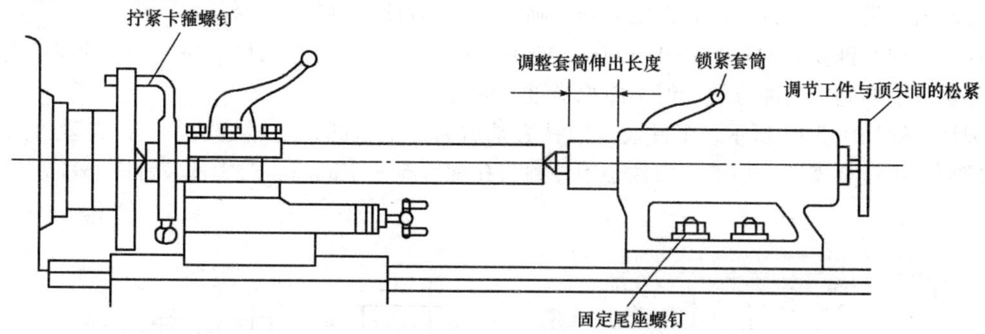

图 5-14　用双顶尖安装工件的步骤

（1）在工件的左端安装卡箍，先用手稍微拧紧卡箍螺钉。

（2）将工件装在两顶尖之间，根据工件长度调整尾座位置，使刀架能够移至车削行程的最右端，同时又尽量使尾座套筒伸出最短，然后将尾座固定在床身上。

（3）转动尾座手轮，调节工件在顶尖间的松紧，使之能够旋转但不会轴向松动，然后锁紧尾座套筒。

（4）将刀架移至车削行程的最左端，用手转动拨盘及卡箍，检查是否会与刀架相碰撞。

（5）拧紧卡箍螺钉。有些较长工件虽不需要多次装夹，但为了增加工件的刚度，可采用一端用三爪自定心卡盘或四爪单动卡盘夹住，另一端用后顶尖顶住的安装方法。为了防止由于切削力的作用而产生轴向位移，须在卡盘内装一限位支承，或利用工件的台阶作限位。这种方法安全可靠，能承受较大的切削力，因此得到了广泛的应用。

4. 用花盘安装工件

花盘是安装在车床主轴上随之旋转的一个大圆盘，其端面有许多长短不一的通槽或 T 形槽，用来穿入螺栓以压紧工件，如图 5-15 所示。花盘的端面需平整，且与主轴的中心线垂直，当加工大而扁且形状不规则的零件，或要求零件的一个面与安装面平行，或孔、外圆的轴线要与安装面垂直时，可以用压板把工件直接压在花盘上加工。形状复杂的工件可用花盘和角铁

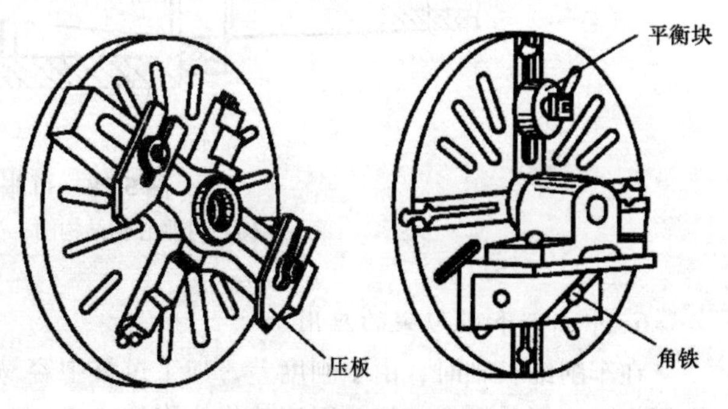

图 5-15　用花盘安装工件

安装。压板或角铁要有一定的刚度，用于贴放工件的平面应平整。安装工件时应仔细找正，选择适当的部位放置压板或角铁，以防止工件变形。如果工件偏于花盘的一边，则应在另一边用平衡块来平衡，以防止旋转时产生振动。

用花盘安装的工件，形状多不规则，又有螺钉、压板、角铁等露在外面，旋转时如不小心碰上，将会发生严重事故。因此，在花盘上加工工件时，转速不要太高，防止因离心力影响使螺钉松动，造成工件、压板等飞出伤人或损坏机床。

5. 用心轴安装工件

对盘套类零件的加工，当要求保证内外圆柱面的同轴度、两端面的平行度及端面与孔轴线的垂直度时，需要先将孔进行精加工后套在心轴上，再把心轴安装在前后顶尖之间进行外围和端面的加工。

心轴的种类很多，常用的有锥度心轴、圆柱心轴和可胀心轴。

锥度心轴的锥度为1∶2 000～1∶5 000，如图5-16所示。工件压入后，靠摩擦力与心轴紧固。锥度心轴对中准确，装卸方便，但不能承受过大的力矩。

圆柱心轴如图5-17所示，工件装入圆柱心轴后需加上垫圈，用螺母锁紧。其夹紧力大，可用于较大直径盘类零件的加工。圆柱心轴外圆与孔配合有一定间隙，对中性较锥度心轴差。

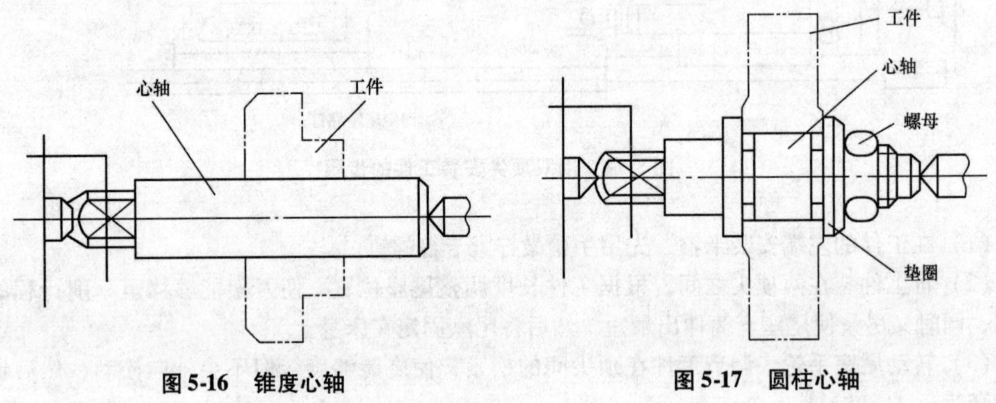

图5-16　锥度心轴　　图5-17　圆柱心轴

可胀心轴如图5-18所示，工件装在可胀锥套上，拧紧螺母1，使锥套沿心轴锥体向左移动而引起直径增大，即可胀紧工件。

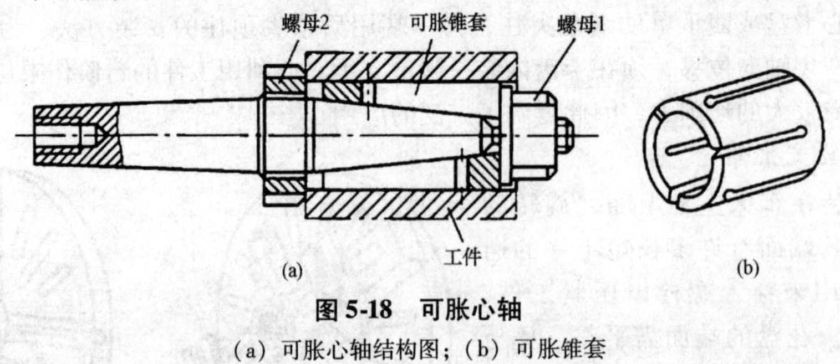

图5-18　可胀心轴

（a）可胀心轴结构图；（b）可胀锥套

6. 中心架和跟刀架的应用

在车削细长轴时，由于刚度差，加工过程中容易产生振动，并且常会出现两头细中间粗的腰鼓形。因此须采用中心架或跟刀架作为附加支承。

中心架固定在车床导轨上，主要用于提高细长轴或悬臂安装工件的支承刚度。安装中心架之前要先在工件上车出中心架支承凹槽，槽的宽度略大于支承爪，槽的直径大于工件最后尺寸一个精加工余量。车细长轴时，中心架装在工件中段；车一端夹持的悬臂工件的端面或钻中心孔，或车较长的套筒类零件的内孔时，中心架装在工件悬臂端附近，如图 5-19 所示。在调整中心架三个支承爪的中心位置时，应先调整下面两个爪，然后把盖子盖好固定，最后调整上面的一个爪。车削时，支承爪与工件接触处应经常加润滑油，注意其松紧要适量，以防工件被拉毛及摩擦发热。

跟刀架固定在床鞍上，跟着车刀一起移动，主要用作精车、半精车细长轴（长径比为 30 ~ 70）的辅助支承，以防止由于径向切削力而使工件产生弯曲变形。车削时，先在工件端部车好一段外圆，然后使跟刀架支承爪与其接触并调整至松紧合适。工作时支承处要加润滑油。

跟刀架一般有两个支承爪，一个从车刀的对面抵住工件，另一个从上向下压住工件；有的跟刀架有三个支承爪，这种跟刀架夹持工件稳固，工件上下左右的变形均受到限制，不易发生振动，如图 5-20 所示。

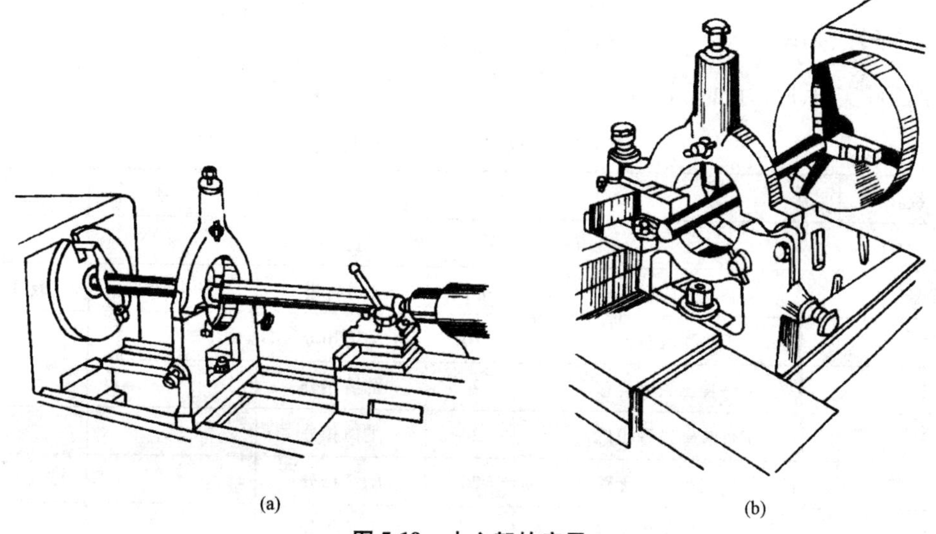

(a)　(b)

图 5-19　中心架的应用

（a）车细长轴；（b）车端面

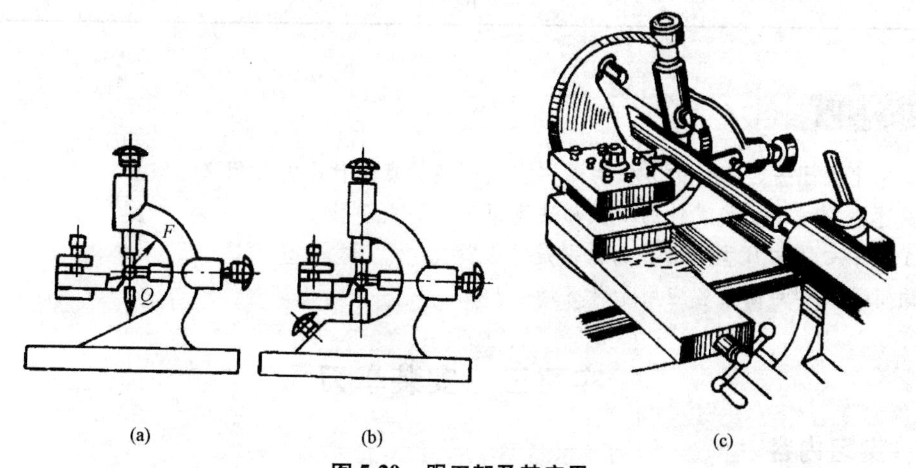

(a)　(b)　(c)

图 5-20　跟刀架及其应用

（a）两爪跟刀架；（b）三爪跟刀架；（c）跟刀架的应用

三、用三爪自定心卡盘安装工件操作实习

(1) 调整卡盘的三个卡爪，三个卡爪张开形成圆的直径大于工件直径。

(2) 把 $\phi40\times80$ mm 的圆钢放入卡盘，夹持长度为 20 mm，并稍夹紧。

(3) 调整工件使工件没有明显跳动。

(4) 用加力杆夹紧工件。

四、实习注意事项

(1) 用卡盘直接装夹工件，夹持长度不宜太短，一般为 15 ~ 20 mm。

(2) 用卡盘和顶尖一夹一顶装夹工件，卡盘夹持部分不宜过长，一般为 10 mm。

(3) 用三爪自定心卡盘一夹一顶装夹工件，如中心孔已经钻好，装夹时要先顶正后再夹紧。

(4) 装夹工件完成后，卡盘扳手应及时取下，以防发生危险。

五、评分标准

安装工件实习评分标准见表 5-2。

表 5-2　安装工件实习评分标准

班级		姓名		学号	
实习内容	安装工件				
序号	检测内容	分值	扣分标准	学生自评	教师评分
1	工具摆放整齐	10	酌情扣分		
2	工件伸出长度合理	20	酌情扣分		
3	工件装夹过程正确	20	酌情扣分		
4	工件装夹牢固，无跳动	20	酌情扣分		
5	卡盘扳手使用正确	20	酌情扣分		
6	遵守纪律和安全规范	10	酌情扣分		
综合得分		100			

思考与练习题

1. 车床上用于安装工件的方法有哪些？其安装特点是什么？如何选用？
2. 简述一夹一顶安装工件的步骤和注意事项。
3. A 型中心孔和 B 型中心孔的区别是什么？
4. 固定顶尖和活顶尖各应用于什么场合？

实习三　安装车刀

一、实习内容

把 45°外圆车刀和 90°端面车刀正确地安装在刀架上。

二、工艺知识

1. 车刀的种类及用途

车刀的种类很多，按其用途和结构可分为外圆车刀、端面车刀、切断刀、内孔车刀、圆头车刀和螺纹车刀，如图5-21所示。

（1）外圆车刀（90°车刀，又称偏刀）。用于车削工件的外圆、台阶和端面。

（2）端面车刀（45°车刀，又称弯头刀）。用于车削工件的外圆、端面和倒角。

（3）切断刀。用于切断工件或在工件上切槽。

（4）内孔车刀。用于车削工件的内孔。

（5）圆头车刀。用于车削圆角、圆槽或成形面。

（6）螺纹车刀。用于车削螺纹。

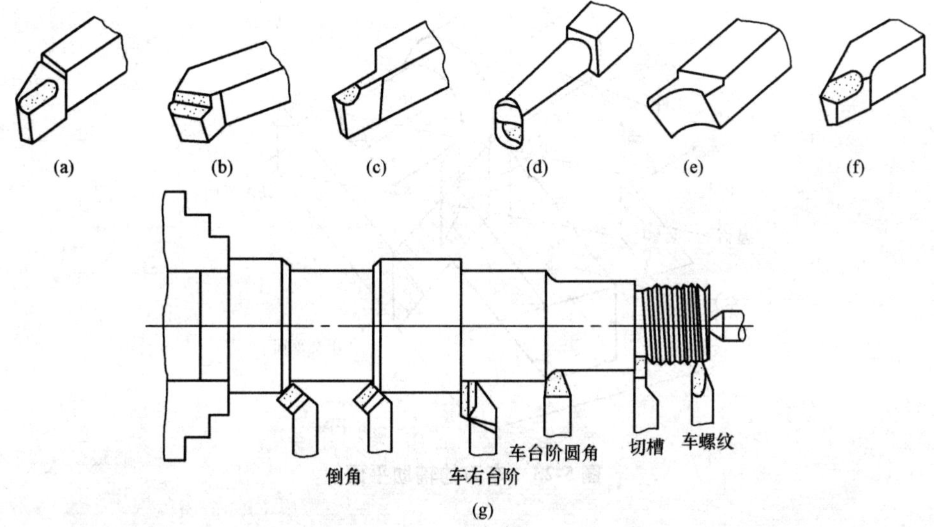

图5-21 常用车刀及其用途

（a）外圆车刀；（b）端面车刀；（c）切断刀；（d）内孔车刀；（e）圆头车刀；（f）螺纹车刀；（g）车刀的用途

2. 车刀的组成及车刀的几何角度

（1）车刀的组成。车刀由刀头和刀柄组成。刀头用来切削，故又称切削部分；刀柄用来将车刀夹固在刀架上。车刀的切削部分是由三面、两刃、一尖组成，如图5-22所示。

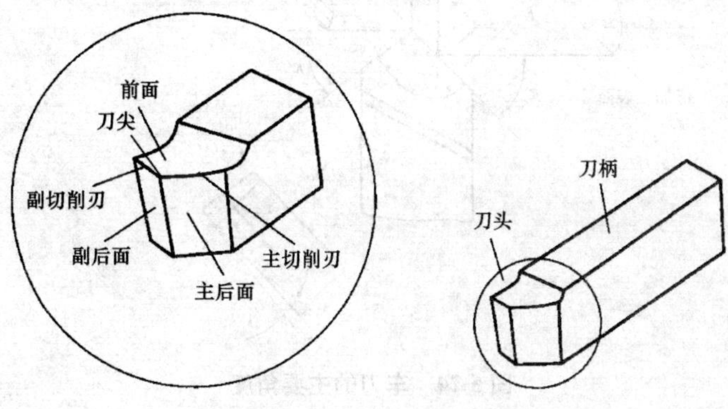

图5-22 车刀的组成

①前面。指车削时，切屑流出时经过的表面。

②主后面。指车削时，与待加工表面相对的表面。

③副后面。指车削时，与已加工表面相对的表面。

④主切削刃。指前面与主后面的交线。在切削过程中，主切削刃担负主要切削工作。

⑤副切削刃。指前面与副后面的交线。它配合主切削刃完成切削工作。

⑥刀尖。指主、副切削刃的交点。

（2）车刀的几何角度。为了确定和测量车刀的几何角度，需要假想三个辅助平面为基准：基面、切削平面和正交平面，如图5-23所示。基面是指通过主切削刃上一点，且垂直于该点切削速度方向的平面；切削平面是指通过主切削刃上一点，与主切削刃相切并垂直于基面的平面；正交平面是指通过主切削刃上一点，且同时垂直于基面和切削平面的平面。

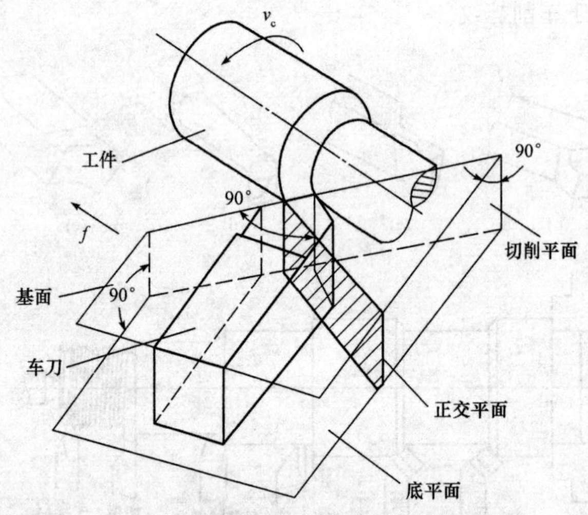

图5-23　车刀的辅助平面

车刀切削部分共有五个主要角度，如图5-24所示。

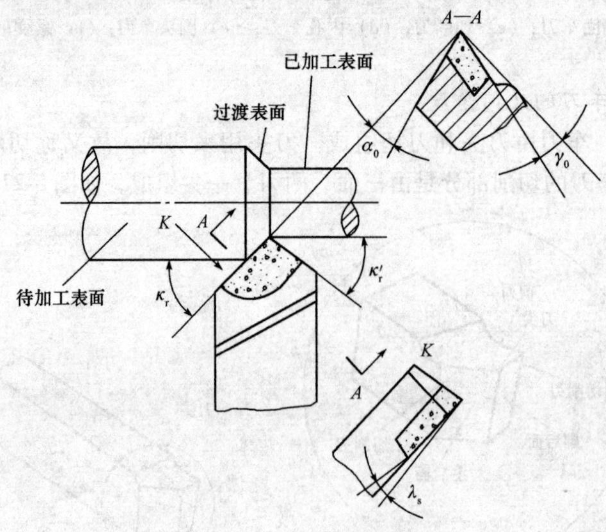

图5-24　车刀的主要角度

①前角 γ_0。γ_0 是在正交平面中测量的前面与基面之间的夹角，其作用是使车刀刃口锋利，减小切削变形，并使切屑容易排出。

②后角 α_0。α_0 是在正交平面中测量的后面与切削平面之间的夹角，其作用是减小车刀后面与工件之间的摩擦，减少刀具磨损。

③主偏角 κ_r。κ_r 是在基面中测量的主切削刃与假定进给方向之间的夹角，其作用是改变主切削刃和刀头的受力及散热情况。

④副偏角 κ'_r。κ'_r 是在基面中测量的副切削刃与假定进给方向之间的夹角，其作用是减小副切削刃与工件已加工表面之间的摩擦。

⑤刃倾角 λ_s。λ_s 是在切削平面中测量的主切削刃与基面之间的夹角，其作用是控制切屑的排出方向。

3. 车刀的材料

（1）对车刀材料的基本性能要求。车刀在切削工件时，其切削部分要受到高温、高压和摩擦作用，因此，车刀材料必须满足以下基本性能要求。

①硬度高，耐磨性好。车刀要顺利地从工件上切除车削余量，其硬度必须高于工件硬度，要求车刀材料的常温硬度要在 HRC60 以上，硬度越高，耐磨性越好。

②足够的强度和韧性。为承受切削过程中产生的切削力和冲击力，车刀材料应具有足够的强度和韧性，才能避免脆裂和崩刃。

③耐热性好。耐热性好的车刀材料能在高温时保持比较高的强度、硬度和耐磨性，因此可以承受较高的切削温度，即意味着可以适应较大的切削用量。

（2）车刀切削部分的材料。目前常用的车刀切削部分材料有高速钢和硬质合金两种。

①高速钢是含有钨、铬、钒等合金元素较多的合金工具钢。经热处理后其硬度可达 HRC62 ~ 65，当切削温度不超过 600 ℃时，仍能保持良好的切削性能。其允许切削速度一般为 0.4 ~ 0.5 m/s。高速钢车刀刃磨后刀刃锋利，常用于精加工。

②硬质合金是由碳化钨（WC）、碳化钛（TiC）和钴（Co）等材料利用粉末冶金的方法制成的，它具有很高的硬度（HRA89 ~ 90，相当于 HRC74 ~ 82）和耐热性（耐热温度为 850 ~ 1 000 ℃），因此可以进行高速切削，其允许切削速度高达 3 ~ 5 m/s。使用这种车刀可以加大切削用量，进行高速强力切削，生产效率大大提高。但硬质合金的韧性很差，性脆，不易承受冲击和振动，且易崩刃，所以一般将其制成刀片后，焊接在 45 钢刀杆上或采用机械夹固的方式夹持在刀杆上，以提高其使用寿命。

4. 车刀的刃磨

车刀用钝后必须进行刃磨，以恢复其原来的形状和合理的几何角度。其方法有机械刃磨和手工刃磨，而手工刃磨车刀是车工的基本功之一。

（1）砂轮的选择。刃磨车刀是在砂轮机上进行的，常用的磨刀砂轮有白色氧化铝砂轮和绿色碳化硅砂轮两种。白色氧化铝砂轮韧性好，比较锋利，但磨粒硬度稍低，用来刃磨高速钢车刀；绿色碳化硅砂轮磨粒硬度高，切削性能好，但较脆，用来刃磨硬质合金车刀。

粗磨时宜用小粒度号（如 F36 或 F60）的砂轮，精磨时宜用较大粒度号（如 F80 或 F120）的砂轮。

（2）刃磨的步骤。手工刃磨车刀的步骤和姿势如图 5-25 所示。

①磨主后面。按主偏角大小使刀柄向左偏斜，并将刀头向上翘，使主后面自下而上慢慢地接触砂轮。

②磨副后面。按副偏角大小使刀柄向右偏斜，并将刀头向上翘，使副后面自下而上慢慢地接

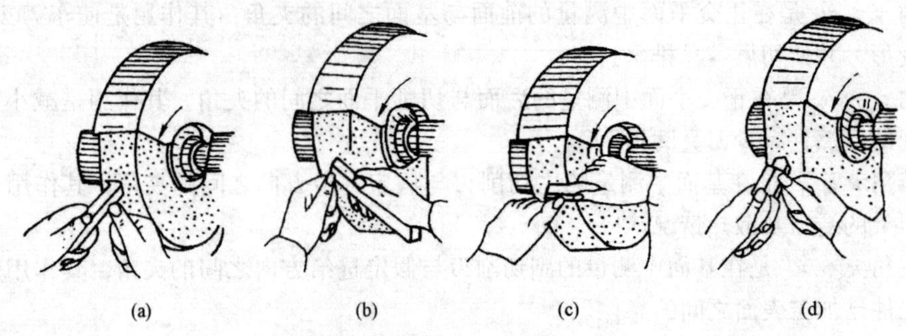

图5-25　车刀的刃磨

（a）磨主后面；（b）磨副后面；（c）磨前面；（d）磨刀尖圆弧

触砂轮。

③磨前面。先将刀柄尾部下倾，再按前角大小倾斜前面，使主切削刃与刀柄底部平行或倾斜一定角度，再使前面自下而上慢慢地接触砂轮。

④磨刀尖圆弧。刀尖向上翘，使过渡刃有后角，为防止圆弧刃过大，需轻靠或轻摆刃磨。

⑤研磨。经过刃磨的车刀，用油石加少量机油对切削刃进行研磨，直到车刀表面光洁看不出痕迹为止。这样可以使刀刃锋利，增加刀具的耐用度。车刀用钝后也可用油石修磨。

（3）刃磨车刀时的注意事项。

①操作者不要站在砂轮的正面，以防磨屑飞入眼睛或砂轮碎裂飞出伤人。磨刀时最好戴防护镜。

②双手握稳车刀，用力均匀，并使受磨面轻贴砂轮。切勿用力过猛，以免挤碎砂轮造成事故。

③刃磨时车刀要在砂轮上左右移动，使砂轮磨耗均匀，不出沟槽。不要使用砂轮侧面进行刃磨。

④刃磨高速钢车刀时，应经常将车刀在水中冷却，以免车刀升温过高而退火软化；但刃磨硬质合金车刀时，刀头不能入水冷却，以防因急冷而产生裂纹。

5. 车刀的安装

车刀使用时必须正确安装，具体要求如下：

（1）车刀伸出刀架部分不能太长，否则切削时刀杆刚度减弱，容易产生振动，影响加工表面的质量，甚至会使车刀损坏。一般以车刀伸出刀架部分不超过刀杆厚度的两倍为宜，如图5-26（a）所示。

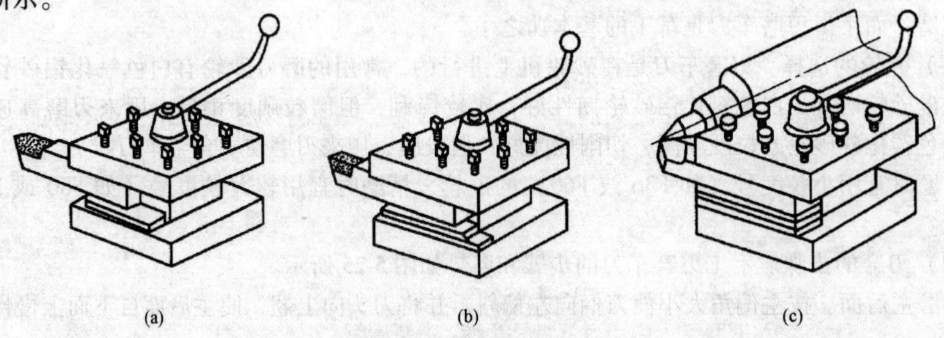

图5-26　车刀的安装

（a）伸出太长；（b）垫片不整齐；（c）合适

（2）车刀刀尖应对准工件中心。若刀尖高于工件中心，会使车刀的实际后角减小，车刀后面与工件之间摩擦增大；若刀尖低于工件中心，会使车刀的实际前角减小，切削不顺利。

刀尖对准工件中心的方法有：根据尾座顶尖高度进行调整（图5-27）；根据车床主轴中心高度，用钢直尺测量装刀（图5-28）；把车刀靠近工件端面，目测车刀刀尖的高度，然后紧固车刀，试车端面，再根据端面的中心进行调整。

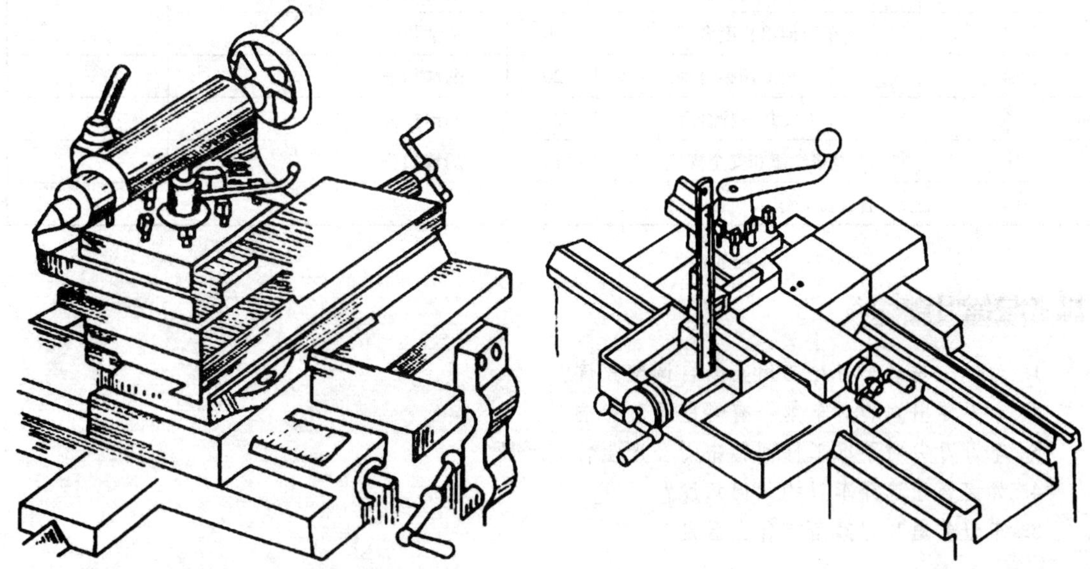

图5-27　根据尾座顶尖高度调整刀尖　　　图5-28　根据车床主轴中心高度用钢直尺测量装刀

（3）车刀刀柄轴线应与工件轴线垂直，否则会使主偏角和副偏角的数值发生变化。

（4）调整车刀时，刀柄下面的垫片要平整洁净，垫片要与刀架对齐，且数量不宜太多，以防产生振动，如图5-26（b）所示。

（5）车刀位置调整完毕，需紧固刀架螺钉（一般用两个螺钉，并交替拧紧）。

三、安装车刀操作实习

（1）选择车刀，并把车刀、刀片及刀架擦干净。

（2）调整车刀刀尖的高度，使其对准工件回转中心。

（3）调整车刀伸出长度。

（4）车刀适当夹紧，调整车刀主偏角。

（5）夹紧车刀。

四、实习注意事项

（1）安装车刀时，应把刀架锁紧，以防在夹紧车刀时刀架转动造成危险。

（2）根据尾座顶尖高度调整刀尖时，不要让刀尖和顶尖接触，以防损坏车刀。

五、评分标准

安装车刀实习评分标准见表5-3。

表 5-3 安装车刀实习评分标准

班级		姓名		学号	
实习内容	安装车刀				
序号	检测内容	分值	扣分标准	学生自评	教师评分
1	车刀垫片选择及放置合理	10	酌情扣分		
2	车刀刀尖高度正确	20	酌情扣分		
3	车刀伸出长度合理	20	酌情扣分		
4	车刀角度调整合理	20	酌情扣分		
5	车刀安装过程合理	20	酌情扣分		
6	遵守纪律和安全规范	10	酌情扣分		
综合得分		100			

思考与练习题

1. 为什么安装车刀时要稍夹紧再调整角度？
2. 车刀伸出太长对车削会有哪些不利影响？
3. 车刀刀尖对不准工件回转中心会产生什么问题？
4. 如何合理选择车刀的几何角度？
5. 车刀前角和刃倾角有什么区别？

第三节 车削加工实习

在学会操作机床以后，就可以进行车削加工实习，感觉一下刀具去除材料的过程。车削加工包括车削外圆、车削端面和台阶、切槽与切断、内孔加工、车削圆锥、车削成形面及滚花、车削螺纹等。通过车削基本技能的学习，学生能够完成一般零件的加工。

实习一 车削外圆

一、实习内容

车削外圆。

二、工艺知识

1. 切削用量

切削用量包括进给量、背吃刀量和切削速度，俗称切削用量三要素。切削用量是切削加工前调整机床运动的依据，并对加工质量、生产效率及加工成本都有很大的影响。

（1）进给量 f。工件每转一圈，车刀沿进给方向移动的距离称为进给量，单位为 mm/r，是衡量进给运动大小的参数，如图 5-29 所示。进给量又分纵向进给量和横向进给量。沿床身导轨方向的进给量是纵向进给量，沿垂直于床身导轨方向的进给量是横向进给量。

进给量的选择原则是：粗车时，可适当选取大的进给量，一般取 0.15 ~ 0.4 mm/r；精加工时，采用较小的进给量可使已加工表面的残留面积减小，有利于提高表面质量，一般取0. 05 ~ 0. 2 mm/r。

（2）背吃刀量 a_p。工件上已加工表面与待加工表面之间的垂直距离称为背吃刀量，单位为mm，如图5-30所示。车外圆时的背吃刀量的计算公式为

$$a_p = \frac{d_w - d_m}{2} \tag{5-1}$$

式中　d_w——待加工表面直径，mm；

d_m——已加工表面直径，mm。

背吃刀量的选择原则是：粗加工应优先选用较大的背吃刀量，一般可取2 ~ 4 mm；精加工时，选择较小的背吃刀量对提高表面质量有利，但过小又可能没有完全切除掉工件上原来凸凹不平的表面而达不到切削效果，一般取0. 3 ~ 0. 5 mm（高速精车）或0. 05 ~ 0. 1 mm（低速精车）。

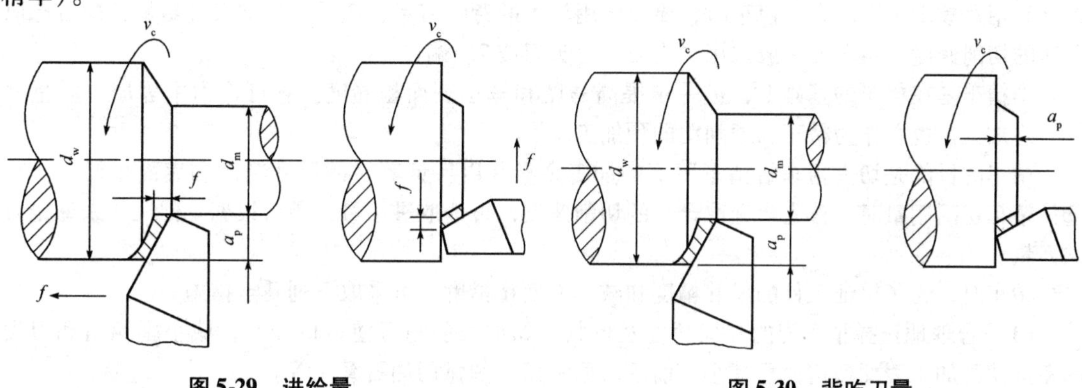

图5-29　进给量　　　　图5-30　背吃刀量

（3）切削速度 v_c。切削刃某选定点相对于工件的主运动的瞬时速度称为切削速度，单位为m/min，它是衡量主运动大小的参数。车削时切削速度的计算公式为

$$v_c = \frac{\pi d n}{1\ 000} \tag{5-2}$$

式中　d——工件待加工表面直径，mm；

n——主轴转速，r/min。

切削速度的选择原则是：粗车时，为了提高生产效率，在保证取大的背吃刀量和进给量的情况下，一般选用中等或中等偏低的切削速度，如取50 ~ 70 m/min（切削钢件）或40 ~ 60 m/min（切削铸铁件）；精车时，为避免切削刃上出现积屑瘤而破坏已加工表面质量，取较高（大于100 m/min）或较低（小于6 m/min）的切削速度。低速切削的生产效率较低，一般在精车小直径的工件时采用；用硬质合金车刀高速精车时，切削速度为100 ~ 200 m/min（切削钢件）或60 ~ 100 m/min（切削铸铁件）。

2. 车削外圆

将工件车削成圆柱形外表面的方法称为车削外圆，车削外圆是车削加工中最基本、最常见的工序，车削外圆的几种情况如图5-31所示。

根据车刀的几何角度、切削用量及车削达到的精度要求，车削外圆可分为粗车、半精车和精车。

粗车的目的是尽快地从工件上切去大部分加工余量，使工件接近图样要求的形状和尺寸，

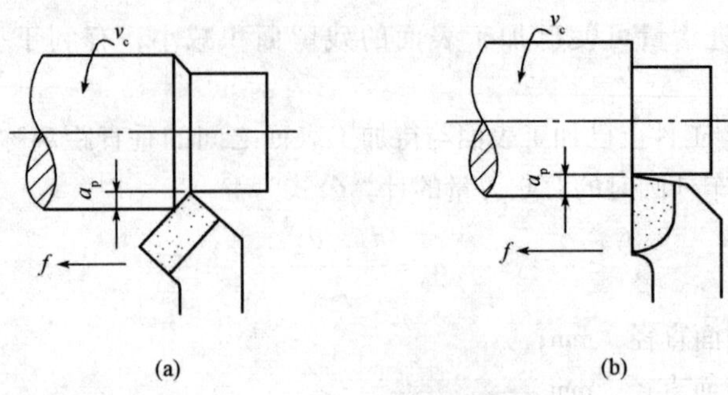

图5-31 车削外圆

（a）45°弯头刀车外圆；（b）90°偏刀车外圆

以提高生产率。粗车要给精车留有适当的加工余量，其精度和表面粗糙度要求并不高。为了保证刀具耐用及减少刃磨次数，粗车时，要先选用较大的背吃刀量，之后适当加大进给量，最后选取合适的切削速度。粗车刀一般选用尖头刀、弯头刀或75°偏刀。

半精车是在粗车的基础上，进一步提高精度和减小表面粗糙度。它可作为中等加工质量要求的终加工，也可作为精车和磨削前的预加工。

精车的目的是切去粗车给精车留下的加工余量，以保证零件的尺寸精度和表面粗糙度。在选择精车切削用量时，首先应选取合适的切削速度，再选取进给量，最后根据工件尺寸来确定背吃刀量。

精车时，为了保证工件的尺寸精度和减小表面粗糙度，可采取下列几点措施。

（1）合理地选择精车刀的几何角度及形状。如加大前角可使刃口锋利，减小副偏角和刀尖圆弧能使已加工表面残留面积减小，前后刀面及刀尖圆弧用油石磨光等。

（2）合理地选择切削用量。在加工钢等塑性材料时，采用高速或低速切削可防止出现积屑瘤。另外，采用较小的进给量和背吃刀量可减小已加工表面的残留面积。

（3）合理地使用切削液。如低速精车钢件时，可用乳化液润滑；低速精车铸铁件时，可用煤油润滑等。

（4）采用试切法切削。试切法就是通过“试切—测量—调整—再试切”反复进行，使工件尺寸达到符合要求为止的加工方法。由于横向刀架丝杠及其螺母螺距与刻度盘的刻线均有一定的制造误差，仅按刻度盘定吃刀量难以保证精车的尺寸公差，因此，需要通过试切来准确控制尺寸。此外，试切也可防止进错刻度而造成废品。

三、车削外圆操作实习

按图5-32所示车削外圆工件时的试切方法与步骤车削外圆，可分多次从大到小进行车削。

（1）开车使工件旋转，使刀具刀尖和工件外圆表面接触对刀，如图5-32（a）所示。

（2）刀尖和工件外圆接触后刀具向右退出，如图5-32（b）所示。

（3）调整背吃刀量 a_{p_1}，a_{p_1} 根据需要去除的余量来计算，如图5-32（c）所示。

（4）自动进给车削工件3～5 mm，停止自动进给，如图5-32（d）所示。

（5）中滑板不动，向右退出车刀，并停车，用游标卡尺测量工件，判断是否符合尺寸要求，如图5-32（e）所示。

（6）如果未达到要求尺寸，调整背吃刀量 a_{p_2}，a_{p_2} 为测量的外围直径尺寸减去所要加工的外围直径尺寸的一半，重复（4）和（5）的操作步骤，直至工件符合尺寸，如图 5-32（f）所示。

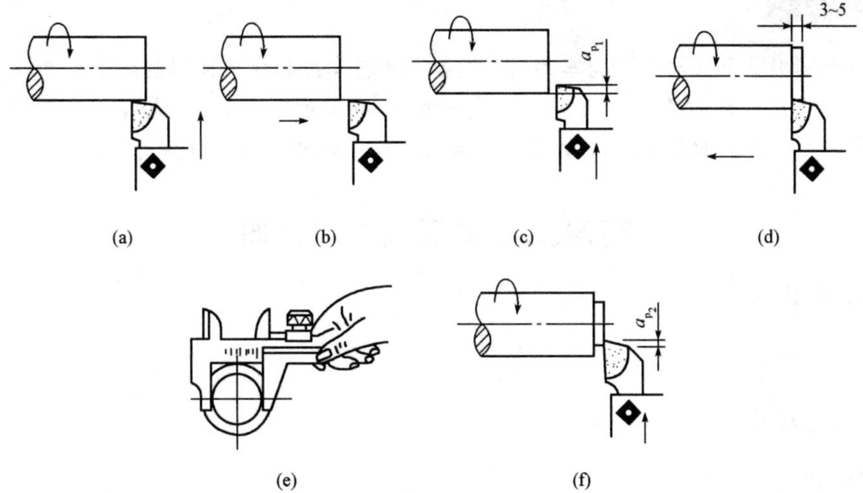

图 5-32　车削外圆工件时的试切方法与步骤

（a）开车对刀；（b）向右退出车刀；（c）横向吃刀 a_{p_1}；

（d）切削 3 ~ 5 mm；（e）停车度量；（f）再吃刀 a_{p_2}

四、实习注意事项

（1）车削时，必须戴好防护眼镜，女生戴好工作帽。

（2）主轴没有停稳，不得测量工件。

（3）切屑要用专用铁钩清除，不能使用游标卡尺或其他工具清除切屑。

（4）使用千分尺测量时，手应握在隔热垫处，测量器具与被测件必须等温，以减少温度对测量精度的影响。

五、评分标准

车削外圆实习评分标准见表 5-4。

表 5-4　车削外圆实习评分标准

班级		姓名		学号	
实习内容	车削外圆				
序号	检测内容	分值	扣分标准	学生自评	教师评分
1	切削用量选择合理	10	酌情扣分		
2	对刀和背吃刀量控制过程正确	20	酌情扣分		
3	试切方法正确	20	酌情扣分		
4	测量方法正确	20	酌情扣分		
5	尺寸控制方法正确	20	酌情扣分		
6	遵守纪律和安全规范	10	酌情扣分		
综　合　得　分		100			

思考与练习题

1. 车削外圆时为什么要分为粗车和精车？粗车和精车应如何选择切削用量？

2. 工件外径尺寸为 ϕ67 mm，要一刀车成 ϕ66.5 mm，对刀后横向进给手柄应转过多少小格？如试切测量后尺寸小于 ϕ66.5 mm，为什么必须将手柄退回两转后再重新对刀试切？

实习二　车削端面和台阶

一、实习内容

车削端面和台阶。

二、工艺知识

1. 车削端面

对工件端面进行车削的方法称为车削端面。车削端面主要用于回转体工件如轴、套、盘等端面的加工。车削端面采用弯头刀和偏刀，当工件旋转时，移动床鞍（或小滑板）控制背吃刀量，横滑板横向走刀便可进行车削。图 5-33 所示为车削端面的几种情形。

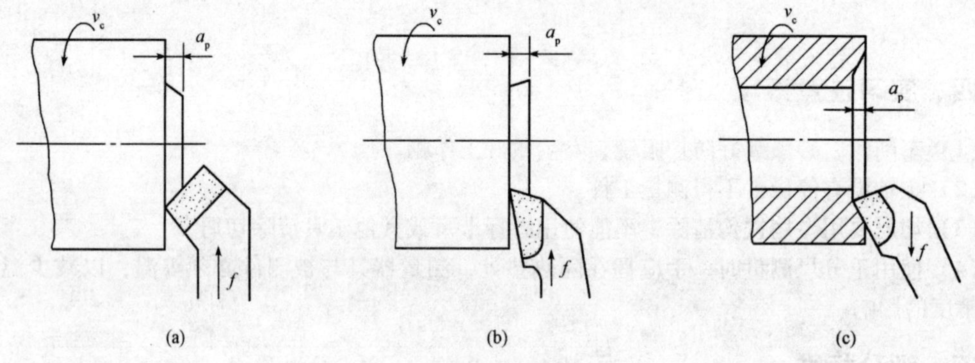

图 5-33　车削端面

（a）弯头刀车端面；（b）偏刀向中心走刀车端面；（c）偏刀向外走刀车端面

车削端面的尺寸公差等级（两平行端面之间）可达 IT9 ~ IT6；精车的平面度误差在直径为 ϕ100 mm 的端面上可达 0.04 ~ 0.01 mm；表面粗糙度 Ra 值可达 6.3 ~ 0.8 μm。

2. 车削台阶

车削台阶实际上是车削端面和车削外圆的组合加工。车削台阶时，需兼顾外圆的尺寸精度和台阶的长度要求。

台阶的长度可用卡钳、钢直尺和游标卡尺确定。车削台阶常用主偏角 $\kappa_r \geq 90°$ 的偏刀车削，在车削外圆的同时车削出台阶面。台阶高度小于 5 mm 时可用一次走刀切出，高度大于 5 mm 时可用分层法多次走刀后再横向切出，如图 5-34 所示。

车削时，先用刀尖车出比台阶长度略短的刻痕作为加工界限，台阶的准确长度可用游标卡尺或游标深度卡尺测量，台阶长度的控制和测量方法如图 5-35 所示。

要求较低的台阶长度可直接用床鞍刻度盘来控制；长度较短、要求较高的台阶可用小滑板刻度盘控制其长度。

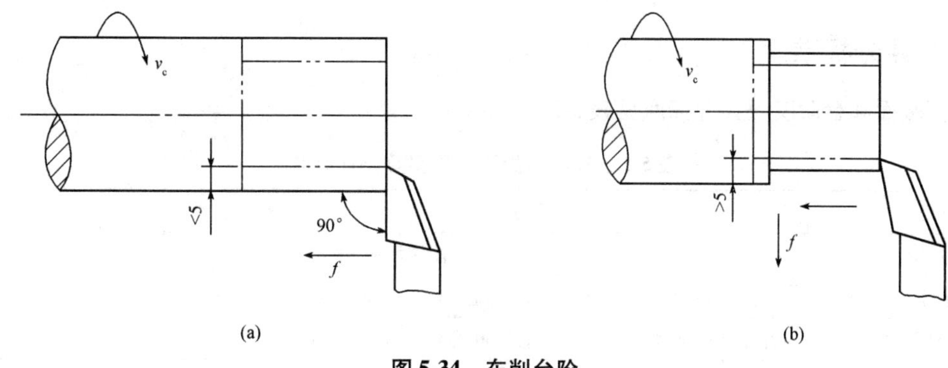

图 5-34　车削台阶

（a）一次走刀；（b）多次走刀

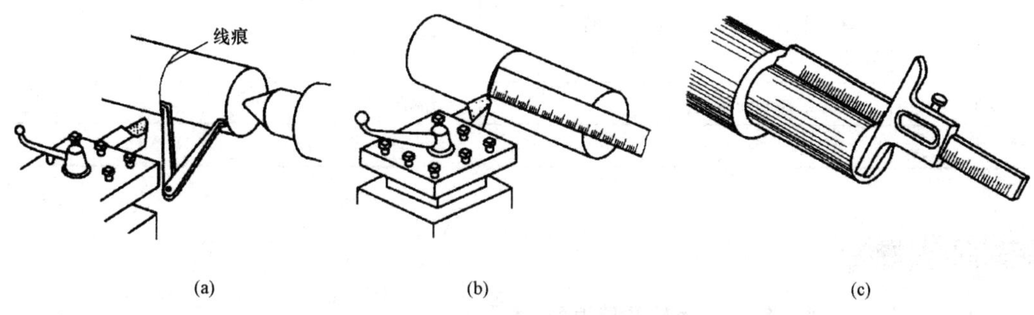

图 5-35　台阶长度的控制和测量

（a）卡钳测量；（b）钢直尺测量；（c）深度卡尺测量

三、车削端面和台阶操作实习

（1）根据车削对象调整车削端面的切削用量。

（2）开动机床使工件旋转。

（3）移动小滑板或床鞍，使刀具触碰到工件端面进行对刀。

（4）车刀横向退出后，控制背吃刀量。

（5）手动或机动做横向进给车削端面。

四、实习注意事项

（1）车刀的刀尖应对准工件中心，以免车削出的端面中心留有凸台。

（2）用偏刀车削端面，当背吃刀量较大时，容易扎刀，而且到工件中心时是将凸台一下车掉，也容易损坏刀尖。用弯头刀车端面，凸台是逐渐被车掉的，所以较为有利。

（3）端面的直径从外到中心是变化的，切削速度也在改变，不易车出较小的表面粗糙度值，因此，工件转速可比车外圆时选择得高一些。为减小端面的表面粗糙度，可由中心向外切削。

（4）车削直径较大的端面时，若出现凹心或凸肚，应检查车刀和方刀架是否锁紧，以及床鞍的松紧程度。为使车刀准确地横向进给而无纵向松动，应将床鞍锁紧在床面上，此时可用小滑板调整背吃刀量。

（5）台阶平面和外圆相交处要清角，防止出现小台阶和深的凹坑。

（6）机动车削台阶时，刀具接近台阶端面应停止自动走刀，手动车削到需要的长度。

五、评分标准

车削端面和台阶实习评分标准见表5-5。

表5-5　车削端面和台阶实习评分标准

班级		姓名		学号	
实习内容	车削端面和台阶				
序号	检测内容	分值	扣分标准	学生自评	教师评分
1	切削用量选择合理	30	酌情扣分		
2	对刀和背吃刀量控制过程正确	20	酌情扣分		
3	横向进给方向正确	20	酌情扣分		
4	端面车削质量平整，表面粗糙度小	20	酌情扣分		
5	遵守纪律和安全规范	10	酌情扣分		
综合得分		100			

思考与练习题

1. 为什么车削端面主轴要选择较高转速？
2. 车削较大直径端面时为什么允许中间凹？
3. 台阶长度的控制和测量方法有哪些？

实习三　切槽与切断

一、实习内容

加工螺纹退刀槽。

二、工艺知识

1. 切槽

在工件表面上车削沟槽的方法称为切槽。用车削加工的方法所加工出槽的形状有外槽、内槽和端面槽等，如图5-36所示。

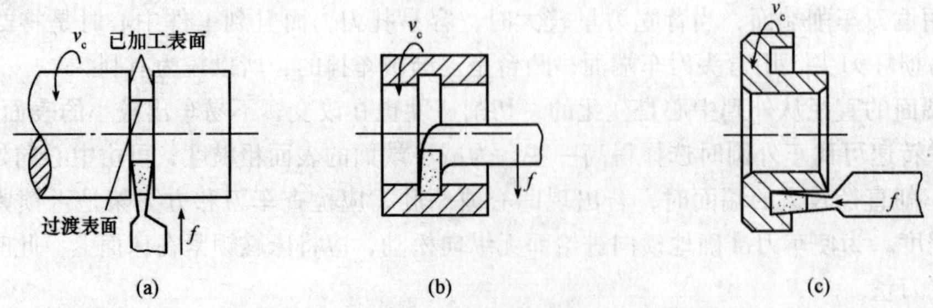

图5-36　切槽的形状

（a）切外槽；（b）切内槽；（c）切端面槽

轴上的外槽和孔的内槽均属退刀槽。退刀槽的作用是车削螺纹或进行磨削时便于退刀，否则该工件将无法加工，同时，在轴上或孔内装配其他零件时，也便于确定其轴向位置。端面槽的主要作用是减轻质量，其中有些槽还可以卡上弹簧或装上垫圈等，其作用要根据零件的结构和使用要求而定。

轴上槽要用切槽刀进行车削，切槽刀的几何形状和角度如图 5-37（a）所示。安装时，刀尖要对准工件轴线，主切削刃平行于工件轴线，两侧副偏角一定要对称相等（1°～2°），两侧刃副后角也需对称（0.5°～1°，不能一侧为负值，以防刮伤槽的端面或折断刀头）。切槽刀的安装如图 5-37（b）所示。

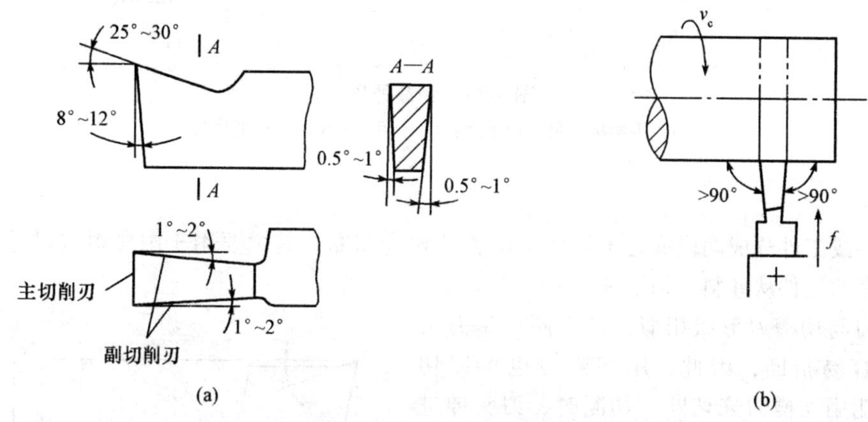

图 5-37 切槽刀及其安装

（a）切槽刀形状和角度；（b）切槽刀的安装

切削宽度在 5 mm 以下的窄槽时，可采用主切削刃的宽度等于槽宽的切槽刀，在一次横向进给中切出。切削宽度在 5 mm 以上的宽槽时，一般采用先分段横向粗车，在最后一次横向切削后，再进行纵向精车的加工，如图 5-38 所示。

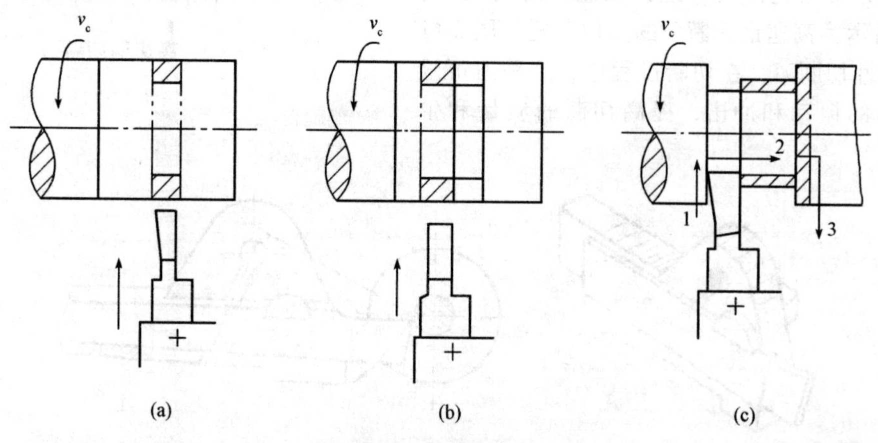

图 5-38 切槽方法

（a）切窄槽；（b）粗车宽槽；（c）精车宽槽

槽的宽度和深度采用卡钳和钢直尺配合测量，也可用游标卡尺和千分尺测量。图 5-39 所示为测量外槽时的情形。

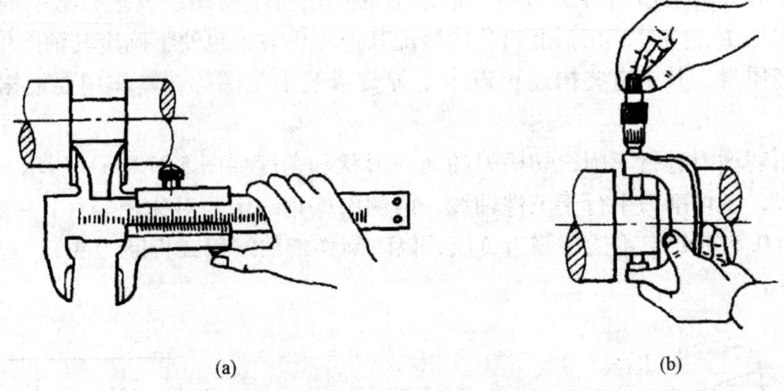

图5-39 测量外槽

（a）用游标卡尺测量槽宽；（b）用千分尺测量槽的底径

2. 切断

把坯料或工件分成两段或若干段的车削方法称为切断，其主要用于圆棒料按尺寸要求下料或把加工完的工件从坯料上切下来。

切断刀与切槽刀形状相似，其不同点是刀头窄而长、容易折断，因此，用切断刀也可以切槽，但不能用切槽刀来切断。切断时，刀头伸进工件内部，散热条件差，排屑困难，易引起振动，如不注意，刀头就会折断。因此，必须合理地选择切断刀。切断刀的种类很多，按材料可分为高速钢和硬质合金两种，按结构又分为整体式、焊接式、机械夹固式等几种。通常为了改善切削条件，常用整体式高速钢切断刀进行切断，图5-40所示为高速钢切断刀的几何角度。图5-41所示为弹性切断刀，在切断过程中，这种刀可以减小产生的振动和冲击，提高切断的质量和生产率。

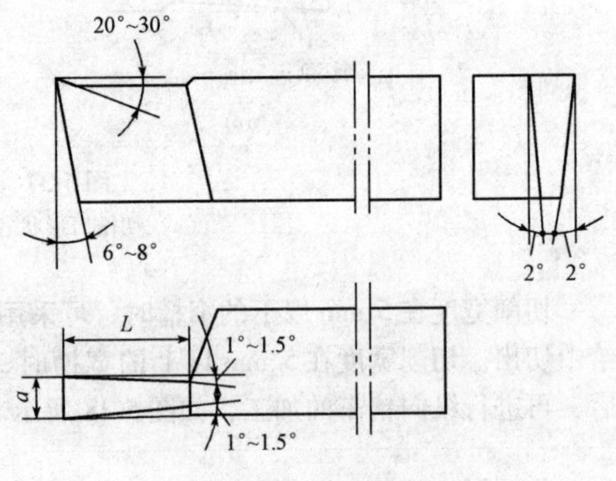

图5-40 高速钢切断刀

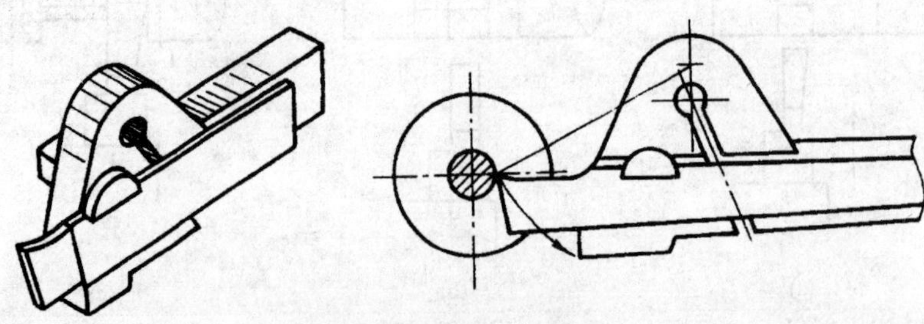

图5-41 弹性切断刀

常用的切断方法有直进法和左右借刀法两种，如图5-42所示。直进法常用于切削铸铁等脆性材料，左右借刀法常用于切削钢等塑性材料。

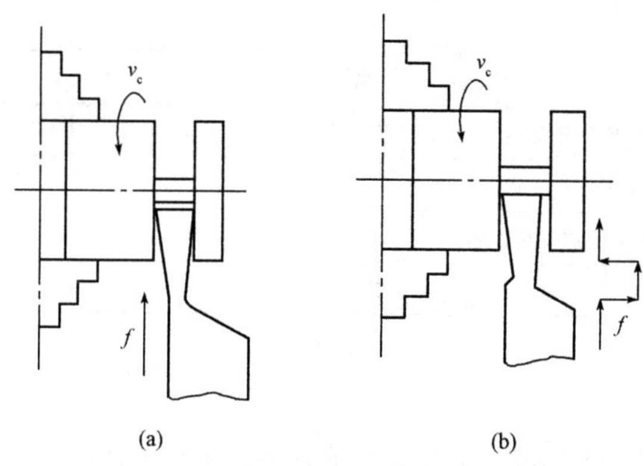

图 5-42　切断方法

（a）直进法；（b）左右借刀法

三、切槽与切断操作实习

在工件上车削螺纹退刀槽，实习步骤如下。

（1）选择切削用量。

（2）选择切槽位置。

（3）外圆表面对刀，中滑板刻度对“零”。

（4）切槽保证槽底直径。

（5）横向移动车刀切槽，保证槽宽尺寸。

切槽实习工序完成后，在工件上完成切断实习操作。

四、实习注意事项

（1）切断时，刀尖必须与工件等高，否则切断处将留有凸台，容易损坏刀具。

（2）切断处应靠近卡盘，以增加工件刚度，减小切削时的振动。

（3）切断刀伸出不宜过长，以增强刀具刚度。

（4）切断时，切削速度要慢，采用缓慢均匀的手动进给，即将切断时必须放慢进给速度，以免刀头折断。

（5）手动进给切断时，摇动手柄应连续均匀，避免因摩擦和冷硬现象而加剧刀具磨损。

（6）切断钢件时应浇注切削液，以加速切断过程中的散热。

五、评分标准

切槽与切断实习评分标准见表 5-6。

表 5-6　切槽与切断实习评分标准

班级		姓名		学号	
实习内容	切槽与切断				
序号	检测内容	分值	扣分标准	学生自评	教师评分
1	切削用量选择合理	30	酌情扣分		
2	刀具选择正确	20	酌情扣分		

续表

班级		姓名		学号	
3	切槽操作正确	20	酌情扣分		
4	切断操作正确	20	酌情扣分		
5	遵守纪律和安全规范	10	酌情扣分		
综 合 得 分		100			

思考与练习题

1. 一般阶梯轴上的几个退刀槽的宽度都相等，为什么？退刀槽的作用是什么？
2. 宽槽和窄槽的深度和宽度尺寸应怎样切削才能保证？
3. 切断时，切断刀易折断的原因是什么？操作过程中怎样防止切断刀折断？

实习四　内孔加工

一、实习内容

加工内孔。

二、工艺知识

在车床上可以使用钻头、扩孔钻、铰刀等定尺寸刀具加工孔，也可以使用内孔车刀车孔。车削内孔和车削外圆相比在观察、排屑、冷却、测量及尺寸控制等方面都比较困难，再加上刀具的形状、尺寸受内孔尺寸的限制等因素的影响，会使内孔的加工质量受到影响。

1. 钻孔

用钻头在实体材料上加工孔的方法称为钻孔。在车床上钻孔与在钻床上钻孔的切削运动不同，在钻床上加工的主运动是钻头的旋转，进给运动是钻头的轴向进给；在车床上钻孔时，主运动是工件旋转，钻头装在尾座的套筒中，用手转动手轮使套筒带着钻头实现进给运动，如图5-43所示。车床钻孔的精度不高，一般用于加工精度要求不高的孔或作为高精度孔的粗加工。

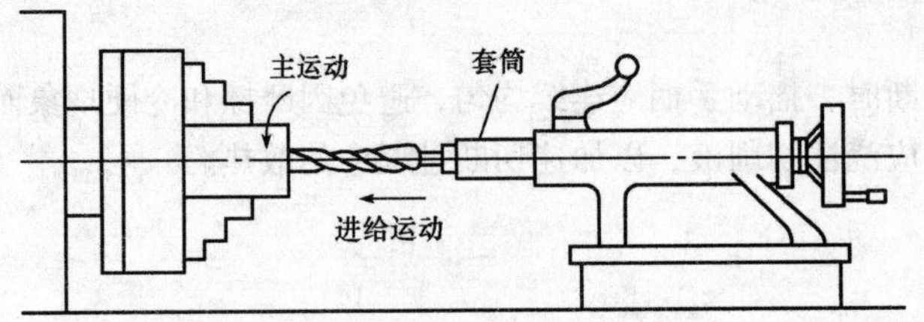

图5-43　车床上钻孔

在车床上钻孔的操作步骤如下。

（1）车端面。钻中心孔以便于钻头定心，可防止孔钻偏。

（2）装夹钻头。锥柄钻头直接装在尾座套筒的锥孔内，直柄钻头要装在钻夹头内，然后把钻夹头装在尾座套筒的锥孔内，应注意擦净后再装入。

（3）调整尾座位置。松开尾座与床身的紧固螺母，移动尾座至钻头能进给到所需长度时，固定尾座。

（4）开车钻削。尾座套筒手柄松开后（但不宜过松），开动车床，均匀地摇动尾座套筒手轮进行钻削。刚接触工件时进给要慢些，切削中要经常退回，钻透时进给也要慢些，退出钻头后再停车。

（5）钻不通孔时要控制孔深。可采用先在钻头上利用粉笔划好孔深线再钻削的方法控制孔深，也可采用钢直尺、深度尺测量孔深的方法控制孔深。

钻孔的精度较低，尺寸公差等级在 IT10 以下，表面粗糙度值 $Ra=6.3\ \mu m$，因此，钻孔往往是车孔、镗孔、扩孔和铰孔的预备工序。

2. 车孔

对工件上的孔进行车削的方法称为车孔。车孔是利用内孔车刀对工件上已铸出、锻出或钻出的孔进行扩径加工。车孔通常分车通孔和车不通孔，如图 5-44 所示。其中图 5-44（a）所示为用通孔内孔车刀车通孔，图 5-44（b）所示为用不通孔内孔车刀车不通孔。车内孔与车外圆的方法基本相同，都是通过工件转动及车刀移动的方法从毛坯上切去一层多余金属。在切削过程中也要分粗车和精车，以保证孔的加工质量。

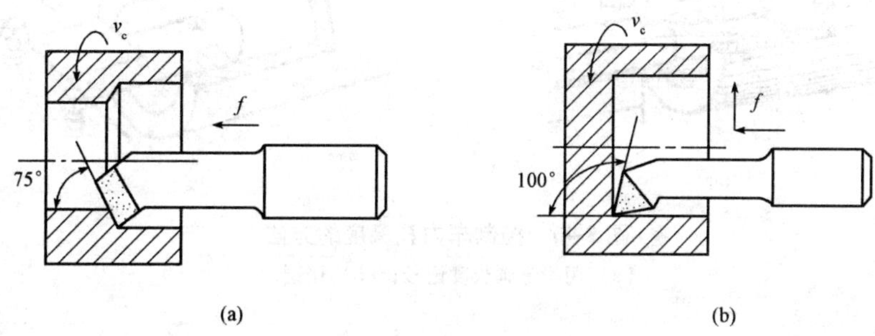

图 5-44　车床上车孔

（a）车通孔；（b）车不通孔

车内孔与车外圆的方法虽然基本相同，但在车内孔时需注意以下几点。

（1）内孔车刀的几何角度。通孔内孔车刀的主偏角 $\kappa_r=45°\sim75°$，副偏角 $\kappa_r'=20°\sim45°$。不通孔内孔车刀主偏角 $\kappa_r\geqslant90°$，其刀尖在刀杆的最前端，刀尖到刀杆背面的距离只能小于孔径的一半，否则将无法车平不通孔的底平面。

（2）内孔车刀的安装。刀尖应对准工件的中心。由于吃刀方向与车外圆相反，故粗车时可略低点，使工作前角增大以便于切削；精车时刀尖略高一点，使其后角增大而避免产生扎刀。车刀伸出方刀架的长度尽量缩短，以免产生振动，但不得小于工件孔深加上 3 ~ 5 mm 的总长度，如图 5-45 所示。刀具轴线应与主轴平行，刀头可略向操作者方向偏斜。开车前先用车刀在孔内手动试走一遍，确认没有任何障碍妨碍车刀工作后，再开车切削。

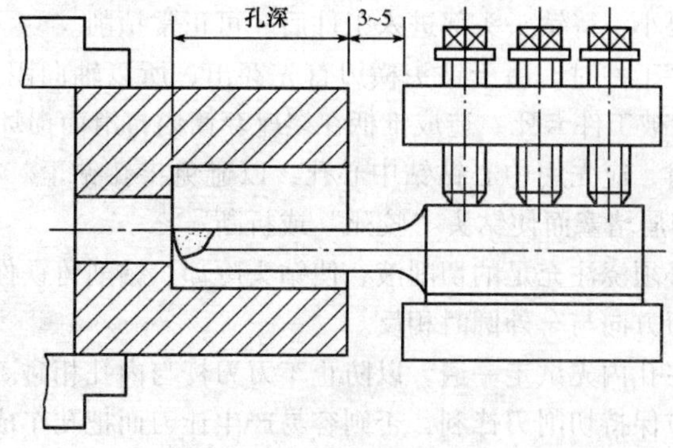

图 5-45　内孔车刀的安装

（3）切削用量的选择。车内孔时，因刀杆细、刀头散热条件差且排屑困难，易产生振动和让刀，故所选择的切削用量要比车外圆时小些，其调整方法与车外圆相同。

（4）试切法。车内孔与车外圆的试切方法基本相同，其试切过程是：开车对刀→纵向退刀→横向吃刀→纵向切削 3 ~ 5 mm→纵向退刀→停车测量。如果试切已满足尺寸公差要求，可纵向切削；如未满足尺寸公差要求，可重新横向吃刀来调整背吃刀量，再试切直至满足尺寸公差要求为止。与车外圆相比，车内孔横向吃刀时，其逆时针转动手柄为横向吃刀，顺时针转动手柄为横向退刀，即与车外圆时相反。

（5）控制内孔孔深。如图 5-46 所示，可用粉笔在刀杆上划出孔深长度记号来控制孔深，也可用铜片来控制孔深。

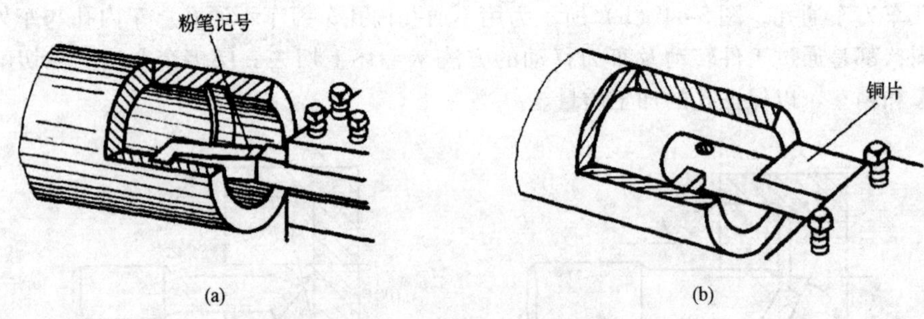

图 5-46　控制车内孔深度的方法

（a）用粉笔画长度记号；（b）用铜片

由于车内孔时的工作条件比车外圆差，所以车内孔的精度较低，一般尺寸公差等级为 IT8 ~ IT7，表面粗糙度值 $Ra = 3.2 \sim 1.6\ \mu m$。

一般常用游标卡尺测量内孔直径和孔深。对于精度要求高的内圆直径，可用内径千分尺或内径百分表测量，对于大批量生产的工件，其内孔直径可用塞规测量。

三、钻孔和车孔操作实习

在工件上用车床钻出 $\phi 18$ mm 的内孔及车出 $\phi 24^{+0.021}_{0}$ mm 的内孔。

四、实习注意事项

（1）将钻头装入尾座套筒中，使钻头轴线与工件旋转轴线相重合，否则会使钻头折断。

（2）钻孔前，必须将端面车平，中心处不允许有凸台，否则钻头不能自动定心，会使钻头折断。

（3）起钻时进给量要小，待钻头头部进入工件后才可正常钻削。

（4）当钻头将要钻穿工件时，由于钻头横刃首先穿出，所以轴向阻力大减，这时进给速度必须减慢，否则钻头容易被工件卡死，造成锥柄在尾座套筒内打滑而损坏锥柄和锥孔。

（5）钻小而深的孔时，应先用中心钻钻中心孔，以避免将孔钻歪。在钻孔过程中必须经常清除切屑，否则容易因切屑堵塞而使钻头“咬死”或折断。

（6）钻削钢料时，必须浇注充足的切削液，使钻头冷却。钻削铸铁件时可不用切削液。

（7）中滑板进、退刀方向与车外圆时相反。

（8）车孔前，车刀在孔内先试走一遍，以防止车刀刀杆与内孔相碰。

（9）精车内孔时，应保持切削刃锋利，否则容易产生让刀而把孔车成锥形。

（10）内孔车刀刀尖必须与工件中心等高，否则底平面无法车平。

（11）车刀纵向切削至接近底平面时，应停止机动进给，改用手动进给，以防碰撞底平面。

（12）由于视线受影响，车底平面时可以通过手感和听觉来判断切削情况。

五、评分标准

内孔加工实习评分标准见表5-7。

表5-7　内孔加工实习评分标准

班级		姓名		学号	
实习内容	内孔加工				
序号	检测内容	分值	扣分标准	学生自评	教师评分
1	钻孔方法正确	10	酌情扣分		
2	车孔方法与步骤正确	20	酌情扣分		
3	钻孔、车孔切削用量选择合理	20	酌情扣分		
4	能正确使用百分表	20	酌情扣分		
5	车削内孔尺寸合格	20	酌情扣分		
6	遵守纪律和安全规范	10	酌情扣分		
综　合　得　分		100			

思考与练习题

1. 车床上钻孔与钻床上钻孔有什么不同？车床上如何钻孔？
2. 车内孔与车外圆相比较，在试切方法上有何不同？

实习五　车削圆锥

一、实习内容

用转动小滑板法车削外圆锥。

二、工艺知识

1. 圆锥面的应用与特点

在机床与工具中，圆锥面配合应用得很广泛。圆锥面配合的主要特点是当圆锥面的锥角小于3°时，可以传递很大的转矩。圆锥面配合同轴度较高，装拆方便，如车床主轴锥孔与顶尖的配合、车床尾座锥孔与麻花钻锥柄的配合等，如图5-47所示。常见的圆锥零件有锥齿轮、锥形主轴、带锥孔齿轮和锥形手柄等，如图5-48所示。

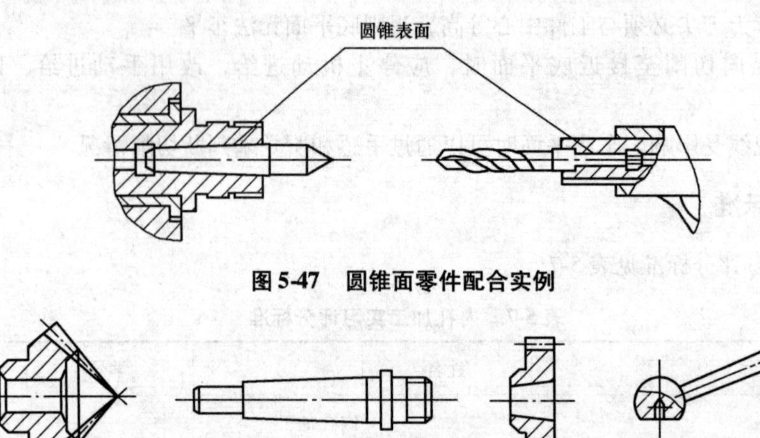

图5-47　圆锥面零件配合实例

(a)　(b)　(c)　(d)

图5-48　常见圆锥面的零件

（a）锥齿轮；（b）锥形主轴；（c）带锥孔齿轮；（d）锥形手柄

2. 标准工具圆锥

为了制造和使用方便，常用工具、刀具圆锥的几何参数都已标准化，称为标准圆锥。也就是说，圆锥表面的各部分按照规定的几个尺寸号码来制造，使用时只要号码相同就能紧密配合和互换。常用标准工具圆锥有莫氏圆锥和米制圆锥两种。此外，一些常用配合锥面的锥度也已标准化，称为专用标准圆锥锥度。

（1）莫氏圆锥。莫氏圆锥在机器制造业中应用广泛，如车床主轴孔、顶尖柄、钻头柄、铰刀柄等都用莫氏圆锥。莫氏圆锥分为7个号码，即0、1、2、3、4、5、6，其中最小的是0号，最大的是6号。

（2）米制圆锥。米制圆锥有8个号码，即4、6、80、100、120、140、160和200号。它的号码是指大端直径，锥度固定不变，即$C=1:20$。例如，120号米制圆锥的大端直径是120 mm，锥度$C=1:20$。米制圆锥的优点是锥度不变，记忆方便。

（3）专用标准圆锥锥度。专用标准圆锥的锥度大小及应用场合有：易拆卸零件的锥面锥度$C=1:5$，用于砂轮主轴与砂轮法兰的结合、锥形摩擦离合器等；$C=1:20$，用于米制工具圆锥、锥形主轴颈；$C=7:24$，用于铣床主轴孔及刀杆的锥体等。

3. 圆锥各部分名称、代号及尺寸计算

为了认识圆锥的特点，掌握圆锥的计算和加工方法，首先必须了解圆锥的各部分名称、符号及计算公式，如图5-49所示。

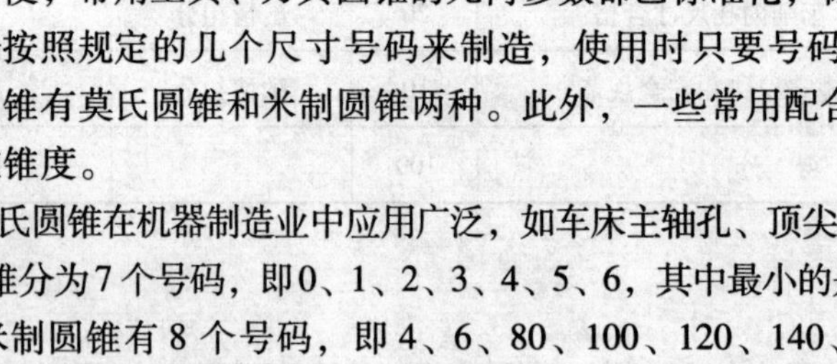

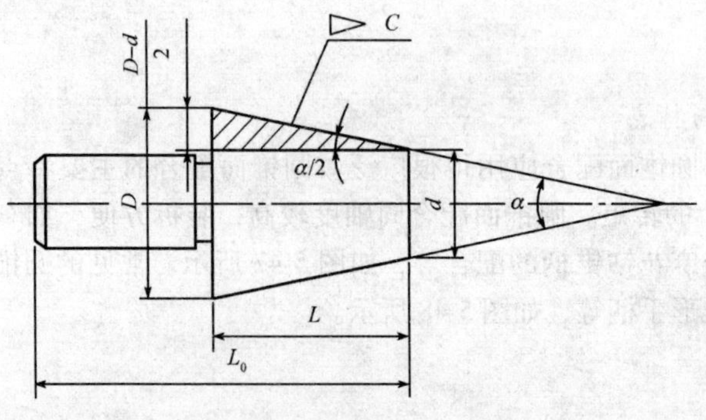

图5-49　圆锥的基本参数

（1）圆锥角 α。指在通过圆锥轴线的截面内，两条素线之间的夹角。

（2）圆锥半角 $\alpha/2$。圆锥半角是圆锥角的一半，也就是圆锥母线与圆锥轴线之间的夹角。

（3）圆锥大径 D。即圆锥大端直径，也称为最大圆锥直径。

（4）圆锥小径 d。即圆锥小端直径，也称为最小圆锥直径。

（5）圆锥长度 L。圆锥大径与圆锥小径之间的轴向距离称为圆锥长度。

（6）锥度 C。圆锥大径和圆锥小径之差与圆锥长度之比称为锥度，即

$$C=\frac{D-d}{L} \tag{5-3}$$

锥度一旦确定，圆锥角也就确定了，所以锥度和圆锥角属于同一类基本参数。

在图样上一般都标注 D、d、L，但在车削圆锥时通常需要圆锥半角，其计算公式为

$$\tan\frac{\alpha}{2}=\frac{D-d}{2L}=\frac{C}{2} \tag{5-4}$$

4. 车削圆锥的方法

车削圆锥常用的方法有宽刃刀法、转动小滑板法、偏移尾座法和靠模法。

（1）宽刃刀法。该方法是靠刀具的刃形（角度及长度）横向进给车出所需圆锥面，如图 5-50 所示。此法径向切削力大，易引起振动，适合加工刚性好、锥面长度短的圆锥面。

（2）转动小滑板法。该方法是首先松开固定小滑板的螺母，把小滑板转一个圆锥半角 $\frac{\alpha}{2}$，然后紧固螺母；车削时，转动小滑板手柄即可加工出所需圆锥面，如图 5-51 所示。这种方法操作简单，但由于受小滑板行程的限制，不能加工较长的圆锥，且表面粗糙度值的大小受操作技术影响，用手动进给劳动强度大。

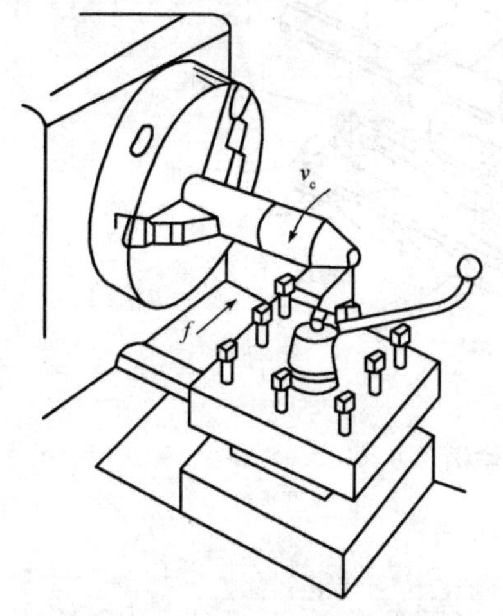

图 5-50　宽刃刀法车削圆锥

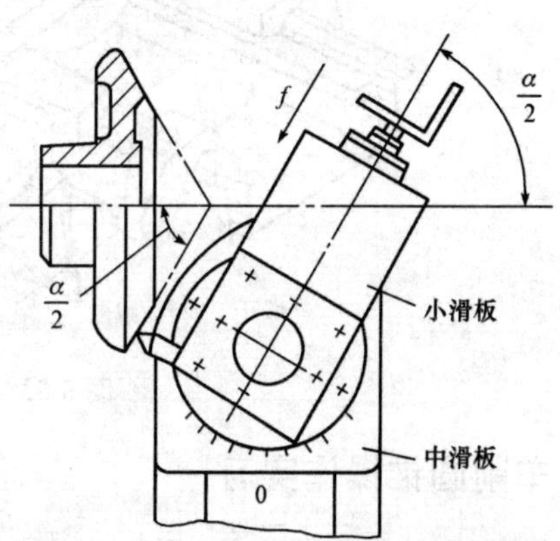

图 5-51　转动小滑板法车削圆锥

（3）偏移尾座法。该方法是将工件装夹在前后顶尖上，松开尾座底板的紧固螺母，将其横向移动一个距离 A，使工件的旋转轴线与车刀纵向进给方向的交角等于圆锥半角 $\frac{\alpha}{2}$，如图 5-52 所示。为克服工件轴线偏移后中心孔与顶尖接触不良的缺点，宜采用球形头的顶尖。偏移尾座法能车削较长的外圆锥面，并能自动进给，但由于受到尾座偏移量的限制，只能加工圆锥角小于 8°的圆锥。

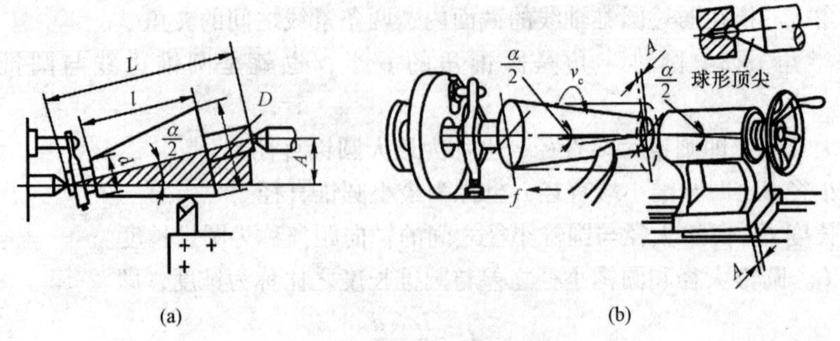

图 5-52　偏移尾座法车削圆锥

（a）原理图；（b）工作图

（4）靠模法。如图 5-53 所示，在大批量生产中，常用靠模装置控制车刀进给方向，车出所需圆锥。靠模上的滑块可以沿靠模滑动，而滑块通过连接板与滑板连接在一起，中滑板上的丝杠与螺母脱开，小滑板转过 90°，背吃刀量靠小滑板调节。当滑板做纵向自动进给时，滑块就沿着靠模滑动，从而使车刀的运动平行于靠模板，车出所需锥面。靠模法可以加工圆锥角小于 12° 的长圆锥面，加工进给平稳，工件表面质量好，生产效率高。

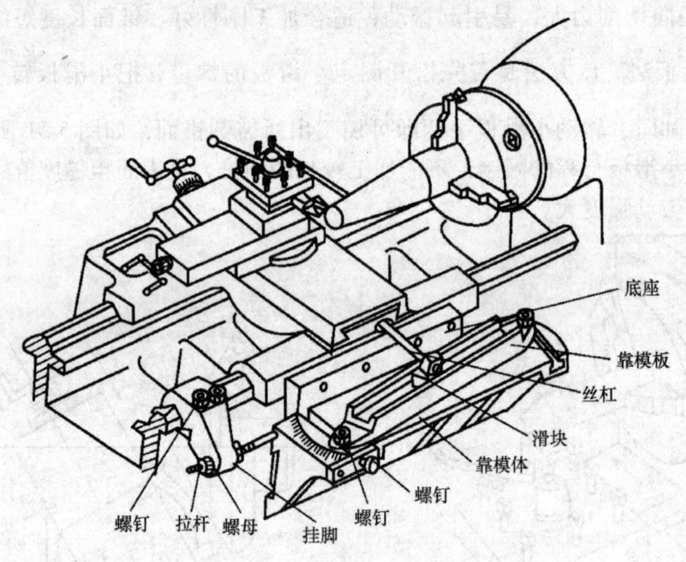

图 5-53　靠模的结构

三、车削圆锥操作实习

用转动小滑板法车削圆锥，步骤如下。

1. 装夹车刀

车削圆锥时，车刀刀尖的高度必须与工件的旋转轴线等高，否则车出的圆锥母线不是直线，而是双曲线。

2. 车削圆柱体

先车一圆柱体尺寸等于圆锥大径，为车圆锥做准备。

3. 调整机床

由于转动小滑板法车削圆锥是手动进给车削，所以小滑板镶条的调整尤为重要。在车削前，应检查和调整小滑板导轨与镶条间的配合间隙。如果调得过紧，手动进给费力，小滑板移动不均匀；调得过松，则配合间隙太大，车削时刀痕时浅时深。所以配合间隙调整要适当，过紧或过松都会使车出的锥面表面粗糙度值增大，且圆锥母线不直。

此外，还应注意小滑板行程位置的调整，既要照顾锥面的长度，又要考虑前后适中，不要靠前或靠后；刀架悬伸过长会降低刚性，影响加工质量。

4. 调整小滑板转动的角度

用扳手将小滑板下面转盘上的螺母松开，把转盘的基准零线与所需要的圆锥半角刻度对齐，然后锁紧转盘上的螺母。

5. 车削外圆锥

车削外圆锥主要是控制圆锥的锥度、线性尺寸和表面质量，可采用以下方法。

（1）进给中滑板刻度。车削时，使刀尖与轴端和外圆相交的外圆面轻轻接触，小滑板退出，中滑板刻度调零，作为车削外圆锥面的初始位置。然后中滑板按刻度向前进给，调整背吃刀量，双手交替转动小滑板的手柄，手动进给速度要保持均匀和不间断，车至终端后，将中滑板退出，小滑板快速后退复位。如此反复，车至中滑板刻度总进给量为 $D-d$ 后，圆锥合格。

（2）对刀法。对刀法是进给中滑板刻度的特例。车削时，首先移动中、小滑板，开动机床，刀尖与任一截面外圆面轻轻接触，记住中滑板刻度，退出中滑板和小滑板到圆锥的小端以外，中滑板刻度进给到所记刻度值对应的位置处，转动小滑板的手柄，车至终端后，继续向前移动小滑板再次进行对刀，如此反复，直至最后一次在圆锥大端直径处对刀车削结束后，圆锥合格。

（3）进给床鞍刻度。车削时，使刀尖与轴端和外圆相交的端面轻轻接触，床鞍对零，移动小滑板使车刀沿轴向离开端面一定的距离，然后进给床鞍，其值小于小滑板离开端面的距离，转动小滑板的手柄车削，如此反复，车至床鞍刻度总进给量为圆锥长度，圆锥合格。

车削时可按粗车、半精车、精车分配切削余量。

四、实习注意事项

（1）车削圆锥时，车刀刀尖必须严格对准工件中心，否则会造成圆锥表面的双曲线误差。
（2）车削圆锥时，手动进给应匀速，以降低圆锥表面粗糙度值。
（3）转动小滑板车圆锥时，小滑板转动方向应正确。

五、评分标准

车削圆锥实习评分标准见表5-8。

表5-8　车削圆锥实习评分标准

班级		姓名		学号	
实习内容	车削圆锥				
序号	检测内容	分值	扣分标准	学生自评	教师评分
1	车刀刀尖高度正确	10	酌情扣分		
2	机床调整合理	20	酌情扣分		

续表

班级		姓名		学号	
3	小滑板角度调整正确	20	酌情扣分		
4	车削方法正确	20	酌情扣分		
5	车削圆锥尺寸和质量合格	20	酌情扣分		
6	遵守纪律和安全规范	10	酌情扣分		
综 合 得 分		100			

思考与练习题

1. 车削圆锥的方法有哪些？
2. 简述转动小滑板车削圆锥的操作过程。
3. 车削外圆锥保证尺寸的方法有哪些？

实习六　车削成形面及滚花

一、实习内容

在轴上进行成形面及滚花加工。

二、工艺知识

1. 车成形面

用成形加工方法进行的车削称为车削成形面。有些零件如手柄、手轮、圆球等，为了使用方便且满足美观、耐用等要求，它们的表面不是平直的，而要做成曲面；有些零件如材料力学实验用的拉伸试验棒、轴类零件的连接圆弧等，为了使用上的某种特殊要求，需把表面做成曲面。上述具有曲面形状的表面称为成形面。

成形面的车削方法有以下几种。

(1) 用普通车刀车削成形面。此加工方法也称为双手摇法，它是靠双手同时摇动纵向和横向进给手柄进行车削的，以使刀尖的运动轨迹符合工件的曲面形状。车削时所用的刀具是普通车刀，还要用样板对工件反复度量，最后用锉刀和砂布修整，使工件达到尺寸公差和表面粗糙度的要求。这种方法要求操作者具有较高技术水平，但不需特殊工具和设备，在生产中被普遍采用。这种方法多用于单件小批生产，其加工方法如图5-54所示。

(2) 用成形车刀车削成形面。如图5-55所示，这种方法是利用切削刃形状与成形面轮廓相符的成形车刀来加工成形面，加工精度取决于刀具。由于车刀和工件接触线较长，容易引起振动，所以要采用小的切削用量，只做横向进给，且要有良好的润滑条件。此种方法的特点是操作方便，生产率高，能获得准确的表面形状，但刀具制造、刃磨困难。因此，只能在成批生产中加工较短的成形面。

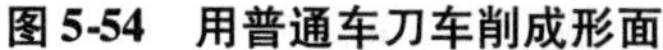

图 5-54　用普通车刀车削成形面

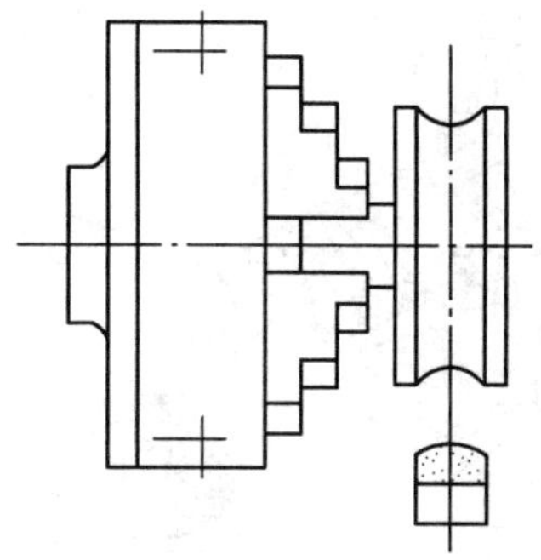

图 5-55　用成形车刀车削成形面

（3）用靠模车削成形面。这种方法是利用刀尖的运动轨迹与靠模（板或槽）的形状完全相同的方法车削出成形面。图 5-56 所示为加工手柄的成形面时的工作过程，即横滑板（中滑板）已经与丝杠脱开，由于其前端的拉杆上装有滚柱，所以当床鞍纵向走刀时，滚柱即在靠模的曲线槽内移动，从而使车刀刀尖的运动轨迹与曲线槽形状相同，与此同时用小滑板控制背吃刀量，即可车出手柄的成形面。这种方法操作简单，生产率高，多用于大批量生产。当靠模为斜槽时，该方法也可用于车削圆锥面。

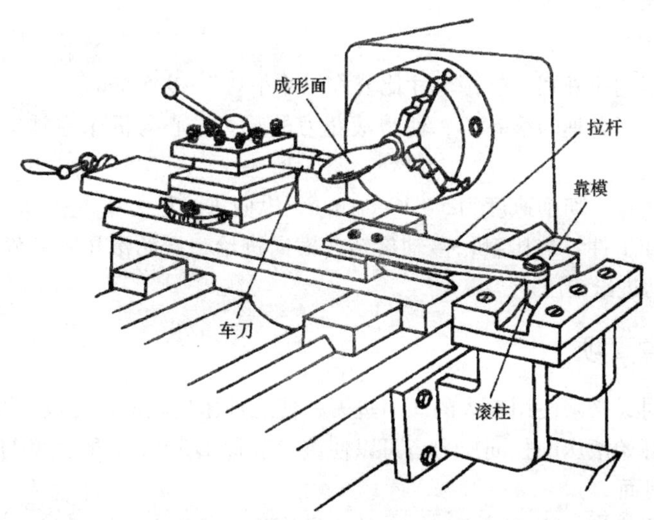

图 5-56　用靠模车削成形面

2. 滚花

滚花是利用特制的滚花刀挤压工件表面，使其产生塑性变形而形成花纹的加工方法，如图 5-57所示。滚花表面常用于各种工具和机械零件的手握部分，便于握持以及增加美观，如千分尺的套管、铰杠扳手及螺纹量规等。这些花纹一般都是在车床上用滚花刀滚压而成的。因滚压时产生塑性变形，滚花后的外径比滚花前的外径增大 0.02～0.5 mm。滚花时切削速度要低些，一般还要充分供给切削液，以免研坏滚花刀和防止产生乱纹。滚花刀按花纹的样式分为直纹和网纹两种，其花纹的粗细决定于不同的滚花轮。滚花刀按滚花轮的数量又可分为单轮、双轮、三轮三种，如图 5-58 所示，其中最常用的是网纹式双轮滚花刀。

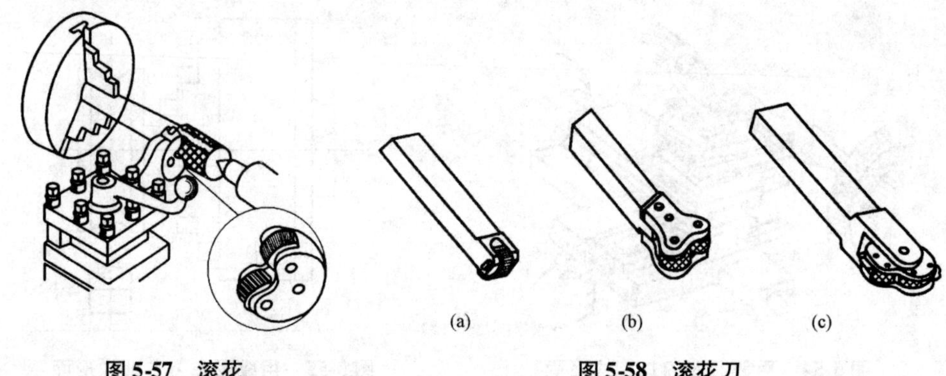

图 5-57　滚花

图 5-58　滚花刀

（a）单轮滚花刀；（b）双轮滚花刀；（c）三轮滚花刀

三、车削成形面及滚花操作实习

1. 车削成形面操作实习

（1）选择车床上一个手柄作为车削工件，并测量其尺寸。

（2）车削外圆，外圆直径比手柄最大直径大 0.5 mm。

（3）用双手控制法车削手柄至符合要求。

2. 滚花操作实习

（1）在滚花处车削一外圆，外圆尺寸比公称尺寸小 0.3 ~ 0.5 mm。

（2）根据要求选择合理的滚花刀，使得滚花刀的装刀中心与机床主轴旋转中心等高，将其装夹在刀架上。

（3）调整切削用量，切削速度为 5 ~ 10 m/min，纵向进给量为 0.3 ~ 0.6 mm/r。

（4）使滚花刀和工件一端接触，主轴旋转，横向进给，开始滚压，并停车检查，若花纹符合要求即可纵向机动进给滚压。

四、实习注意事项

（1）开始滚压时，必须使用较大的压力进刀，使工件压出较深的花纹，否则容易产生乱纹。

（2）为了减小开始滚压的径向压力，可以使滚轮表面 1/3 ~ 1/2 的宽度与工件接触，这样滚花刀容易压入工件表面。

（3）滚压时应浇注切削液以润滑滚轮，并经常清除滚压产生的切屑。

五、评分标准

车削成形面及滚花实习评分标准见表 5-9。

表 5-9　车削成形面及滚花实习评分标准

班级		姓名		学号	
实习内容	车削成形面及滚花				
序号	检测内容	分值	扣分标准	学生自评	教师评分
1	滚花外圆车削合格	10	酌情扣分		
2	滚花刀安装正确	20	酌情扣分		

续表

班级		姓名		学号	
3	切削用量选择合理	20	酌情扣分		
4	滚压方法正确	20	酌情扣分		
5	滚花花纹清晰	20	酌情扣分		
6	遵守纪律和安全规范	10	酌情扣分		
综 合 得 分		100			

思考与练习题

1. 车削成形面的方法有哪些?
2. 滚花刀的种类有哪些?
3. 滚花时切削速度为何要低些?

实习七 车削螺纹

一、实习内容

车削 M24 - 6g 普通三角形螺纹。

二、工艺知识

1. 螺纹

在圆柱表面上沿着螺旋线形成的具有相同剖面的连续凸起和沟槽称为螺纹。在各种机械中，带有螺纹的零件很多，应用很广。常用螺纹按用途可分为连接螺纹和传动螺纹两类，前者起连接作用（如螺栓与螺母），后者用于传递运动和动力（如丝杠和螺母）；螺纹按牙型分，有三角形螺纹、梯形螺纹和矩形螺纹等；螺纹按标准分，有米制螺纹和英制螺纹两种。米制三角形螺纹的牙型角为60°，用螺距或导程来表示其主要规格。英制三角形螺纹的牙型角为55°，用每英寸长度内牙数表示其主要规格；螺纹按旋向分，有左旋螺纹和右旋螺纹两种；螺纹按线数分，有单线螺纹和多线螺纹。图 5-59（a）所示为单线右旋螺纹，图 5-59（b）所示为双线左旋螺纹。螺纹旋向常用左（右）手定则来判定，即用手的四指弯曲方向表示螺旋线和转动方向，拇指竖直表示螺旋线沿自身轴线移动的方向，若四指和拇指的方向与右（左）手相合，则称为右（左）旋螺纹。螺纹的旋向可用改变螺纹车刀的进给方向来实现，向左进给为右旋，向右进给为左旋。其中米制三角形螺纹应用最广，又称为普通螺纹。

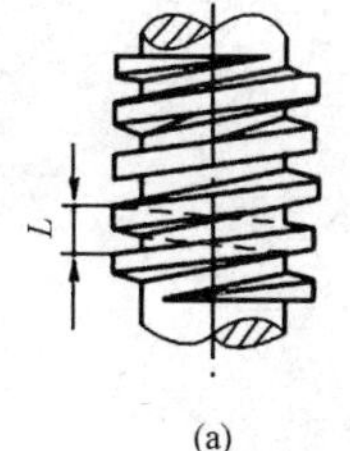

(a)

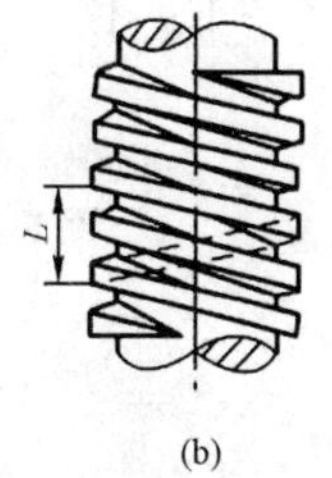

(b)

图 5-59 螺纹的旋向和线数

（a）单线右旋螺纹；（b）双线左旋螺纹

2. 三角形螺纹各部分名称

三角形螺纹各部分的表示如图5-60所示。

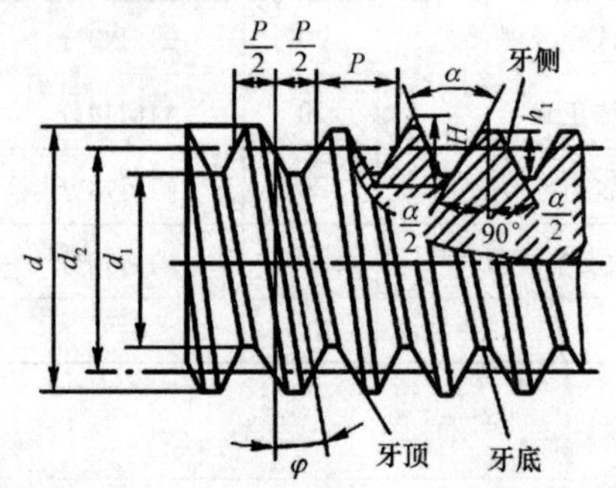

图5-60　三角形外螺纹各部分名称

（1）外螺纹大径 d。即外螺纹的顶径，它是螺纹的公称直径。

（2）外螺纹小径 d_1。即外螺纹的底径，它是螺纹的危险截面直径。

（3）螺纹中径 d_2。螺纹中径是假想的圆柱直径，这个圆柱的素线通过螺纹的牙宽和槽宽相等的位置。螺纹中径是内外螺纹旋合的配合直径。

（4）牙型角 α。在螺纹的牙型上，相邻两牙侧之间的夹角称为牙型角。

（5）螺距 P。相邻两牙在中径线上对应两点间的轴向距离称为螺距。

（6）导程 P_h。在同一螺旋线上，相邻两牙在中径线上对应两点间的轴向距离称为导程。

（7）原始三角形高度 H。即原始三角形顶点到底边的垂直距离。

（8）牙型高度 h_1。即在螺纹的基本牙型上，牙顶与牙底在垂直螺纹轴线方向上的垂直距离。

（9）螺纹升角 φ。在中径圆柱上，螺旋线的切线和垂直于螺旋线平面之间的夹角称为螺纹升角。

3. 三角形螺纹的尺寸计算

三角形螺纹的基本牙型如图5-61所示。

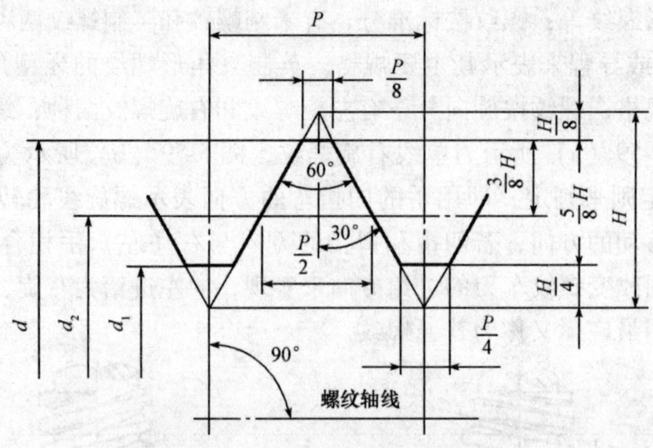

图5-61　三角形螺纹的基本牙型

（1）螺纹中径

$$d_2 = d - 0.695P \tag{5-5}$$

（2）牙型高度

$$h_1 = 0.541\,3P \tag{5-6}$$

（3）螺纹小径

$$d_1 = d - 1.082\,5P \tag{5-7}$$

（4）螺纹的原始三角形高度

$$H = 0.866P \tag{5-8}$$

4. 螺纹代号

普通螺纹分为粗牙普通螺纹和细牙普通螺纹。粗牙普通螺纹代号用字母“M”及公称直径表示，如M16、M24等。细牙普通螺纹代号用字母“M”及“公称直径×螺距”表示，如M36×2、M24×1.5等。细牙螺纹和粗牙螺纹的区别是当公称直径相同时，螺距大小不同，螺距最大的为粗牙螺纹，其余为细牙螺纹。

5. 车削螺纹的传动关系

车削螺纹时，必须满足的运动关系是：工件每转过一转时，车刀必须准确地移动一个螺距或导程，其传动路线简图如图5-62所示。上述传动关系可通过调整车床来实现，即首先通过手柄把丝杠接通，再根据工件的螺距或导程，按进给箱标牌上所示的手柄位置来改变交换齿轮的齿数及各进给变速手柄的位置，这样就完成了车床的调整。车左、右旋螺纹，可通过调节主轴箱正面的手柄来实现，其目的是改变刀具的移动方向，刀具移向床头时为车右旋螺纹，移向车尾时为车左旋螺纹。

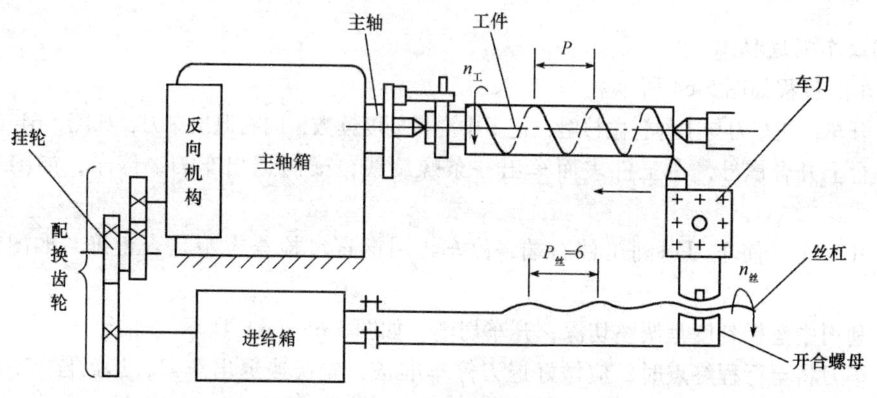

图5-62　车削螺纹传动简图

6. 车削螺纹的方法和步骤

车削螺纹的加工方法按车削速度分为高速车削和低速车削；按进刀方式分为直进法、左右切削法和斜进法；按退刀方式分为正反车法和提开合螺母法。车削小螺距的螺纹采用直进法，车削大螺距螺纹采用斜进法和左右切削法。加工车床丝杠是工件螺距整数倍的螺纹可以采用提开合螺母法，否则会产生“乱扣”。采用正反车法可以保证开合螺母和丝杠在整个过程不会脱开，能避免“乱扣”。对于直径较小的内、外螺纹，可用丝锥或板牙攻螺纹攻出。

车螺纹时，要选择好切削用量，一般粗车选切削速度 $v_c = 13 \sim 18$ m/min，精车选切削速度 $v_c = 5 \sim 10$ m/min。车削背吃刀量可用近似公式计算：$a_p = 0.65P$。进刀格数可参考以下数值，例如车削M20×2螺纹，如果中滑板每格0.05 mm，大约进给26格，可按3、3、3、3、2、2、2、2、2、1、1、1、0.5、0.5进行分配，直到检测合格。车削时要不断浇注切削液冷却、润滑工件。

三、车削 M24 -6g 螺纹操作实习

1. 螺纹车刀安装

为了使车出的螺纹形状准确，必须使车刀刀刃部的形状与螺纹轴向截面形状相吻合，即牙型角等于刀尖角。装刀时，精加工的刀具一般前角为零，前刀面应与工件轴线共面；粗加工时可有一小前角，以利于切削。牙型角的角平分线应与工件轴线垂直，一般常用样板对刀校正，如图5-63所示。

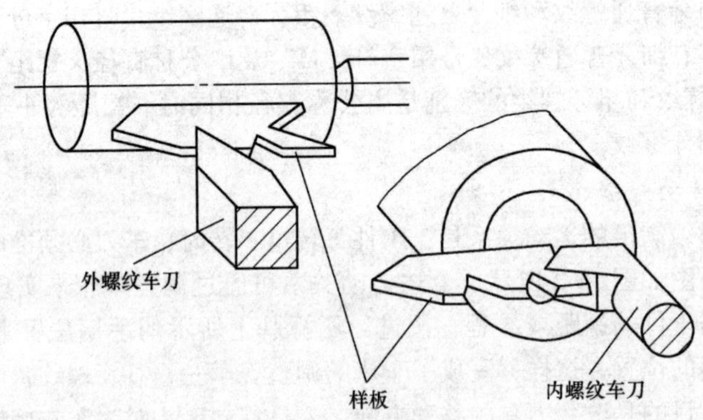

图5-63　用样板对刀校正

2. 螺纹车削过程

螺纹车削过程如图5-64所示。

（1）开车，使车刀与工件轻微接触，记下中滑板刻度读数，向右退出车刀，如图5-64（a）所示。

（2）合上开合螺母，在工件表面车出一条螺旋线，横向退出车刀，停车，如图5-64（b）所示。

（3）开反车，使车刀退到工件右端，停车，用钢直尺检查螺距是否正确，如图5-64（c）所示。

（4）利用中滑板刻度盘调整切深，开车切削，如图5-64（d）所示。

（5）车刀将至行程终点时，应做好退刀停车准备，先快速退出车刀，然后停车，开反车退回车刀，如图5-64（e）所示。

（6）反复调整横向进给切深，直至螺纹合格，如图5-64（f）所示。

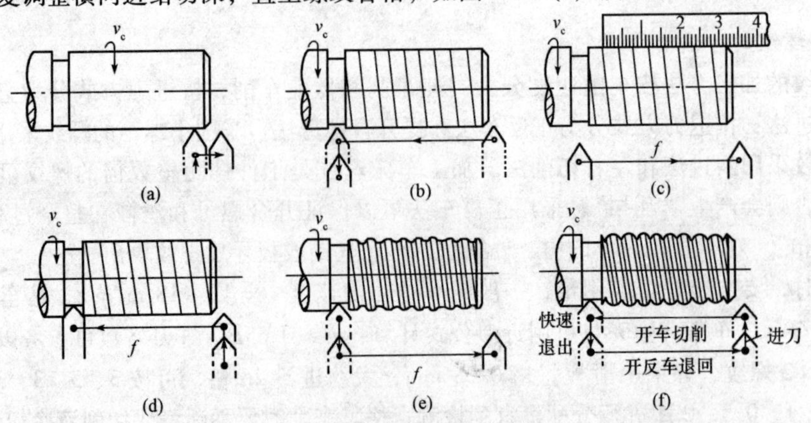

图5-64　螺纹车削过程

四、实习注意事项

（1）车削螺纹时，退刀和倒车必须及时、动作协调，避免车刀与工件台阶或卡盘撞击而发生事故。

（2）倒顺车换向不能过快，否则机床容易受到瞬时冲击，损坏机床机件。

（3）车削螺纹进刀时，必须注意防止中滑板手柄多转，否则会造成刀尖崩刃或工件损坏。

（4）开车时，不能用棉纱擦工件，否则会使棉纱卷入工件而发生危险。

五、评分标准

车削螺纹实习评分标准见表5-10。

表5-10　车削螺纹实习评分标准

班级		姓名		学号	
实习内容	车削螺纹				
序号	检测内容	分值	扣分标准	学生自评	教师评分
1	车刀安装正确	10	酌情扣分		
2	机床调整正确	20	酌情扣分		
3	切削用量选择合理	20	酌情扣分		
4	车削螺纹方法正确	20	酌情扣分		
5	螺纹检测合格	20	酌情扣分		
6	遵守纪律和安全规范	10	酌情扣分		
综　合　得　分		100			

思考与练习题

1. 加工螺纹必须满足的运动关系是什么？怎样满足这个运动关系？车削螺距 $P=2$ mm 的螺纹，如何调整车床？

2. 为什么精车螺纹车刀的前角为0°？安装时刀杆还能不能倾斜？粗车螺纹的车刀前角一定是0°吗？安装时可否倾斜？为什么？

铣削加工

第一节　铣削加工概述

铣削加工是指在铣床上铣刀旋转做主运动，工件或铣刀做进给运动的切削加工方法。铣削加工是机械加工中应用最为广泛的加工方法之一，主要特点是用旋转的多刃刀具进行切削加工，所以加工效率高，且加工范围广，加工内容丰富，在机械加工中占有重要地位。

一、铣削加工范围

铣削加工主要应用于加工各种平面（水平面、垂直面、斜面）、沟槽（直槽、键槽、T 形槽、V 形槽、圆弧槽、螺旋槽等）、成形面和切断材料等，如图 6-1 所示。此外，还可以进行钻孔、扩孔、铰孔和镗孔等。

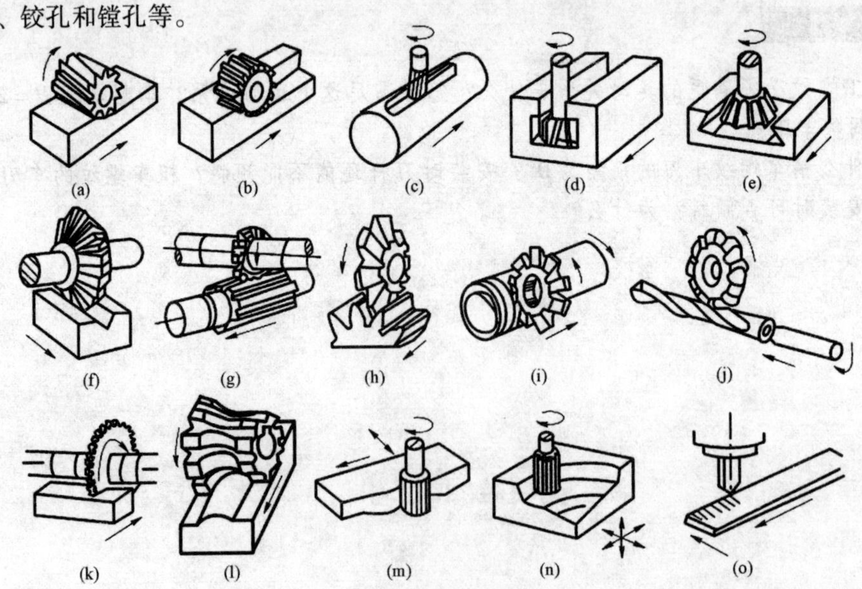

图 6-1　铣削加工的基本内容

（a）铣平面；（b）铣台阶面；（c）铣键槽；（d）铣 T 形槽；（e）铣燕尾槽；（f）铣 V 形槽；（g）铣花键轴；（h）铣齿轮；（i）铣螺纹；（j）铣螺旋槽；（k）切断；（l）铣成形面；（m）铣特型面；（n）铣圆弧面；（o）刻线

一般铣削加工公差等级可达 IT9 ~ IT7，表面粗糙度值 *Ra* 为 6.3 ~ 1.6 μm。

二、铣削加工实习目的与要求

（1）了解铣削加工工艺特点及加工范围。

（2）了解铣床的种类、功用及组成。

（3）了解铣床常用刀具和附件的结构与用途，并正确使用。

（4）掌握铣工基本操作技能，在铣床上正确装夹工件、刀具并完成对平面、沟槽等的铣削。

（5）正确选择和使用铣床工、量、夹具，能制订简单零件的加工工艺。

（6）能正确维护与调整铣床。

三、铣削加工实习安全操作规程

（1）按规定穿戴好安全防护用品。

（2）启动铣床前，必须检查铣床各转动部分的润滑情况是否良好，各运动部件是否受到阻碍，防护装置是否完好，铣床上及其周围是否堆放有碍安全的物件。

（3）低速启动铣床，检查主轴和进给系统工作是否正常，油路是否畅通。

（4）加工前检查刀具、夹具和工件装夹是否可靠。

（5）铣床变速、更换铣刀、装卸工件、擦拭铣床以及测量工件尺寸时必须停机。

（6）严禁两人同时操作。

（7）铣床在运转过程中，严禁操作者离开铣床。

（8）工作完毕，应随手关闭铣床电源，必须整理工具并做好铣床的清洁工作。

思考与练习题

1. 铣削加工的特点是什么？

2. 铣削能加工哪些类型的零件？一般铣削加工能达到的最高公差等级和最小表面粗糙度值是多少？

第二节　铣床的基本操作实习

铣床的基本操作是铣削加工的基础，可分为操作铣床、装夹工件和铣刀两个实习过程进行操作训练。

实习一　操作铣床

一、实习内容

根据铣床的操作过程分组进行机床操作训练。

二、工艺知识

1. 普通铣床的型号及主要技术规格

铣床种类很多，按其结构可以分为卧式铣床、立式铣床和龙门铣床三大类。常见的为卧式铣床和立式铣床。

机床型号是机床产品的代号，用以简明表示机床的类别、结构特性等。现以 X6132 型卧式万能升降台式铣床为例，具体说明铣床的型号。

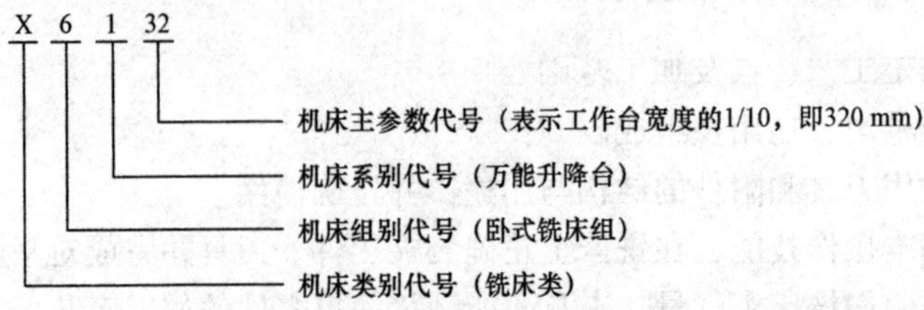

2. 普通铣床的组成部分及其作用

（1）卧式铣床。X62W 型铣床，是目前应用最为广泛的一种卧式万能升降台铣床。其主要特点是：转速高、功率大、刚性好、操作方便、灵活、通用性强。它可以安装万能立铣头，使铣刀回转任意角度，完成立式铣床的工作。机床本身有良好的安全装置；手动和机动进给有互锁机构；主轴能迅速有效地制动；能进行顺铣和逆铣加工；有完善的润滑系统，通过流油指示器可以检查自动润滑情况。X62W 型铣床各主要部件的名称如图 6-2 所示。

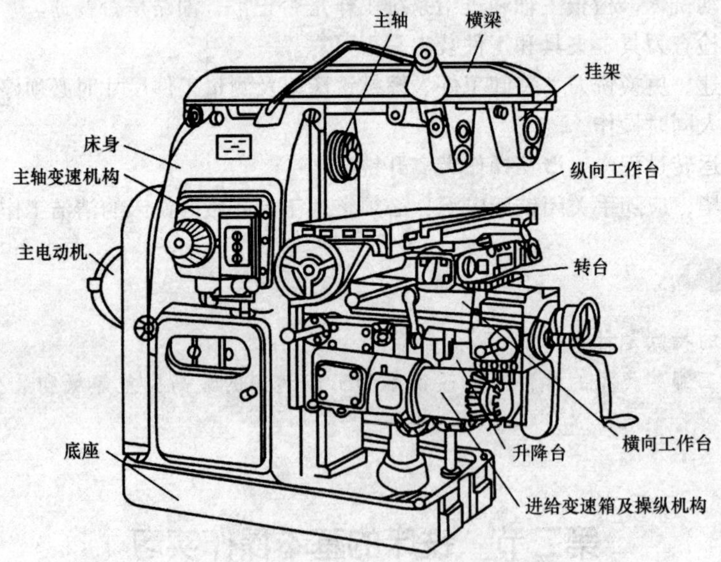

图 6-2　X62W 型卧式万能升降台铣床

①床身。床身是铣床的主体，用来安装和连接其他部件，其刚性、强度和精度对铣削效率和加工质量影响很大，因此一般用优质灰铸铁铸成。内壁有肋条，以增加其刚性和强度。其上的导轨和轴承孔是重要部位，须经精密加工和时效处理，以保证精度和耐用度。床身前壁有燕尾形垂直导轨，供升降台沿其上下移动，也可以固定立铣头；床身的上部有水平导轨，供横梁沿其导轨面前后移动。

②主轴。主轴是空心轴，前端有 7∶24 的圆锥孔，用来安装刀轴和铣刀，带动铣刀旋转切削工件。主轴是主要部件，要求旋转时平稳、无跳动和刚性好，所以要用优质结构钢来制造，并需经过热处理和精密加工。

③横梁及挂架。横梁安装在床身的顶部，用来安装挂架，支承铣刀刀轴的外端，增加刀轴的刚度。

④纵向工作台。其用来带动工件做纵向进给运动。纵向工作台长 1 200 mm，宽 320 mm，上面有三条 T 形槽，用来安放螺钉，固定夹具和工件，而中央 T 形槽又是安装夹具、附件或工件的基准。工作台前面有一条 T 形槽，用来安装和固定自动进给停止挡铁。

⑤转台。转台位于纵向工作台下、横向工作台上，在水平方向上有 ±45°的转动。

⑥横向工作台。其用来带动纵向工作台做横向进给运动。通过回转盘与纵向工作台连接，转动回转盘，可使工作台左右回转 45°的角度，用来铣削斜面和螺旋线零件。

⑦升降台。升降台安装在床身前侧的垂直导轨上，中部有丝杠与底座螺母相连接，主要作用是支持工作台并带动其做上、下移动。进给电动机变速、操纵机构等都安装在升降台上，因此升降台的刚性和精度要求都很高，否则铣削中会产生很大振动，影响加工质量。

⑧进给变速机构。进给变速机构安装在升降台内，其作用是将进给电动机的额定转速通过齿轮变速传递给进给机构，实现工作台移动的不同速度，可使工作台获得 23.5 ~ 1 180 mm/min 的 18 种不同进给速度，以适应铣削要求。

⑨主电动机。主电动机主要驱动主轴转动，提供足够的切削力。

⑩主轴变速机构。主轴变速机构安装在床身内，其作用是将主电动机的额定转速通过齿轮变速，变换成不同转速，传递给主轴，可使主轴获得 30 ~ 1 500 r/min 的 18 种不同转速，以适应铣削的需要。

⑪底座。用来支承床身并固定铣床，承受铣床全部重量，并盛放切削液。

（2）立式铣床。立式升降台铣床与卧式升降台铣床的主要区别在于它的主轴是垂直安装的，用立铣头代替卧式铣床的水平主轴、悬梁、刀杆及其支承部分，如图 6-3 所示。立式铣床适用于单件及成批生产，可用于加工平面、沟槽、台阶；由于立铣头可在垂直平面内旋转，因而可铣削斜面；若机床上采用分度头或圆形工作台，还可铣削齿轮、凸轮以及铰刀和钻头等的螺旋面；在模具加工中，立式铣床最适合加工模具型腔和凸模成形表面。

X5032 型立式升降台铣床各主要部件的名称如图 6-3 所示。

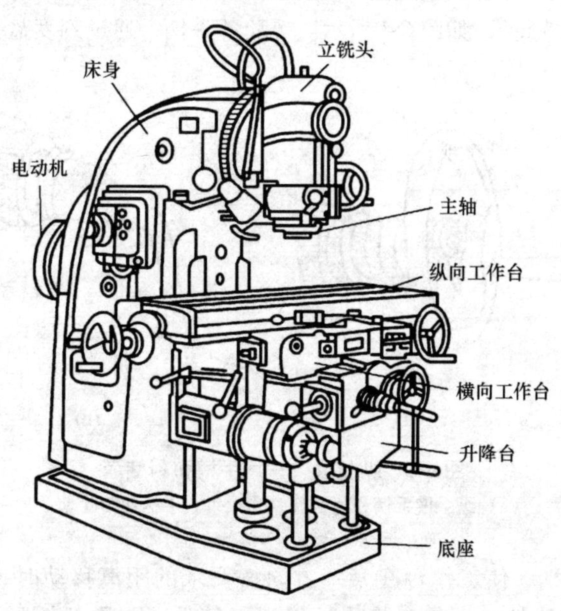

图 6-3 X5032 型立式升降台铣床

①底座。底座用来支承床身，承受铣床的全部重量，并盛放切削液。

②床身。床身是铣床的主体，用来安装和连接铣床各部件。床身的正面前壁有燕尾形的垂直导轨，用以引导升降台做上下移动。床身的后部装有电动机。

③主轴。主轴带动铣刀或铣刀杆做旋转运动。主轴前端的锥孔用于安装铣刀和刀杆。

④立铣头。立铣头用来支承主轴，可左右倾斜一定角度，以适应铣削各种角度面。

⑤纵向工作台。在纵向工作台的台面上有三条 T 形槽，用于安装 T 形螺栓，用以紧固台虎钳、夹具或工件等。

⑥横向工作台。在纵向工作台的下面是横向工作台，它可沿导轨面做横向移动，并带动纵向工作台一起移动。

⑦升降台。升降台内部装有供进给运动用的电动机、变速机构和部分传动件。升降台下面有一根丝杠，用来调整工作台与铣刀的距离或做垂直进给。

⑧主轴变速机构。主轴变速机构安装在床身的侧面，主轴的转动是由电动机经主轴变速箱传动，通过转动转速盘的位置，可使主轴获得不同的转速。

⑨进给变速机构。进给电动机通过进给变速机构的传动系统，带动工作台移动。

三、铣床的操作实习（以 X62W 型铣床为例）

1. 工作台纵、横、垂直方向的手动进给操作

在图 6-2 中，将工作台纵向手动进给手柄、工作台横向手动进给手柄、工作台垂直方向手动进给手柄分别接通其手动进给离合器，摇动各手柄，带动工作台做各进给方向的手动进给运动。顺时针方向摇动各手柄，工作台前进（或上升）；逆时针方向摇动各手柄，工作台后退（或下降）。摇动各手柄，工作台做手动进给运动时，进给速度应均匀适当。

纵向、横向刻度盘，圆周刻线 120 格，每摇一转，工作台移动 6 mm，每摇一格，工作台移动 0. 05 mm；垂直方向刻度盘，圆周刻线 40 格，每摇一转，工作台上升（或下降）2 mm，每摇一格上升（或下降）0. 05 mm，如图 6-4 所示。摇动各手柄，通过刻度盘控制工作台在各进给方向的移动距离。

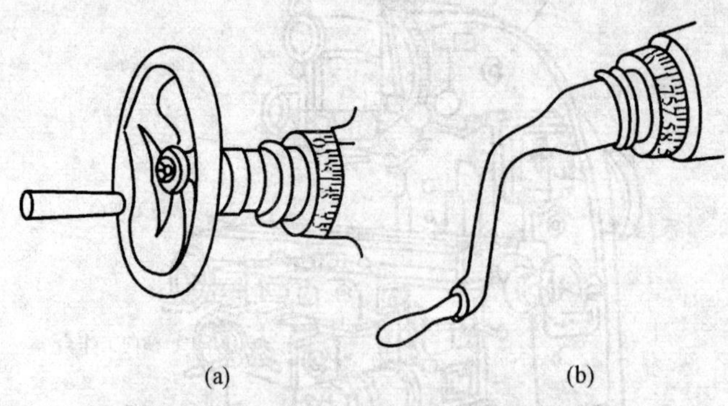

图 6-4　纵、横、垂直手柄和刻度盘

（a）纵、横手柄和刻度盘；（b）垂直手柄和刻度盘；

摇动各进给方向手柄，使工作台在某一方向按要求的距离移动时，若手柄摇过头，则不能直接退回到要求的刻线处，而是应将手柄退回一转后，再重新摇到要求的数值，如图 6-5 所示。

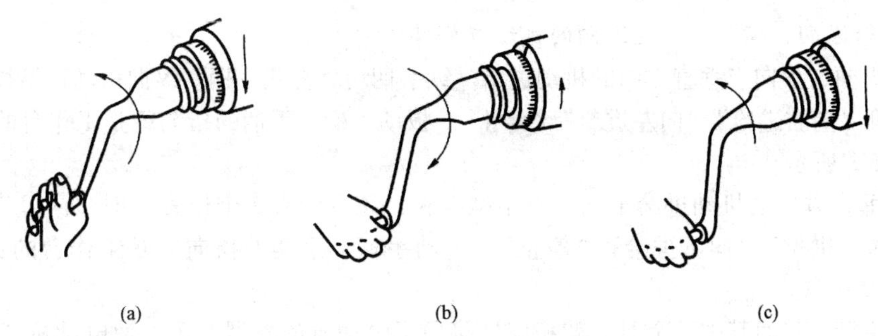

图 6-5　消除刻度盘空转的间隙

（a）手柄摇过头；（b）将手柄退回一转；（c）再摇到要求的刻度

2. 主轴变速操作

变换主轴转速时，手握变速手柄球部，将变速操纵手柄下压，如图 6-6 所示，使手柄的楔块从固定环的槽 1 内脱出，再将手柄外拉，使手柄的楔块落入固定环的槽 2 内，手柄处于脱开位置Ⅰ。然后转动转速盘，使所需要的转速数对准指针，再接合手柄。接合手柄时，将手柄下压并较快地推到位置Ⅱ，使冲动开关瞬时接通电动机瞬时转动，以利于变速齿轮啮合，再由位置Ⅱ慢速继续将手柄推到位置Ⅲ，使手柄的楔块落入固定环的槽 1 内，变速终止，用手按动“启动”按钮，主轴就获得要求的转速。

变速操作时，连续变换的次数不宜超过 3 次，如果必要时，隔 5 分钟再进行变速，以免因启动电流过大导致电动机超负荷，烧坏电动机线路。

3. 进给变速操作

变速操作时，先将变速操纵手柄外拉，再转动手柄，带动转速盘旋转，当所需要的转速数对准指针后，再将变速手柄推回到原位，如图 6-7 所示，按动“启动”按钮使主轴旋转，再扳动自动进给操纵手柄，工作台就按要求的进给速度做自动进给运动。

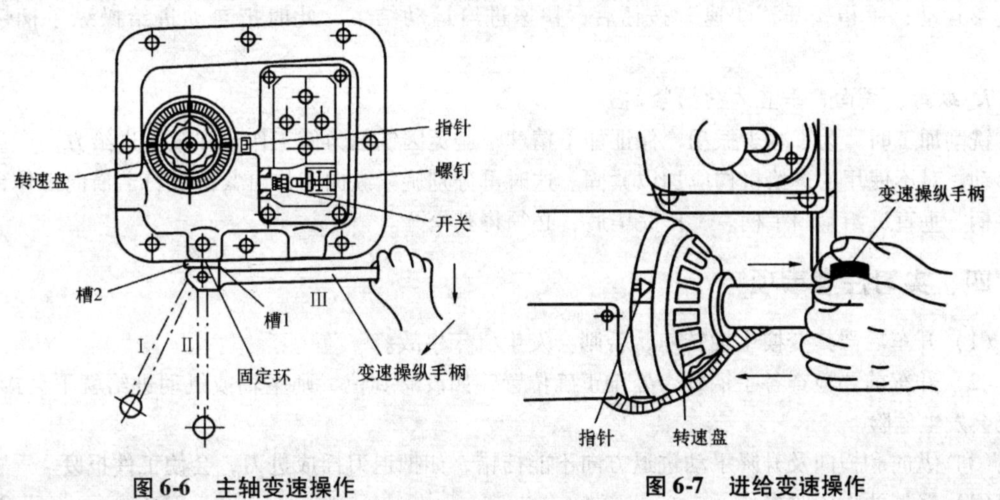

图 6-6　主轴变速操作　　**图 6-7　进给变速操作**

4. 启动与停止机床

将电源转换开关扳至“通”，将主轴换向开关扳至要求的转向，然后按动“启动”按钮，使主轴旋转，按动主轴“停止”按钮，主轴停止转动。

5. 工作台纵向、横向、垂直方向的机动进给操作

工作台纵向、横向、垂直方向的机动进给操纵手柄均为复式手柄。纵向机动进给操纵手柄有3个位置，即“向右进给”“向左进给”“停止”。扳动手柄，手柄的指向就是工作台的机动进给方向，如图6-8所示。

横向和垂直方向的机动进给由同一对手柄操纵，该手柄有5个位置，即“向里进给”“向外进给”“向上进给”“向下进给”“停止”。扳动手柄，手柄的指向就是工作台的进给方向，如图6-9所示。

以上各手柄，接通其中一个时，就相应地接通了电动机的电器开关，使电动机“正转”或“反转”，工作台就处于某一方向的机动进给运动。因此操作时只能接通一个手柄，不能同时接通两个手柄。

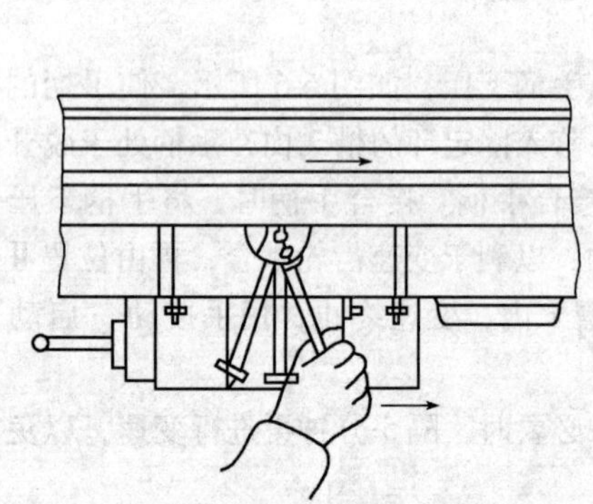

图6-8　工作台纵向自动进给操作

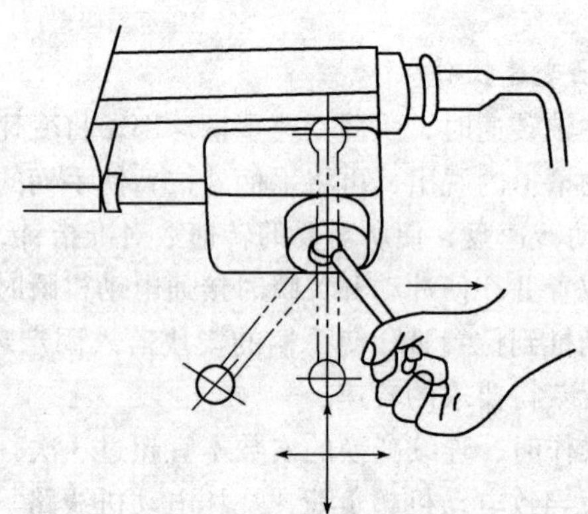

图6-9　工作台横向、垂直方向自动进给操作

6. 工作台纵向、横向、垂直方向的快速进给操作

先扳动工作台自动进给操纵手柄，再按下“快速”按钮，工作台就做某一进给方向的快速进给运动；手指松开“快速”按钮后，快速进给运动结束，此时把自动进给操纵手柄恢复原位。

7. 纵向、横向、垂直方向的紧固

铣削加工时，为了减少振动，保证加工精度，避免因铣削力使工作台在某一进给方向产生位置移动，对不使用的进给机构应加以紧固。这时可分别旋紧纵向工作台紧固螺钉、横向工作台紧固手柄、垂直进给紧固手柄。工作完毕后，必须将其松开。

四、实习注意事项

（1）开车后严禁变换主轴转速，否则会发生机床事故。

（2）开车前要检查各手柄是否处于正确位置，如没有到位，则主轴或机动进给就不会接通，甚至会发生危险。

（3）纵向和横向及升降手动进退方向不能摇错，如把退刀摇成进刀，会使工件报废。

（4）严禁两人同时操作。

（5）铣床在运转过程中，严禁操作者离开。

五、评分标准

铣床的基本操作实习评分标准见表6-1。

表 6-1　铣床的基本操作实习评分标准

班级		姓名		学号	
实习内容	操作铣床				
序号	检测内容	分值	扣分标准	学生自评	教师评分
1	工作台纵向、横向、垂直方向的手动进给操作	10	酌情扣分		
2	主轴变速操作	10	酌情扣分		
3	进给变速操作	10	酌情扣分		
4	工作台纵向、横向、垂直方向的机动进给操作	10	酌情扣分		
5	纵向、横向、垂直方向的紧固手柄	10	酌情扣分		
6	横梁紧固螺母和横梁移动六方头	10	酌情扣分		
7	纵向、横向、垂直方向自动进给停止挡铁	10	酌情扣分		
8	回转盘紧固螺钉	10	酌情扣分		
9	X62W 型铣床的操作顺序	10	酌情扣分		
10	遵守纪律和安全规范	10	酌情扣分		
综　合　得　分		100			

思考与练习题

1. 铣床的加工范围是什么？
2. 说明 XW6132 型铣床型号的意义。
3. 立式升降台铣床、卧式万能铣床都是由哪几部分组成的？各部分有何作用？
4. 主轴变速之前为什么先停车？

实习二　装夹工件和铣刀

一、实习内容

用平口钳装夹工件和所使用的铣刀。

二、工艺知识

1. 铣床常见附件的使用及工件的安装

铣床备有装夹工件的附件，常见的有平口钳、分度头等标准化的铣床附件，还有各种类型的压板、螺钉等常用夹具。这些附件和夹具能迅速准确地将工件定位、夹紧并与刀具之间保持准确可靠的加工位置。大型工件可用压板、螺钉直接安装在铣床工作台上，中小型零件则应用铣床附件装夹更为方便。

（1）用平口钳装夹工件。

1）平口钳结构。平口钳又称机用台虎钳，其结构如图6-10所示。安装平口钳时，要使底座上的定位键与工作台T形槽同侧紧贴，松开回转盘螺母，能使钳身扳转一定角度。

2）平口钳找正。平口钳安装后，一般先找正、后装夹。以卧式铣床为例，平口钳的找正方法如下。

①用宽座直角尺找正平口钳。由于平口钳的固定钳口是基准面，因此，将宽座直角尺短边测量面贴合在机床垂直导轨面上，长边测量面贴合在平口钳的固定钳口上，如图6-11所示。调整平口钳，直到钳口与长边测量面缝隙均匀。

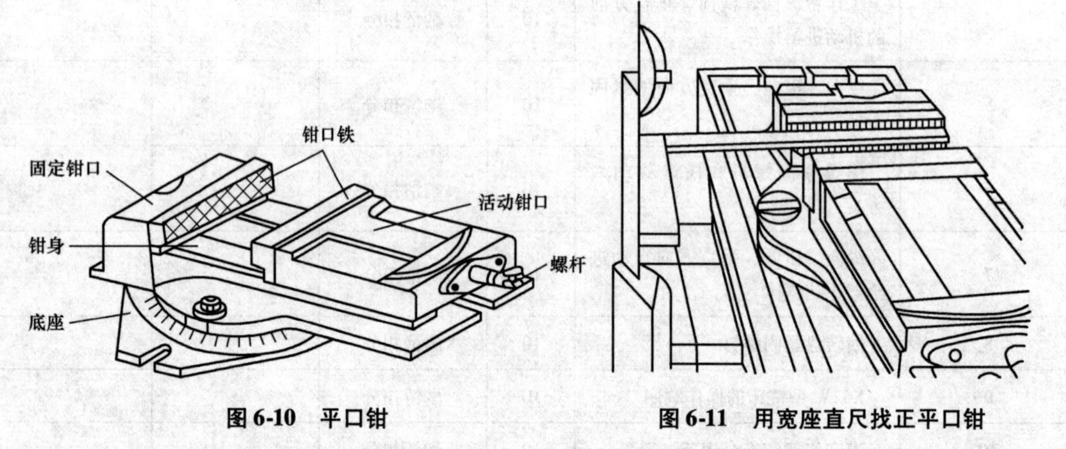

图6-10　平口钳　　图6-11　用宽座直尺找正平口钳

②用百分表找正平口钳。将磁性表座吸在机床垂直导轨面上，百分表杠杆测头轴线与钳口测量面约成15°夹角，如图6-12所示。当横向工作台往复移动时，百分表读数应一致。

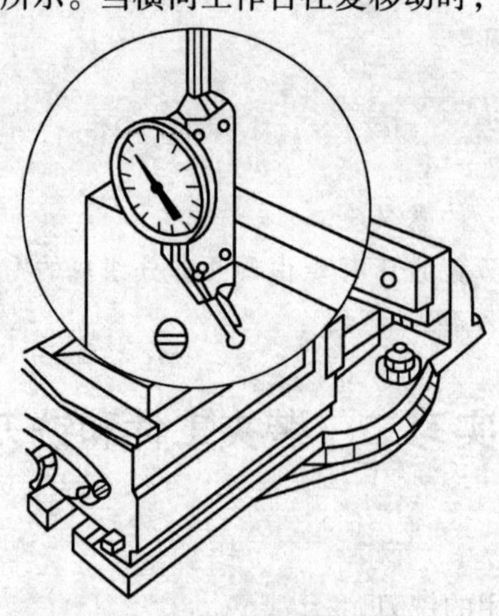

图6-12　用百分表找正平口钳

平口钳主要用来装夹尺寸小、形状规则的零件。

3）用平口钳装夹工件注意事项。

①固定钳口是基准面，该表面与工件的定位面要相贴合。

②工件要装在钳口中间部位，以使装夹稳固、可靠。

③工件待加工面一般高于钳口 5 mm 左右。

④防止工件与垫铁间有间隙。

⑤装夹毛坯工件时，应在毛坯面与钳口之间垫上铜皮，以免损坏钳口。

（2）用压板和螺钉装夹工件。

1）用压板和螺钉装夹工件的方法。对于尺寸较大、形状特殊的工件或不便用平口钳装夹的工件，常用压板、螺钉和垫铁把工件装夹在工作台上，如图 6-13 所示。

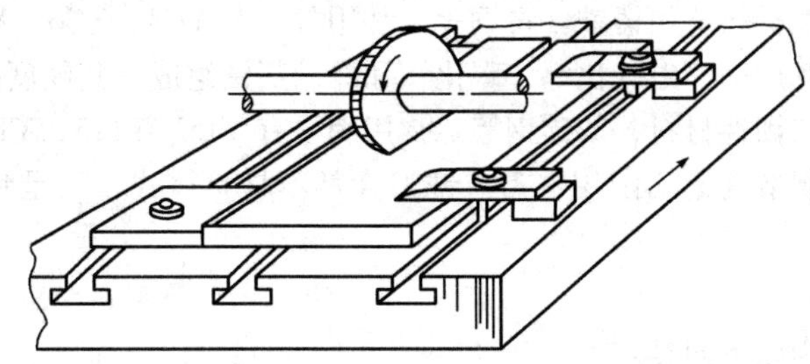

图 6-13 用压板和螺钉装夹工件

2）用压板和螺钉装夹工件注意事项。

①压板的数目一般不少于两块，且压紧点靠近加工表面。

②螺栓尽量靠近工件，以增大夹紧力。

③在悬空部位夹紧时，应垫实悬空部位。

④在工作台上直接装夹毛坯工件时，应在工件与台面之间垫上铜皮，以便找正工件和保护台面。

⑤装夹后要用百分表、划针等找正加工面和铣刀的位置。

2. 铣刀材料

（1）对铣刀切削部分材料的基本要求。

1）高的硬度。铣刀的切削部分材料的硬度必须高于工件材料的硬度。其常温下硬度一般要求在 HRC60 以上。

2）良好的耐磨性。耐磨性是材料抵抗磨损的能力。具有良好的耐磨性，铣刀才不易磨损，延长使用寿命。

3）足够的强度和韧性。足够的强度以保证铣刀在承受很大切削力时不致断裂和损坏；足够的韧性以保证铣刀在受到冲击和振动时不会产生崩刃和碎裂。

4）良好的热硬性。热硬性是指切削部分材料在高温下仍能保持切削正常进行所需的硬度、耐磨性、强度和韧性的能力。

5）良好的工艺性。工艺性一般指材料的可锻性、焊接性、切削加工性、可刃磨性、高温塑性、热处理性能等。材料工艺性越好，铣刀越便于制造，对形状比较复杂的铣刀，尤显重要。

（2）铣刀切削部分的常用材料。铣刀切削部分的常用材料有高速工具钢和硬质合金两大类。

1）高速工具钢。高速工具钢简称高速钢，是以钨、铬、钒、钼、钴为主要合金元素的高合金工具钢，由于含有大量高硬度的碳化物，热处理后硬度可达 HRC63 ~ 70，热硬性温度达 550 ~ 600 ℃，具有较好的切削性能，切削速度一般为 16 ~ 35 m/min。

高速钢的强度较高，韧性也较好，能磨出锋利的刃口（因此又俗称“锋钢”），且具有良好的工艺性，是制造铣刀的良好材料。一般形状较复杂的铣刀都是由高速钢制成；但高速钢耐热性较差，不适宜高速切削。

常用的高速钢牌号有 W18Cr4V、W6Mo5Cr4V2 等。

2）硬质合金。硬质合金是将高硬度难熔的金属碳化物（如WC、TiC、TaC、NbC等）粉末，以钴或钼、钨为黏结剂，用粉末冶金方法制成。其常温硬度达HRA74～82，热硬性温度高达900～1 000 ℃，耐磨性好，切削速度可比高速钢高4～7倍。其可用作高速切削和加工硬度超过HRC40的硬材料。但其韧性差，不能承受较大的冲击力，因此低速时切削性能差，加工工艺性差。

常用的硬质合金有以下两类。

①钨钴类（K类）——由碳化钨和黏结剂钴组成。其抗弯强度较高，冲击韧性和导热性较好，主要用来切削脆性材料，如铸铁、青铜等。常用牌号有YG8、YG6、YG3等。

②钨钛钴类（P类）——由碳化钨、碳化钛和黏结剂钴组成。其硬度高，耐热性好，但冲击韧性差，主要用来切削韧性材料，如碳钢等。常用牌号有YT5、YT15、YT30等。

硬质合金多用于制造高速切削用铣刀。铣刀大都不是整体式，而是将硬质合金刀片以焊接或机械夹固的方法镶装于铣刀刀体上。

3. 铣刀的分类

铣刀按用途可分为以下四类。

（1）铣平面用铣刀，如图6-14所示，包括圆柱铣刀和端铣刀。

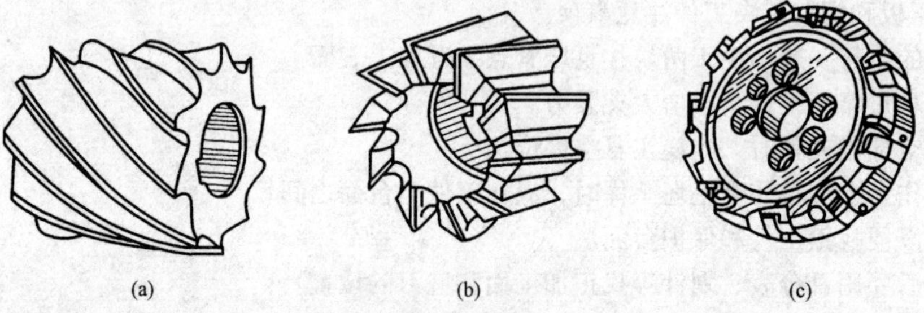

图6-14 铣平面用铣刀

（a）圆柱铣刀；（b）套式端铣刀；（c）机夹端铣刀

（2）铣槽用铣刀，如图6-15所示，包括键槽铣刀、盘形槽铣刀、立铣刀、三面刃铣刀、锯片铣刀等。

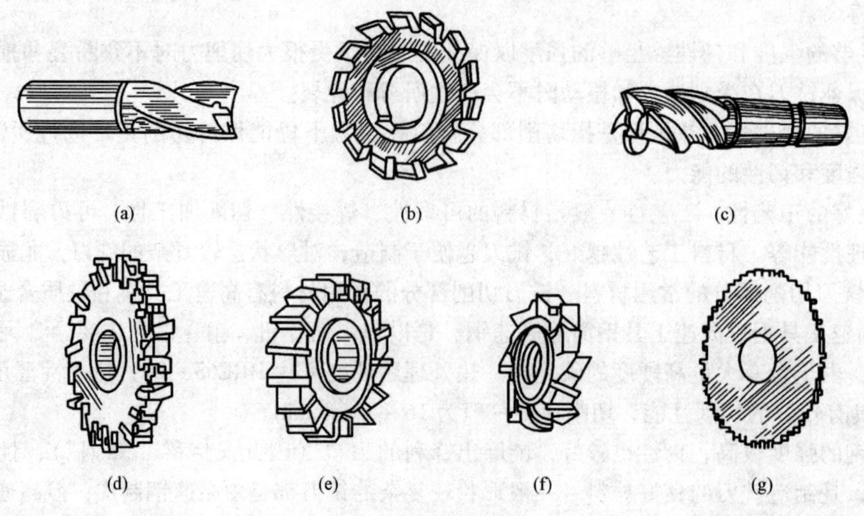

图6-15 铣槽用铣刀

（a）键槽铣刀；（b）盘形槽铣刀；（c）立铣刀；（d）镶齿三面刃铣刀；（e）三面刃铣刀；（f）错齿三面刃铣刀；（g）锯片铣刀

(3) 铣特型沟槽用铣刀，如图 6-16 所示，包括 T 形槽铣刀、燕尾槽铣刀、半圆键槽铣刀、角度铣刀等。

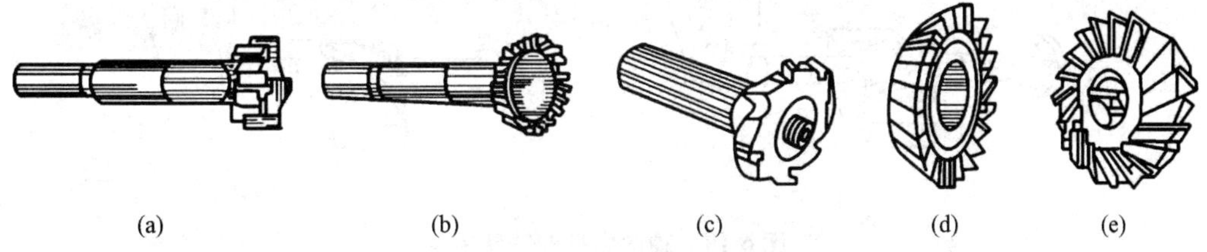

图 6-16　铣特型沟槽用铣刀

(a) T 形槽铣刀；(b) 燕尾槽铣刀；(c) 半圆键槽铣刀；
(d) 单角铣刀；(e) 双角铣刀

(4) 铣特型面用铣刀，如图 6-17 所示，包括凸、凹半圆铣刀，特型铣刀，齿轮铣刀，等等。

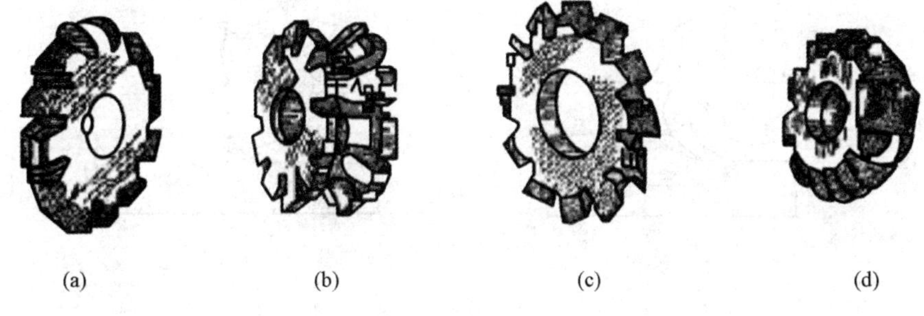

图 6-17　铣特型面用铣刀

(a) 凸半圆铣刀；(b) 凹半圆铣刀；
(c) 齿轮铣刀；(d) 特型铣刀

4. 铣刀的安装

为了增加铣刀切削工件时的刚性，铣刀应尽量靠近床身安装，挂架尽量靠近铣刀安装。由于铣刀的前刀面形成切削，铣刀应向着前刀面的方向旋转切削工件，否则会因刀具不能正常切削而崩刀齿。

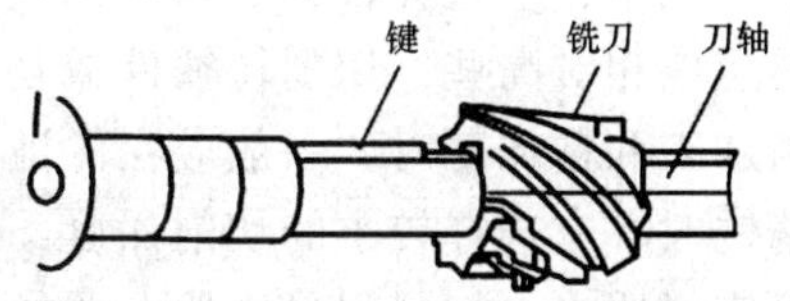

图 6-18　在铣刀和刀轴间安装定位键

铣刀切削工件时，切除的工件余量较大、切削的表面较宽或切削的工件材料硬度较高时，应在铣刀和刀轴间安装定位键，防止铣刀切削中产生松动现象，如图 6-18 所示。

为了克服轴向力的影响，从挂架一端观察，使用右旋铣刀时，应使铣刀按顺时针方向旋转切削工件，如图 6-19 (a) 所示；使用左旋铣刀时，应使铣刀按逆时针方向旋转切削工件，如图 6-19 (b) 所示，使轴向力指向铣床主轴，增加铣削工作的平稳性。

5. 铣削方式

铣削有顺铣和逆铣两种铣削方式。铣刀对工件的作用力在进给方向上的分力与工件进给方向相同的铣削方式，称为顺铣，如图 6-20 (a) 所示；铣刀对工件的作用力在进给方向上的分力与工件进给方向相反的铣削方式，称为逆铣，如图 6-20 (b) 所示。顺铣时，因工作台丝杠和螺

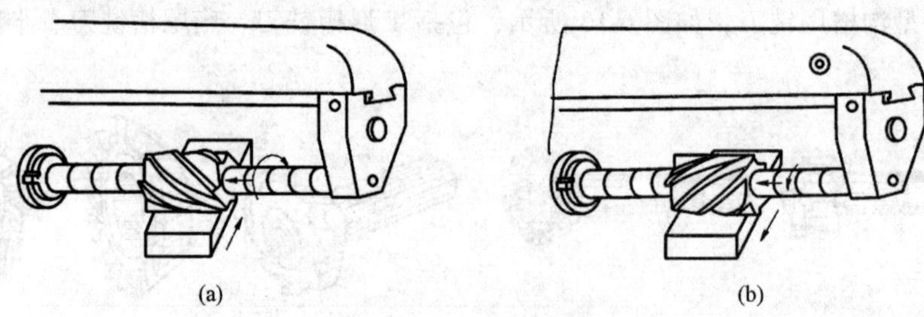

(a) (b)

图6-19　轴向力指向铣床主轴

（a）右旋铣刀顺时针转；（b）左旋铣刀逆时针转

母间的传动间隙使工作台窜动，会啃伤工件，损坏刀具，所以一般情况下采用逆铣。使用X62W型铣床工作时，由于工作台丝杠和螺母间有间隙补偿机构，精加工时可以采用顺铣。没有丝杠、螺母间隙补偿机构的铣床，不准采用顺铣。

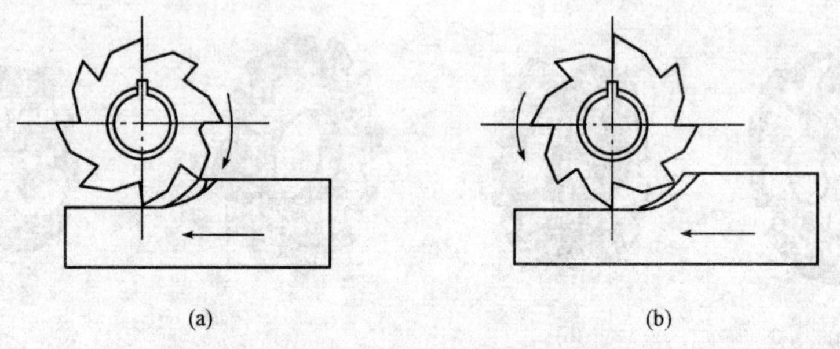

(a) (b)

图6-20　圆周铣削时的顺铣和逆铣

（a）顺铣；（b）逆铣

6. 铣削用量的选择

铣削用量的选择原则是：粗加工时，一般以提高生产率为主，但也应该考虑经济性和加工成本，应选择较大的切削深度，较低的主轴转速，较高的进给量。切削钢件时，主轴转速应相对高些，切削铸铁件或切削的材料强度、硬度较高时，主轴转速应相对低些。半精加工和精加工时，一般应在保证加工质量的前提下，兼顾切削效率、经济性和加工成本；精铣时，应选择较小的切削深度，较高的主轴转速，较低的进给量。具体选用数值应根据机床说明书、切削用量手册，并结合实际经验而定。铣削时，合理地选择铣削用量，对保证零件的加工精度与加工表面质量、提高生产效率、提高铣刀的使用寿命、降低生产成本，都有重要的作用。

铣削用量是铣削速度、进给量和吃刀量的总称。

（1）铣削速度 v_c：指铣刀旋转的线速度，如图6-21所示，单位为m/min。其计算公式为

$$v_c = \frac{\pi d n}{1\,000} \tag{6-1}$$

式中　d——铣刀的直径（mm）；

n——铣刀的转速（r/min）。

（2）进给速度 v_f：即每分钟进给量，是指单位时间内铣刀在进给运动方向上相对工件的位

移量，如图 6-21 所示，单位为 mm/min。

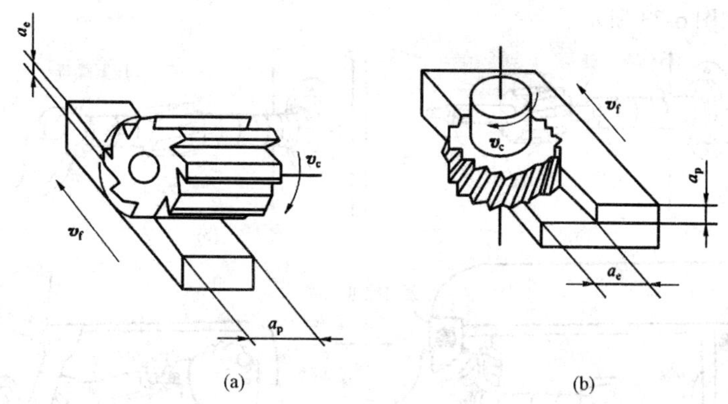

图 6-21　圆周铣削与端铣削的铣削用量

（a）圆周铣削；（b）端铣削

由于铣刀属于多刃刀具，所以铣削进给量还分为每转进给量 f 和每齿进给量 f_z，其中：

f 表示铣刀每转一转，铣刀相对工件在进给运动方向上移动的距离，单位为 mm/r；

f_z 表示铣刀每转动一个刀齿，铣刀相对工件在进给运动方向上移动的距离，单位为 mm/z。

每分钟进给量 v_f 与每转进给量 f、每齿进给量 f_z 之间的关系是：

$$v_f = fn = f_z zn \tag{6-2}$$

式中　n——铣刀的转速（r/min）；

z——铣刀齿数。

（3）吃刀量：铣削中的吃刀量分为背吃刀量 a_p 和侧吃刀量 a_e，如图 6-21 所示。

背吃刀量 a_p：平行于铣刀轴线测量的切削层尺寸；

侧吃刀量 a_e：垂直于铣刀轴线测量的切削层尺寸。

三、铣刀的安装操作实习

1. 在立式铣床上安装端铣刀

图 6-22（a）所示为直柄铣刀的安装。铣刀的直柄插入弹簧套的光滑圆孔中，用螺母压弹簧套的端面，弹簧套的外锥挤紧在夹头体的锥孔中而将铣刀夹住。通过更换弹簧套和在弹簧套内加上不同内径的套筒，这种夹头可以安装直径 ϕ20 mm 以内的直柄立铣刀。图 6-22（b）所示为锥柄铣刀的安装，锥柄铣刀可直接安装在铣床主轴的锥孔中或使用过渡锥套安装。

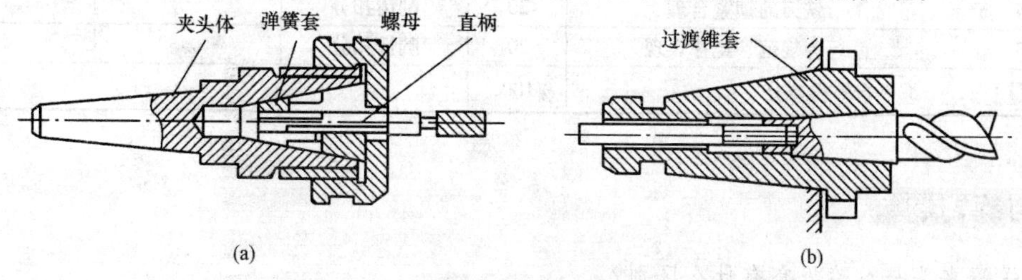

图 6-22　立铣刀的安装

（a）使用弹簧夹头安装直柄铣刀；（b）使用过渡锥套安装锥柄铣刀

2. 在卧式铣床上安装圆柱铣刀或槽铣刀

其安装步骤如图6-23所示。

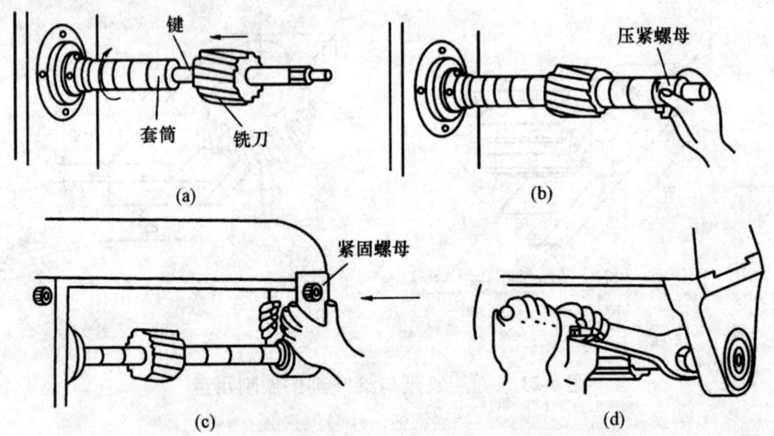

图6-23　安装圆柱铣刀的步骤

(a) 安装刀架和铣刀；(b) 套上几个套筒后，拧上螺母；(c) 装上吊架；(d) 拧紧螺母

四、实习注意事项

(1) 装夹刀具或工件时，一定要停车。

(2) 夹具体要和刀具吻合。

(3) 夹紧力要合理。

五、评分标准

装夹工件和铣刀实习评分标准见表6-2。

表6-2　装夹工件和铣刀评分标准

班级		姓名		学号	
实习内容	装夹工件和铣刀				
序号	检测内容	分值	扣分标准	学生自评	教师评分
1	夹具体的正确选择	20	酌情扣分		
2	弹簧套等的选择正确	20	酌情扣分		
3	铣刀的装夹过程正确	20	酌情扣分		
4	铣刀的锁紧合理	20	酌情扣分		
5	行为规范、纪律表现	20	酌情扣分		
综　合　得　分		100			

思考与练习题

1. 弹簧夹头与过渡锥套有什么区别？

2. 圆柱铣刀应如何装夹？

第三节　铣削加工实习

利用铣削可以完成平面、垂直面、直角连接面、沟槽、齿轮、齿条等零件的加工。

实习一　铣平面

一、实习内容

根据图纸要求铣削零件的平面。

二、工艺知识

铣平面是铣床加工的基本工作内容，也是进一步掌握铣削其他各种复杂表面的基础。

平面的铣削方法主要有圆周铣和端铣两种。

1. 圆周铣

在卧式铣床上用圆柱形铣刀的圆周刀齿铣削平面，称为圆周铣。圆周铣主要是在卧式铣床上用圆柱铣刀铣削，如图 6-24 所示。

2. 端铣

用端铣刀铣平面时，端铣刀的圆周刃承担切削任务，端面刃起修光作用，该铣削方式称为端铣。端铣是在卧式铣床上安装端铣刀铣削，如图 6-25 所示；还可以在立式铣床上安装端铣刀铣削，如图 6-26 所示。

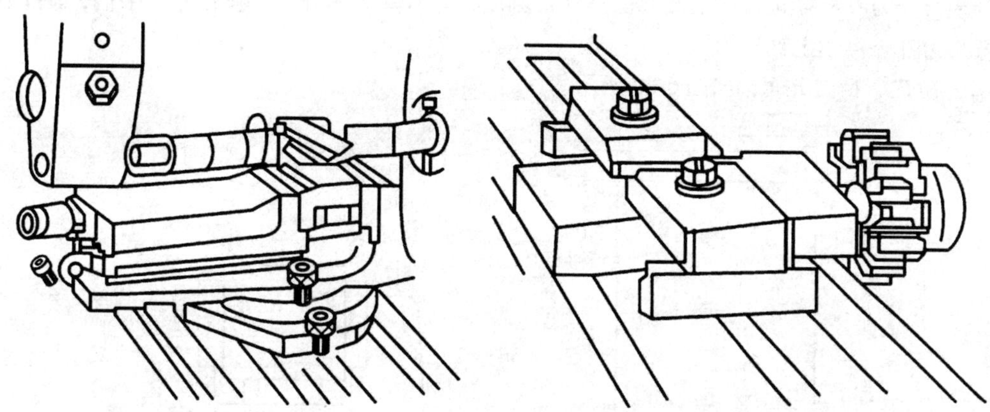

图 6-24　用圆柱铣刀铣平面　　**图 6-25　在卧式铣床上用端铣刀铣平面**

端铣与圆周铣相比，刀轴短，刚度好，切削时振动小，同时参与切削的齿数多，且切削层厚度变化小，切削力变化小。因此，铣削过程平稳，加工表面质量好。采用硬质合金可转位端铣刀铣平面时，可选择较大的切削用量，生产效率高。

用圆柱铣刀铣平面时，所选择的铣刀宽度应大于工件加工表面的宽度，这样可以在一次进给中铣出整个加工表面，如图 6-27 所示。粗加工平面时，切去的材料余量较大，工件加工表面的质量要求较低，可选用粗齿铣刀；精加工时，切去的金属余量较小，工件加工表面的质量要求较高，可选用细齿铣刀。

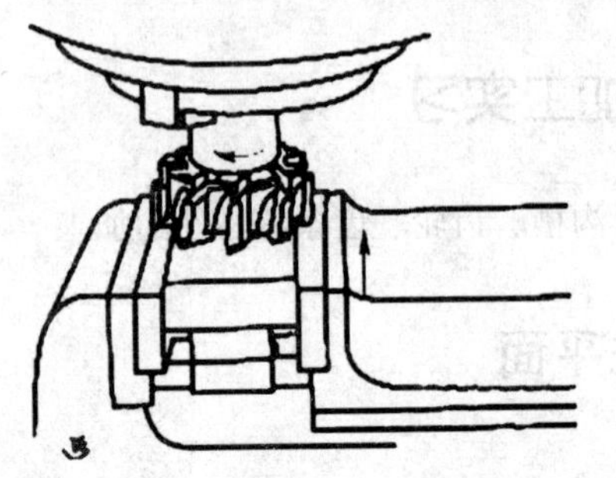

图 6-26　在立式铣床上用端铣刀铣平面

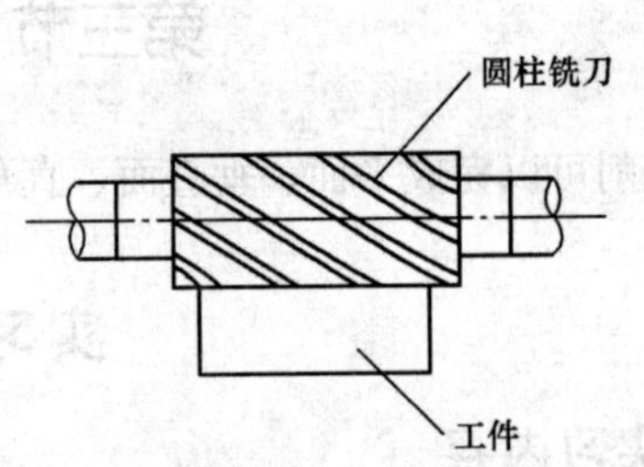

图 6-27　铣刀宽度应大于加工表面宽度

三、铣平面操作实习

1. 平面工件图纸分析

铣平面是铣工常见的工作内容之一，如图 6-28 所示。水平平面在铣削加工时，技术要求一般包括平面度和表面粗糙度，还常包括相关毛坯面加工余量的尺寸要求。水平平面的加工是加工其他平面的基础。

从图 6-28 中可以看到，要求在工件的上表面铣去（3 ± 0. 5）mm 的加工余量，并保证加工后平面的平面度公差在 0. 05 mm 范围之内，表面粗糙度值达到 *Ra*3. 2 μm。

2. 平面的铣削工艺及加工步骤

（1）对刀。首先选择合理的主轴转速，开动机床，操控各工作台手柄，使工件上表面与端铣刀硬质合金刀头相接触，记下此时的升降台刻度，然后降下升降台，操作相应手柄，使工作台纵向移出工件。停止主轴转动。

（2）粗铣、精铣 1 面，如图 6-29 所示。

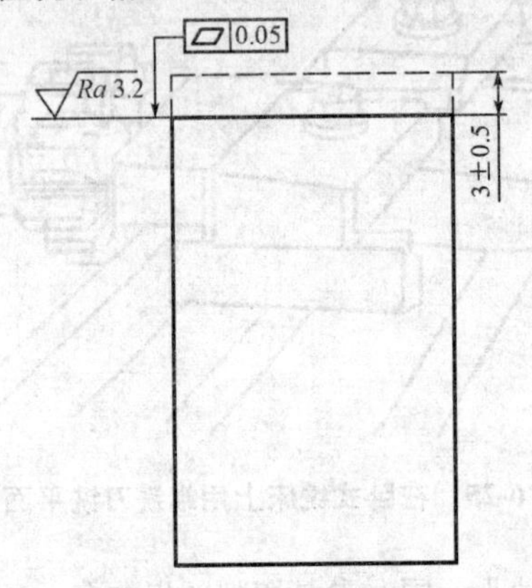

图 6-28　水平平面的铣削

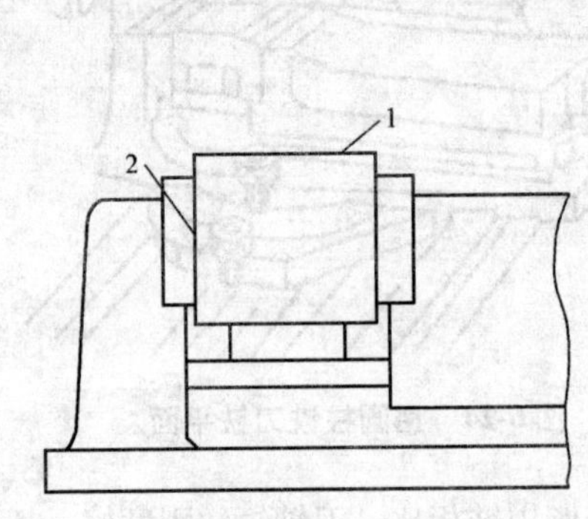

图 6-29　铣削 1 面

①启动机床，主轴转动。

②手动上升工作台，上升高度以对刀时所记刻度位置为基准，再向上摇动 2. 5 mm，手动纵向移动工作台，当工件距离回转刀具一定距离时停止。

③调整横向运动手轮，使横向工作台运动至工件位置处于不对称的逆铣状态。

④选择合理的进给速度。

⑤操纵纵向自动进给手柄，完成 1 面粗铣的加工。

⑥操纵相应手柄，使升降方向、纵向均远离工件一定距离至安全位置。

⑦停止主轴转动。

⑧卸下工件，去除毛刺。

⑨以同样的方法进行一遍精铣即可。

3. 平面的检验

（1）表面粗糙度检验。用标准的表面粗糙度样块对比检验，或者凭经验用肉眼观察得出结论。

（2）平面度检验。一般用刀口尺检验平面的平面度。检验时，手握刀口尺的尺体，向着光线强的地方，使尺子的刃口贴在工件被测表面上，用肉眼观察刀口与工件平面间的缝隙大小，确定平面是否平整。检测时，移动尺子，分别在工件的纵向、横向、对角线方向进行检测，如图6-30所示，最后检测出整个平面的平面度误差。

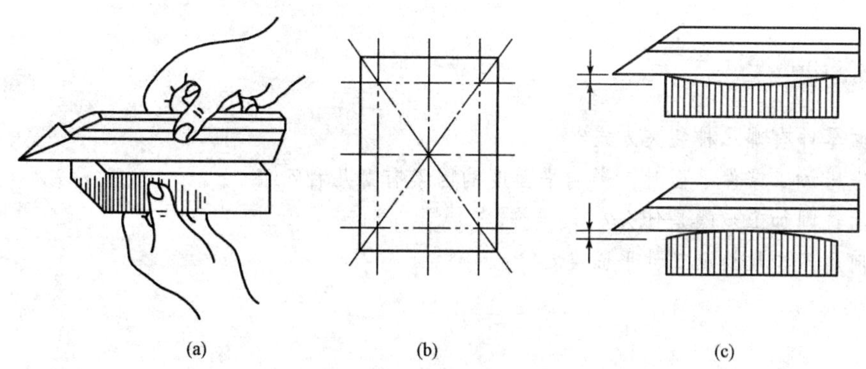

(a)　(b)　(c)

图6-30　用刀口尺检测平面的平面度

（a）检测示意；（b）检测不同位置；（c）检测的平面下凹或凸起

四、实习注意事项

（1）及时使用锉刀修整工件上的毛刺和锐边，防止给后续定位带来影响。

（2）用手锤轻击工件时，不要砸到已加工表面或与已加工表面连接的棱角。

（3）对立铣刀应进行及时的冷却。

（4）测量时要注意读尺的准确。

（5）做到安全文明操作。

五、评分标准

铣削平面实习评分标准见表6-3。

表6-3　铣削平面实习评分标准

班级		姓名		学号	
实习内容	铣削平面				
序号	检测内容	分值	扣分标准	学生自评	教师评分
1	机床的选择正确	10	酌情扣分		
2	铣刀的选择正确	10	酌情扣分		

续表

班级		姓名		学号	
3	工艺顺序正确	10	酌情扣分		
4	操作动作标准	10	酌情扣分		
5	尺寸公差符合图样要求	20	酌情扣分		
6	形位公差符合图样要求	20	酌情扣分		
7	表面粗糙度符合图样要求	10	酌情扣分		
8	行为规范、纪律表现	10	酌情扣分		
综合得分		100			

思考与练习题

1. 平面零件有哪几种装夹方式？
2. 用铣床加工零件平面时，影响平面度的因素有哪几种？
3. 平面铣削加工步骤是什么？
4. 如何用刀口尺检测工件平面度？

实习二　铣沟槽

一、实习内容

根据图纸要求铣削沟槽类零件。

二、工艺知识

沟槽主要是由平面组成。这些平面除了具有较好的平面度和较小的表面粗糙度以外，更具有较高的尺寸精度和位置精度。在卧式铣床上，通常用三面刃铣刀或成形刀进行沟槽的铣削，在立式铣床上，则可用立铣刀等进行铣削。

常见的沟槽分为直角沟槽、特型沟槽等。

直角沟槽分为通槽、半通槽、封闭槽等，如图 6-31 所示。通槽用三面刃铣刀或盘形槽铣刀加工；半通槽或封闭槽用立铣刀或键槽铣刀加工。常见的特型沟槽有 V 形槽、燕尾槽和 T 形槽等。特型沟槽应用广泛，例如检测用的 V 形块、铣床升降台与铣床床身燕尾导轨连接的燕尾槽、机床工作台台面上的 T 形槽等。

三、铣沟槽操作实习

1. 加工直角沟槽

（1）三面刃铣刀铣通槽（图 6-32）。三面刃铣刀适用于加工宽度较窄、深度较深的通槽。

1）铣刀的选择。所选择的三面刃铣刀的宽度 B 应等于或小于所加工的沟槽宽度 B'，即 $B \leqslant B'$；刀具的直径 D 应大于刀轴垫圈的直径 d 加两倍的沟槽深度 H，即 $D > d + 2H$，如图 6-33 所示。

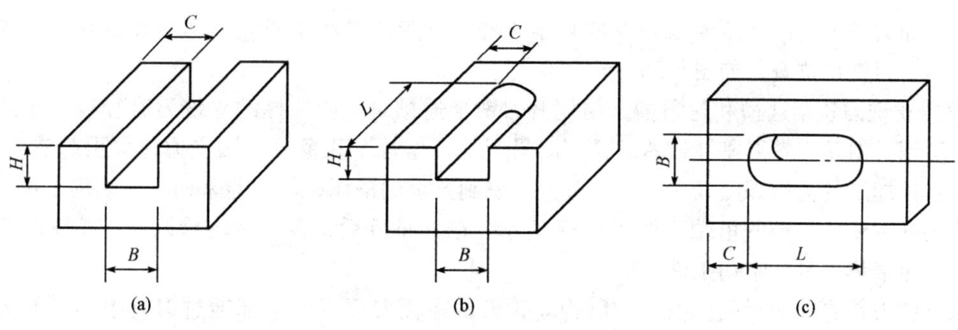

图 6-31　直角沟槽的种类

（a）通槽；（b）半通槽；（c）封闭槽

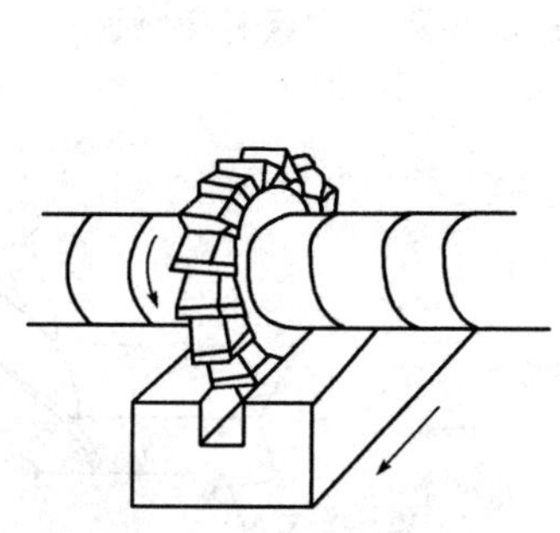

图 6-32　三面刃铣刀铣通槽

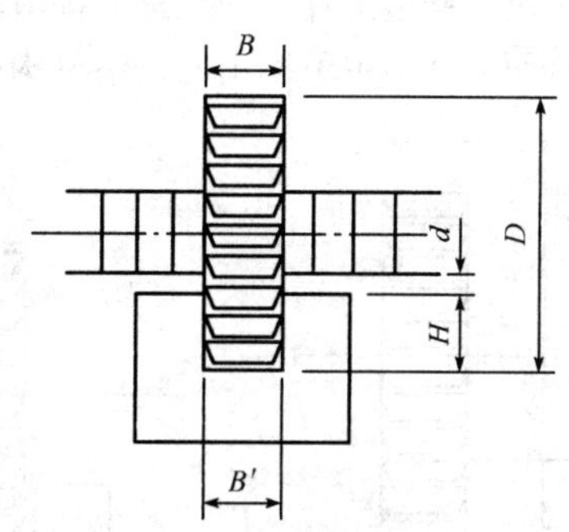

图 6-33　铣刀的选择

2）工件的装夹和校正。一般的工件采用平口钳装夹。在窄长件上铣长的直角沟槽时，平口钳的固定钳口应与铣床主轴轴心线垂直安装，如图 6-34（a）所示；在窄长件上铣短的直角沟槽时，平口钳的固定钳口应与铣床主轴轴心线平行安装，如图 6-34（b）所示，保证铣出的沟槽两侧与工件基准面垂直或平行。

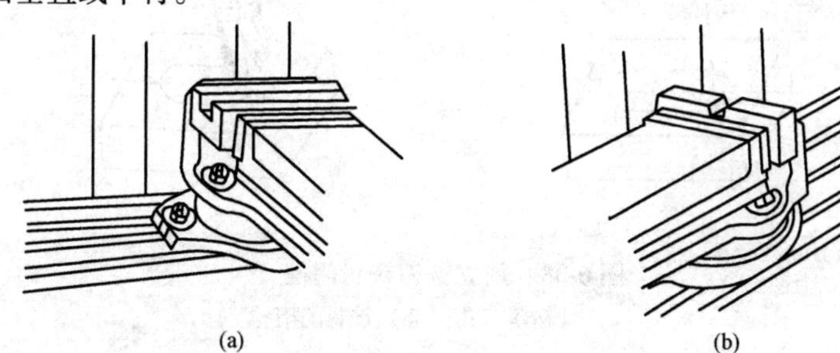

图 6-34　铣沟槽时平口钳的安装

（a）在窄长件上铣长的直角沟槽；（b）在窄长件上铣短的直角沟槽

3）对刀方法。

①划线对刀。在工件上划出沟槽的尺寸、位置线，安装校正工件后，调整机床，使铣刀两侧刃对准工件所划的沟槽宽度线，将横向进给机构紧固，铣出沟槽。

②侧面对刀。安装校正工件后，适当调整机床，使铣刀侧面轻轻与工件侧面接触，降落工作台，移动横向进给一个铣刀宽度和工件侧面到沟槽侧面的距离之和 A，如图 6-35 所示，将横向进给机构紧固，调整切削深度铣出沟槽。

用三面刃铣刀铣削精度要求较高的直角沟槽时，应选择小于直角沟槽宽度的铣刀，先铣好槽深，再扩刀铣出槽宽，如图6-36所示。

（2）立铣刀铣半通槽和封闭槽。用立铣刀铣半通槽时，所选择的立铣刀直径应等于或小于沟槽的宽度。由于立铣刀刚性较差，铣削时易产生“偏让”现象，或因受力过大引起铣刀折断，损坏刀具。加工的沟槽深度较深时，应分数次铣到要求的槽深，但不能来回吃刀切削工件，只能由沟槽的外端铣向沟槽的里端，如图6-37所示。槽深铣好后，再扩铣沟槽两侧，扩铣时应避免顺铣，以免损坏刀具，啃伤工件。

用立铣刀铣穿通的封闭沟槽时，因为立铣刀的端面刀刃不能全部通过刀具中心（与刀具轴线不相交），不能垂直进给切削工件，所以铣削前应在工件上划出沟槽的尺寸位置线，并在所划沟槽长度线的一端预钻一个小于槽宽的落刀孔，以便由此孔落刀切削工件，如图6-38所示。铣削时应分数次进刀铣透工件，每次进刀都由落刀孔的一端铣向沟槽的另一端。沟槽铣透后，再铣够长度和两侧面。铣削中不使用的进给机构应紧固，扩铣两侧应注意避免顺铣。

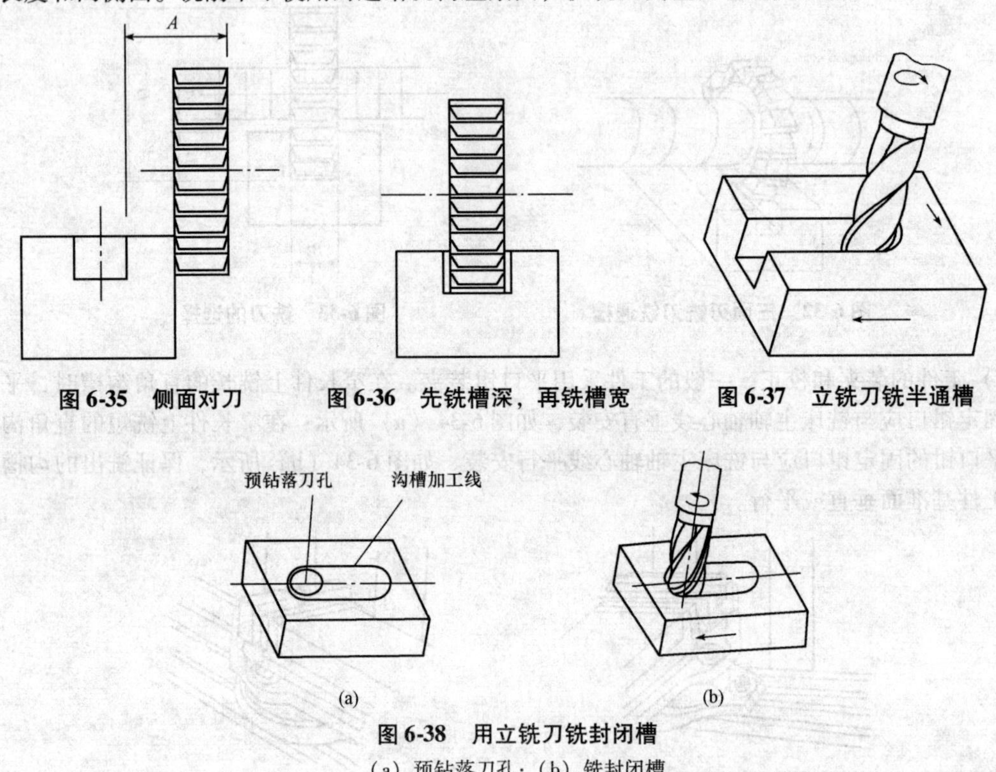

图6-35　侧面对刀　　**图6-36　先铣槽深，再铣槽宽**　　**图6-37　立铣刀铣半通槽**

图6-38　用立铣刀铣封闭槽

（a）预钻落刀孔；（b）铣封闭槽

（3）键槽铣刀铣半通槽和封闭槽。加工精度较高、深度较浅的半通槽和封闭槽时用键槽铣刀。键槽铣刀的端面刀刃能垂直进刀切削工件，所以在加工封闭沟槽时，可不必预钻落刀孔，由沟槽的一端分数次吃深铣出沟槽。

（4）直角沟槽的检测。直角沟槽的长度、宽度、深度可分别用游标卡尺、千分尺、深度尺检验；沟槽的对称度可用游标卡尺、千分尺或杠杆百分表检验。

2. 特型沟槽的加工

在铣床上正确铣削加工出图6-39所示工件的T形槽。

T形槽是铣削加工中常见的成形沟槽，通常采用刃口形状与沟槽形状相应的成形铣刀来进行铣削。T形槽多见于机床的工作台，用于与机床附件、夹具配套时定位和固定。

根据图样要求分析该工件，确定加工选用的铣床和刀具。

（1）加工铣床的选用。加工图 6-39 所示的零件，可以由卧式铣床与立式升降台铣床共同完成，也可以由立式升降台铣床单独完成。这里选择利用立式升降台铣床来加工。

（2）铣刀的选用。选用立铣刀、T 形槽铣刀、燕尾槽铣刀进行加工。

（3）该工件的工艺分析以及毛坯选择。

①工艺分析。据图 6-39 所示零件图的形状，加工顺序为：立铣刀铣削直槽→铣削 T 形槽→铣削槽口倒角。

②毛坯选择。由图纸所示精度尺寸可知，毛坯料可选择 45 钢，经加工至 50 mm × 60 mm × 70 mm 的矩形工件。

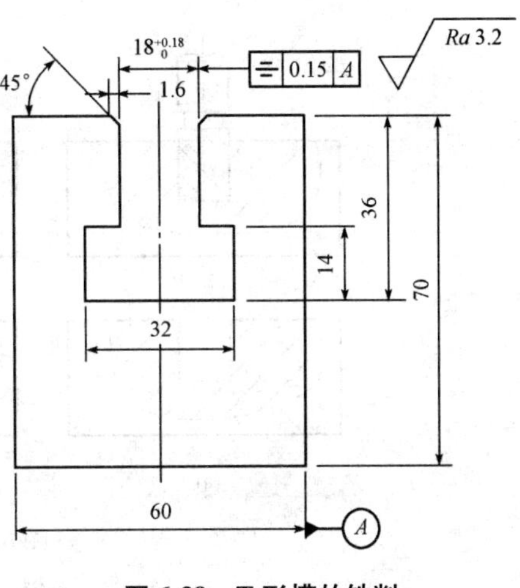

图 6-39　T 形槽的铣削

（4）T 形槽的铣削工艺及加工步骤。

①装夹工件。根据工件的形状采用平口钳装夹该工件。装夹工件时，应将工件上平面伸出距钳口 38 mm 的高度，以避免在加工时平口钳作用在工件上的夹紧力对所加工 T 形槽的影响。工件的下平面与平口钳导轨之间垫上平行垫铁，且贴实。

②装夹立铣刀、对刀。首先利用立铣刀加工直槽，将立铣刀安装在立式升降台铣床上，铣刀伸出得尽量短。利用擦边法进行对刀，并将刀具移动到工件的中心。然后在工件的上平面对刀，记下升降台手柄处的刻度盘数值后退出工件。

（5）铣削 T 形槽。

①粗铣、精铣直槽。如图 6-40（a）所示，根据零件图尺寸要求，选择公称直径为 18 mm 的标准直柄立铣刀粗铣、精铣直槽。

②铣削 T 形槽。如图 6-40（b）所示，根据零件图尺寸要求，选择相应尺寸型号的标准直柄 T 形槽铣刀铣削槽底。

③铣削 T 形槽的倒角部位。如图 6-40（c）所示，根据零件图尺寸要求，选择足够外径的 45°反燕尾槽铣刀进行槽口倒角的铣削。

（6）T 形槽铣削的质量分析。

①直角槽宽度尺寸超差。一般是刀具尺寸有误差，或进给速度较快使刀具发生偏让造成。

②底槽与直角槽对称度超差。一般是由工件在二次装夹时位置发生了偏移，或在工作台进行横（纵）向进给加工时，纵（横）向工作台没有锁紧，工作台在受力较大时发生偏移造成。

四、实习注意事项

（1）铣削 T 形槽时，铣削的工艺顺序不可颠倒。

（2）铣削直角槽部位时，为避免顺、逆铣对槽宽的影响，铣削时应采用同一方向。

（3）装夹工件时，应注意夹紧力对 T 形槽的影响。

（4）对铣刀应进行及时的冷却。

（5）测量时要注意读尺的准确。

（6）做到安全文明操作。

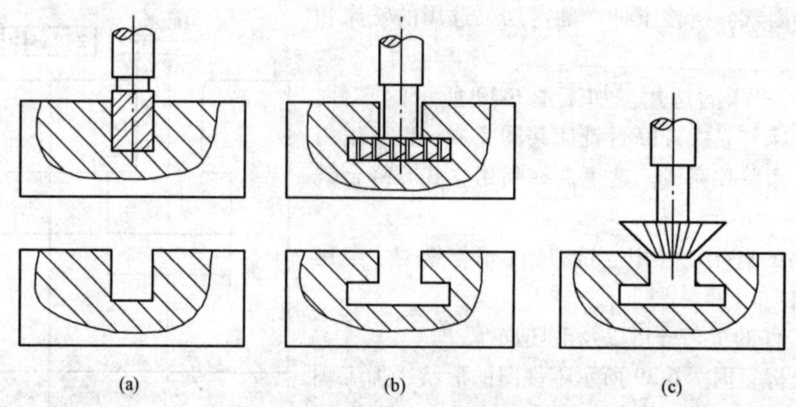

图 6-40　T 形槽的铣削步骤

（a）铣削直槽；（b）铣削 T 形槽；（c）铣削槽的倒角

五、评分标准

铣沟槽实习评分标准见表 6-4。

表 6-4　铣沟槽实习评分标准

班级		姓名		学号	
实习内容	铣沟槽				
序号	检测内容	配分	扣分标准	学生自评	教师评分
1	铣床的选择正确	10	酌情扣分		
2	铣刀的选择正确	10	酌情扣分		
3	工艺顺序正确	10	酌情扣分		
4	操作动作标准	10	酌情扣分		
5	尺寸公差符合图样要求	20	酌情扣分		
6	形位公差符合图样要求	20	酌情扣分		
7	表面粗糙度符合图样要求	10	酌情扣分		
8	行为规范、纪律表现	10	酌情扣分		
综合得分		100			

思考与练习题

1. 沟槽大致可分为哪几类？
2. 加工直角沟槽、T 形沟槽时应注意哪些问题？

实习三　典型铣削实例

一、实习内容

根据图纸要求铣削典型零件。

二、工艺知识

熟悉铣刀、工具、量具、夹具的使用。

三、操作实习

零件如图 6-41 所示，材料 45 钢。

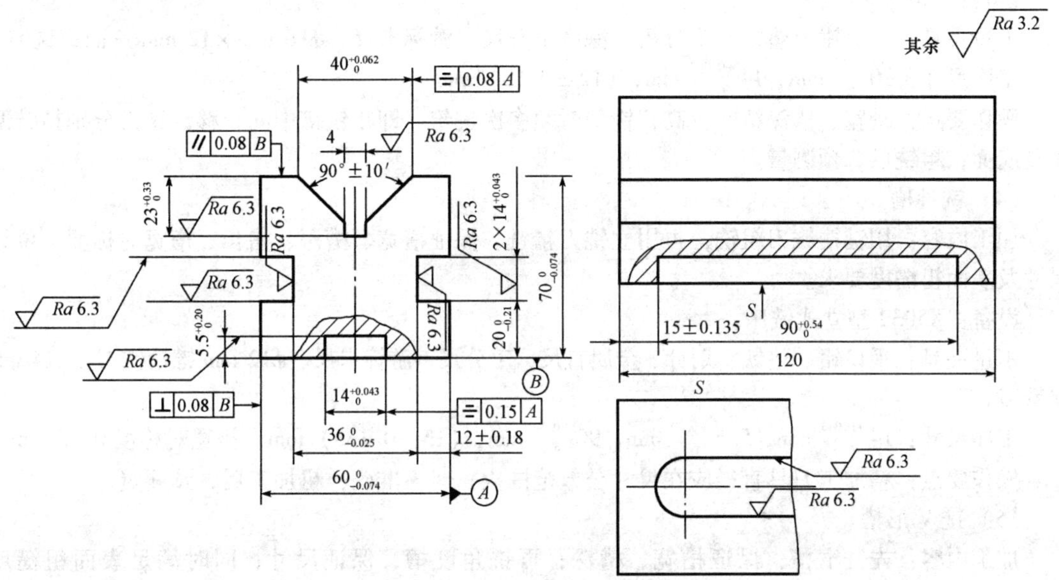

图 6-41　典型零件

1. 零件图分析

图 6-41 是精加工前的准备工序图。尺寸精度最高为 IT9，表面粗糙度值 $Ra=3.2$ μm 或 $Ra=6.3$ μm。由于 V 形块精加工（磨削）后用作定位件，其主要表面有较高的形状和位置精度要求。因此，六面体的相对平面有平行度要求，相邻平面有垂直度要求，键槽、V 形槽有对称度要求。此外，V 形槽中放置标准检验棒，其轴线与底面 *B* 平行。工件材料 45 钢。

2. 工艺分析

零件坯料为长方体，铣削时均以平面定位和夹紧，因此，宜选用平口钳装夹。为保证各面的形状和位置精度要求，选择底面 *B* 为铣削的基准面。键槽有对称度要求，加工时要保证对中。该零件各表面的加工采用粗、精铣完成。

工件材料 45 钢，刀具可选择高速钢或 YT 类硬质合金。

3. 工序安排

（1）铣六面体。

加工内容：按次序铣削工件六个面，保证各面的尺寸、位置关系及表面粗糙度要求。

设备：X6132 型卧式铣床。

工量夹具：平口钳、垫铁、百分表、宽座直角尺、千分尺、游标卡尺、表面粗糙度比较样块、ϕ80 mm×80 mm 圆柱形铣刀。

工序尺寸：$60_{-0.074}^{0}$ mm，$70_{-0.074}^{0}$ mm，120 mm。

操作要点：合理的六面体铣削次序及定位方法。

（2）划线。

设备：划线平台。

工量夹具：划针、金属直尺。

（3）铣直角槽。

加工内容：用三面刃铣刀铣直角槽，保证槽宽、槽深、位置尺寸、位置精度及表面粗糙度要求。

设备：X6132 型铣床。

工量夹具：平口钳、垫铁、千分尺、深度千分尺、游标卡尺、ϕ80 mm×12 mm 三面刃铣刀。

工序尺寸：$20_{-0.21}^{0}$ mm，$14_{0}^{+0.043}$ mm，（12±0.18）mm。

操作要点：槽宽、槽深精度较高，铣削时须多次进给，即粗铣槽中间，移动铣刀分别精铣两侧及底面；粗铣后，预测量。

（4）铣键槽。

加工内容：用键槽铣刀粗铣，再用立铣刀精铣，保证槽宽、槽深、槽长、槽宽对称度、位置尺寸及表面粗糙度要求。

设备：X5032 型立式铣床。

工量夹具：平口钳、垫铁、划针、金属直尺、千分尺、游标卡尺、ϕ12 mm 键槽铣刀、ϕ14 mm 立铣刀。

工序尺寸：$14_{0}^{+0.043}$ mm，$5.5_{0}^{+0.20}$ mm，$90_{0}^{+0.54}$ mm，（15±0.135）mm，槽宽对称度 0.15 mm。

操作要点：精加工刀具直径应在尺寸公差范围内；对刀准确；粗加工后，预测量。

（5）铣 V 形槽。

加工内容：先铣窄槽，保证槽宽、槽深；再铣角度槽，保证尺寸；同时满足表面粗糙度要求。

设备：X6132 型卧式铣床。

工量夹具：平口钳、垫铁、划针、金属直尺、百分表、千分尺。

①铣窄槽。

刀具：ϕ125 mm 锯片铣刀。

工序尺寸：4 mm，$23_{0}^{+0.33}$ mm。

操作要点：安装铣刀后，应检查刀具端面圆跳动。

②铣角度槽。

刀具：ϕ100 mm、宽度 50 mm、角度 90°的对称双角铣刀。

工序尺寸：$40_{0}^{+0.062}$ mm，对称度 0.15 mm。

操作要点：精确对刀，多次进给完成。

③检验。

注意：上述工序安排并非唯一，仅供参考。

四、实习注意事项

（1）铣削六面体时，按次序铣削工件六个面。

（2）铣削直角槽部位时，为避免顺、逆铣对槽宽的影响，铣削时应采用同一方向。
（3）装夹工件时，要注意夹紧力对槽的影响。
（4）对铣刀应进行及时的冷却。
（5）测量时要注意读尺的准确。
（6）做到安全文明操作。

五、评分标准

典型铣削实例实习评分标准见表6-5。

表6-5　典型铣削实例实习评分标准

班级		姓名		学号	
实习内容	典型铣削实例				
序号	检测内容	分值	扣分标准	学生自评	教师评分
1	机床的选择正确	10	酌情扣分		
2	铣刀的选择正确	10	酌情扣分		
3	工艺顺序正确	10	酌情扣分		
4	操作动作标准	10	酌情扣分		
5	尺寸公差符合图样要求	20	酌情扣分		
6	形位公差符合图样要求	20	酌情扣分		
7	表面粗糙度符合图样要求	10	酌情扣分		
8	行为规范、纪律表现	10	酌情扣分		
综合得分		100			

思考与练习题

加工键槽、V形沟槽时应注意哪些问题？

第七章

刨削加工

第一节　刨削加工概述

刨削加工是指在刨床上使工件和刀具之间做相对的直线往复运动（主运动），工件（或刀具）在垂直主运动方向上做间歇进给运动来进行的切削加工。刨削是切削加工的常用方法之一，其主要特点是刨削时由于一般只用一把刀具切削，返回行程又不工作，切削速度又较低，所以生产率较低，但在机床床身导轨、机床镶条等较长较窄零件表面的加工中，刨削仍然占据着十分重要的地位。

刨床有牛头刨床和龙门刨床，在牛头刨床上进行刨削时，刀具的往复运动是主运动，工件的间歇运动是进给运动，如图 7-1 所示。在龙门刨床上进行刨削时，刀具的间歇运动是进给运动，工件的往复运动是切削过程中的主运动。

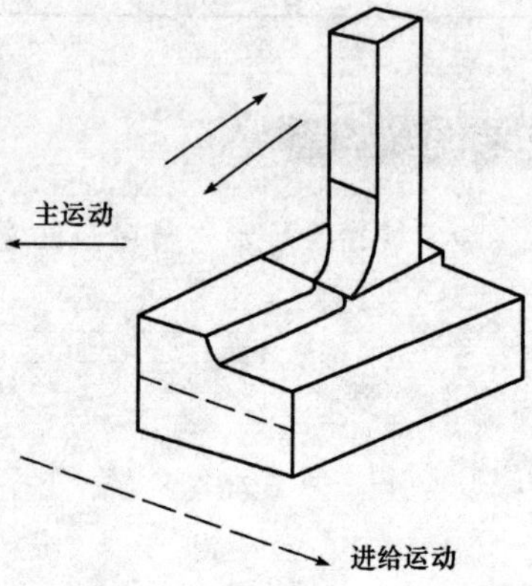

主运动

进给运动

图 7-1　刨削运动

一、刨削加工范围

刨削主要用于加工各种水平的、垂直的和倾斜的平面，各种直槽、T 形槽、燕尾槽以及各种直线的成形面等，如图 7-2 所示。

刨削加工的公差等级为 IT9 ~ IT7，最高可达 IT6，表面粗糙度值一般为 6.3 ~ 1.6 μm，最低可达 0.8 μm。

二、刨削加工实习目的与要求

（1）了解刨削加工工艺特点及加工范围。

（2）了解刨床的种类、功用及组成。

（3）了解刨刀的结构特点、种类与用途，并正确使用。

（4）掌握刨工基本操作技能，在刨床上正确装夹工件、刀具并能正确刨削平面和沟槽。

（5）正确选择刨刀和切削用量，能制订简单零件的刨削工艺。

（6）能正确维护与调整刨床。

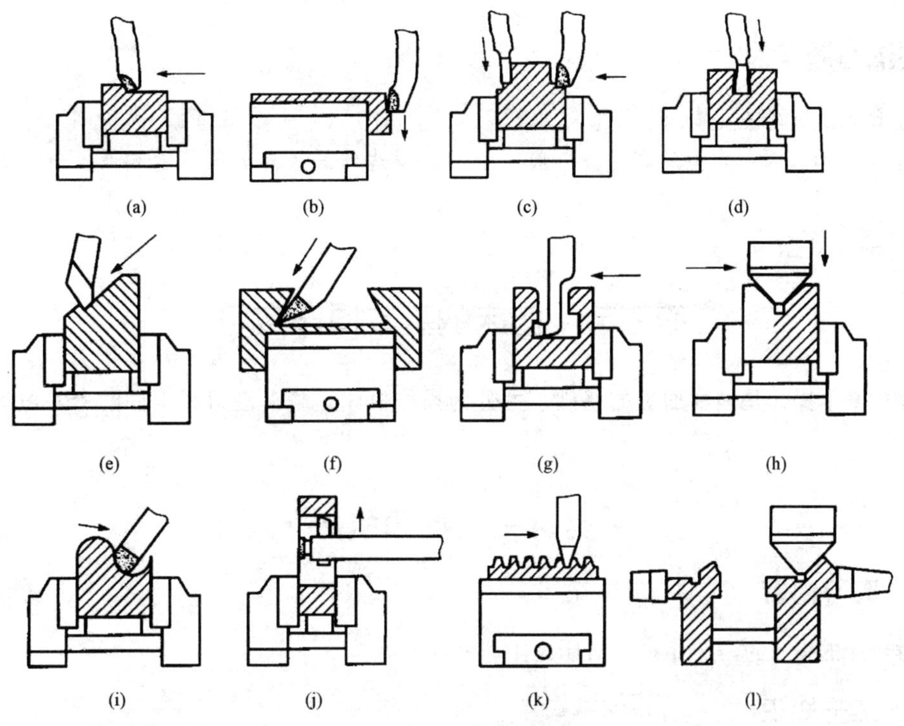

图 7-2　刨削加工范围

（a）刨平面；（b）刨垂直面；（c）刨阶台；（d）刨直角沟槽；（e）刨斜面；（f）刨燕尾槽；（g）刨 T 形槽；（h）刨 V 形槽；（i）刨曲面；（j）孔内刨削；（k）刨齿条；（l）刨复合表面

三、刨工安全操作规程

（1）按规定穿戴好安全防护用品。

（2）开动刨床前，要检查刨床传动部件和润滑系统是否正常，各操作手柄是否正确，工件、夹具及刀具是否已夹持牢固等，检查周围有无障碍物，没有问题才可正常使用。

（3）不准戴手套操作，不准用手摸正在运动的刀具，停车时不得用手去刹刨床的刀杆。

（4）正确安装刀具和装夹工件，刀具不能伸出刀架过长，工件不能装夹过高（严禁工件高度超过滑枕）。不准用手锤击打夹紧工件的手柄，以免损坏平口钳的丝杆螺母。

（5）机床变速、更换刨刀、装卸工件、擦拭机床以及测量工件尺寸时必须停车。

（6）两人操作一台刨床时，应分工明确，相互配合，在开车时必须注意另一个人的安全。

（7）加工过程中，头、手不准伸到滑枕行程内。机床运转中，严禁调整滑枕行程。调整滑枕行程时，滑枕运动方向两端不能站人。不要站在切屑飞出的方向，以免受伤。

（8）刨床在运转过程中，严禁操作者离开。如离开，必须停车。

（9）刨削时，切削速度、切削深度、进给量不能过大，否则可能引起工件飞出伤人及损坏工件。

（10）工作完毕后，应切断电源，清除切屑，擦净机床，在导轨面上涂防锈油，各部件应调整到正常位置，最后打扫现场卫生。

思考与练习题

1. 刨削加工的特点是什么？

2. 刨削能加工哪些类型的零件？一般刨削加工能达到的最高公差等级和最低表面粗糙度值是多少？

第二节　刨床的基本操作实习

刨床的基本操作是刨削加工的基础，可分为操作机床、装夹刨刀和工件两个实习进行操作训练。

实习一　操作机床

一、实习内容

根据刨床的操作过程分组进行机床操作训练。

二、工艺知识

1. 牛头刨床

牛头刨床是刨削机床中应用较广泛的一种，适合于小型零件的加工，刨削长度一般不超过1 000 mm。本节以B6065牛头刨床为例进行介绍。

（1）牛头刨床的型号。按照GB/T 15375—2008《金属切削机床 型号编制方法》，牛头刨床的型号采用规定的字母和数字表示，现以B6065型为例，具体说明刨床的型号。

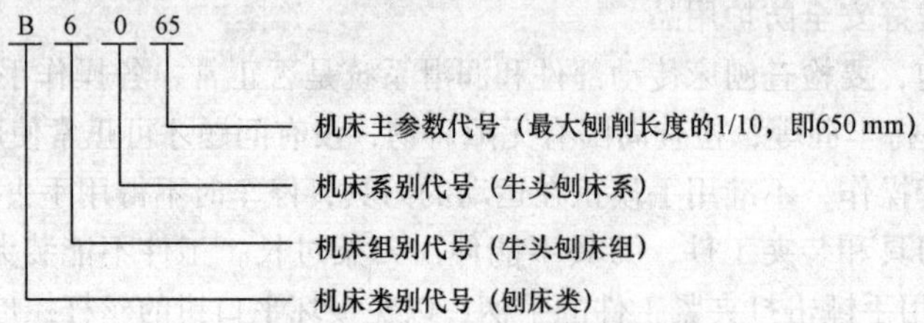

（2）牛头刨床的组成。牛头刨床主要由床身、滑枕、刀架、工作台、横梁等部分组成，如图7-3所示。

①床身。床身用来支承和连接刨床的各部件，其顶面的水平导轨供滑枕做往复运动，侧面导轨供横梁和工作台升降，床身内装有齿轮变速机构和摆杆机构。

②滑枕。滑枕带动刨刀做直线往复运动。其前端安装有刀架。滑枕往复运动的快慢，以及滑枕行程的长度和位置，均可根据加工需要进行调整。

③刀架。刀架如图7-4所示，用来夹持刨刀。转动刀架进给手柄，滑板可沿转盘上的导轨上下移动，移动距离可以在手柄的刻度盘上读出。松开转盘上的螺母，将转盘扳转一定角度，转动进给刀架手柄，刀架做斜向移动。滑板上安装有可以偏转的刀座。刨刀安装在刀架上，在刨削的回行程，刨刀会由于惯性而随抬刀板绕刀座上的A轴自由上抬，刨刀会抬离工件表面，以减小刀具与工件之间的摩擦。

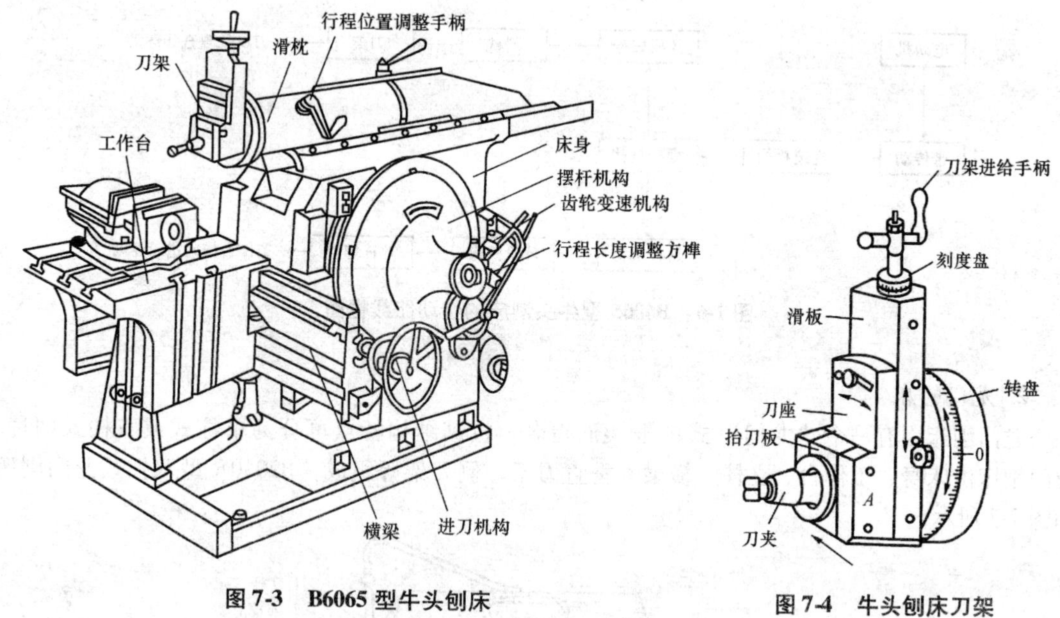

图 7-3　B6065 型牛头刨床　　　　图 7-4　牛头刨床刀架

④横梁。牛头刨床的横梁上装有工作台及工作台进给丝杠，丝杠可带动工作台沿床身导轨做升降运动。

⑤工作台。工作台用以安装工件。它可以随横梁升降，也可以在横梁空腔内的丝杠带动下，沿横梁上的导轨做横向移动。

（3）牛头刨床的传动系统。B6065 型牛头刨床的传动系统如图 7-5 所示。

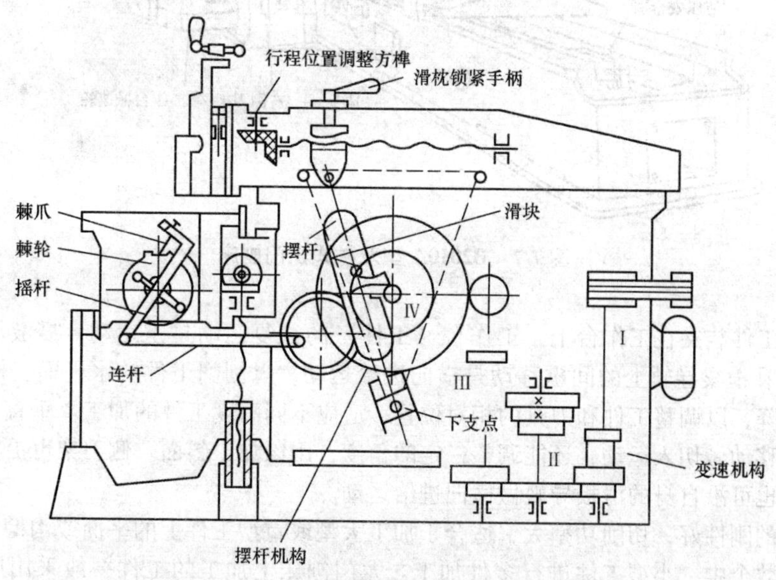

图 7-5　B6065 型牛头刨床的传动系统图

（4）B6065 型牛头刨床的传动路线可用图 7-6 所示的框图表示。

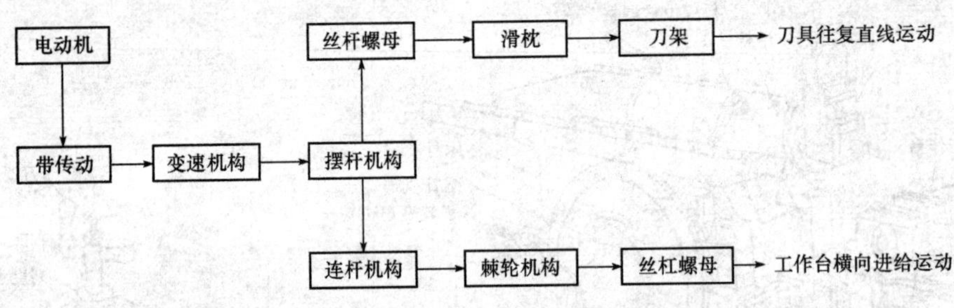

图 7-6　B6065 型牛头刨床的传动路线框图

2. 龙门刨床

龙门刨床因有一个“龙门”式的框架而得名，按其结构特点可分为单柱式或双柱式两种。龙门刨床由床身、工作台、立柱、横梁、垂直刀架、侧刀架等组成。B2010A 型双柱式龙门刨床如图 7-7 所示。

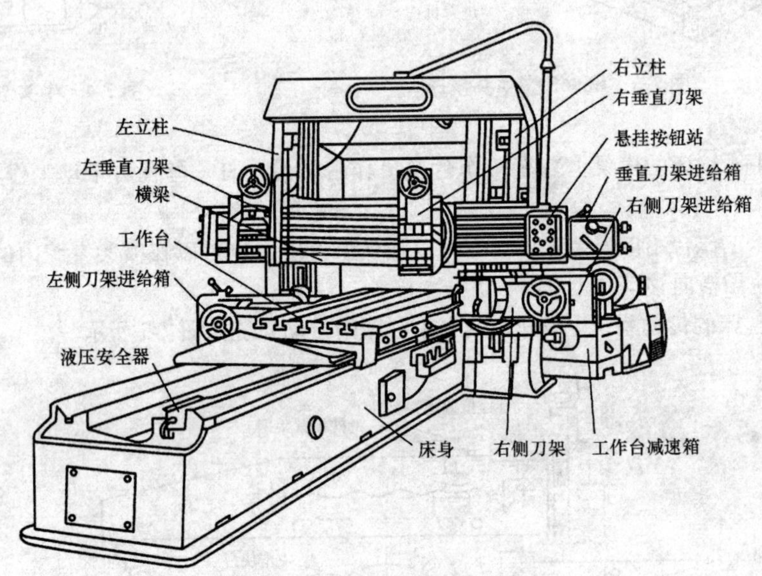

图 7-7　B2010A 型双柱式龙门刨床

加工时，工件装夹在工作台上，工作台（工件）的往复运动是主运动，靠液压驱动。垂直刀架（刀具）在横梁导轨上的间歇移动是横向进给运动，以刨削工件的水平面。横梁还可使立柱导轨上下升降，以调整工件和刀具的相对位置，适应不同高度工件的加工。垂直刀架上的滑板可使刨刀上下移动做切入运动，还能调整一定的角度，用以加工斜面。侧刀架可沿立柱导轨做上下进给运动，也可沿自身的滑板导轨做横向进给运动。

龙门刨床的刚性好，切削功率大，适合于加工大型或重型工件上的平面或沟槽，也可在工作台上一次装夹数个中、小型工件进行多件加工。龙门刨床上加工的工件一般采用压板和螺钉直接压紧在往复运动的工作台面上。

三、刨床的操作实习

1. 调整滑枕行程起始位置

松开图 7-5 中的滑枕锁紧手柄，用摇手柄转动行程位置调整方榫，通过一对伞齿轮传动，即可使丝杠旋转，将滑枕移动调整到所需的位置。摇手柄顺时针转动时，滑枕的起始位置向后方移动；反之，滑枕向前方移动。反复几次执行上述调整动作，即可将刨刀调整到加工所需的正确位置。

2. 调整滑枕行程长度

牛头刨床工作时，滑枕的行程长度应比被加工工件的长度大 30 ~ 40 mm。调整时，先松开图 7-3 中的行程长度调整方榫，然后用摇手柄转动方榫来改变曲柄滑块在摆杆上的位置，使摆杆的摆动幅度随之变化，从而改变滑枕的行程长度。摇手柄顺时针方向转动时，滑枕的行程增大；逆时针方向转动时，滑枕的行程缩短。

3. 调整滑枕行程次数

滑枕的行程次数与滑枕的行程长度相结合，决定了滑枕的运动速度，这就是牛头刨床的主运动速度。调整时，可以根据刨床上变速铭牌所示的位置，兼顾滑枕的行程长度来扳动变速手柄，使滑枕得到六挡不同的主运动速度。

4. 调整横向进给速度

牛头刨床工作台的横向进给运动为间歇运动，它是通过棘轮机构来实现的。棘轮机构如图 7-8 所示。当牛头刨床的滑枕做往复运动时，连杆带动棘爪相应地做往复摆动；棘爪的下端是一面为直边、另一面为斜面的拨爪，拨爪每摆动一次，便拨动棘轮带动丝杠转过一定角度，使工作台实现一次横向进给。由于拨爪的背面是斜面，当它朝反方向摆动时，爪内弹簧被压缩，拨爪从棘轮齿顶滑过，不会带动棘轮转动，所以工作台的横向进给是间歇的。调整棘轮护罩的缺口位置，使棘轮所露出的齿数改变，便可调整每次行程的进给量；当提起棘爪转动 180°之后放下，棘爪可以拨动棘轮反转，带动工作台反向进给；当提起棘爪转动 90°之后放下，棘爪被卡住空转，与棘轮脱离接触，进给动作自动停止。

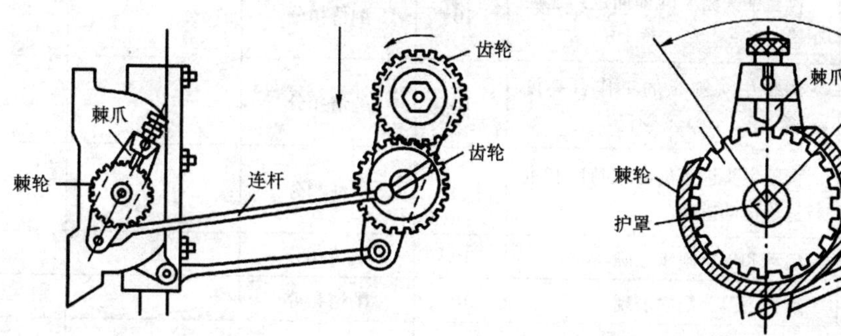

图 7-8　棘轮机构

5. 调整工作台高度

松开牛头刨床前端工作台固定螺母，旋转工作台高度调节手柄，把工作台调整到适当位置，锁紧固定螺母。

6. 调整刀架角度和进行进给运动

松开牛头刨床刀架前端的螺母，刀架转动一定角度，角度数值可参考图 7-4 所示的转盘。转动刀架进给手柄可调节刨削深度，深度数值可参考刻度盘。

7. 启动与停止刨床

按牛头刨床的“启动”按钮，机床开始动作；按牛头刨床的“停止”按钮，机床停止动作。

四、实习注意事项

(1) 开车后严禁变换主轴转速，否则会发生刨床事故。

(2) 开车前要检查各手柄是否处于正确位置，如没有到位，则主轴或机动进给就不会接通，甚至会发生危险。

(3) 严禁两人同时操作。

(4) 刨床在运转过程中，严禁操作者离开。

五、评分标准

刨床基本操作实习评分标准见表7-1。

表7-1 刨床基本操作实习评分标准

班级		姓名		学号	
实习内容	操作刨床				
序号	检测内容	分值	扣分标准	学生自评	教师评分
1	调整牛头刨床的滑枕行程起始位置正确	20	酌情扣分		
2	调整牛头刨床的滑枕行程长度正确	20	酌情扣分		
3	调整牛头刨床的滑枕行程次数正确	10	酌情扣分		
4	调整牛头刨床的横向进给速度正确	10	酌情扣分		
5	调整牛头刨床的工作台高度正确	10	酌情扣分		
6	调整牛头刨床的刀架角度和进行进给运动正确	10	酌情扣分		
7	启动和停止刨床正确	10	酌情扣分		
8	行为规范、纪律表现	10	酌情扣分		
综合得分		100			

思考与练习题

1. 刨削的主运动和进给运动分别是什么？龙门刨床与牛头刨床的主运动、进给运动有何不同？

2. B6065型牛头刨床由哪几个主要部分组成？各部分有什么作用？

3. 牛头刨床的滑枕往复速度、行程起始位置、行程长度、进给速度是如何进行调整的？

实习二　装夹刨刀和工件

一、实习内容

在刨床上装夹刨刀和工件。

二、工艺知识

1. 刨刀的结构特点

刨刀的形状及结构与车刀相似，但刀杆的横截面积比车刀大，切削时可以承受较大的冲击力。这是由于刨削过程的不连续性，刨刀切入工件时受到较大的冲击力，易损坏，所以刨刀刀杆的横截面一般比车刀大 1.25～1.5 倍。刨刀的前角比车刀稍小，刃倾角取较大的负值，以增强刀具强度。

刨刀刀杆形状有直头和弯头两种，一般做成弯头形式。图 7-9 所示为直头刨刀与弯头刨刀的比较：弯头刨刀的刀尖位于刀具安装平面的后方，直头刨刀的刀尖位于刀具安装平面的前方。由图 7-9（b）可知：在刨削过程中，当弯头刨刀遇到工件上的硬点，使切削力突然变大时，刀杆绕 O 点向后上方产生弹性弯曲变形，使切削深度减小，刀尖不至于啃入工件的已加工表面，加工比较安全；而直头刨刀突然受强力后，刀杆绕 O 点向后下方产生弯曲变形，使切削深度进一步增大，刀尖向右下方扎入工件的已加工表面，将会损坏刀刃及已加工表面。所以切削量大的刨刀常制成弯头。

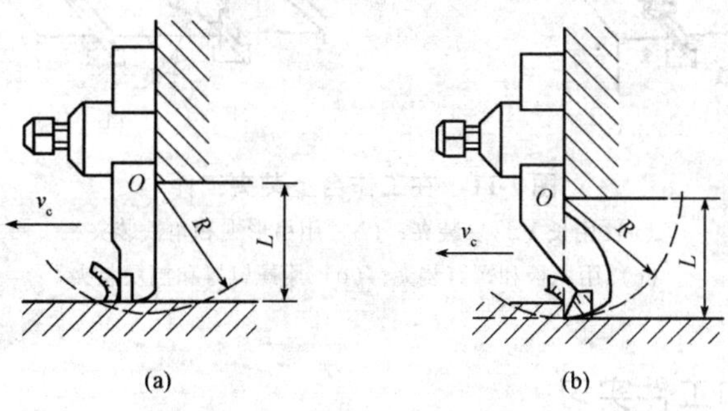

图 7-9　直头刨刀和弯头刨刀

（a）直头刨刀；（b）弯头刨刀

2. 刨刀的种类及用途

常用刨刀的种类很多，按其用途和加工方式不同有平面刨刀、偏刀、角度偏刀、切刀、弯头切刀、角度切刀等。常见刨刀的形状及应用如图 7-10 所示。

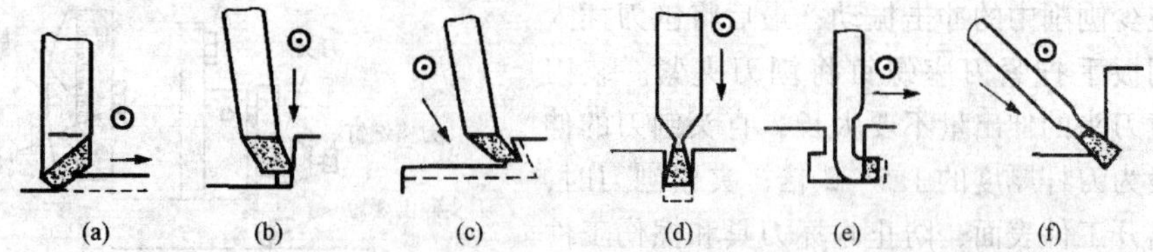

图 7-10　常见刨刀的形状及应用

（a）平面刨刀；（b）偏刀；（c）角度偏刀；

（d）切刀；（e）弯头切刀；（f）角度切刀

3. 工件装夹方法

刨床上工件的装夹方法主要有以下几种。

（1）平口钳装夹。在牛头刨床上，常采用平口钳装夹工件，其方法与铣削加工操作相同。

（2）简易工具装夹。对于大型工件和形状不规则的工件，如果用平口钳难以装夹，则可以根据工件的特点和外形尺寸，采用相应的简易工具把工件固定在工作台上直接进行刨削，其装夹方法如图 7-11 所示。

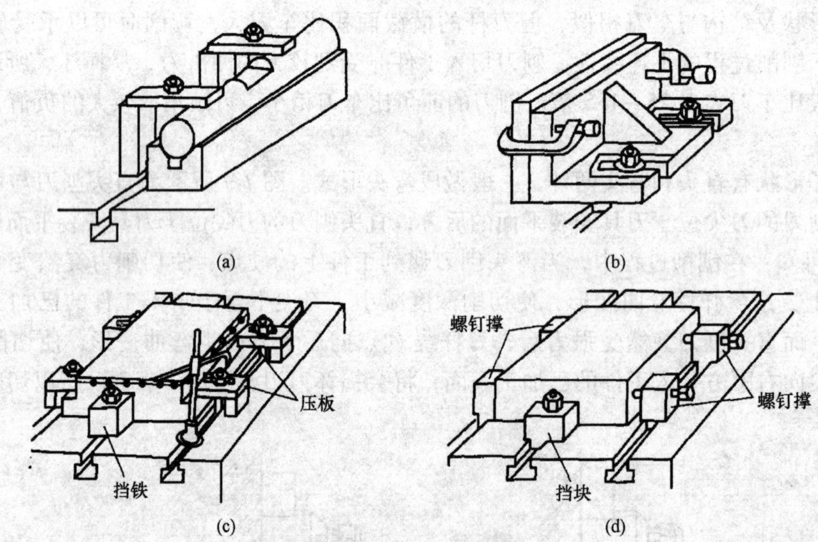

图 7-11　在工作台上装夹工件

（a）用长 V 形块装夹；（b）用弓形夹和角铁装夹；
（c）用压板和螺钉装夹；（d）用螺钉撑和挡块装夹

三、装夹刨刀和工件实习

1. 装夹刨刀

在牛头刨床上装夹刨刀的方法如图 7-12 所示。在装夹刨刀前先松开转盘螺钉，调整转盘对准零线，以便准确地控制背吃刀量；再转动刀架进给手柄，使刀架下端与转盘底侧基本平齐，以增加刀架的刚性，减少刨削中的冲击振动；最后将刨刀插入刀夹内，用扳手拧紧刀座螺钉将刨刀夹紧。装刀时，应注意刀头的伸出量不要太长，直头刨刀的伸出长度一般为刀杆厚度的 1.5 ~2 倍；夹紧刨刀时，应将刀尖离开工件表面，防止碰坏刀具和擦伤工件表面。刨削斜面时，还需要调整刀座偏转一定角度以防止回程拖刀。刨刀的安装正确与否直接影响工件的加工质量。

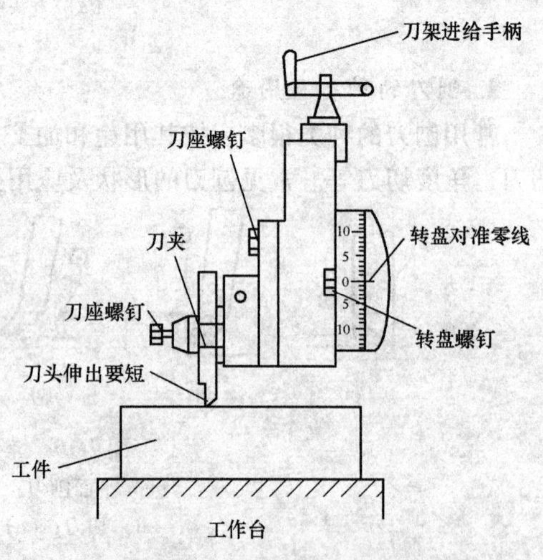

图 7-12　刨刀的装夹方法

2. 装夹工件

用平口钳装夹工件。

四、实习注意事项

（1）装夹刨刀刀头的伸出量应尽量短些。

（2）工件和刀具必须装夹牢固，以防发生事故。

五、评分标准

装夹刨刀和工件实习评分标准见表 7-2。

表 7-2　装夹刨刀和工件实习评分标准

班级		姓名		学号	
实训	装夹刨刀和工件				
序号	检测内容	分值	扣分标准	学生自评	教师评分
1	刨刀装夹正确	60	酌情扣分		
2	工件装夹正确	30	酌情扣分		
3	行为规范、纪律表现	10	酌情扣分		
综合得分		100			

思考与练习题

1. 刨削工作效率低的原因是什么？
2. 弯头刨刀与直头刨刀相比较有什么特点？为什么生产中通常使用弯头刨刀？

第三节　刨削加工实习

在刨床上可刨削平面（水平面、垂直面和斜面等）和沟槽（直槽、T 形槽、燕尾槽等），牛头刨床装上夹具后还可以加工齿轮、齿条等成形面。

实习一　刨削平面

一、实习内容

刨削水平面。

二、工艺知识

1. 刨削用量

（1）刨削速度 v_c。刨刀或工件在刨削时主运动的平均速度，称为刨削速度，单位为m/min，其值为

$$v_c = \frac{2Ln}{1\,000} \tag{7-1}$$

式中　L——工作行程长度（mm）；

n——滑枕每分钟的往复次数（次/min）。

（2）进给量f。刨刀每往复一次工件横向移动的距离，称为进给量。它的单位为 m/次。在 B6065 型牛头刨床上的进给量为

$$f=\frac{k}{3} \tag{7-2}$$

式中　k——刨刀每往复行程一次，棘轮被拨过的齿数。

（3）背吃刀量a_p。已加工表面与待加工表面之间的垂直距离，称为背吃刀量。它的单位为 mm。

2. 刨水平面

（1）熟悉图样。明确加工要求，检查毛坯尺寸及余量。

（2）选择和装夹刨刀。粗刨时使用弯头平面刨刀，精刨时一般使用宽头平面刨刀。

（3）工件的装夹。生产中一般按照工件形状和尺寸选择装夹方法。小件用平口钳装夹，较大的工件可直接安装在工作台上，初次加工按划线找正后夹紧。

（4）调整行程长度和行程位置。行程长度 = 切入量 + 刨削长度 + 切出量。切入量一般为 20 ~ 25 mm，切出量为 10 ~ 15 mm。

（5）选择切削用量。在牛头刨床上刨削平面，背吃刀量$a_p \approx 0.5 \sim 2$ mm，进给量$f \approx 0.1 \sim 0.3$ mm/次，切削速度$v_c \approx 12 \sim 30$ m/min。粗刨时，取较大背吃刀量、进给量和较低的切削速度；精刨时，取较小的背吃刀量、进给量和较高的切削速度。

（6）对刀试切。调整变速手柄位置和横向进给量，移动工作台使工件一侧靠近刨刀，转动刀架手柄，使刀尖接近工件。开动机床，手动进给试切出 1 ~ 2 mm 宽后，停车测量尺寸，根据测量结果调整背吃刀量后，再自动进给正式刨削。

（7）精刨平面。粗刨平面后，卸下粗刨刀，装上精刨刀，精刨平面。

（8）检验。精刨后，横向移动工作台，使工件离开刨刀，用游标卡尺测量工件尺寸，用目测判定工件的表面粗糙度。用刀口形直尺检查平直度，合格后卸下工件。

3. 刨垂直面

（1）按划线安装工件。安装工件时，要保证待加工表面与工作台垂直，并与主运动方向平行。

（2）安装刨刀。通常采用偏刀刨削垂直面，安装偏刀时，其伸出长度应大于刨削面的高度。

调整刀架转盘位置，使转盘刻线对准零线，以保证刨刀能沿着垂直方向进给。

使刀座上部偏离加工面，一般偏离 10° ~ 15°，使刨刀在返回时刀尖离开加工表面，减少刨刀的磨损，并避免划伤已加工表面，如图 7-13 所示。

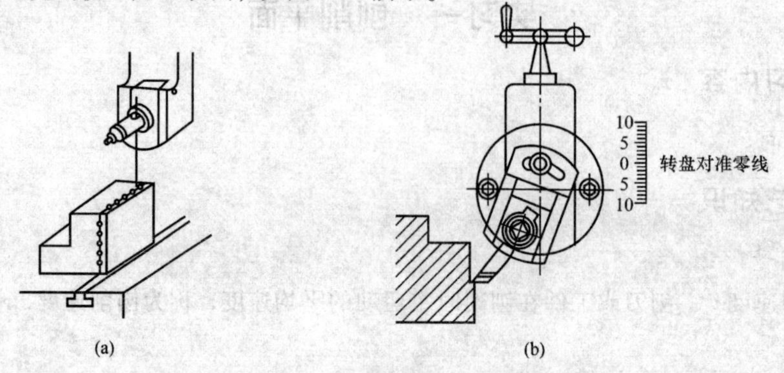

图 7-13　刨垂直面的方法

（a）按划线找正；（b）调整刀架垂直进给

4. 刨斜面

零件上的斜面分为内斜面和外斜面两种。通常采用倾斜刀架法刨斜面，即把刀架和刀座分别倾斜一定角度，从上向下倾斜进给进行刨削。刨斜面时，刀架转盘的刻度不能对准零线，刀架转盘转过的角度是工件斜面与垂直面之间的夹角，刀座上端要偏离加工面，如图7-14所示。

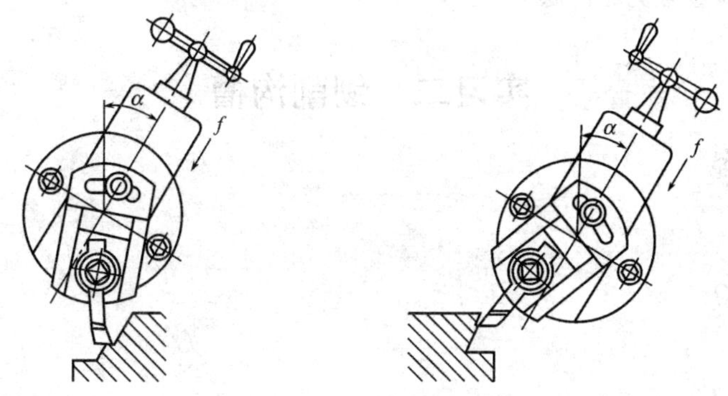

图7-14　刨斜面的方法

三、刨削平面操作实习

（1）装夹工件。用平口钳装夹工件。

（2）装夹刨刀。粗刨时，用普通平面刨刀；精刨时，可用窄的精刨刀。

（3）刨水平面。切削深度 $t=0.5\sim2$ mm，进给量 $f=0.1\sim0.3$ mm/次。

四、实习注意事项

（1）刨削平面时，移动刀架进给量要小、要稳，以防扎刀。

（2）刨削时，操作者不要站立到正对刨床滑枕运动方向的位置，以防工件飞出伤人。

五、评分标准

刨削平面实习评分标准见表7-3。

表7-3　刨削平面实习评分标准

班级		姓名		学号	
实习内容	刨削平面				
序号	检测内容	分值	扣分标准	学生自评	教师评分
1	工件装夹正确	10	酌情扣分		
2	刀具选择正确	10	酌情扣分		
3	刨削切削用量选择正确	30	酌情扣分		
4	刨削过程正确	40	酌情扣分		
5	行为规范、纪律表现	10	酌情扣分		
综　合　得　分		100			

思考与练习题

1. 刨削平面的基本步骤有哪些？
2. 刨削平面有哪些常见的问题？

实习二　刨削沟槽

一、实训内容

刨削沟槽。

二、工艺知识

1. 刨削T形槽

刨削T形槽之前，应在工件的端面和顶面划出加工位置线，然后参照图7-15所示的步骤，按线进行刨削加工。为了安全起见，刨削T形槽时通常要用螺栓将抬刀板刀座与刀架连接起来，使抬刀板在刀具回程时绝对不会抬起来，以避免拉断切刀刀头和损坏工件。

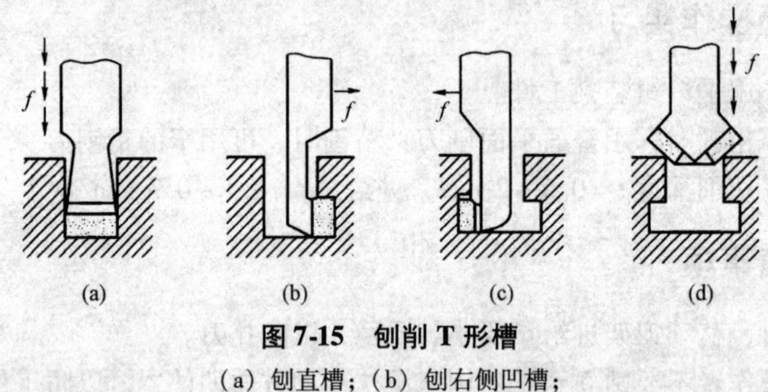

图7-15　刨削T形槽

(a) 刨直槽；(b) 刨右侧凹槽；
(c) 刨左侧凹槽；(d) 倒角

2. 刨削燕尾槽

燕尾槽工件如图7-16所示。它由中间直槽和左右两边的角度槽所组成，其刨削方法与T形槽相似，都是先刨出中间直槽，然后再刨两边的槽。图7-17（a）所示是刨出中间直槽后的情况，图7-17（b）所示是刨出左角度槽后的情况，图7-17（c）所示是刨出右角度槽后的情况。燕尾槽的左或右角度槽，可使用偏刀进行刨削，图7-18所示是使用偏刀刨削左角度槽时的情况。

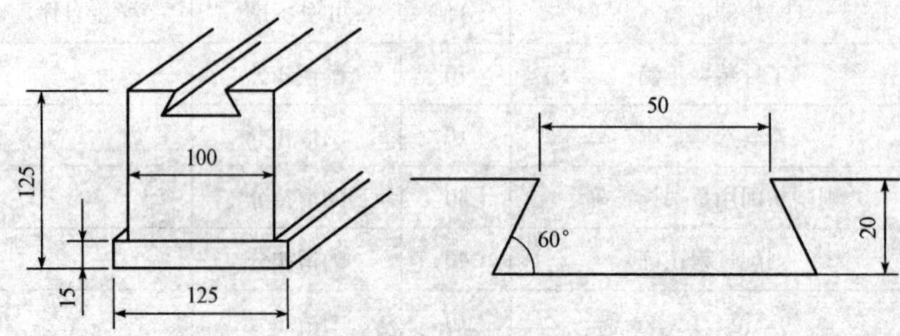

图7-16　燕尾槽工件

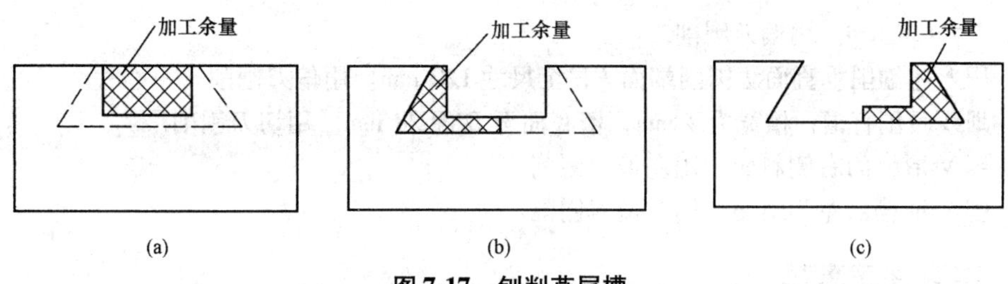

图 7-17　刨削燕尾槽

（a）刨出直槽；（b）刨出左角度槽；（c）刨出右角度槽

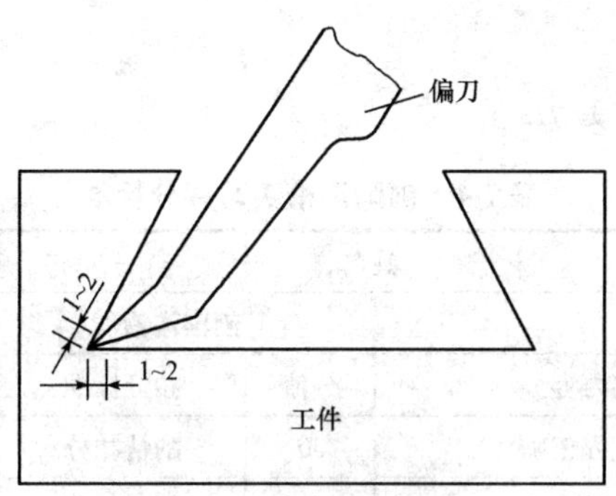

图 7-18　刨削燕尾槽的左角度槽

三、操作实习

图 7-19 所示的 V 形铁是钳工划线用的工具。毛坯材料为灰铸铁，尺寸为 128 mm × 92 mm × 68 mm。V 形槽已铸出，留 4 mm 加工余量。

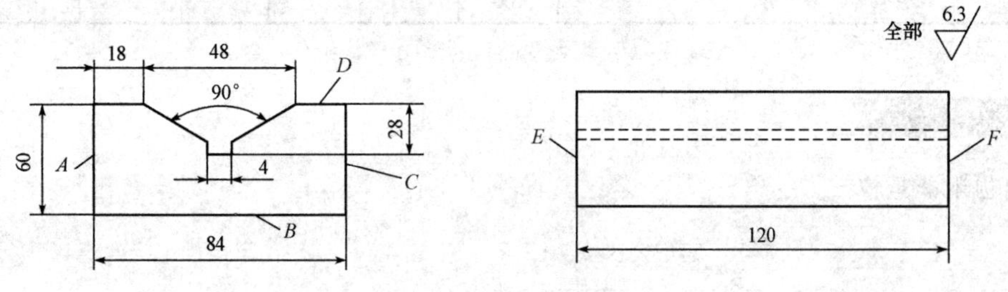

图 7-19　V 形铁

单件生产，在牛头刨床上用平口钳装夹，用平面刨刀、偏刀、切刀进行刨削。

测量用量具为游标卡尺、直角尺和游标量角器。

加工步骤如下：

（1）以 *A* 面为基准，刨平面 *B*，至尺寸 64 mm。用平面刨刀刨削。

（2）以已加工的 *B* 面为基准，紧靠平口钳的固定钳口，刨平面 *C*，至尺寸 88 mm。用平面刨刀刨削。

（3）以 *B* 面为基准，刨平面 *A*，至尺寸 84 mm。用平面刨刀刨削。

（4）以 *B* 面为基准，紧靠平口钳导轨面平行垫铁，刨平面 *D*，至尺寸 60 mm。用平面刨刀刨削。

（5）将平口钳的固定钳口调整至与刀具行程方向垂直，将工件紧贴平口钳导轨面，刨削端

面 E，至尺寸 124 mm。用偏刀刨削。

（6）用上述刨削垂直面法刨削端面 F，至尺寸 120 mm。用偏刀刨削。

（7）划线后刨直槽，槽宽为 4 mm，槽底面至 D 面 28 mm。用切刀刨削。

（8）刨 V 形槽的右侧斜面。用左偏刀刨削。

（9）刨 V 形槽的左侧斜面。用右偏刀刨削。

四、实习注意事项

刨削沟槽时，刀架进给量要小、要稳，以防扎刀。

五、评分标准

刨削沟槽实习评分标准见表 7-4。

表 7-4　刨削沟槽实习评分标准

班级		姓名		学号	
实习内容	刨削沟槽				
序号	检测内容	分值	扣分标准	学生自评	教师评分
1	刨削过程正确	30	酌情扣分		
2	刨削直槽正确	10	酌情扣分		
3	刨削凹槽正确	10	酌情扣分		
4	刀具选择正确	10	酌情扣分		
5	切削用量选择合理	10	酌情扣分		
6	槽尺寸正确	20	酌情扣分		
7	行为规范、纪律表现	10	酌情扣分		
综　合　得　分		100			

思考与练习题

如何刨削燕尾槽？

第八章 磨削加工

第一节 磨削加工概述

磨削加工是指在磨床上用高速旋转的砂轮作为刀具对工件进行切削加工。磨削加工是机械加工中最常用的精加工之一。磨削时可采用砂轮、油石、磨头、砂带等作磨具，而最常用的磨具是用磨料和结合剂做成的砂轮。目前各种磨床已广泛应用于机械、汽车、工具、仪表、液压、航空、轴承等领域。

一、磨削加工范围

磨削的加工范围很广，不仅可以加工内外圆柱面、内外圆锥面和平面，还可加工螺纹、花键轴、曲轴、齿轮、叶片等特殊的成形表面，如图 8-1 所示。

一般磨削能达到的经济精度为 IT7 ~ IT5，一般表面粗糙度值为 *Ra*0. 8 ~ 0. 2 μm，高精度磨削可使表面粗糙度 *Ra* 值小于 0. 025 μm，尺寸公差达微米级水平，因此，磨削加工一般用作精加工。

二、磨削加工工艺特点

1. 能加工高硬度、难加工材料

由于砂轮是一种特殊的刀具，磨粒本身具有较高的硬度和耐热性，且具有一定的切削能力，因而磨削加工可以加工其他切削加工难以加工的材料，如硬质合金、淬硬钢、高强度合金钢等高硬度材料和非金属材料。

2. 加工精度高，表面粗糙度小

由于砂轮工作面上的磨粒刃口锋利、微细且分布极多，每个切削刃的切削量很小，砂轮转速高，磨床精度高，刚度和稳定性好，具有微量进给功能，所以磨粒能从工件表面上切除极薄的一层金属，在被加工表面上残留下来极小的切痕，加工质量较好。

3. 磨削温度高

磨削速度很高，一般为 30 ~ 50 m/s，高速磨削时，其速度可达 60 m/s。在磨削过程中，砂轮对工件有强烈的挤压和摩擦作用，产生大量的切削热，磨削区瞬时磨削温度可达 1 000 ℃。高的磨削温度可使工件变形、烧伤或机械性能下降，因此，在磨削时必须使用大量的切削液。

图8-1　常见的磨削方法

（a）外圆磨削；（b）内圆磨削；（c）平面磨削；（d）花键磨削；（e）螺纹磨削；（f）齿形磨削

4. 砂轮具有自锐性

在磨削过程中，磨钝的磨粒能在切削力的作用下破碎并脱落，露出锋利刃口继续磨削，这就是砂轮的自锐性，它能使砂轮保持良好的切削性能。

三、磨削加工实习目的与要求

（1）了解磨削加工工艺特点及加工范围。

（2）掌握磨床的型号及主要技术规格。

（3）了解磨床的种类、功用及组成。

（4）了解砂轮的特性，熟悉砂轮的平衡、安装和修整的方法。

（5）熟悉冷却液的种类及作用。

（6）掌握磨工基本操作技能。

（7）能应用横向进给手轮调整背吃刀量。

（8）能正确维护与操作磨床。

四、磨削加工安全操作规程

（1）按规定穿戴好安全防护用品。

（2）磨削是高速切削，砂轮较脆易碎，操作时应特别谨慎，未经调平衡的砂轮严禁使用。

（3）磨削前检查砂轮罩、挡铁等是否紧固完好，并根据工件材料的硬度、粗精磨等选用相应的砂轮。

（4）开车后空转1～2 min，待机床、砂轮运转正常后再工作。

（5）装卸工件时，要把砂轮升到一定位置后方可进行。

（6）外圆磨床用顶尖装夹时，顶尖必须顶在顶尖孔内。平面磨床在磨削前把工件放到电磁吸盘上，通电后检查工件被吸牢后才能进行磨削。加工高而窄或底部接触面较小的工件时，工件周围必须用挡铁，且不低于工件高度的三分之二，待工件吸牢后才能加工。

（7）进刀时不准将砂轮一次接触工件，要留有空隙缓慢进给。

（8）行程定位块的位置必须正确可靠，并经常检查是否松动。

（9）磨床各油路系统必须保持畅通，主轴等转动部分严禁在缺乏润滑油的情况下运转。

（10）磨削中禁止用手摸工件，测量、装卸工件时，必须将砂轮退出，停机后才能进行，防止砂轮磨手。

（11）凡两人或两人以上在同一台机床上工作时，要相互配合，必须有一人负责安全，只能一人操作，严禁两人同时操作，开车前必须先打招呼，防止发生事故。

（12）操作结束后，应切断电源、清除切屑、擦洗机床、加润滑油，将机床各部件调整到正常位置。

思考与练习题

1. 磨削加工工艺的特点是什么？

2. 磨削能加工哪些类型的零件？一般磨削加工能达到的最高公差等级和最低表面粗糙度值是多少？

第二节　磨床的基本操作实习

磨床的基本操作是磨削加工的基础，可分为磨床操作、砂轮和切削液的使用两个实习部分进行操作训练。

实习一　磨床操作

一、实习内容

根据磨床的操作过程分组进行机床操作训练。

二、工艺知识

1. 磨床的型号及主要技术规格

磨床的种类很多，有外圆磨床、平面磨床、工具磨床、内圆磨床、曲轴磨床等。其中应用最广泛的是外圆磨床和平面磨床。

机床型号是机床产品的代号，用以简明地表示机床的类别、主要技术参数、结构特征等。现以 M1432A 型万能外圆磨床为例，具体说明磨床的型号含义。

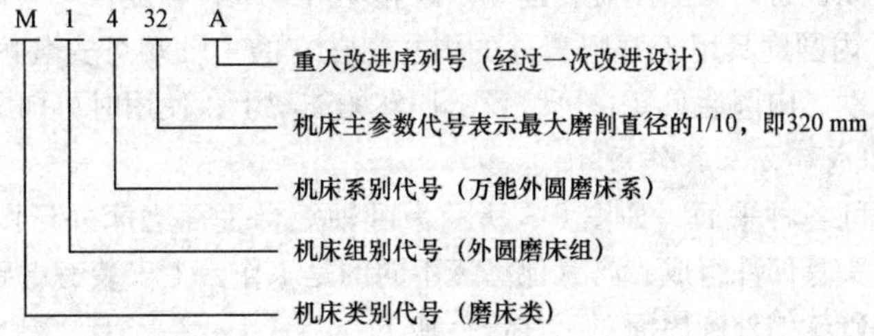

2. 万能外圆磨床的组成部分及其作用

万能外圆磨床主要用于磨削外圆柱表面和外圆锥表面，还可以磨削轴肩、端面、内孔。M1432A 型万能外圆磨床由床身、工作台、头架、尾座、砂轮架和内圆磨具等部件组成，如图 8-2 所示。

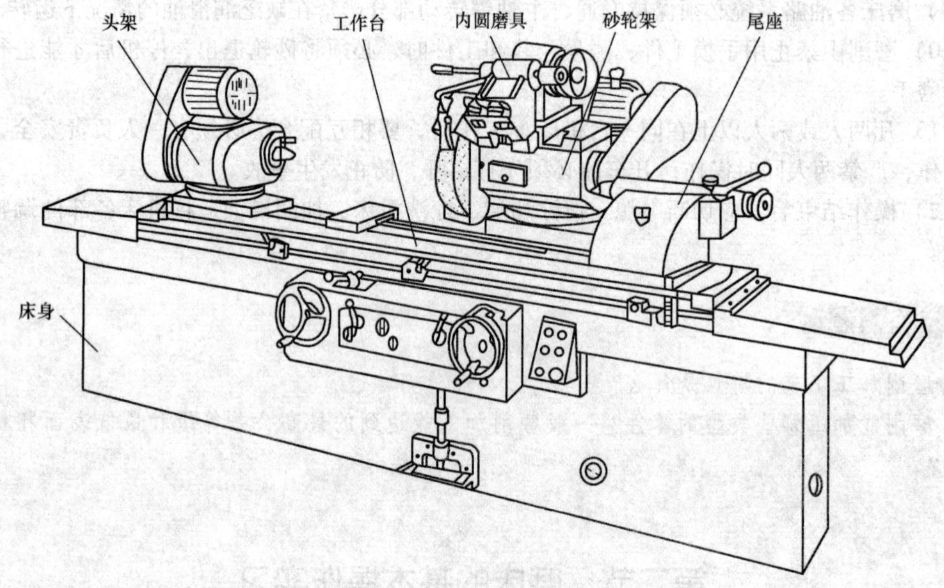

图 8-2　M1432A 型万能外圆磨床

（1）床身。床身是一个箱型铸件，用来支承磨床的各个部件，在床身上面有两组导轨：纵向导轨和横向导轨。纵向导轨上装有上、下工作台，横向导轨上装有砂轮架。在床身内部装有液压传动装置和其他传动机构。

（2）工作台。工作台分上下两层，上层称上工作台，可相对下工作台回转角度，以便磨削圆锥面。下层称下工作台，由机械或液压传动，可沿着床身的纵向导轨做纵向进给运动。工作台往复运动的位置可由行程挡块控制。为了保持床身表面精度，在操作磨床中应注意维护保养。

（3）头架。头架上装有主轴，主轴端部可以安装顶尖或卡盘，以便装夹工件。主轴由单独的电动机通过传动变速机构带动，使工件获得不同的转动速度。头架可在水平面内偏转一定角度，可磨削短圆锥面。

（4）尾座。尾座上装有尾座套筒，在尾座套筒前端安装顶尖，用来支承工件的另一端。尾座套筒的后端装有弹簧，可调节顶尖对工件的轴向压力。

（5）砂轮架。砂轮架安装在床身的横向导轨上。操纵横向进给手轮，可实现砂轮的横向进给运动，用来控制工件的磨削尺寸。砂轮架还可以由液压传动控制，实现快速进退运动。砂轮装在砂轮主轴端，由电动机带动做磨削旋转运动。砂轮架可绕垂直轴旋转一定角度。

（6）内圆磨具。内圆磨具用于磨削工件的内孔，在它的主轴端可安装内圆砂轮，由电动机经皮带传动做磨削运动。内圆磨具装在可绕铰链回转的支架上，使用时可向下翻转至工作位置。

3. 平面磨床的组成部分及其作用

平面磨床用于磨削各种平面，如图 8-3 所示为卧轴矩台平面磨床外形图，它由床身、工作台、立柱、拖板、磨头等部件组成，与其他磨床不同的是工作台上安装有电磁吸盘，用以直接吸住工件。在磨削时用砂轮的外圆周面对工件进行加工。

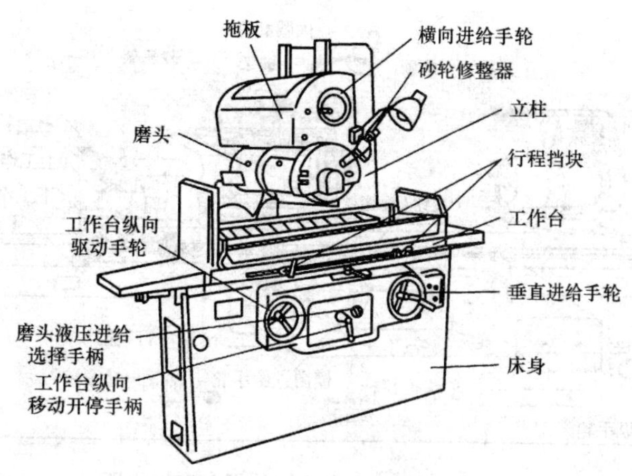

图 8-3　卧轴矩台平面磨床外形图

（1）床身。床身为箱形铸件，上面有 V 形导轨及平导轨；工作台安装在导轨上。床身前侧装有工作台手动机构、垂直进给机构、液压操纵板及电器按钮板。液压操纵板用以控制机床的机械与液压的传动。电气按钮板装有油泵启动按钮、砂轮变速启动开关、电磁吸盘工作状态选择开关及总停开关，并装有退磁器插座，以提供退磁器的电源。在床身后部的平面上，装有立柱及垂直进刀机构。

（2）工作台。工作台是一盆形铸件，上部有长方形的台面，下部有凸出的导轨。长方形台面表面经过磨削，并有一条 T 形槽，用以固定工件或电磁吸盘。在台面两端装有防护罩，以防止切削液飞溅。工作台由液压传动在床身导轨上做直线往复运动；由行程挡块自动控制换向。工作台也可摇动手轮进行调整，手轮每转一圈，工作台移动 6 mm。

（3）立柱。立柱体为一箱形结构，前部有两条平导轨，其中间丝杠安装，通过螺母，使拖板沿平导轨做垂直移动。立柱上装有叠合式防护罩，用以防止切削液、灰尘等物进入。

（4）拖板。拖板有两组相互垂直的导轨，一组为垂直平导轨，用以沿立柱做垂直移动，另一组为水平燕尾导轨，用以做磨头横向移动。

（5）磨头。磨头在水平燕尾导轨上的移动有两种形式。一种是断续进给，即工作台换向一次，磨头横向做一次进给，移动量为 1 ~ 12 mm。另一种是连续进给，磨头在水平燕尾导轨上往复连续移动。磨头座左侧槽内装有行程挡块，用以控制磨头横向移动距离。连续移动速度为 0. 3 ~ 3 m/min，由进给选择旋钮控制。磨头除了由液压传动控制外，还可用横向进给手轮控制移动，每格进给量为 0. 01 mm。

（6）垂直进给机构。垂直进给机构位于床身前面，固定在床身上，摇动垂直手轮带动轴转动，通过垂直进给减速器齿轮，使丝杠转动，即得到垂直进给。垂直进给最大移动量为 345 mm，手轮转一圈移动量为 1 mm，每格刻度值为 0. 005 mm。

三、操作实习

1. 外圆磨床的操纵

（1）工作台运动的操纵，如图 8-4 所示。

①手动运动的操纵。转动纵向操纵手轮，工作台做纵向运动。手轮顺时针旋转，工作台向右移动。手轮每转一周，工作台移动 5. 9 mm。

②工作台液压运动的操纵。按油泵启动按钮，启动油泵。工作台的行程距离可调整行程挡

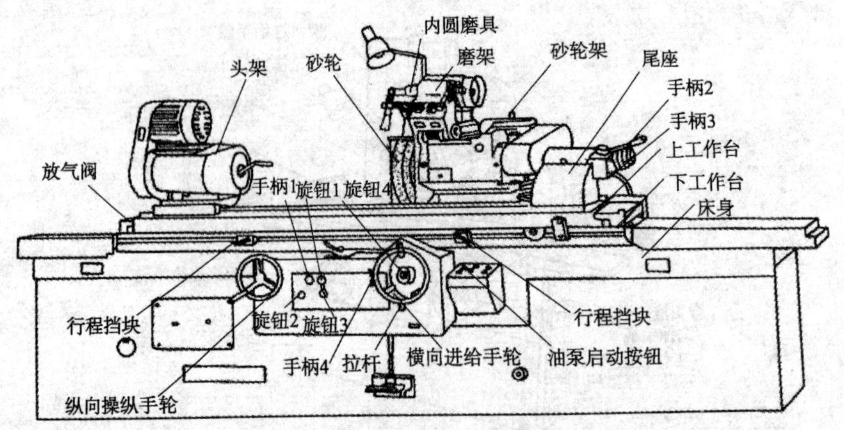

图 8-4　M1432A 型万能外圆磨床操纵图

块。打开放气阀，排出机床油管内的空气。转动工作台液压启动手柄 1 至启动位置；调节旋钮 1 使工作台处于最高行程速度。在工作台来回运动 1 ~ 2 次后，关闭放气阀，调节旋钮 1 使工作台处于磨削行程速度。调节旋钮 2 或旋钮 3，可使工作台在左边或右边换向时，停留一段时间，停留时间可任意调节。转动手柄至停止位置，工作台停止运动。液压启动工作台前，应调整好行程挡块位置并予以紧固。

（2）砂轮架横向进给运动的操纵。

①砂轮架的手动进给操纵。转动横向进给手轮，砂轮架做横向移动；手轮顺时针旋转，砂轮架前进（朝操作者方向）；手轮逆时针旋转，砂轮架后退。拉出拉杆，手轮转动时为细进给，手轮转一圈，砂轮架横向移动 0.5 mm；推进拉杆，手轮转动时为粗进给，手轮转一圈，砂轮架横向移动2 mm。拉出旋钮 4，可调整手轮刻度盘的数值，调整完毕，当将旋钮推入。一定要分清进刀和退刀的方向。

②砂轮架液压快速进退的操纵。在油泵启动以后，逆时针转动手柄 4 至工作位置，砂轮架快速进入；顺时针转动手柄 4 至退出位置，砂轮架快速退出；进入或退出的距离为 50 mm。操纵该手柄的作用是便于操作者装卸和测量工件。砂轮架快速进退时，应注意避免砂轮与工件相撞。

（3）尾座的操纵。转动手柄 4，可使尾座上的尾座套筒往复运动，便于工件的装卸。转动手柄 3，可调整尾座弹簧的压力。顺时针旋转，压力加大；逆时针旋转，压力减小。

（4）工件的装夹练习。在磨床上磨削工件，必须十分重视工件的安装。工件的安装是否正确、稳固，会直接影响加工精度和操作的安全。工件的安装还要求迅速、方便。在外圆磨床上，工件一般用两顶尖安装，加工精度高。

①中心孔。中心孔的使用要求 60°圆锥孔表面应光滑，无毛刺、划痕、碰伤等。中心孔的大小应与工件直径大小相适应。60°圆锥孔的角度要正确，小圆柱孔应有足够深度。

②夹头。夹头的大小应根据工件大小来选择，夹头内径比工件直径略大些；若夹头内径太大，夹头中心将产生偏离，磨削时将产生离心力而影响工件质量；同时夹紧螺钉也容易松动。

③两顶尖装夹工件的方法。根据工件尺寸大小选择顶尖，并将其安装在头架和尾架上；根据工件的长度调整头架和尾架的距离，头架和尾架距离应保证两顶尖夹持工件的夹紧力松紧适度，如图 8-5 所示；清洗和检查中心孔，在中心孔内涂入润滑脂；用夹头夹紧工件一端，必要时可垫上铜皮，以保护工件无夹持痕迹；用左手拖住工件，将工件有夹头一端中心孔支承在头架顶尖上；用右手扳动手柄，使尾架套筒回缩，然后将工件右端靠近尾架顶尖中心，放松手柄，使套筒

逐渐伸出，将后顶尖慢慢引入中心孔内，夹紧工件；调整拨杆，使拨杆能拨动夹头；按动头架点动按钮，检查工件旋转情况，运转正常后再进行磨削。

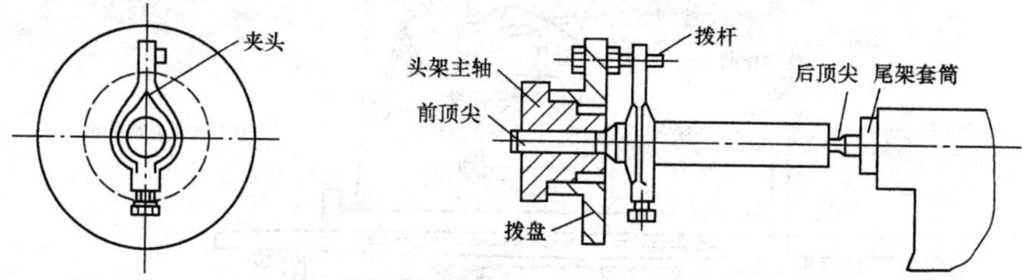

图 8-5　两顶尖装夹

2. 平面磨床的操纵

（1）电磁吸盘的使用特点。工件装卸迅速方便，可多件加工，生产效率高；能保证工件平面的平行度；装夹稳固，不需要进行调整；可在台面上安装各种夹具，磨削垂直平面、倾斜面等，使用比较方便。

（2）工件在电磁吸盘上的装卸方法。将工件基准面修去表面毛刺并擦净，然后将基准面放到电磁吸盘上。转动电磁吸盘工作状态选择开关至“工件吸着”位置，使工件吸牢在台面上。工件加工完毕，由于工件有剩磁不易取下，可将开关转到“退磁”位置，把剩磁去掉，再将电磁吸盘工作状态选择开关拨至“电源切断”位置，然后取下工件。

（3）平面磨床的具体操纵方法。

①转动床身后面的电源开关，接通电源。

②将工件吸附在电磁吸盘之上，将磨头停在离工件一定距离（约 1 mm）的高度上，各液压操纵手柄、旋钮均置于停止位置。调整好工作台行程挡块的位置，使其宽于工件长度 20 mm 左右。转动工作台驱动手轮，检查行程范围是否合适。

③按下液压泵启动按钮，启动液压泵。

④打开工作台纵向开停调速手柄，使工作台以低速运动，使工作台往复换向 2 ~ 3 次，检查动作是否正常。

⑤转动磨头液动进给选择手柄，向左旋转，使磨头做横向连续移动，调节磨头左侧槽内的挡铁距离，使磨头在电磁吸盘台面横向全程范围内往复移动。转动磨头液压进给选择手柄，向右旋转，使磨头在工作台纵向运动换向时做横向断续进给，进给距离可从小调节到大。磨头断续或连续进给需要换向时，可调节手柄，手柄向前拉，磨头向前移动；手柄向后推，磨头向后移动。注意在加工工件时只能使用横向断续进给。图 8-6 所示为平面磨床操纵图。

3. 维护机床

磨床的日常保养维护工作对磨床的精度、使用寿命有很大的影响，它也是文明生产的主要内容。

（1）训练前应仔细检查磨床各部位是否正常，若有异常现象，应及时报告老师，不能带病训练。

（2）训练结束后，应清除各部位积屑，擦净残留的切削液及磨床外形，并在工作台面、顶尖及尾座套筒上涂油防锈。

（3）严禁在工作台上放置工量具及其他物品，以防工作台台面损伤。

（4）移动头架和尾座时，应先擦净工作台台面和前侧面，并涂一层润滑油，以减少机床磨损。

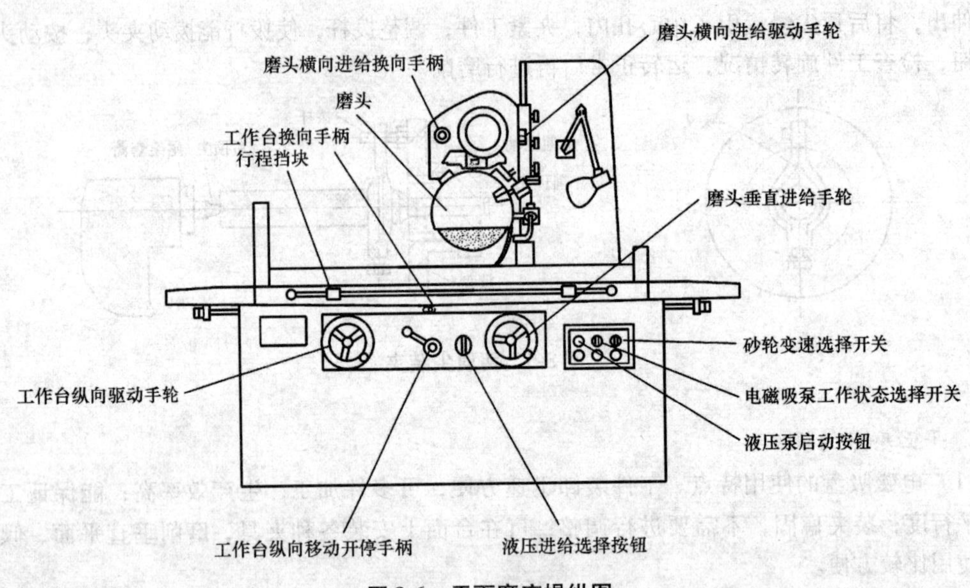

图 8-6　平面磨床操纵图

（5）电磁吸盘的台面要保持平整光洁，使用完毕后，应将台面擦净并涂油防锈。

（6）擦拭机床完毕后，工作台应停在机床中间部位。

四、实习注意事项

（1）开机前要检查各控制手柄位置是否处于停止位置，否则易发生事故。

（2）砂轮架快速进退时，要注意避免砂轮与机床及工件相撞。

（3）手动进退方向不能摇错，如把退刀摇成进刀，会使工件报废并伤及人身。

（4）操作时严禁两人同时操作。

（5）机床在运转过程中，严禁操作者离开机床。

（6）必须在教师操纵示范后，同学们逐个轮换练习一次，然后分散练习，以免发生事故。

五、评分标准

磨床的基本操作实习评分标准见表 8-1。

表 8-1　磨床的基本操作实习评分标准

班级		姓名		学号	
实习内容	操作磨床				
序号	检测内容	分值	扣分标准	学生自评	教师评分
1	外磨工作台的操纵	10	酌情扣分		
2	外磨砂轮架横向进给运动的操纵	10	酌情扣分		
3	外磨尾座的操纵	10	酌情扣分		
4	外圆工件的装夹练习	20	酌情扣分		
5	平磨电磁吸盘的使用	10	酌情扣分		

续表

班级		姓名		学号	
6	平面工件的装夹练习	20	酌情扣分		
7	磨床维护	10	酌情扣分		
8	行为规范、纪律表现	10	酌情扣分		
综合得分		100			

思考与练习题

1. 磨床的加工范围是什么？
2. 说明 M1432A 型磨床型号的意义。
3. 卧轴矩台平面磨床由哪几部分组成？各部分有何作用？

实习二　砂轮及切削液的使用

一、实习内容

正确选择和使用砂轮及切削液。

二、工艺知识

1. 砂轮的基本知识

砂轮是磨削的切削工具，它是由磨料和结合剂经压坯、干燥、烧结而成的疏松体，由磨粒、结合剂和气孔三部分组成。砂轮磨粒暴露在表面部分的尖角即切削刃。结合剂的作用是将众多磨粒黏结在一起，并使砂轮具有一定的形状和强度，气孔在磨削中主要起容纳切屑和磨削液以及散发磨削热的作用。砂轮的磨削性能主要取决于磨料、粒度、结合剂、硬度、组织、形状和尺寸等要素，它将直接影响工件的加工精度、表面粗糙度和生产率。

（1）磨料。磨料是砂轮的主要成分，直接担负磨削工作，它除了应具备锋利的尖角外，还必须具有很高的硬度和良好的耐热性、适当的韧性以及一定的强度，以便磨削时在高温下能经受剧烈的摩擦和挤压。常用的磨料有三类，即氧化物系磨料、碳化物系磨料和高硬系磨料。

①氧化物系磨料。主要成分 Al_2O_3，适用于磨削各种钢材和可锻铸铁，常见有棕刚玉（代号 A）、白刚玉（代号 WA）、铬刚玉（代号 PA）等。

②碳化物系磨料。主要成分碳化硅、碳化硼，其硬度比氧化物系磨料高，磨粒锋利，但韧性差，适宜磨削铸铁、黄铜等脆性材料及硬质合金。

③高硬系磨料。主要有人造金刚石和立方氮化硼，适宜磨削光学玻璃、宝石、陶瓷等高硬度材料。

（2）粒度。粒度是磨料颗粒的大小，常用粒度号表示，粒度号越大，磨料的颗粒越小。粒度对磨削生产率和加工表面的粗糙度有很大的影响。一般粗磨或磨软材料时选用粗磨粒；精磨或磨硬而脆的材料时选用细磨粒。

（3）结合剂。磨料用结合剂可以黏结成各种形状和尺寸的砂轮，以适用于不同表面形状和尺寸的加工。常用的结合剂有陶瓷结合剂（代号 V）、树脂结合剂（代号 B）、橡胶结合剂（代号 R），陶瓷结合剂最为常用。

（4）硬度。砂轮的硬度是指结合剂黏结磨粒的牢固程度，也是指磨粒在磨削力作用下，从砂轮表面上脱落下来的难易程度。工件材料越硬，越应选用较软的砂轮。因为硬的工件材料易使磨粒磨损，使用较软的砂轮可使磨钝的磨粒及时脱落，使砂轮保持磨粒的锐利。

（5）组织。组织是砂轮结构的松紧程度，即磨粒、结合剂和气孔三者所占体积的比例关系。一般分紧密、中等、疏松三个类别。

（6）砂轮的代号。按《固结磨具　一般要求》（GB/T 2484—2018）的规定，砂轮的完整标记如图 8-7 所示。

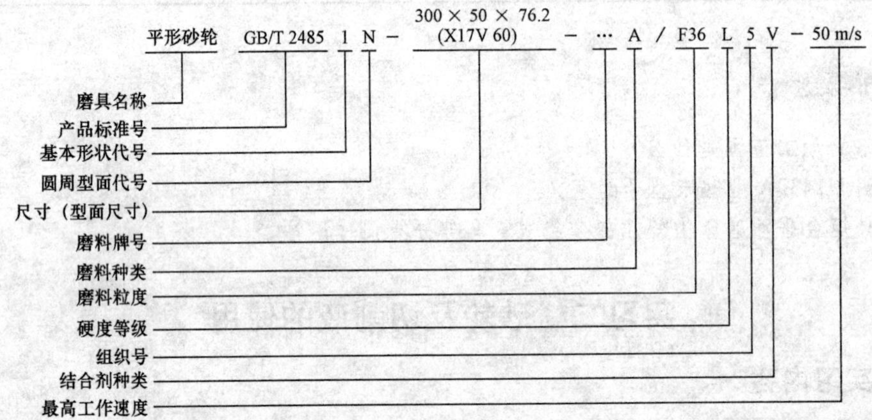

图 8-7　砂轮的完整标记

2. 砂轮的选用

选用砂轮时，应综合考虑工件的形状、材料性质及磨床条件等各种因素，见表 8-2。在考虑尺寸大小时，应尽可能把外径选得大些，以提高砂轮的圆周速度，有利于提高磨削生产率、降低表面粗糙度。但应特别注意的是不能使砂轮工作时的线速度超过安全线速度的数值。

表 8-2　常用砂轮的形状、代号及用途

砂轮名称	代号	简图	主要用途
平形砂轮	1		用于磨外圆、内圆、平面、螺纹及无心磨等
双斜边砂轮	4		用于磨削齿轮和螺纹
双面凹一号砂轮	7		主要用于外圆磨削和刃磨刀具、无心磨砂轮和导轮
平行切割砂轮	41		主要用于切断和开模等
筒形砂轮	2		用于立轴端面磨

续表

砂轮名称	代号	简图	主要用途
杯形砂轮	6		用于磨平面、内圆及刃磨刀具
碗形砂轮	11		用于导轨磨及刃磨刀具
碟形砂轮	12b		用于磨铣刀、铰刀、拉刀等，大尺寸的用于磨齿轮端面

3. 砂轮的检查、平衡、安装及修整

（1）砂轮的检查。砂轮安装前一般要进行裂纹检查，严禁使用有裂纹的砂轮。通过外观检查确认无表面裂纹的砂轮，一般还要用木槌轻轻敲击，声音清脆的为没有裂纹的好砂轮。

（2）砂轮的平衡。由于砂轮各部分密度不均匀、几何形状不对称以及安装偏心等各种原因，往往造成砂轮重心与其旋转中心不重合，即产生不平衡现象。不平衡的砂轮在高速旋转时会产生振动，影响磨削质量和机床精度，严重时还会造成机床损坏和砂轮碎裂。因此在安装砂轮前都要进行平衡。砂轮的平衡有静平衡和动平衡两种。一般情况下，只需做静平衡，但在高速磨削（线速度大于 50 m/s）和高精度磨削时，必须进行动平衡。

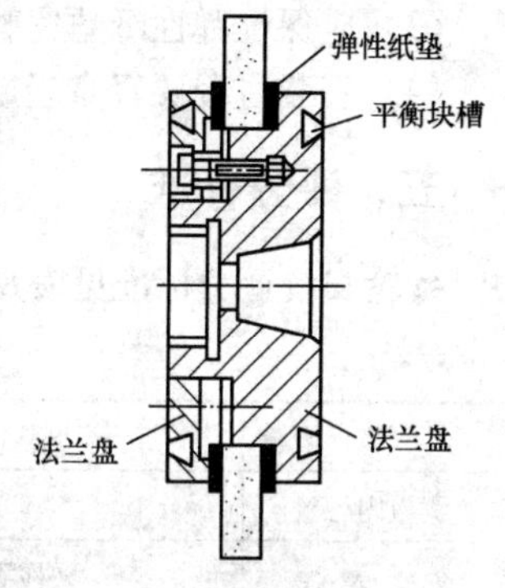

图 8-8 砂轮的安装

（3）砂轮的安装。最常用的砂轮安装方法是用法兰盘装夹砂轮，如图 8-8 所示。两法兰盘直径必须相等，其尺寸一般为砂轮直径的一半。安装时，砂轮和法兰盘之间应垫上 1 ~ 2 mm 厚的弹性纸垫，砂轮的孔径与法兰盘轴颈间应有一定的安装间隙，以免主轴受热膨胀而将砂轮胀裂。

（4）砂轮的修整。砂轮工作一定时间后，出现磨粒钝化、表面空隙被磨屑堵塞、外形失真等现象时，必须除去表层的磨粒，重新修磨出新的刃口，以恢复砂轮的切削能力和外形精度。砂轮修整一般利用金刚石工具，采用车削法、滚压法或磨削法进行。修整时要用大量的切削液直接浇注在砂轮和金刚笔接触的地方，以避免金刚石因温度剧升而破裂。

4. 切削液的使用

切削液又称冷却润滑液，主要用来降低磨削热和减少磨削过程中的摩擦。在磨削过程中，金属的变形和摩擦会产生很大的热量，使工件受热变形或烧伤，降低磨削的质量。一般磨削均要采用切削液。切削液主要有冷却作用、润滑作用、清洗作用和防锈作用。

切削液的使用方法要得当，一般要注意以下几个问题。

（1）切削液应该直接浇注在砂轮和工件接触的地方。

（2）切削液的流量应充足，一般取 10 ~ 30 L/min，并应均匀地喷射到整个砂轮宽度上。

（3）切削液应有一定的压力，以便切削液能冲入磨削区域。

（4）切削液应该常保持清洁，尽可能减少切削液中杂质的含量，变质的切削液要及时更换，超精密磨削时可以采用专门的过滤装置。

三、砂轮安装操作实习

砂轮在法兰盘上的安装步骤如下。

（1）检查砂轮是否有裂纹或局部受潮。

（2）检查砂轮孔径与法兰座的配合间隙，配合时应有较小间隙。

（3）检查弹性纸垫是否完整。

（4）擦净法兰盘和砂轮内孔，在法兰座上垫好纸垫。

（5）安放砂轮。

（6）安放纸垫和砂轮盘。

（7）拧紧压紧螺钉，拧紧螺钉时，应按对角顺序逐步拧紧，用力不能过猛。

四、实习注意事项

（1）砂轮如有裂纹或局部受潮，绝对不能使用。

（2）砂轮安装时不准将砂轮压进法兰座上，间隙较大时，应在砂轮孔径与法兰座间垫弹性纸垫，以消除间隙。

（3）应保证弹性纸垫完整。

（4）安装过程要轻拿轻放，注意安全。

五、评分标准

砂轮安装评分标准见表8-3。

表8-3　砂轮安装评分标准

班级		姓名		学号	
实习内容	砂轮安装				
序号	检测内容	配分	扣分标准	学生自评	教师评分
1	检查砂轮	10	酌情扣分		
2	检查砂轮孔径与法兰座的配合间隙	20	酌情扣分		
3	检查弹性纸垫是否完整	10	酌情扣分		
4	安装前的清洁工作	10	酌情扣分		
5	安装砂轮、弹性纸垫及法兰盘	20	酌情扣分		
6	拧紧压紧螺钉	20	酌情扣分		
7	行为规范、纪律表现	10	酌情扣分		
综合得分		100			

思考与练习题

1. 砂轮一般分为哪几类？如何选用？
2. 砂轮的磨削性能主要由哪些要素组成？
3. 切削液的作用是什么？

第三节　磨削加工实习

磨削加工可磨削外圆、内圆和平面，我们通过磨削外圆和磨削平面的实习操作进行磨削加工训练。

实习一　磨削外圆

一、实习内容

磨削轴类工件外圆。

二、工艺知识

1. 磨削参数的选择

磨削参数包括磨削速度 v_c、圆周进给量 f_w、纵向进给量 f_x、背吃刀量 α_p。

（1）磨削速度 v_c。磨削速度是磨削过程中砂轮外圆的线速度 v_c，取 30 ~ 50 m/s。

（2）圆周进给量 f_w。一般用工件的转速 v_w 来表述和度量。工件转速的选择见表 8-4。

（3）纵向进给量 f_x。是工件相对于砂轮沿轴向的移动量，一般 f_x = （0.2 ~ 0.8）B（单位：mm/r）。B 为砂轮宽度。

（4）背吃刀量 α_p：背吃刀量是垂直于进给速度方向的切削层最大尺寸。一般指工件上已加工表面和待加工表面间的垂直距离。

表 8-4　工件转速的选择

工件直径/mm	>250	150 ~ 250	80 ~ 150	50 ~ 80	25 ~ 50	<25
工件转速/（$r \cdot s^{-1}$）	25	50	80	112	160	224

2. 粗、精磨磨削的选择

零件毛坯经其他工序粗加工、半精加工后留下的要在磨削工序中切除的那一部分余量，称为磨削余量。为了提高生产效率和磨削精度，可将磨削余量分为粗磨余量和精磨余量两部分。精磨余量一般是全部磨削余量的 1/10，约 0.05 mm。精磨时为了提高工件精度、降低表面粗糙度，在精磨的最后阶段，可在不进刀的情况下，光磨几次，使磨削火花减小甚至消失。粗磨时背吃刀量 α_p = 0.02 ~ 0.05 mm；精磨时背吃刀量 α_p = 0.005 ~ 0.01 mm。

3. 磨削外圆表面的方法

（1）纵向磨削法。磨削时，砂轮高速旋转，工件低速旋转的同时，还随工作台做往复运动。在每次往复运动到达终点时，砂轮按要求的背吃刀量 α_p 做一次进给，在多次往复行程中磨去磨削余量。这种磨削方法称为纵向磨削法，如图 8-9 所示。由于磨削力小，散热条件好，工件可获得较高的加工精度和较小的表面粗糙度。

（2）横向磨削法。如图 8-10 所示，当工件被磨外圆长度小于砂轮宽度时采用，磨削时砂轮做连续横向进给运动，直到磨去全部余量为止。磨削时径向力较大，工件容易弯曲变形，不适宜磨细长的工件。同时，由于是连续地做横向进给运动，故机动时间短，生产率高。

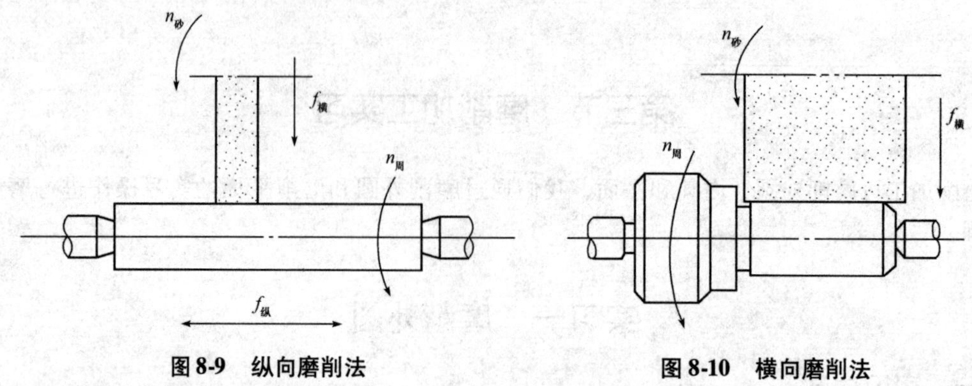

图 8-9　纵向磨削法　　　　图 8-10　横向磨削法

（3）阶段磨削法。它是横向磨削法和纵向磨削法的综合应用，能达到取长补短的效果。

（4）深度磨削法。采用这种磨削方法一般都要对砂轮进行修整。由于磨削力较大，故要求机床功率大、刚度好。该法适用于大批量生产。

三、轴类工件磨削操作实习

1. 典型轴类工件磨削工艺分析

如图 8-11 所示，该零件前序加工已完成，各外圆留 0.5 mm 左右的磨削余量。通过前面所讲实习内容，要完成该轴的磨削加工，其操作步骤为：确定磨削工艺→选择调整机床→安装工件→磨削加工。

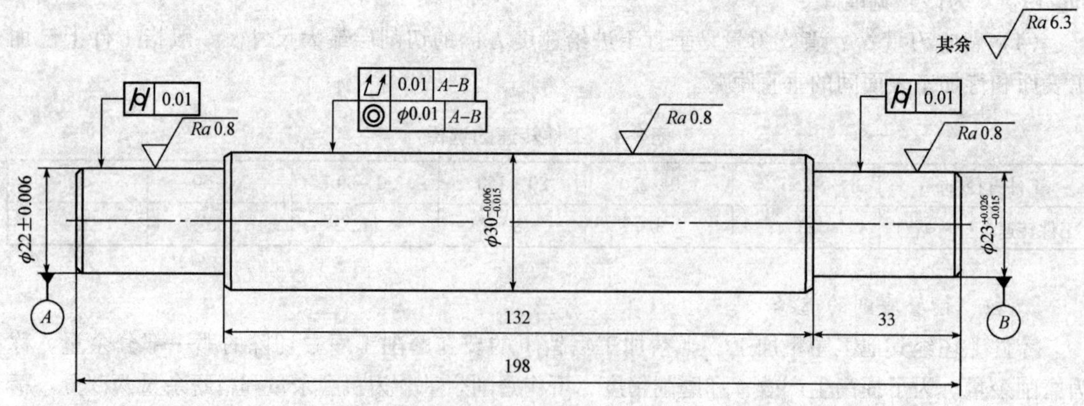

图 8-11　磨削轴类工件

2. 磨削步骤

（1）两端中心孔擦干净，加润滑脂。选择合适夹头，夹持 ϕ23 mm 外圆。

（2）测量工件尺寸，计算出磨削余量。

（3）选择 M1432 型万能外圆磨床，调整尾座至合适位置，应保证两顶尖夹持工件的夹紧力松紧适度。安装工件，调整拨杆，使拨杆能拨动夹头；按动头架点动按钮，检查工件旋转情况是否运转正常。

（4）调整横向进给手轮使砂轮相对 ϕ30 mm 外圆大于 50 mm 以上，调整好纵向换向挡块。

（5）试磨 ϕ30 mm 外圆后，测量 ϕ30 mm 外圆左右尺寸，根据情况调整上工作台，再次试磨 ϕ30 mm 外圆至图纸要求的公差范围。

（6）粗磨 $\phi30$ mm 外圆，留 0.1 mm 精磨量。

（7）粗磨 $\phi22$ mm 外圆，留 0.1 mm 精磨量。

（8）掉头粗磨 $\phi23$ mm 外圆，留 0.1 mm 精磨量。

（9）精细修整砂轮。

（10）精磨 $\phi30$ mm 外圆至图纸要求。

（11）精磨 $\phi23$ mm 和 $\phi22$ mm 两外圆至图纸要求。注意要保护工件无夹持痕迹，必要时可垫上铜皮。

（12）加工结束后，取下工件，擦拭工件。

（13）停止机床并擦拭干净。

四、实习注意事项

（1）调整上工作台要耐心细致，应微量转动调整螺钉，注意消除反向螺钉的间隙。

（2）磨削前应仔细检查中心孔的质量，并保护好中心孔。

（3）精磨时，应在工件外圆表面和夹头螺钉之间垫上铜皮，以免产生夹痕。

（4）磨削阶台轴的各外圆面时，要注意相邻外圆之间的直径差，要缓进快退，以免出错，使砂轮碰撞工件。

（5）操作时严禁两人同时操作。

（6）机床在运转过程中，严禁操作者离开机床。

五、评分标准

磨削外圆评分标准见表 8-5。

表 8-5　磨削外圆评分标准

班级		姓名		学号	
实习内容	磨削外圆				
序号	检测内容	配分	扣分标准	学生自评	教师评分
1	工件装夹正确	10	酌情扣分		
2	机床调整正确	10	酌情扣分		
3	试磨方法恰当	10	酌情扣分		
4	磨削用量选择正确	20	酌情扣分		
5	磨削质量检测	30	酌情扣分		
6	磨床维护	10	酌情扣分		
7	行为规范、纪律表现	10	酌情扣分		
综　合　得　分		100			

思考与练习题

1. 常用的外圆磨削方法有哪几种？各自有何作用？

2. 如何选择磨削用量？

实习二　磨削平面

一、实习内容

磨削板类工件平面。

二、工艺知识

1. 平面的磨削方式

平面磨削方式分为周面磨削（砂轮主轴为卧式）、端面磨削（砂轮主轴为立式）。周面磨削是用砂轮圆周面磨削平面，砂轮与工件的接触面小，摩擦发热小，排屑和冷却条件好，所以加工时不易产生热变形，工件加工质量高，适用于精磨。磨削时要用间断的横向进给来完成整个工件表面的磨削，因此生产效率相对较低。端面磨削是用砂轮的端面磨削平面，磨床的刚性好，可以采用较大的磨削用量。另外，砂轮与工件的接触面积大，同时参加磨削的磨粒多，因此，端面磨削的生产效率较高。但由于磨削过程中发热量大，冷却条件差（切削液不易直接浇注到磨削区）。所以工件的热变形大，加工质量一般比周面磨削差一些，适用于粗磨。

2. 平行面的磨削方法

平行面适用于周面磨削。其常用的磨削方法有以下几种。

（1）横向磨削法。是平面磨削中最常用的一种磨削方法。工作台先做纵向运动，然后砂轮做垂直进给，当工件在电磁吸盘台面上装夹后，工作台纵向行程终了时，砂轮做横向断续进给，经过多次横向进给，磨去工件的第一层金属，砂轮再做垂直进给，砂轮换向做横向进给，磨去工件第二层金属；如此往复多次，直至磨去全部余量。其特点是砂轮与工件的接触面小，摩擦发热小，排屑和冷却条件好，所以加工时不易产生热变形，工件加工质量高。本实习主要采用此方法。

（2）深度磨削法。深度磨削法有深磨法和切入法两种磨削方法。

①深磨法。深磨法砂轮先在工件边缘做垂直进给，横向不进给。每当工作台纵向行程终了时，砂轮再做垂直进给；全部余量磨去后，磨头做手动横向进给，直至把工件整个表面的余量全部磨去。

②切入法。切入法磨削时，砂轮只做垂直进给，横向不进给，在磨去全部余量后，砂轮垂直退刀，并横向移动4/5的砂轮宽度，然后做垂直进给，通过分段磨削，把工件整个表面余量全部磨去。

深度磨削法的特点是生产效率高，适宜批量生产或大面积磨削时采用。

（3）台阶磨削法。台阶磨削法是根据工件磨削余量，将砂轮修成台阶形，使其在一次垂直进给中磨去全部余量。台阶磨削法的特点是磨削效果较好，但砂轮修整较复杂，砂轮使用寿命较短，机床和工件要具有较好的刚度。

3. 平面磨削基准面的选择原则

平面磨削基准面的选择准确与否将直接影响工件的形位精度、磨削质量。它的选择原则如下。

（1）在一般情况下，应选择光面为基准面。

（2）在磨大小不等的平行面时，应选择大面为基准面。这样有利于磨去较少磨削余量以达到平行度要求。

（3）在平行面有形位公差要求时，应选择有利于达到形位公差要求的面为基准面。要根据工件的技术要求和前道工序的加工情况来选择基准面。

三、磨削平面操作实习

1. 典型平面零件磨削加工工艺分析

如图 8-12 所示，该零件前序加工已完成，磨削表面留 0.4 mm 左右的磨削余量。通过前面所讲实习内容，要完成该零件的磨削加工，其操作步骤为：确定磨削工艺→选择调整机床→安装工件→磨削加工。

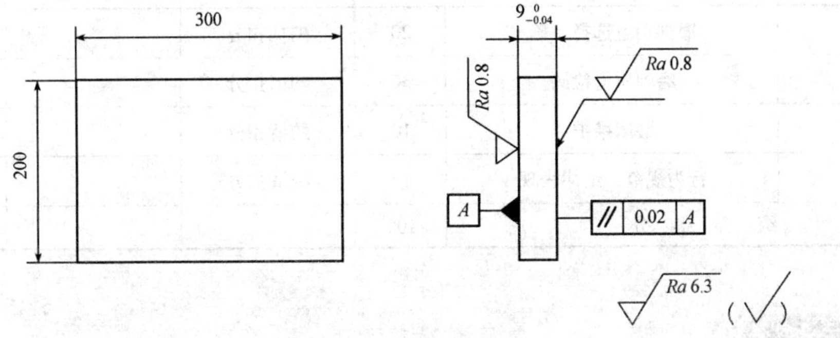

图 8-12 磨削平面零件

2. 平行面工件的磨削步骤

（1）用锉刀、旧砂轮端面、砂纸或油石等，除去工件基准面上的毛刺或热处理后的氧化层。

（2）测量工件尺寸，计算出磨削余量。

（3）将工件放在电磁吸盘台面上，打开电磁夹持牢固。

（4）启动油泵，调整工作台行程挡块位置，抬升砂轮使砂轮高于工件平面 1 mm 左右。

（5）启动砂轮并做垂直进给，接触工件后，用横向磨削法磨出上平面或磨去磨削余量的一半。

（6）以磨过的平面为基准面，磨削第二面至图纸要求。

磨削时，可根据技术要求，分粗、精磨进行加工。粗磨时，横向进给量 s =（0.1～0.5）B/双行程（B 为砂轮宽度）；粗磨时背吃刀量 α_p =0.02～0.05mm；精磨时背吃刀量 α_p =0.005～0.01 mm。

四、实习注意事项

（1）工件装夹时，应将定位面擦干净，以免脏物影响工件的平行度和划伤工件表面。

（2）磨削时，砂轮要保持锋利，切削液要充足，背吃刀量要小。磨削过程中，工件可多次翻转，以减少工件平面度和平行度误差。

（3）磨削时，砂轮横向进给应在工件边缘超出砂轮宽度的 1/2 距离时立即换向，不能在砂轮全部超出工件平面后换向，以免产生塌角。

（4）操作时严禁两人同时操作。

（5）机床在运转过程中，严禁操作者离开机床。

五、评分标准

磨削平面实习评分标准见表 8-6。

表 8-6　磨削平面实习评分标准

班级			姓名		学号	
实习内容	磨削平面					
序号	检测内容		配分	扣分标准	学生自评	教师评分
1	工件装夹正确		10	酌情扣分		
2	机床调整正确		10	酌情扣分		
3	试磨方法恰当		10	酌情扣分		
4	磨削用量选择正确		20	酌情扣分		
5	磨削质量检测		30	酌情扣分		
6	磨床维护		10	酌情扣分		
7	行为规范、纪律表现		10	酌情扣分		
综合得分			100			

思考与练习题

1. 平面磨削方式有哪几种？
2. 用卧轴矩台平面磨床磨削平面的方法有几种？哪种方法最为常用？

第九章 钳工

第一节 钳工概述

在机械制造业的生产活动中，钳工的工作范围非常广泛，从零件加工到机械产品装配及维修等都离不开钳工工作，因此掌握钳工基本技术理论知识和操作技能十分必要。

钳工是利用各种钳工工具和钻床、砂轮机等机械设备，按照图样的技术要求对工件进行加工、修整，对部件进行装配、调试和对机械设备进行维修的工种。钳工的基本操作内容包括划线、錾削、锯削、锉削、钻孔、扩孔、铰孔、锪孔、攻套螺纹、刮削及装配等。

钳工具有手工操作多、使用工具简单、加工灵活、适应面较广等特点。尽管现代制造业日益发达，钳工工作大部分是手工操作，生产效率低，但一些形状复杂的、特别精密的量具、模具、样板的加工仍离不开钳工，因此钳工对工人操作技术要求较高，是机械制造业不可缺少的重要工种之一。

一、钳工的适用范围

1. 零件的加工制造

一些外形轮廓复杂、不规则的异形零件，通常需要经过钳工划线后才能进行机械加工；有些零件的加工表面采用机械加工的方法不太适宜或者根本无法加工时，就要通过钳工的錾、锯、锉、刮等基本操作来完成。

2. 精密工具、夹具、量具的制造

实际生产中使用的某些专用工具、夹具，加工数量较少，或者加工表面异形、机械加工困难；一些精密量具的精度要求很高，机械加工难以达到要求，这些工具、夹具和量具可由钳工制造。

3. 机械设备的装配、安装和调试

零件加工完成后，钳工要根据设备的图样、工作原理和技术要求先将零件组装成部件，再把部件装配成整机，然后进行设备的安装和调试，最后按照试运转规程对设备进行试运转。

4. 机械设备的维修

为保证机械设备正常运转，钳工应定期对设备进行检查、保养和维护。在使用过程中，机械设备出现故障或事故，通常由钳工进行修理。机械设备经过长时间使用后，某些零部件会产生磨损，影响正常使用，这时应安排钳工对设备进行中修或大修。

二、钳工实习目的与要求

（1）了解钳工工作在零件加工、机械设备装配及维修中的作用和特点。
（2）熟悉钳工基本工艺，掌握钳工主要工作的基本操作技能。
（3）能正确使用钳工常用的工具和量具。
（4）熟悉装配的概念，基本掌握简单机械部件的装拆方法。
（5）了解钳工及装配车间生产安全技术，做到安全文明生产。

三、钳工安全操作规程

（1）实习时必须穿戴安全防护用品，不准穿拖鞋，长头发要压入帽内，使用砂轮前必须配戴眼镜，操作机床时严禁戴手套。
（2）检查所用工、夹、量具是否完好，安全可靠。
（3）禁止使用不熟悉的设备和有裂纹、带毛刺、手柄松动等不合乎要求的工具。
（4）操作时应注意周围人员及自身的安全，防止乱挥动工具、工具脱落、工件及铁屑飞溅造成伤害，多人操作要有统一指挥，注意协调配合，行动要一致。
（5）清除铁屑要使用毛刷，不准用手直接清除或用嘴吹除。
（6）使用用电设备时，必须严格遵守操作规范；使用电动工具时，要有绝缘防护和安全接地措施，防止触电。
（7）工作场地应保持整洁，工作完毕后应清理工作场地，将工具和零件整齐地摆放在指定位置，做到文明生产。

思考与练习题

1. 什么叫钳工工作？它包括哪些基本操作？
2. 钳工实习中，在安全生产方面应注意些什么？

第二节　钳工实习

钳工的基本操作包括划线、錾削、锯削、锉削、钻孔、扩孔、铰孔、锪孔、攻套螺纹、刮削和钳工装配等操作内容。

实习一　划　线

一、实习内容

划给定工件的加工线。

二、工艺知识

1. 划线的定义

钳工根据图样要求，用划线工具在毛坯或半成品工件上划出待加工部位的轮廓线或作为基准的点、线的操作称为划线。在铸件或锻件的毛坯上划线可以用来确定加工面或孔的位置；在半成品工件上划线可以用来确定精加工表面或孔的位置；在钢板或条状材料上划线可以作为气割、剪切、锯削、机械加工等的加工依据。

2. 划线的种类

划线按照工件的复杂程度可分为平面划线和立体划线两种。平面划线是指在毛坯或工件的一个平面上划线，从而确定加工部位的轮廓线或孔的位置，如图 9-1 所示。立体划线是指在毛坯或工件的长、宽、高三个方向的表面上划线，从而确定加工部位的轮廓线，如图 9-2 所示。

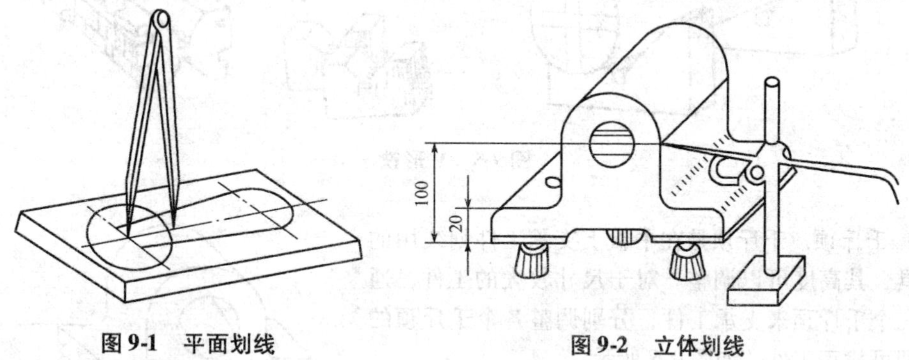

图 9-1　平面划线　　图 9-2　立体划线

3. 划线的作用

（1）确定毛坯或工件的加工位置和加工余量，所划的线是加工时的尺寸界限和依据。

（2）检查毛坯或工件的尺寸和形状，及时发现并处理不合格品，避免造成后续加工的浪费。

（3）合理分配各表面的加工余量，误差不大时还可通过借料划线的方法进行补救，避免毛坯或工件的报废。

（4）工件装夹的依据，复杂的工件可以按照划线找正、定位和安装。

4. 划线工具和量具

划线常用的工具有划线平板、划线方箱、V 形铁、千斤顶、划针、划线盘、划规、划卡、样冲等，常用的量具有钢直尺、量高尺、高度游标卡尺、90°角尺、游标万能角度尺等。

（1）划线平板。划线平板是划线的基准工具，一般由灰铸铁铸造而成，其上平面经过精加工后平整光滑，是划线的工作平面，用于安放工件对其进行划线工作，如图 9-3 所示。划线平板要安放平稳牢固，工作平面必须平整清洁，严禁敲打和撞击。平板长期不用时，应涂防蚀剂加以防护。

（2）划线方箱。划线方箱是由灰铸铁制成的空心六面体，六个平面都经过精加工，相邻平面互相垂直。方箱上部开有 V 形槽并设有夹紧装置。方箱用来夹持尺寸较小而加工面较多的工件，通过翻转方箱，就可在工件表面划出相互垂直的线。如图 9-4 所示为用划线方箱在工件表面上划水平线和垂直线。

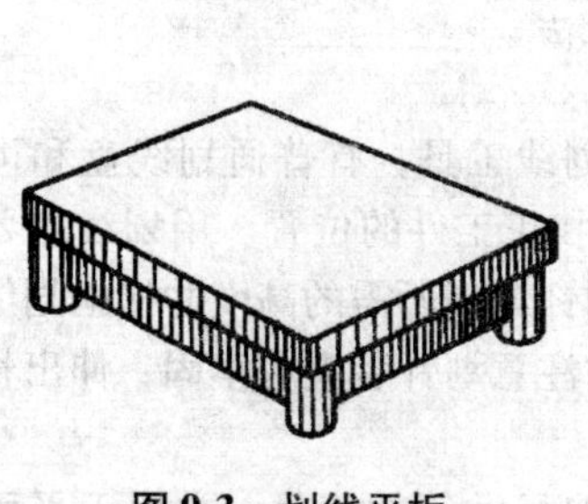

图 9-3　划线平板

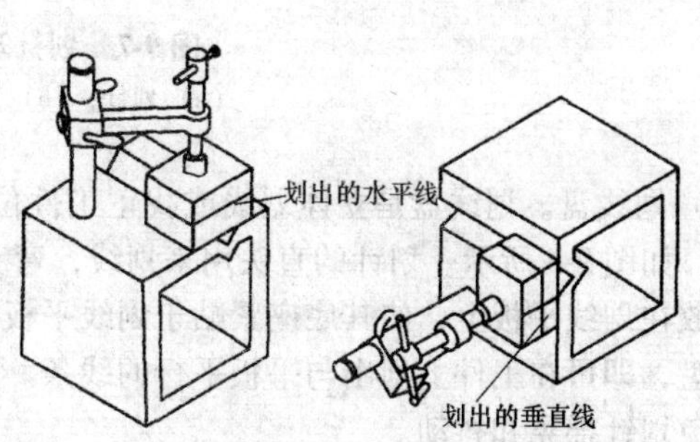

图 9-4　划线方箱及使用

（3）V形铁。V形铁常用于圆柱形工件划线时的定位支承，有较高的对中性，可使工件的轴线与平台工作面（划线基面）平行。V形铁一般由碳素钢淬火后经磨削加工制成。V形铁的角度有90°和120°两种，可单独使用，也可成对使用，如图9-5所示。

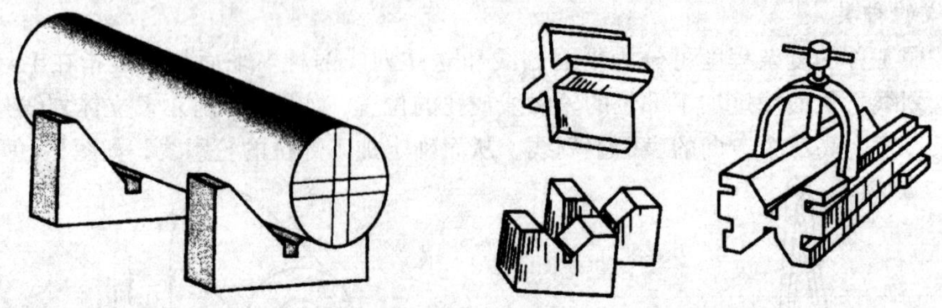

图9-5 V形铁

（4）千斤顶。千斤顶是在平板上支承工件划线用的支承工具，其高度可以调整。对于尺寸较大的工件，通常使用三个千斤顶来支承工件，分别调整各个千斤顶的高度，即可找正工件，如图9-6所示。

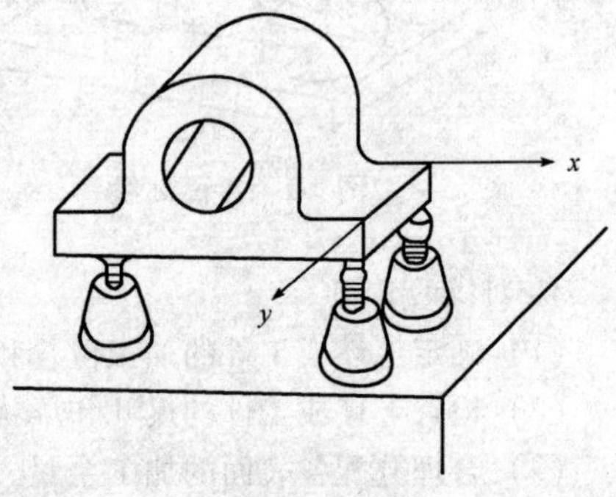

图9-6 千斤顶

（5）划针。划针是直接在毛坯或工件上划线的工具，有弯头划针和直划针两种，如图9-7（a）所示。划针一般用直径3～5 mm的弹簧钢丝或高速工具钢经淬火处理制成，尖端磨成10°～20°的尖角。有的划针尖端部位焊有硬质合金，划针更锐利，耐磨性更好。

划针通常与直尺、90°角尺、三角尺、划线样板等导向工具配合使用，用于平面划线。用划针划线时，一手压紧导向工具，另一手使划针尖靠紧导向工具的边缘，并使划针上部向外倾斜15°～20°，同时向划针前进方向倾斜45°～75°，如图9-7（b）所示。划线时用力大小要均匀适宜，一条线应一次划成，使线条清晰准确。

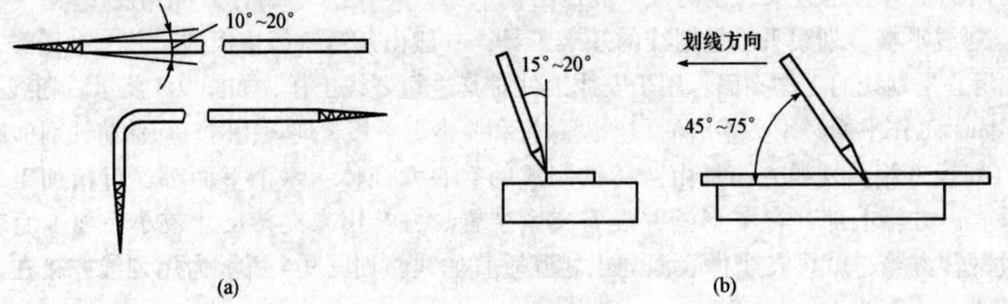

图9-7 划针及其用法

（a）划针；（b）划针的用法

（6）划线盘。划线盘是立体划线或找正工件位置的划线工具，有普通划线盘和可调式划线盘两种，如图9-8所示。划针的直头用来划线，弯头用来找正工件的位置。用划线盘划线时应将划线盘放在划线平板上，使其底座紧贴于划线平板，将划针调到所需的高度并接触划线平面，移动划线盘，即可在工件上划出与平板平行的线条。划线时注意划针装夹应牢固，伸出长度尽量短些，避免划针摇晃和抖动。

（7）划规。划规是用来划圆、圆弧、等分线段和量取尺寸等的工具，常用于平面划线。常用的划规有普通划规、扇形划规、弹簧划规三种形式，如图 9-9 所示。

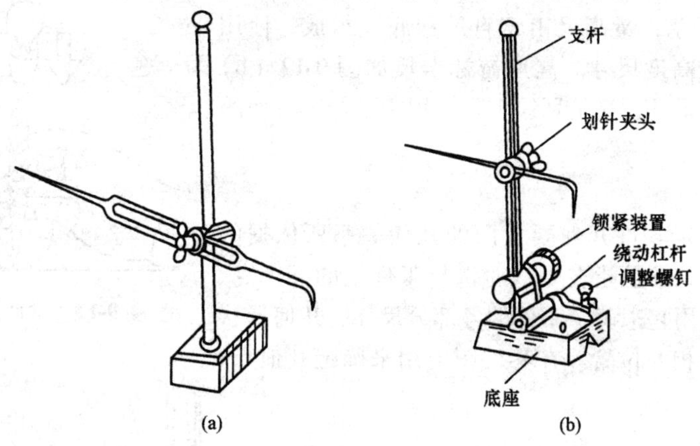

图 9-8　划线盘

（a）普通划线盘；（b）可调式划线盘

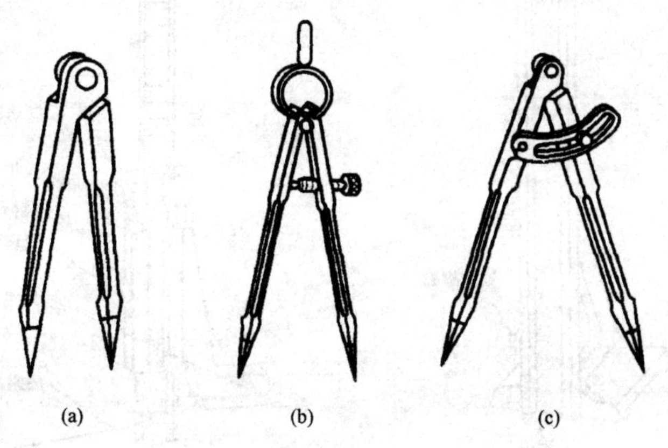

图 9-9　划规

（a）普通划规；（b）弹簧划规；（c）扇形划规

（8）划卡。划卡也称为单脚划规，主要用来划轴和孔的中心位置线，常用于平面划线。具体用法如图 9-10 所示：在轴或孔的中心位置先划出 4 条圆弧线，再在圆弧中冲一样冲眼，即轴或孔的中心。

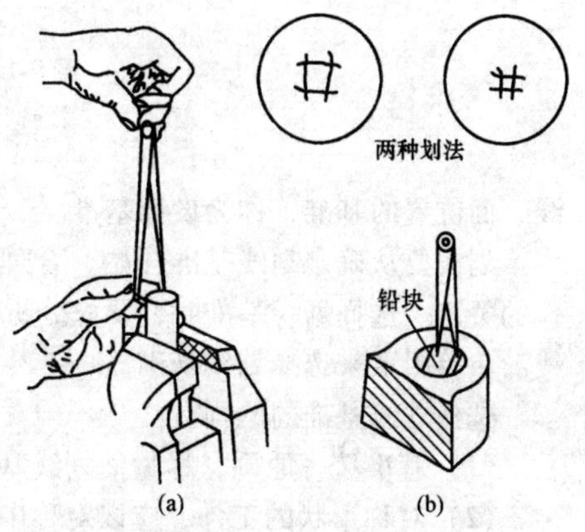

图 9-10　用划卡定中心

（a）定轴心；（b）定孔中心

（9）样冲。样冲是在划好的线上冲眼的工具。在工件上已划好的线条上冲出样冲眼，以备在线条模糊后仍能找出原位置；在工件上划圆、圆弧时在圆心上冲出样冲眼，以便划规和钻头定位。样冲用工具钢经淬火处理制成，尖端处磨成 45°～60°。打样冲眼时，先将样冲向外倾斜，使尖端对准线的正中，然后将样冲立直，用锤子轻击样冲顶部，如图 9-11 所示。样冲眼的深浅视零件而定，薄板类零件或光滑表面打得浅些。样冲眼的排列要整齐，排列距离应适当，具体视实际情况确定。

（10）量高尺和高度游标卡尺。量高尺即普通高度尺，如图9-12（a）所示，量高尺由钢直尺和底座组成，使用时配合划线盘量取高度尺寸。高度游标卡尺如图9-12（b）所示，它既是精密量具，又是划线工具，用于已加工表面的立体划线。

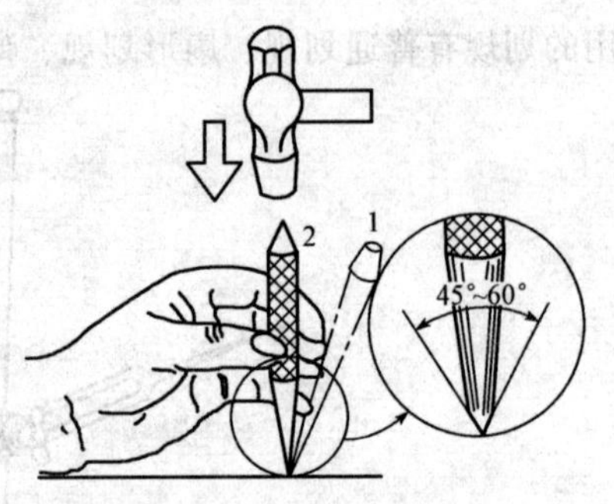

图9-11　样冲及其使用方法

5. 划线基准

基准是用来确定零件几何要素间的几何关系所依据的点、线、面。划线基准是指在划线时选择工件上的某个点、线、面作为依据，用它来确定工件的各部分尺寸、几何形状及工件上各要素的相对位置。在零件图上用来确定其他点、线、面位置的基准，称为设计基准。

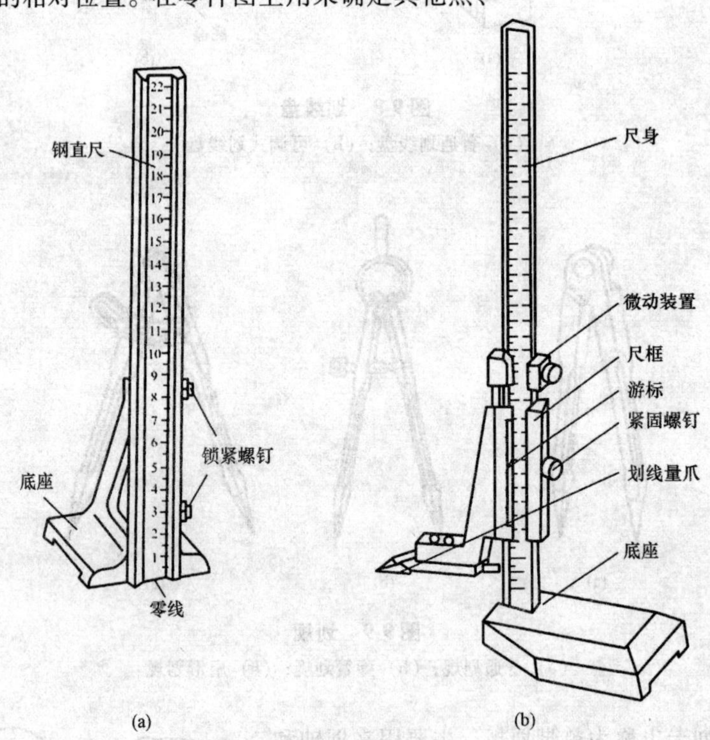

图9-12　量高尺和高度游标卡尺

（a）量高尺；（b）高度游标卡尺

划线要从确定划线基准开始，合理选择划线基准可提高划线的质量和效率，是做好划线工作的关键。选择划线基准时，要先分析图样，找出设计基准，同时考虑加工精度、加工余量、划线简单等因素来选择划线基准。

选择划线基准的原则有：

（1）基准统一原则，尽量使划线基准与设计基准重合。

（2）对称形状的工件，应以对称中心线为划线基准。

（3）有孔或凸台的工件，应以主要的孔或凸台的中心为划线基准，如图9-13（a）所示。

（4）选择已加工过的较大表面为划线基准，如图9-13（b）所示；未加工的毛坯件，应选择平整或面积较大的表面为划线基准。

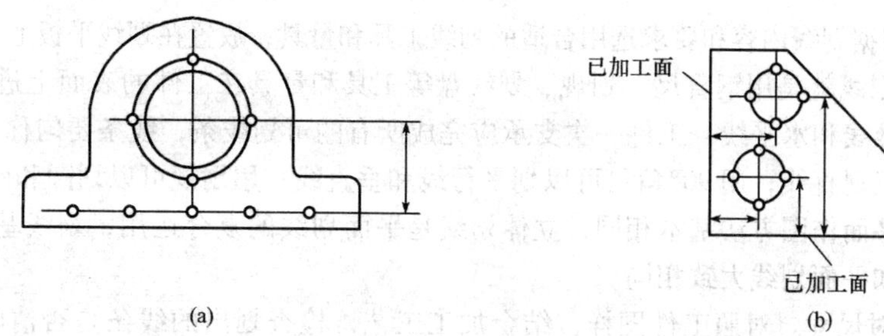

图 9-13　划线基准

（a）以孔中心线为基准；（b）以已加工面为基准

划线时，因为每个方向的线条都必须确定一个基准，所以平面划线时要划两个互相垂直方向的线条，需要确定两个基准。立体划线时要划三个互相垂直方向的线条，需要确定三个基准。

常见的划线基准有三种类型，如图 9-14 所示。

（1）相互垂直的两个平面，如图 9-14（a）所示。

（2）一个平面和一条中心线，如图 9-14（b）所示。

（3）相互垂直的两条中心线，如图 9-14（c）所示。

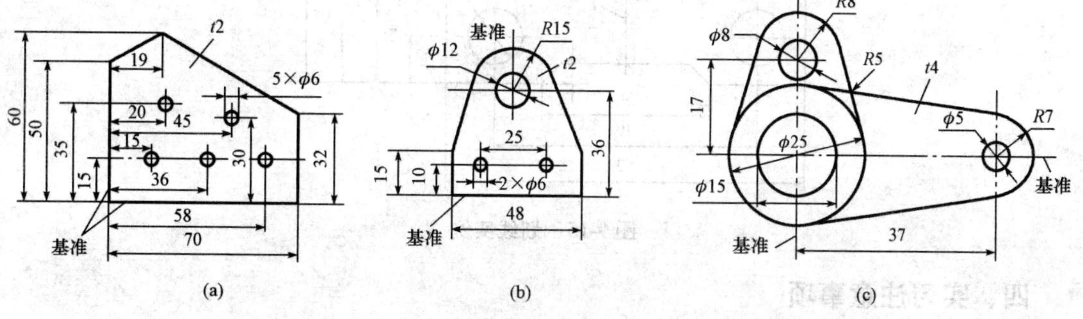

图 9-14　划线基准种类

（a）相互垂直的两个平面；（b）一个平面和一条中心线；（c）相互垂直的两条中心线

6. 划线的步骤和方法

（1）划线前的准备。

①熟悉图样。为了使划线工作顺利进行，划线前应仔细阅读零件技术图样，确定合理的划线基准，明确划线内容。

②检查、清理工件。划线前，应检查毛坯或工件有无裂缝、疏松、夹砂、缩孔等缺陷，其外形尺寸是否符合图样与工艺要求，是否留有足够的加工余量。检查无误后，应对毛坯或工件进行去毛边、毛刺、氧化皮及清除油污等清理工作，以便涂色划线。

③在工件孔内装人塞块。在工件孔内塞入木块、铅块，以便确定孔的中心位置，塞块大小根据孔的大小确定。塞块应塞紧，以免在打样冲眼或搬动工件时松动。

④工件涂色。在工件划线部位涂色以保证划出的线条清晰。选择划线的涂料应按零件的复杂程度、精度要求和表面的具体情况来确定。铸、锻件的光滑表面和已加工表面涂色，可选用酒精溶液；形状复杂的已加工表面涂色，可选用硫酸铜溶液；表面粗糙的大型毛坯涂色，多选用石灰水，特殊情况下可用粉笔。各种涂色均应薄而均匀。

（2）安放工件、选用划线工具和量具。根据工件大小选择合适的支承在划线平板上安放工件，并找正和固定。根据划线内容和要求选用合适的划线工具和量具，放置在划线平板上，准备划线。

（3）划线。划线就是用钢直尺、划规、划线盘等工具和量具在工件的表面上进行几何作图。划线时应先划基准线和水平线，工件一次支承应完成所有的可划线条，线条要匀称、清晰。

用钢直尺可以划直线；用90°角尺可以划平行线和垂直线；用划规可以划圆和圆弧线。

平面划线与平面作图方法基本相同，立体划线是平面划线的复合运用，划线基准一经确定，后面的划线步骤和平面划线大致相同。

（4）检查核对尺寸。对照工件图样，结合加工工艺，检查划出的线条是否清晰，尺寸是否正确，是否有漏划的线条和错误等。

（5）打样冲眼。在已划好的线条上打样冲眼，防止在搬运或移动的过程中把线擦掉。

三、划线操作实习

划出如图9-15所示的加工线。

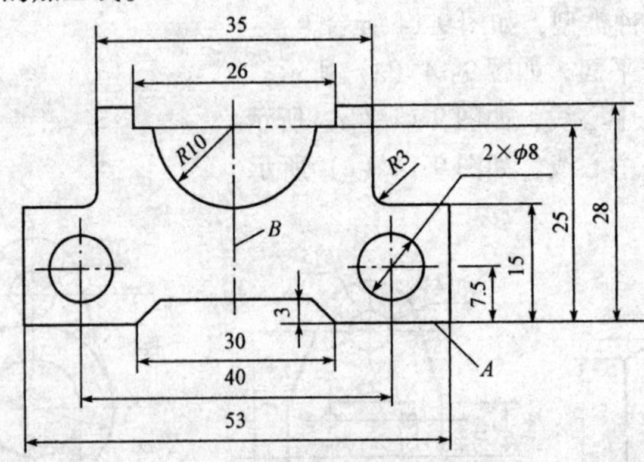

图9-15　划线实例

四、实习注意事项

（1）看懂图样，了解零件的作用，分析零件的加工顺序和加工方法。

（2）工件夹持或支承要稳妥，以防滑倒或移动。

（3）在一次支承中应将要划出的平行线全部划出，以免再次支承补划造成划线误差。

（4）正确使用划线工具，划出的线条要准确、清晰，样冲眼的位置要准确，大小疏密适当。

（5）划线完成后，要反复核对尺寸，确实无误后才能转入机械加工。

五、评分标准

划线实习操作评分标准见表9-1。

表9-1　划线实习操作评分标准

班级		姓名		学号	
实习内容	平面划线				
序号	检测内容	分值	扣分标准	学生自评	教师评分
1	划线前的准备	10	酌情扣分		
2	划线工具使用	15	酌情扣分		
3	划线基准的选择	15	酌情扣分		

续表

班级		姓名		学号	
4	划线方法	30	酌情扣分		
5	划线精度检查	20	酌情扣分		
6	遵守纪律和安全规范	10	酌情扣分		
综　合　得　分		100			

思考与练习题

1. 划线的作用是什么？
2. 什么叫划线基准？怎样选择划线基准？
3. 常用的划线工具和量具有哪些？
4. 简述平面划线的步骤。

实习二　錾　削

一、实习内容

在平面上錾削沟槽。

二、工艺知识

1. 錾削的定义

用锤子击打錾子对金属进行切削加工的方法称为錾削。錾削一般用于加工平面、沟槽、异形油槽、切断金属、分割材料等，还可用于不便机械加工的场合，如清理毛坯件上的冒口、凸缘、毛刺等。每次錾削的金属层厚度为 0.5～2 mm。

錾削是钳工基本操作技能中一项比较重要的操作，通过对錾子不断地击打练习，提高锤击的准确性，练好锤击基本功，就能掌握錾削操作。

2. 錾削工具

(1) 錾子。錾子一般采用碳素工具钢锻制而成，切削部分经淬火处理使其具有较高的硬度和耐磨性。

錾子的结构如图 9-16 所示。錾子由切削刃、斜面、柄部、头部四个部分组成，其柄部一般制成八棱形，直径为 18～20 mm，全长 170 mm。

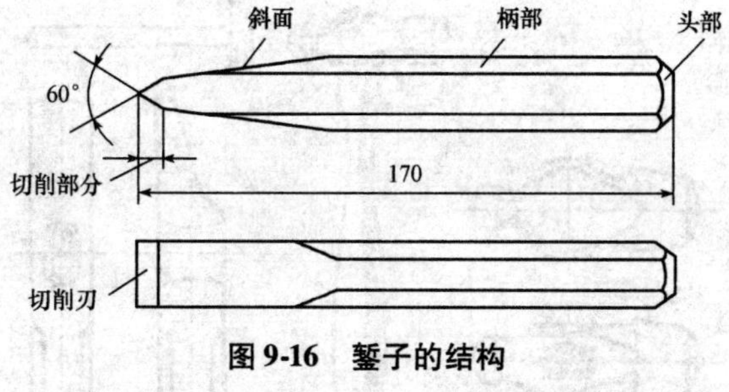

图 9-16　錾子的结构

常用的錾子有扁錾、窄錾、油槽錾三种，如图 9-17 所示。

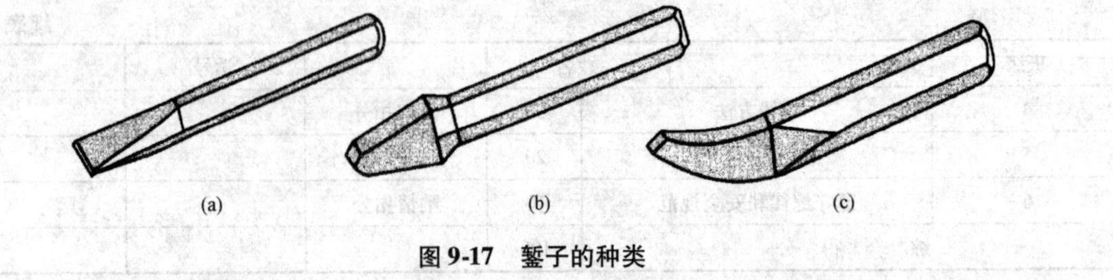

图 9-17　錾子的种类

（a）扁錾；（b）窄錾；（c）油槽錾

①扁錾。扁錾的切削刃较宽，为 15～20 mm，可用于錾削大平面、较细的棒料、较薄的板料，清理焊件边缘及锻件和铸件上的毛刺、飞边等。

②窄錾。窄錾的切削刃较窄，一般为 2～10 mm，主要用来錾削沟槽、修整键槽、分割板料等。

③油槽錾。油槽錾的切削刃很短且呈圆弧形状，主要用来錾削平面或曲面上的油槽等。

錾子的切削有楔角 β、前角 γ、后角 α 三个角度，如图 9-18 所示。

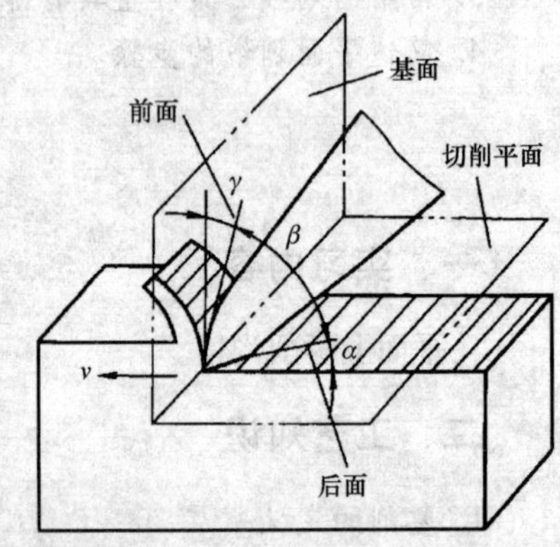

图 9-18　錾子切削的几何角度

①楔角 β 是前面和后面之间的夹角，对錾削工件影响较大。楔角 β 越大，切削刃强度越高，但錾削阻力较大，切削效率低；楔角 β 越小，切削刃越锋利，切削效率高，但切削刃强度低，錾削时容易崩刃。根据经验，錾削硬材料时，楔角 β 取 60°～70°；錾削中等硬度材料时，楔角 β 取 50°～60°；錾削软材料时，楔角 β 取 30°～50°。

②前角 γ 是前面和基面之间的夹角，其作用是减少切削变形，使錾削省力。前角 γ 越大，切削越省力，但錾子容易在工件表面打滑。

③后角 α 是后面和切削平面之间的夹角，其作用是减小后面和切削平面间的摩擦，使錾子容易切入工件。錾削时后角 α 一般为 5°～8°，后角 α 越大，背吃刀量越大，切削困难；后角 α 太小，錾子也容易在工件表面打滑。

（2）锤子。锤子是錾削操作中用于锤击的工具，錾削时通过锤子的锤击力使錾子切入工件。

锤子由锤头和木柄组成，如图 9-19 所示。锤头用碳素工具钢锻造制成，并经淬火处理。钳工用的锤头有圆头和方头两种，在錾削、拆装零件时使用圆头锤子，在工件上打样冲眼时多使用方头锤子。木柄用硬而坚韧的木材制成，长度为 350 mm 左右，手握处的断面为椭圆形，木柄安装在锤子的孔中，端部再打入斜楔，确保牢固可靠，防止锤头脱落造成事故。

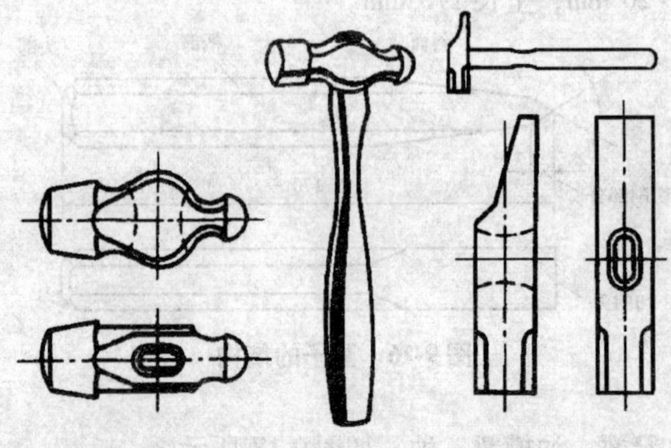

图 9-19　锤子

锤子规格用锤头的质量大小表示，常用的有0.25 kg、0.5 kg、0.75 kg等。

3. 錾削的基本操作

（1）刃磨錾子。錾子的切削刃需经常刃磨，以保持刀刃锋利。为保证安全，刃磨时必须戴好防护眼镜，站立在砂轮机斜侧位置，右手捏住錾子斜面，左手握紧柄部，使切削刃向上并高于砂轮水平中心线，贴在砂轮圆周面上开始刃磨，并在砂轮全宽上做左右往复移动，用力要均匀且不可太大。刃磨过程中不时对錾子浸水冷却，防止切削刃因退火而变软，刃磨后用角度样板检验錾子楔角是否正确。通常錾子在砂轮机上刃磨后再用油石进行手工刃磨，进一步提高刃磨质量。

（2）握錾。握錾的方法一般有正握法、反握法、立握法，如图9-20所示。

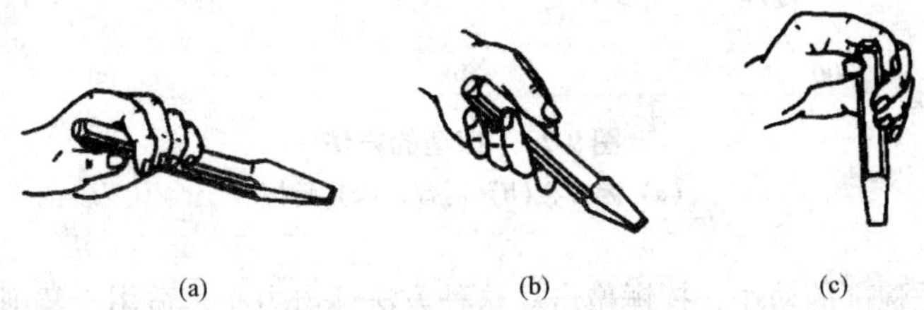

图9-20　錾子的握法

（a）正握法；（b）反握法；（c）立握法

①正握法是左手手心向下，用左手虎口夹住錾柄，中指、无名指和小指自然弯曲握住錾子，拇指和食指自然接触錾子。正握法适用于在平面上錾削。

②反握法是左手手心向上，手指自然捏住錾子，手掌悬空。反握法适用于在小的平面上錾削，如錾油槽等。

③立握法是左手虎口向上，五指自然弯曲捏住錾子。立握法用于垂直錾削，如錾断材料等。

（3）握锤。握锤一般用右手握住锤柄，握好后，锤柄端部露出手部15～30 mm。握锤有紧握法和松握法两种，如图9-21所示。

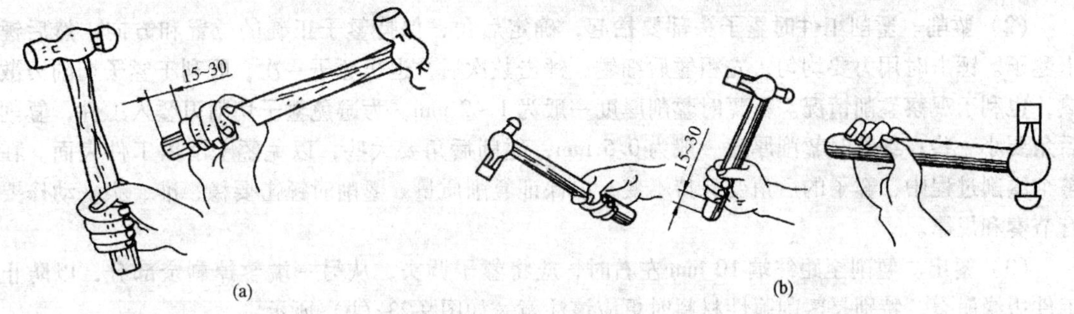

图9-21　锤子的握法

（a）紧握法；（b）松握法

①紧握法：用右手的食指、中指、无名指和小指紧握锤柄，大拇指贴紧食指上，虎口对准锤头方向，在挥锤和击锤时五指始终紧握，这种握锤法易疲劳或者将手磨破。

②松握法：仅用大拇指和食指紧握锤柄，在击锤时，中指、无名指、小指依次地握紧锤柄，挥锤时，中指、无名指和小指则依次放松。此握锤法熟练后，手不易疲劳，且锤击力大而显得轻松，实际操作中经常使用。

（4）挥锤。挥锤的方法有腕挥、肘挥和臂挥三种，如图9-22所示。无论何种挥锤方法，眼睛都要注视錾子的切削刃，自然挥动。

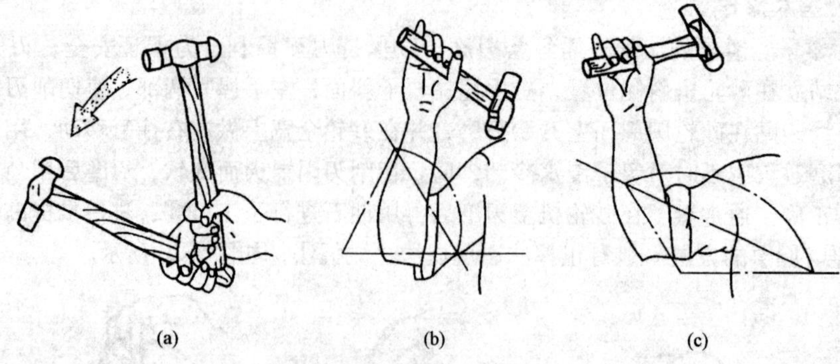

图9-22　挥锤的方法

（a）腕挥；（b）肘挥；（c）臂挥

①腕挥是指单凭腕部的动作，挥锤敲击。这种方法锤击力小，适用于錾削的开始与收尾或錾油槽、打样冲眼等用力不大的地方。

②肘挥是用手腕和肘部一起动作，挥动锤子进行锤击，挥锤时上臂基本不动，这种方法锤子挥动幅度较大，锤击力也较大，錾削中经常使用。

③臂挥是用手腕、肘部和臂一起动作，挥动锤子进行锤击，这种方法锤击力大，但在錾削中较少应用。

4. 錾削的步骤和方法

錾削时錾子在工件上的位置和方向直接影响錾削质量，錾削过程一般分为起錾、錾削、錾出三个阶段，无论哪个阶段都要保证錾子的位置和方向正确。

（1）起錾。起錾时，应将錾子握平或使錾子头部稍向下倾斜，切削刃紧靠在工件的边缘处，轻击錾子，使工件卷起切屑形成缺口，如图9-23（a）所示。

（2）錾削。錾削工件时錾子头部要抬起，确定后角，保持錾子正确的位置和方向，然后锤击錾子。锤击时用力要均匀，先粗錾后细錾，锤击数次后，退出錾子一次，既利于錾子切削刃散热，也利于观察錾削情况。粗錾时錾削厚度一般为1～2 mm，为避免錾子切削刃錾入工件，錾削后角要小一些；细錾时錾削厚度一般为0.5 mm，錾削后角要大些，以免錾子滑出工件表面。在整个錾削过程中，錾子的后角要保持不变，以保证錾削质量。錾削时锤击要稳、准、狠，动作要有节奏和规律。

（3）錾出。錾削至距终端10 mm左右时，应将錾子调头，从另一端錾掉剩余部分，以防止工件边缘崩裂，特别是錾削脆性材料时更应该注意，如图9-23（b）所示。

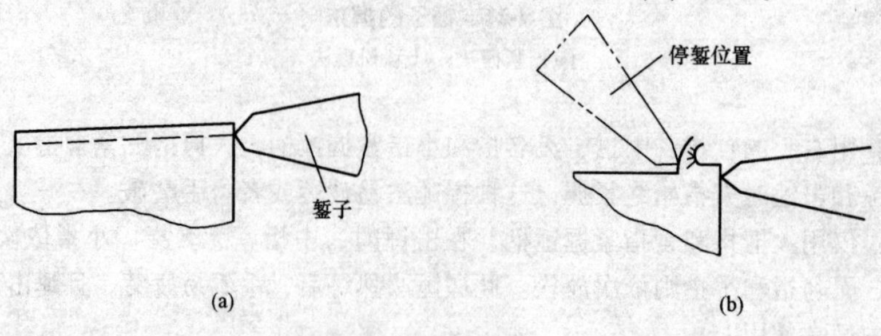

图9-23　錾削方法

（a）起錾；（b）錾出

三、錾削操作实习

在工件平面上錾削沟槽，如图 9-24 所示。

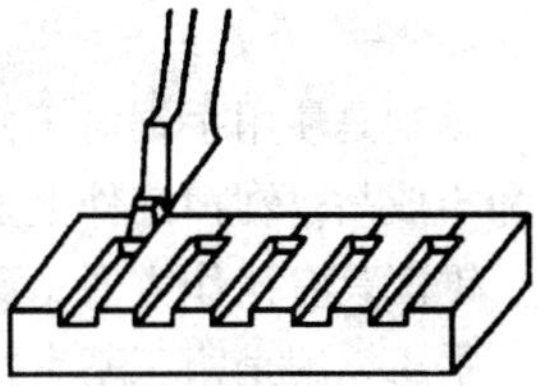

图 9-24　錾削沟槽

四、实习注意事项

(1) 錾削前，工件必须夹持牢固，防止錾削中松动。工件伸出宽度一般以离钳口 10 ~ 15 mm 为宜，同时，工件下面应加垫木。

(2) 挥锤时禁止戴手套，锤子头部、颈部的油污要擦干净，及时修复打毛的錾子头部和松动的锤头，以免伤手和锤头飞出伤人。

(3) 錾子切削刃要经常刃磨，避免锤击时錾子打滑伤手、伤人。

(4) 錾削场地周围要装安全防护网，防止錾屑飞出伤人。

(5) 操作者不能疲劳作业，累的时候要休息。

五、评分标准

錾削实习操作评分标准见表 9-2。

表 9-2　錾削实习操作评分标准

班级		姓名		学号	
实习内容	錾削沟槽				
序号	检测内容	分值	扣分标准	学生自评	教师评分
1	錾削前的准备	10	酌情扣分		
2	錾削工具使用	15	酌情扣分		
3	錾削姿势	15	酌情扣分		
4	錾削方法	30	酌情扣分		
5	錾削质量检查	20	酌情扣分		
6	遵守纪律和安全规范	10	酌情扣分		
综合得分		100			

思考与练习题

1. 錾子的种类有哪些？简述其应用范围。
2. 錾削中安全注意事项有哪些？
3. 影响錾削效率和质量的主要因素是什么？
4. 錾子用什么材料制成？刃口与头部硬度为什么不一样？

实习三　锯　削

一、实习内容

锯削工件的一个面。

二、工艺知识

1. 锯削的定义

锯削是使用手锯对工件或材料进行分割的一种切削加工。锯削的工作范围包括分割各种材料和半成品；锯掉工件上多余的部分；在工件上锯槽。

锯削具有操作方便、简单、灵活的特点，不需要任何辅助设备，不消耗动力，应用广泛。因此，手工锯削是钳工基本技能中一项很重要的基本操作。

2. 锯削工具

（1）钳台。钳台也称钳工工作台或钳桌，如图9-25所示。其高度为800～900 mm，主要用于安装台虎钳和存放钳工的常用工具、夹具、量具和工件等。钳工的操作大多在钳台上进行。

（2）台虎钳。台虎钳安装在钳台台面上，是专门夹持工件的通用夹具。台虎钳的规格指钳口的宽度，常用的有100 mm、125 mm、150 mm等。

台虎钳类型有固定式和回转式两种，两者的主要构造和工作原理基本相同。由于回转式台虎钳的钳身可以相对于底座回转，能满足各种不同方位的加工需要，因此使用方便，应用广泛。

回转式台虎钳如图9-26所示，活动钳身通过其导轨与固定钳身的导轨结合。螺母固定在固定钳身内，丝杠穿入活动钳身与螺母配合。当摇动手柄使丝杠旋转时，就可带动活动钳身相对于固定钳身移动，以装夹或放松工件。弹簧由垫圈固定在丝杠上。活动钳身与固定钳身上都装有淬硬的钢钳口，且用钳口螺钉加以固定。与工件接触的钳口工作表面上制有交叉斜纹，以防工件滑动，使装夹可靠。钳口经淬硬，以延长使用寿命。固定钳身装在转动盘座上，且能绕转动盘座的轴线水平转动，当转到所需方向时，扳动紧固手柄使夹紧螺钉旋紧，便可在夹紧盘的作用下把固定钳身紧固；转动盘座上有3个螺纹孔，是将台虎钳固定在钳台上的安装孔。

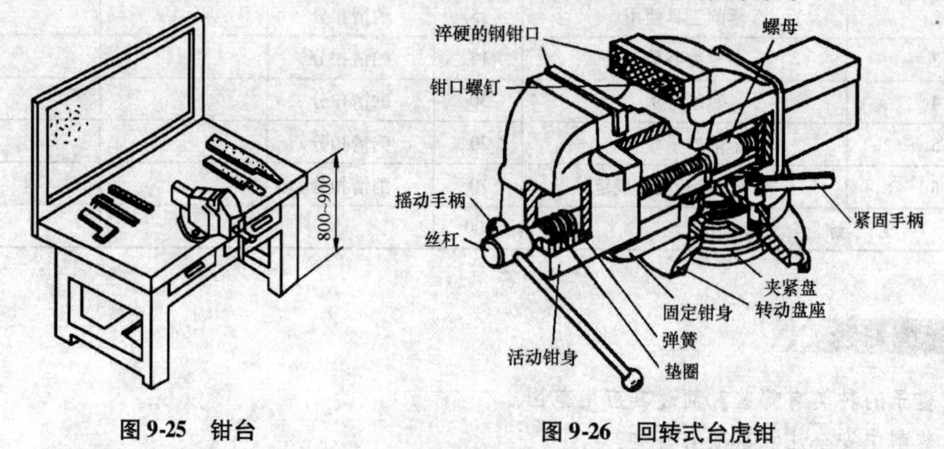

图9-25　钳台　　　　图9-26　回转式台虎钳

（3）手锯。手锯是钳工常用的锯削工具，如图9-27所示。它主要由锯弓和锯条组成。

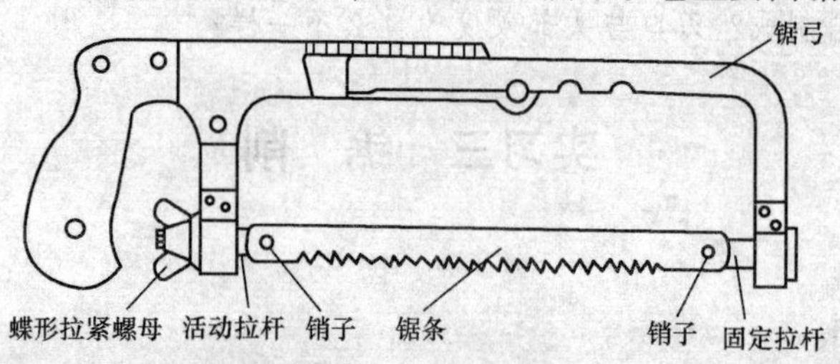

图9-27　手锯的构造

①锯弓。锯弓是用来夹持和张紧锯条的工具，有固定式和可调节式两种，如图 9-28 所示。固定式锯弓只能安装一种长度的锯条。可调节式锯弓通过调整可以安装几种长度的锯条，具有灵活性，因此得到广泛应用。锯弓两端都装有夹头，一端是固定的，一端是活动的。锯条孔被夹头上的销子插入后，旋紧活动夹头上的蝶形螺母就可以把锯条拉紧。固定式可装夹 300 mm 锯条，调节式分别装夹 200 mm、250 mm、300 mm 三种锯条。

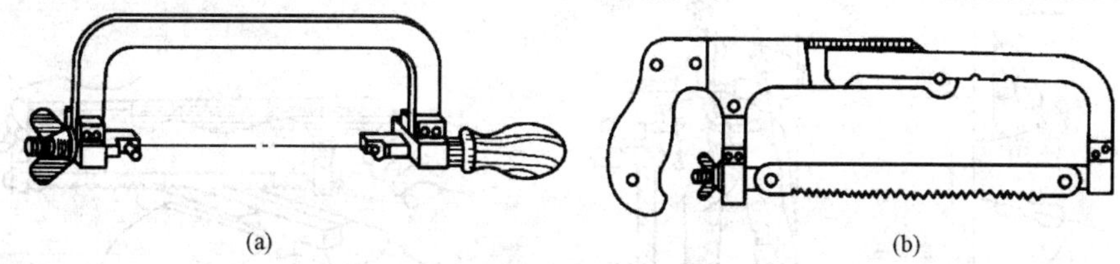

图 9-28　锯弓的种类

（a）固定式锯弓；（b）可调节式锯弓

②锯条。锯条由碳素工具钢淬硬制成，其规格以两端安装孔的中心距表示，常用锯条的长度为 300 mm、宽为 12 mm、厚为 0. 8 mm。锯条上有许多细密的锯齿，锯齿的形状如图 9-29 所示，前角约为 0°，楔角为 45°～50°，后角为 40°～45°。

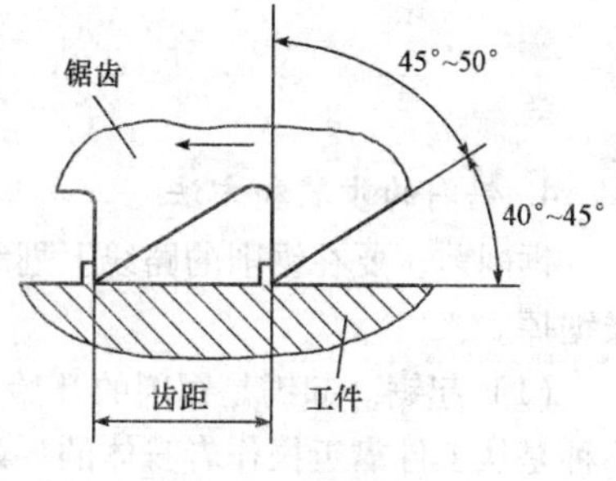

图 9-29　锯齿的形状

按齿距的大小，锯条种类可分为粗齿、中齿、细齿三种，一般以锯条每 25 mm 长度内的锯齿个数来表示，14～18 齿为粗齿，22～24 齿为中齿，32 齿为细齿，齿数越多，锯齿越细。锯条的粗细应根据加工材料的硬度、厚薄来选择。粗齿锯条适用于锯削铜、铝、低碳钢等较软金属材料和厚度大的工件；中齿锯条适用于锯削中碳钢件和铸件；细齿锯条适用于锯削硬度大的金属件和厚度小的工件。

锯齿分左右错开形成锯路，锯路的作用是使锯缝宽度大于锯条厚度，以减少摩擦阻力防止卡锯，并可以使排屑顺利，提高锯条的工作效率和使用寿命。

3. 锯削的基本操作

（1）安装锯条。手锯是在向前推进时进行锯削，向后退回时不起切削作用，因此安装锯条时具有方向性。安装时要使齿尖的方向朝前，此时前角为零，如图 9-30 所示。如果装反了，则前面为负值，不能正常锯削。安装时锯条的松紧要适当，太紧锯条容易崩断，太松容易使锯条扭曲，锯缝弯斜，锯条也容易崩断。

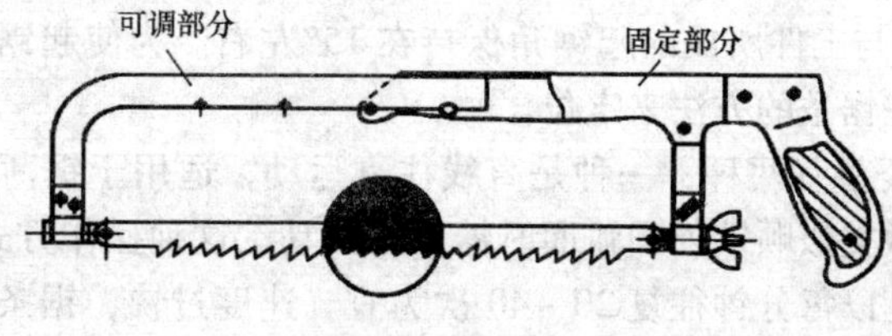

图 9-30　锯条的安装方向

（2）安装工件。为了便于操作，一般工件应夹在台虎钳左面，工件伸出钳口不应过长，应使锯缝距离钳口 20 mm 左右，防止锯削时产生振动。锯线应和钳口边缘平行或和钳口垂直，便于控制锯缝不偏离划线。工件要夹紧，并应防止变形和夹坏已加工表面。

（3）握锯。身体正前方与锯削方向成大约45°，右脚与锯削方向成75°，左脚与锯削方向成30°，如图9-31（a）所示。握锯时右手握柄，左手扶弓，如图9-31（b）所示。推力和压力的大小主要由右手掌握，压力不要太大。

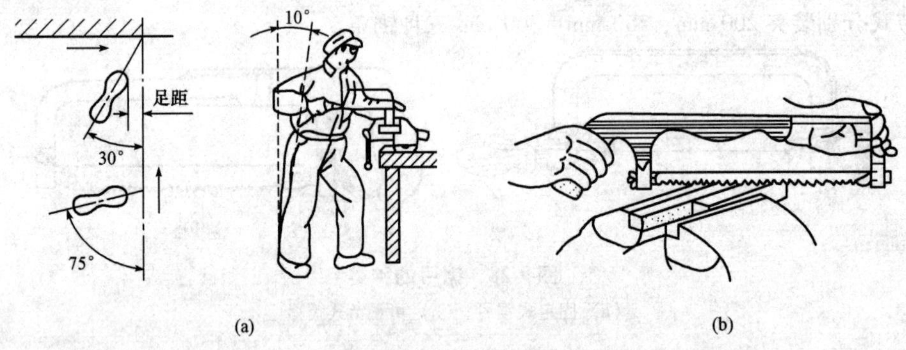

图9-31　锯削时姿势

（a）站立姿势；（b）手锯的握法

4. 锯削的步骤和方法

锯削前，要在锯削的路线上划线，锯削时以划好的线为参考，贴着线往下锯，但不要把参考线锯掉。

（1）起锯。起锯是锯削的开始，其方法正确与否直接影响锯削的质量。起锯的方式有两种：一种是从工件靠近操作者身体的一端起锯，称为近边起锯，如图9-32（a）所示；一种是从工件远离自己的一端起锯，称为远边起锯，如图9-32（b）所示。

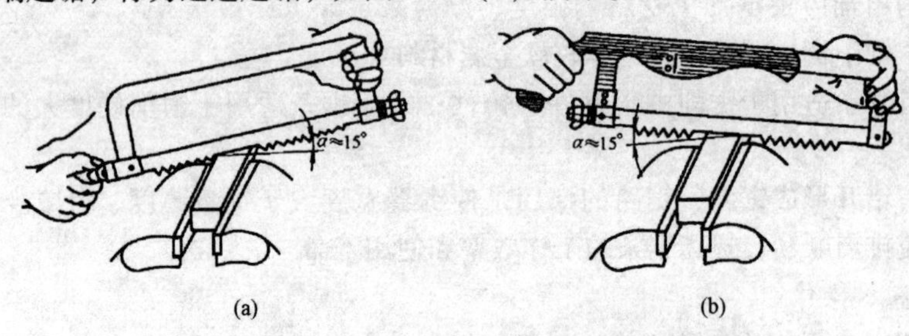

图9-32　起锯的方法和起锯的角度

（a）近边起锯；（b）远边起锯

一般情况下采用远边起锯较好。无论用哪一种起锯的方法，起锯时锯条要垂直工件表面，距离划线线条1 mm以内，与工件所成的起锯角保持在15°左右。为使起锯的位置准确和平稳，起锯时可用左手大拇指挡住锯条的方法来定位。

（2）锯削。锯削的姿势有两种：一种是直线往复运动，适用于锯薄形工件和直槽；另一种是摆动式，锯削时锯弓做类似顺锉外圆弧面时锉刀的摆动。这种操作方式动作自然，不易疲劳，切削效率较高。锯削速度以每分钟往复20～40次为宜。速度过快，锯条容易磨钝，反而会降低切削效率；速度太慢，效率不高。另外，最好使锯条的全长都能参加锯削，并保持锯削行程均匀，避免锯条中间部分过早磨损，一般锯条的往复行程长度不小于锯条长度的2/3。锯削硬材料时，压力应大些，压力太小锯条会打滑，锯条不易切入工件，并使锯条钝化；锯削软材料时，压力应小些，压力太大会使锯齿切入工件过深而产生咬锯的现象。

（3）锯断。接近锯断时应减小压力，防止工件断落砸伤脚，整个锯削过程中都要控制好用力，防止锯条突然折断而失控，使人受伤。

三、锯削操作实习

锯削如图 9-33 所示的上平面。

四、实习注意事项

（1）锯条安装要松紧适度，锯削时不要过猛用力，避免锯条折断后弹出伤人。

（2）被锯削的工件要夹紧牢固，锯削中不能有位移和振动；锯削线离工件支承点要近。

（3）要经常注意锯缝的平直情况，如发现歪斜应及时纠正，保证锯削质量。

（4）当工件快被锯断时，应用手扶住，以免工件下落伤脚。

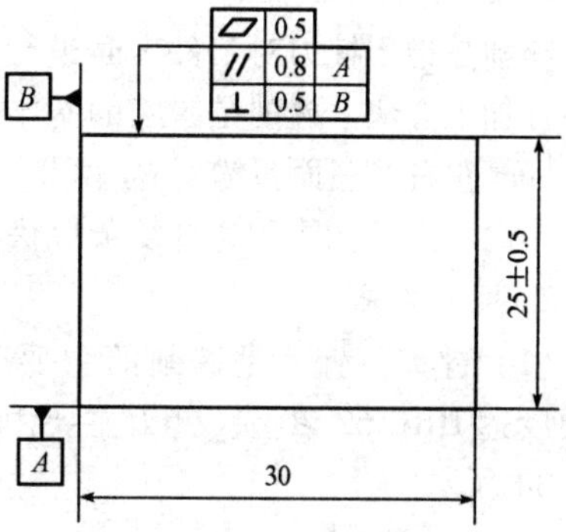

图 9-33　锯削实例

五、评分标准

锯削实习操作评分标准见表 9-3。

表 9-3　锯削实习操作评分标准

班级		姓名		学号	
实习内容	锯削工件				
序号	检测内容	分值	扣分标准	学生自评	教师评分
1	锯削前的准备	10	酌情扣分		
2	锯削工具使用	15	酌情扣分		
3	锯削姿势	15	酌情扣分		
4	锯削速度	30	酌情扣分		
5	锯削精度检查	20	酌情扣分		
6	遵守纪律和安全规范	10	酌情扣分		
综　合　得　分		100			

思考与练习题

1. 如何区分粗、中、细齿锯条？怎样正确选用？
2. 锯齿的前角、楔角、后角约为多少度？
3. 起锯方式有哪几种？起锯角一般为多少度？
4. 什么叫锯路？它有什么作用？

实习四 锉 削

一、实习内容

对给定工件进行锉削操作。

二、工艺知识

1. 锉削的定义和用途

锉削是指用锉刀对工件表面进行切削加工，使工件达到所需要的尺寸、形状和表面粗糙度的一种加工方法。锉削是钳工的基本操作技能，多用于锯削和錾削以后，其尺寸精度可以达到0.01 mm左右，表面粗糙度 *Ra* 值0.8 μm左右。锉削的应用范围很广，可加工工件的内外表面、内外曲面、内外沟槽和各种复杂形状的表面，还可以在锉配键、制作样板和装配时修配工件等。

2. 锉削工具

（1）锉刀。锉刀是锉削的主要工具，用高碳工具钢（T12、T12A）制成，并经热处理，其硬度达HRC 62以上。锉刀主要由锉刀面、锉刀边、锉刀舌、锉刀尾、木柄等部分组成，如图9-34所示。

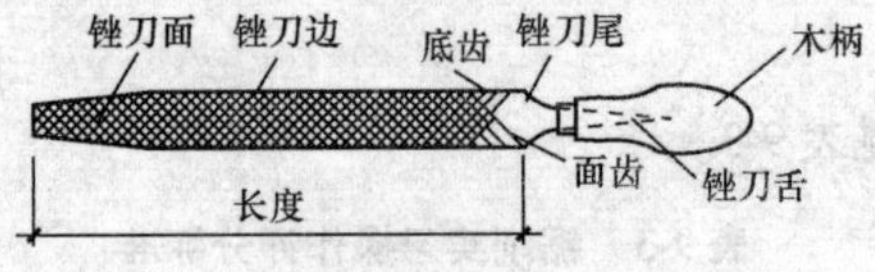

图9-34 锉刀的结构

（2）锉刀的类型。钳工常用的锉刀有普通锉、特种锉和整形锉三类，如图9-35所示。

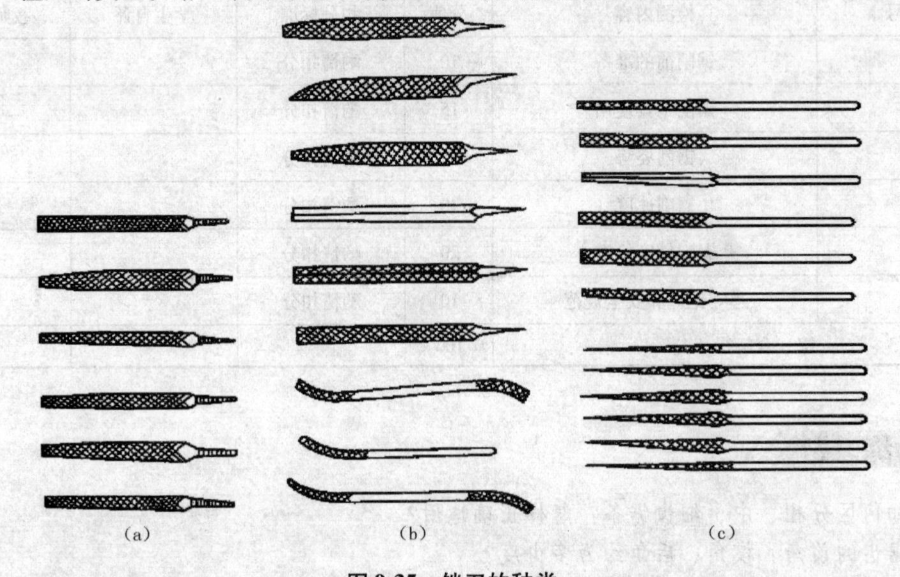

图9-35 锉刀的种类

（a）普通锉；（b）特种锉；（c）整形锉

①普通锉。普通锉按其断面形状不同，分为平锉（板锉）、半圆锉、三角锉、方锉和圆锉五种，如图9-36所示。

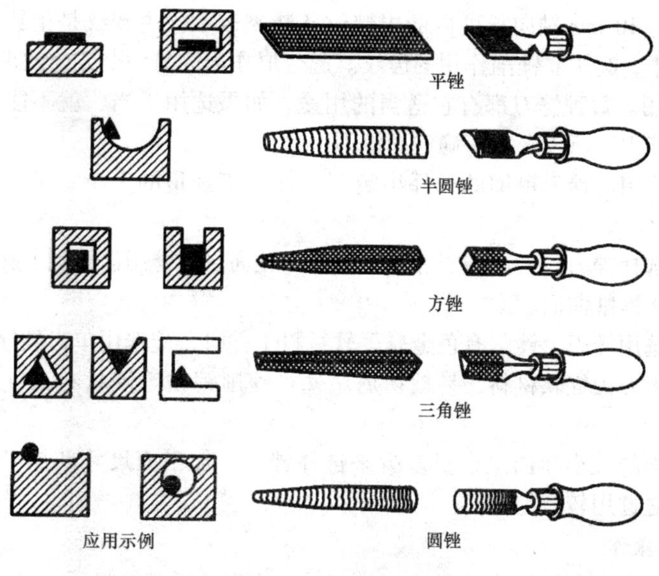

图 9-36 普通锉

②特种锉。特种锉是用来锉削工件特殊表面用的，有直形和弯曲形两种，如图 9-37 所示。

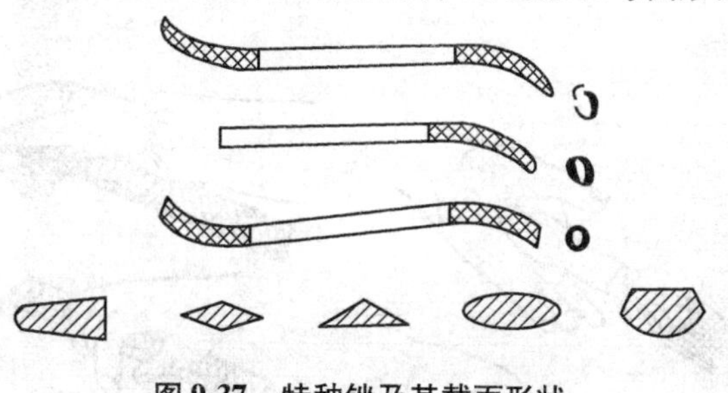

图 9-37 特种锉及其截面形状

③整形锉（什锦锉）。整形锉主要用于精细加工及修正工件上难以加工的细小部位，通常以 5 把、6 把、8 把、10 把或 12 把各种截面形状的锉刀组成一套，如图 9-38 所示。

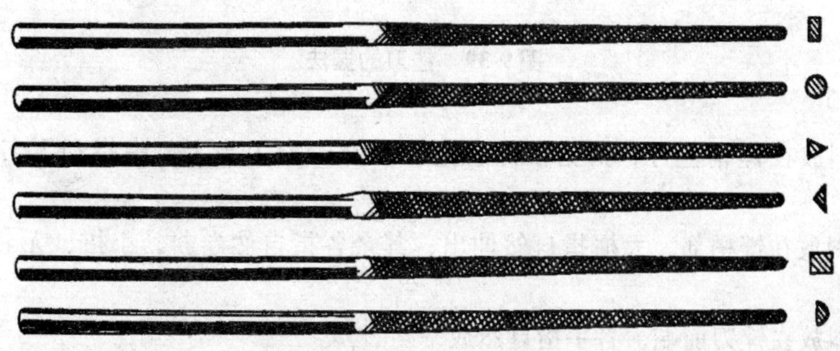

图 9-38 整形锉

（3）锉刀的规格。锉刀的规格分尺寸规格和齿纹粗细规格两种。不同锉刀的尺寸规格用不同的参数表示。圆锉刀以直径来表示，方锉刀以方形尺寸表示，其他锉刀则以锉身长度表示，如常用的平锉刀有 100 mm、150 mm、200 mm、250 mm、300 mm、350 mm、400 mm 等几种。齿纹粗细规格，以锉刀每10 mm轴向长度内的主锉纹条数来表示。主锉纹是指锉刀上两个方向排列的深浅不同的齿纹中，起主要锉削作用的齿纹。起分屑作用的另一个方向的齿纹称为辅齿纹。

（4）锉刀的选用。每种锉刀都有它适当的用途，如果选用不当，就不能充分发挥它的效能或过早地丧失切削能力，所以必须正确选择锉刀。

①锉刀粗细的选用。锉刀粗细的选择决定于工件加工余量的大小、尺寸精度的高低和表面粗糙度值的大小。

②按表面形状选择锉刀。平锉用于锉削平面和圆柱面；方锉用以锉削方孔；三角锉用于锉削燕尾槽；半圆锉用于锉削曲面。

③按工件材质选用锉刀。锉削有色金属等软材料工件时，应选用单齿纹锉刀，否则只能选用粗锉刀。因为用细锉刀去锉软材料，易被切屑堵塞。锉削钢铁等硬材料工件时，应选用双齿纹锉刀。

④按工件加工面的大小和加工余量多少来选择锉刀。加工面尺寸和加工余量较大时，宜选用较长的锉刀；反之选用较短的锉刀。

3. 锉削的基本操作

（1）锉刀的握法。因锉刀的种类较多，锉刀的大小和使用要求不同，锉刀的握法也不一样。

①较大锉刀的握法。250 mm以上较大锉刀的握法，如图9-39所示，用右手握着锉刀柄，柄端顶住右手拇指根部的手掌，拇指放在锉刀柄上，其余手指由下而上地握着锉刀木柄。左手在锉刀上的放法有三种：

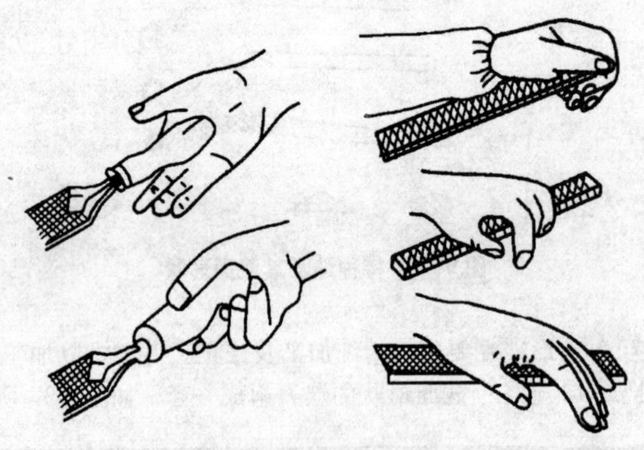

图9-39 锉刀的握法

a. 左手掌斜放在锉梢上方，拇指根部肌肉轻压在锉刀刀头上，中指和无名指抵住梢部右下方。

b. 左手掌斜放在锉梢部，大拇指自然伸出，其余各指自然卷曲，小指、无名指、中指抵住锉刀前下方。

c. 左手掌斜放在锉刀前端，各手指自然放平。

②中小型锉刀的握法。200 mm左右中型锉刀的握法，如图9-40（a）所示，右手的握法与握大锉刀一样，左手只需大拇指和食指轻轻地捏住锉刀前端；握150 mm左右的小型锉刀，如图9-40（b）所示，右手食指伸直，拇指放在锉刀木柄上面，食指靠在锉刀的刀边上，为防止锉刀弯曲，左手几个手指压在锉刀中部；使用100 mm以下更小型锉刀时，一般只用右手拿着锉刀，食指放在锉刀上面，拇指放在锉刀柄的左侧，如图9-40（c）所示。

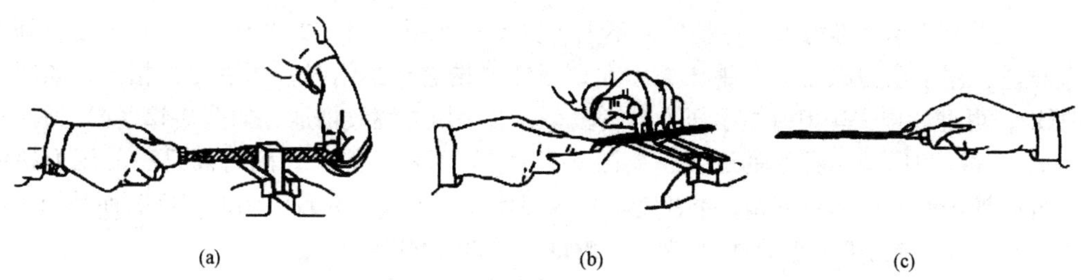

图 9-40　中小型锉刀的握法

（a）中型锉刀握法；（b）小型锉刀握法；（c）更小型锉刀握法

（2）锉削的姿势。锉削姿势对一个钳工来说是十分重要的。只有姿势正确，才能做到既提高锉削质量和锉削效率，又能减轻劳动强度。锉削时站立要自然，两手握住锉刀，放在工件上面，左臂弯曲，前臂与工件锉削面的左右方向基本保持平行，右臂肘轻轻靠住身体，前臂与工件锉削面的前后方向基本保持平行，使台虎钳的中心和右手腕成一条直线。如图 9-41 所示，身体的重心落在左脚上，右膝要伸直，脚始终站稳不动，靠左膝屈伸而做往复运动。锉削动作是由身体的运动和手臂的运动合成起来的，开始时身体向前倾 10°左右，右肘尽量收缩到后方，如图 9-41（a）所示；当身体向前倾至 15°左右时，左膝稍弯曲，锉刀前进 1/3 行程，如图 9-41（b）所示；右肘向前推进，身体逐渐向前倾斜至 18°左右时，完成锉刀前进的 2/3 行程，如图 9-41（c）所示；锉刀前进的最后 1/3 行程是用右手腕将刀向前推进，身体随着锉刀的反作用力退回到 15°位置，如图 9-41（d）所示。行程结束后，把锉刀略提起使手和身体回到最初位置。

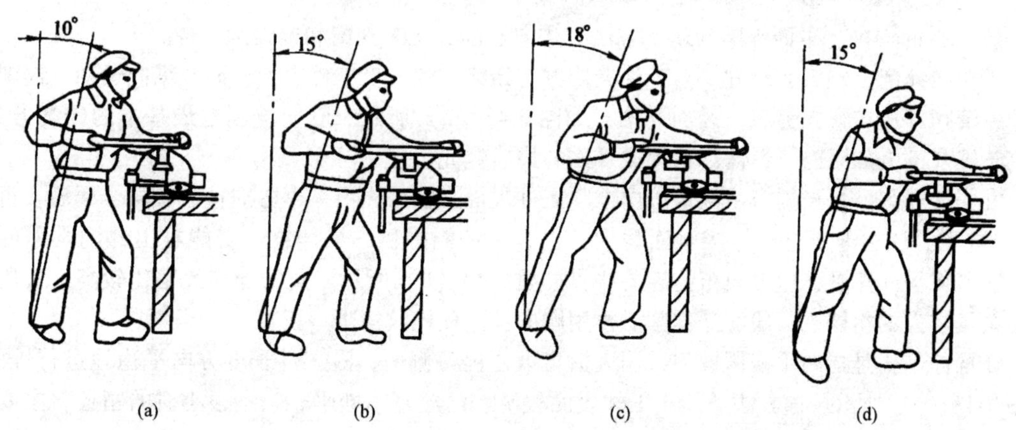

图 9-41　锉削的姿势

（a）开始锉削时；（b）锉刀推出 1/3 行程时；（c）锉刀推出 2/3 行程时；（d）锉刀行程结束时

（3）夹持工件。工件必须牢固地夹持在台虎钳中间，伸出钳口不能太高，以免使工件在锉削时产生振动；夹持表面如果是已加工表面，应在钳口和夹持面之间垫上铜皮或其他较软材料，避免夹伤已加工表面；工件形状不规则时，要加适宜的衬垫后再夹紧；夹持圆柱形工件应用 V 形垫铁；夹持薄板形工件应用钉子固定在木块上，然后夹紧木块。

（4）锉削力的运用。为了保证锉削表面平直，锉削时必须掌握好锉削力的平衡。锉削力由水平推力和垂直压力两者合成，推力主要由右手控制，压力是由两手控制的，其作用是使锉齿深入加工件表面。锉削时由于锉刀两端伸出工件的长度随时都在变化，因此两手对锉刀的压力大小也必须随之变化，如图 9-42 所示锉削力的平衡；开始锉削时锉刀面紧贴工件表面，左手压力要大，右手压力要小而推力大，保持锉刀不上下摆动而水平推进，如图 9-42（a）所示；随着锉刀向前推进，左手压力减小，右手压力增大，当锉刀推进至中间时，两手压力相同，如图 9-42（b）所示；再继续推进锉刀时左手压力继续减小，右手压力继续增加，如图 9-42（c）所示；锉刀回程时不加压力以减少锉纹的磨损，如图 9-42（d）所示。如果锉削时两只手的压力始终不变，则开始推锉时刀柄部向下偏，推锉终了时锉刀前端向下偏，导致锉出的工件表面是两头低中间高的鼓形表面。锉削时速度不宜太快，一般每分钟 30 ~ 60 次。

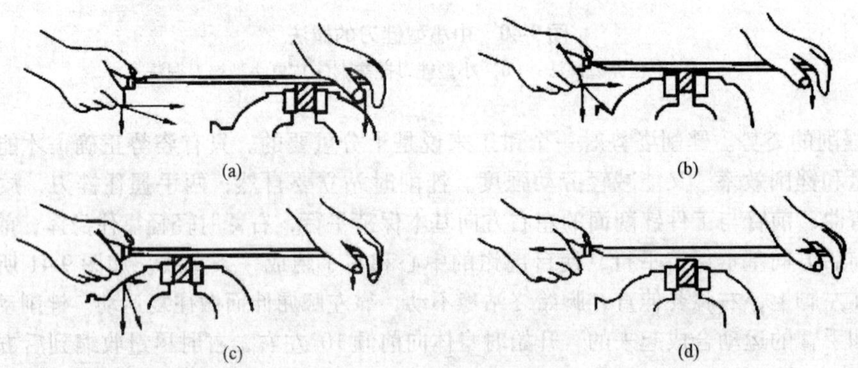

图 9-42　锉削力的平衡

（a）开始锉削；（b）锉刀推进至中间；（c）锉刀继续推进；（d）锉刀回程

4. 锉削步骤和方法

（1）平面锉削。平面锉削的基本方法有顺向锉削、交叉锉削和推锉削三种。

①顺向锉削：锉刀运动方向与工件夹持方向始终一致，沿工件表面横向或纵向运动，锉削平面锉纹清晰，比较整齐美观，表面光洁，如图 9-43（a）所示。顺向锉削是最基本的锉削方式，常用于锉削不大的平面、粗锉后精锉或平面的最后锉光、锉平。

②交叉锉削：是指锉刀从两个方向锉削工件表面，锉刀先沿一个方向锉去一层金属后，再转过 90°锉平。该法锉刀与工件接触面积大，也容易控制平稳，从锉纹上就能看出锉削平面的高低，容易将平面锉平，但表面粗糙度差些，如图 9-43（b）所示。交叉锉削效率比较高，常用于加工余量较大的粗锉，一般交叉锉削后再用顺向锉削使锉纹清晰、正直。

③推锉削：是指两手横握锉刀，用大拇指抵住锉刀侧面，沿工件长度方向平稳地进行锉削，如图 9-43（c）所示。该方法适用于工件表面较窄、已经基本锉平、余量很小时的精锉，主要是降低表面粗糙度或修正尺寸。

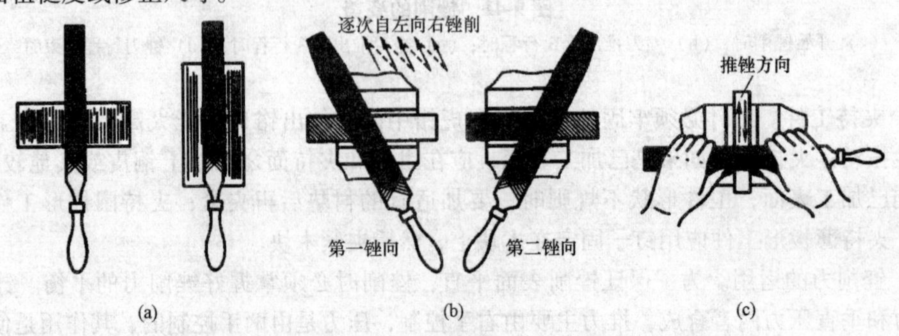

图 9-43　平面锉削方法

（a）顺向锉削；（b）交叉锉削；（c）推锉削

（2）圆弧面锉削。圆弧面锉削有外圆弧面锉削和内圆弧面锉削两种，多用于工件上难以进行机械加工的部位。

锉削外圆弧面选用平锉刀，锉削时，锉刀在做前进运动的同时还应绕工件圆弧的中心转动。常用的有横锉削法和滚锉削法两种，如图 9-44 所示。

①横锉削法：如图 9-44（a）所示，平锉刀在工件圆弧外依次锉出四边形、六边形、八边形等多边形与圆弧相切，最后锉去棱边形成圆弧，此法适用于加工余量较大的粗锉。

②滚锉削法：如图 9-44（b）所示，平锉刀顺着圆弧面向前推进的同时绕圆弧面中心转动，两只手的运动轨迹接近渐开线，锉削后圆弧面整洁美观，一般用于采用横锉削法粗锉工件表面接近圆弧面后的精锉削。

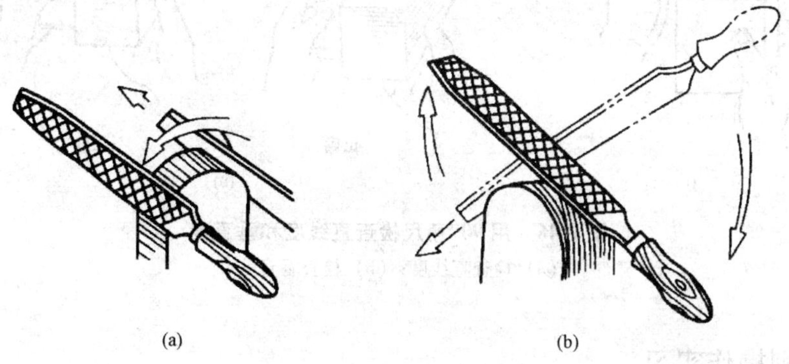

图 9-44　外圆弧面的锉削方法

（a）横锉削法；（b）滚锉削法

锉削内圆弧面选用圆锉刀、半圆锉刀，如图 9-45 所示。锉削时，锉刀要同时完成三个运动：一是顺着内圆弧面前进运动；二是沿着内圆弧面向左或向右移动；三是锉刀绕自身中心线转动。只有这三个运动协调完成，才能锉好内圆弧面。

无论锉削哪种形面，一般先用粗齿锉刀、中齿锉刀采用交叉锉削或横锉削法粗锉，锉去大部分加工余量，使表面基本锉平后，再用细齿锉刀或油光锉刀采用推锉削或滚锉削法进行精锉，修光工件表面，达到技术要求。

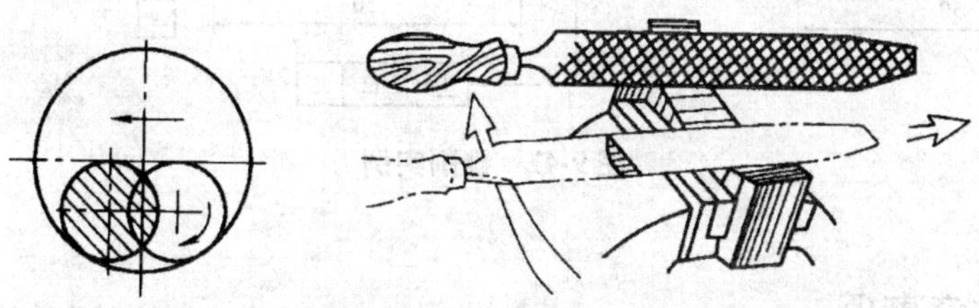

图 9-45　内圆弧面的锉削方法

5. 锉削质量与质量检验

（1）锉削质量问题。

①形状、尺寸不准确：由于划线错误或锉削过程中没有及时检验工件尺寸造成的。

②平面出现凸、塌边和塌角：由于操作不熟练，锉削力运用不当或锉刀选用不当造成的。

③表面粗糙度低：由于锉刀粗细选择不当或锉屑卡在锉齿间造成的。

④工件夹坏：由于工件在台虎钳上装夹不当造成的。

（2）锉削质量检验。

①直线度检查：用钢板尺或90°角尺以透光法检查工件的直线度，如图9-46（a）所示。

②垂直度检查：用90°角尺以透光法检查，先选择基准面，然后对其他各面进行检查，如图9-46（b）所示。

③尺寸检查：用游标卡尺测量各个尺寸。

④表面粗糙度检查：一般用眼睛检查，也可用表面粗糙度样板对照进行检查。

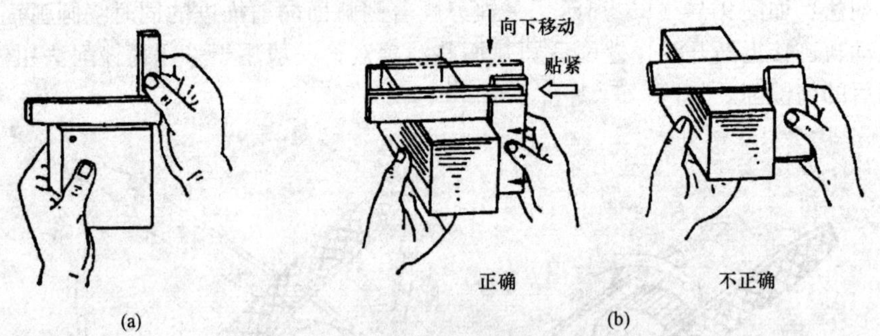

图9-46　用90°角尺检查直线度和垂直度

（a）检查直线度；（b）检查垂直度

三、锉削操作实习

如图9-47所示，各面已全部粗加工，现在只需锉削 *A*、*B*、*C*、*D* 面。

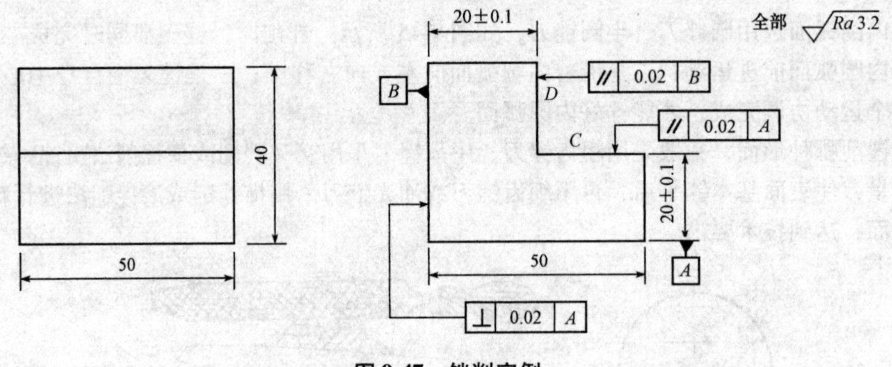

图9-47　锉削实例

四、实习注意事项

（1）锉刀一般放在台虎钳右面，不要使其露出工作台面，以防其跌落伤脚；也不能把锉刀与锉刀叠放或锉刀与量具叠放。

（2）锉刀必须装柄使用，以免刺伤手腕。松动的锉刀柄应装紧后再用。

（3）不准用嘴吹锉屑，也不要用手清除锉屑。当锉刀堵塞后，应用钢丝刷顺着锉纹方向刷去锉屑；对铸件上的硬皮或粘砂、锻件上的飞边或毛刺等，应先用砂轮磨去，然后锉削。

（4）锉屑时不准用手摸锉过的表面，因手有油污、再锉时打滑。

（5）锉刀不能用作橇棒或敲击工件，防止锉刀折断伤人。

五、评分标准

锉削实习操作评分标准见表9-4。

表9-4 锉削实习操作评分标准

班级			姓名		学号	
实习内容	锉削工件					
序号	检测内容	分值		扣分标准	学生自评	教师评分
1	锉削前的准备	10		酌情扣分		
2	锉削工具使用	15		酌情扣分		
3	锉削姿势	15		酌情扣分		
4	锉削方法	30		酌情扣分		
5	锉削精度检查	20		酌情扣分		
6	遵守纪律和安全规范	10		酌情扣分		
综合得分		100				

思考与练习题

1. 锉刀有哪几种类型？不同类型锉刀的规格分别有哪些？锉刀形式及锉刀规格的选择，分别取决于哪些因素？

2. 双锉纹锉刀的主锉纹斜角与辅锉纹斜角大小为什么不同？

3. 锉刀的锉纹号是按什么划分的？

4. 锉削平面的三种方法各有什么优缺点？应如何正确选用？

实习五 钻孔、扩孔、锪孔和铰孔

一、实习内容

在板料上进行钻孔、扩孔、锪孔和铰孔操作。

二、工艺知识

钻孔、扩孔、锪孔和铰孔是钳工最基本的操作之一，是钳工必须熟练掌握的一项基本操作技能。各种零件上的孔加工，很大一部分是由钳工完成的。

1. 钻孔的定义和用途

用钻头在实体材料上加工出孔的方法称为钻孔。在钻床上钻孔时，工件固定不动，钻头绕轴线做旋转运动（主运动）并沿轴线做轴向移动（进给运动），如图9-48所示。钻孔可以达到的标准公差等级一般为IT11 ~ IT10级，表面粗糙度值一般为 $Ra12.5\ \mu m$。

2. 钻孔工具

(1) 钻床。

①台式钻床。台式钻床简称台钻，是一种可放在台子上使用的小型钻床，主要用于电器、仪表及机械制造业的钳工、装配工作中，常用台钻外形如图9-49所示。其最大钻孔直径一般为12 mm以

下。台钻主轴转速很高，常用V带传动，由多级V带轮来变换转速。但有些台钻也采用机械式的无级变速机构，或采用装入式电动机，电动机转子直接装在主轴上。

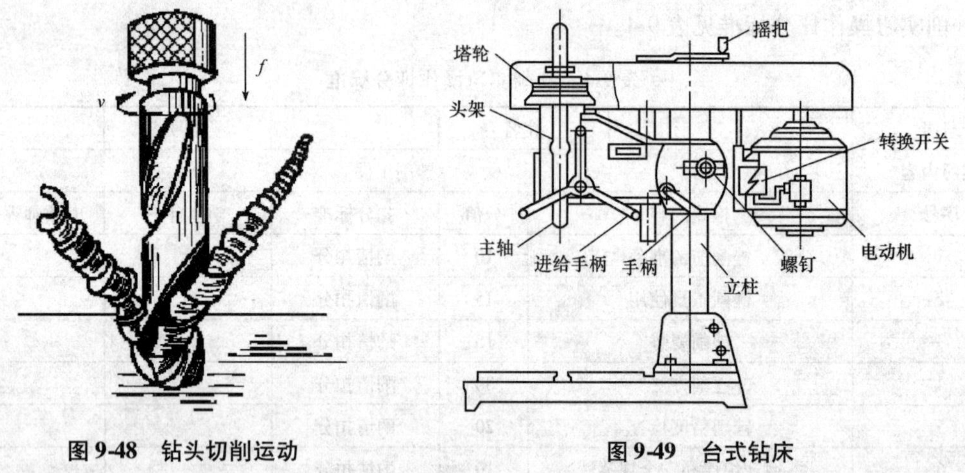

图 9-48　钻头切削运动　　图 9-49　台式钻床

台钻主轴的进给一般只有手动进给，而且一般都具有控制钻孔深度的装置，如刻度盘、刻度尺、定程装置等。钻孔后，主轴能在涡卷弹簧的作用下自动复位。

台钻重量轻，移动方便，灵活性较大，可适用各种场合下的钻孔需要。但因转速较高，不适用于锪孔和铰孔。

②立式钻床。立式钻床简称立钻，其主轴轴线垂直于水平面，常用立钻外形如图 9-50 所示。用立钻钻孔时必须移动工件，使刀具轴线和工件孔的轴线重合，一般用来加工中小型零件上的孔，立钻的规格用最大钻孔直径表示，常用的立钻规格有 25 mm、35 mm、40 mm 和 50 mm 等几种。立钻和台钻相比较，它的功率及机构强度较高，因此加工时允许采用较大的切削用量。

立钻的主轴转速和进给量都有较大的选择范围，还可以自动进给，因此可以进行钻孔、扩孔、锪孔、铰孔和攻螺纹等多种加工。

③摇臂钻床。摇臂钻床简称摇臂钻，外形如图 9-51 所示。摇臂钻有一个能绕立柱旋转的摇臂，摇臂带动主轴箱可沿立柱垂直上下升降，同时主轴箱还能在摇臂上横向移动，操作时无须移动工件就能很方便地调整刀具位置以对准工件孔的中心，适用于大型工件及多孔工件的加工。

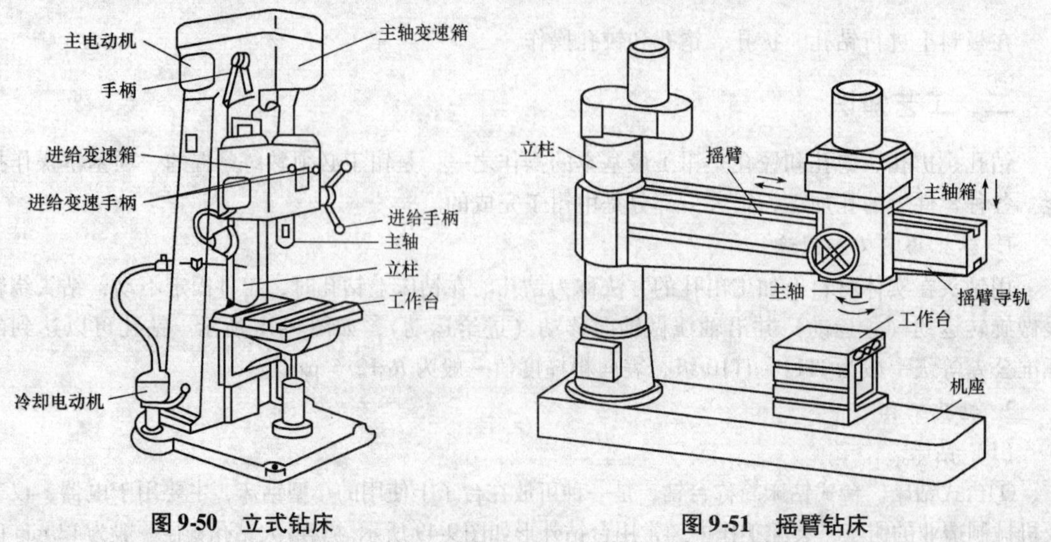

图 9-50　立式钻床　　图 9-51　摇臂钻床

摇臂钻的主轴转速和进给量都有较大的选择范围，可以进行钻孔、扩孔、锪孔、铰孔和攻螺纹等多种加工。

④手电钻。手电钻是一种常用的电动钻孔工具，主要用于钻直径小于 12 mm 的孔。常用的有手枪式和手提式两种，如图 9-52 所示。它具有体积小、重量轻、使用灵活、操作简单等特点。因此，在大型夹具和模具的制作、装配及维修中，当受到工件形状或加工部位的限制而不能使用钻床钻孔时，手电钻就得到了广泛的应用。

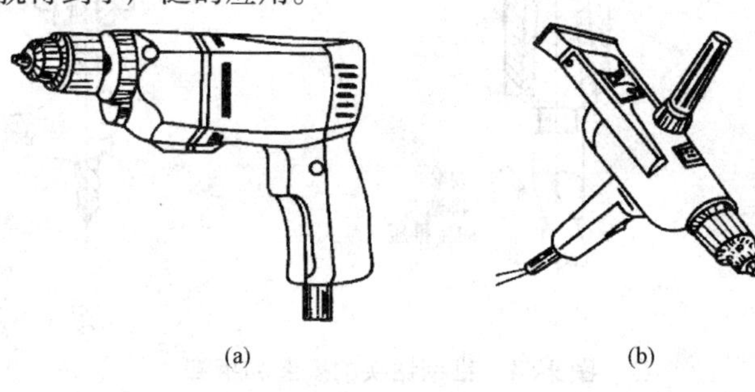

图 9-52 手电钻

（a）手枪式；（b）手提式

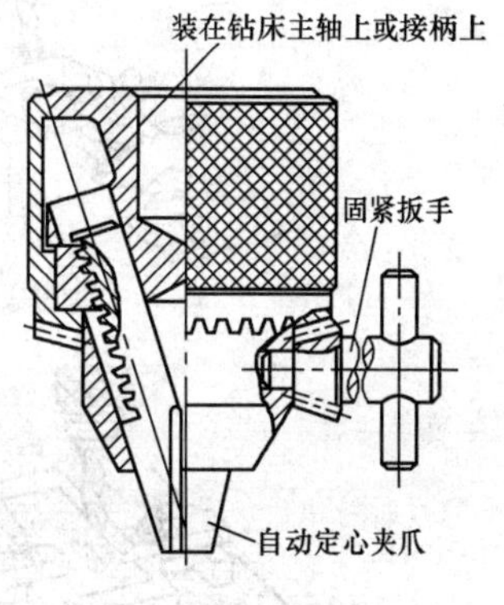

图 9-53 钻夹头

手电钻的电源电压分单相（220 V）和三相（380 V）两种。电钻的规格是以最大钻孔直径来表示的。采用单相电压的电钻规格有 6 mm、10 mm、13 mm、19 mm 四种，采用三相电压的电钻规格有 13 mm、19 mm、23 mm 三种。

（2）钻床附具。钻床附具主要包括钻头夹具和工件夹具两种。

①钻头夹具。常用的钻头夹具有钻夹头和钻套。

钻夹头适用于装夹直柄钻头。安装时将直柄钻头柄部装入钻夹头的自动定心卡爪内，夹持长度大于 15 mm，然后用紧固扳手顺时针旋转钻套来夹紧钻头，如图 9-53 所示。

钻套又称过渡套筒，用于装夹锥柄钻头，如图 9-54（a）所示。当锥柄钻头的柄部与钻床主轴锥孔一致时可直接安装，安装时手持钻头，钻头柄部扁尾朝上，使钻头与主轴锥孔轴线一致，利用加速向上冲力装夹钻头。当钻头锥柄小于主轴锥孔时，则须加钻套连接，如图 9-54（b）所示。钻套的外锥面与主轴锥孔连接，内锥孔连接钻头锥柄。钻套依据其内外锥度的不同分为 5 个型号，使用时可根据钻头锥柄和主轴锥孔锥度选用不同型号的钻套。拆卸钻头时，用楔铁敲入钻套或钻床主轴的长方通孔内，利用楔铁斜面的向下分力使钻头与钻套或主轴分离，如图 9-54（c）所示。装楔铁时楔铁带圆弧的窄面朝上，斜面朝下，以保护钻套或钻床主轴不受损坏。

②工件夹具。钻孔时应使被钻孔的中心线垂直于钻床台面，因此根据工件的形状和大小选择合适的夹持方法是十分重要的。小件和薄壁零件钻孔，可用手虎钳夹持工件，如图 9-55（a）所示；中等零件多用平口钳夹紧，如图 9-55（b）所示；大型和其他不适合用手虎钳夹紧的工件，则直接用压板螺钉固定在钻床工作台上，如图 9-55（c）所示；在圆轴或套筒上钻孔，须把工件压在 V 形铁上钻孔，如图 9-55（d）所示。

（3）麻花钻。

①麻花钻的结构。麻花钻由柄部、颈部和工作部分组成，如图 9-56（a）所示。柄部是麻花钻的夹持部分，用来夹持和传递钻头动力，有直柄和锥柄两种。当扭矩较大时直柄易打滑，因而

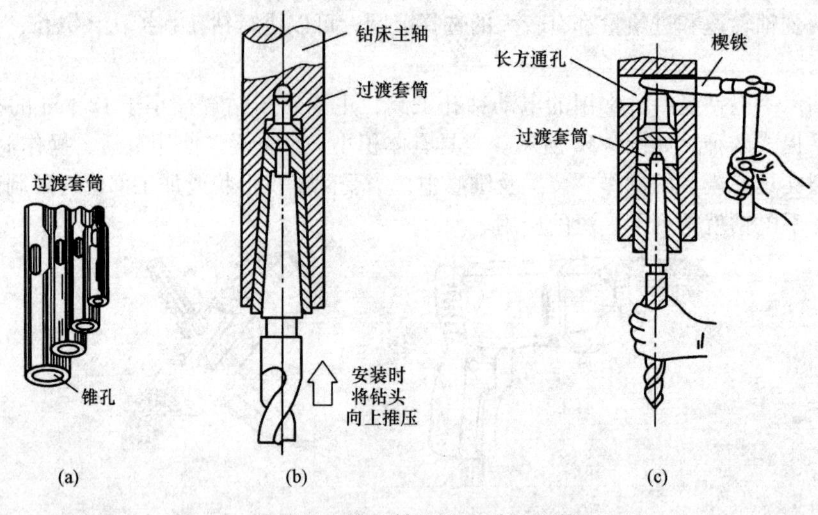

图 9-54　锥柄钻头的安装和拆卸

（a）钻套；（b）安装方法；（c）拆卸方法

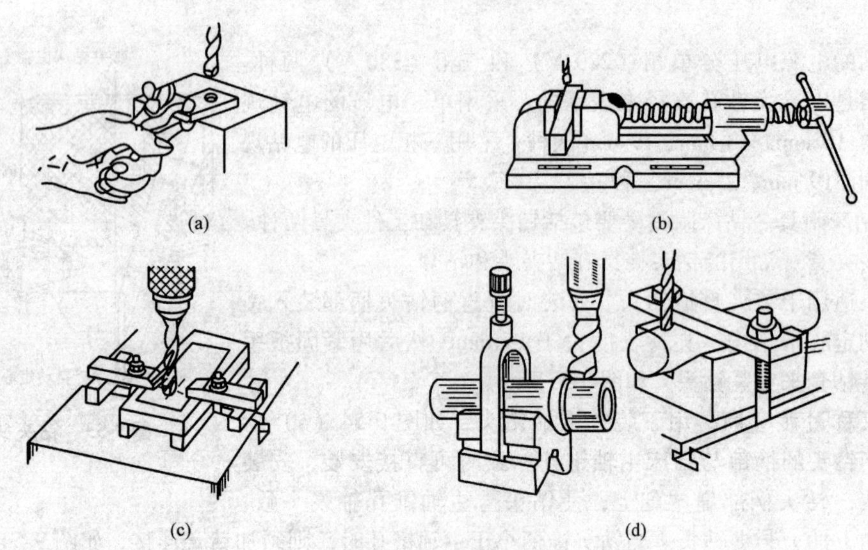

图 9-55　工件的夹持

（a）用手虎钳夹持工件；（b）用平口钳夹紧；（c）用压板螺钉固定；（d）压在 V 形铁上钻孔

直柄只适用于直径 12 mm 及以下的小钻头；而锥柄定心准确，不易打滑，可传递较大扭矩，直径大于 13 mm 的一般做成锥柄。锥柄扁尾用来防止麻花钻与钻套或主轴锥孔之间打滑，而且便于钻头拆卸。

颈部是刀体与刀柄的连接部分，加工钻头时当退刀槽用，并在其上刻有钻头的直径、材料等标记。

工作部分包括切削部分和导向部分。导向部分在切削部分切入工件后起导向作用，有两条对称的螺旋槽。导向部分也是切削部分的备磨部分。槽面为钻头的前面，螺旋槽外缘为窄而凸出的第一副后面（刃带），第一副后面上的副切削刃起修光孔壁和导向作用。钻头的直径从切削部分向刀柄方向略带倒锥度，以减少第一副后面与孔壁的摩擦。切削部分由两个前面、两个后面及两条主切削刃与连接两条主切削刃的横刃和两条副切削刃组成。两条主切削刃的夹角称为顶角（2φ），如图 9-56（b）所示。

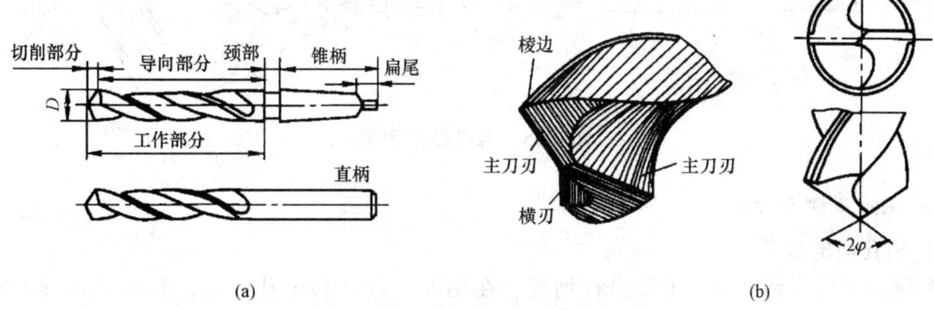

图 9-56　麻花钻的结构

（a）麻花钻的组成；（b）切削部分

钻头工作部分沿轴心线的实心部分称为钻心。它连接两个螺旋形刃瓣，以保持钻头的强度和刚度。钻心由切削部分向柄部逐渐变大。钻头直径大于 8 mm 时，常制成焊接式的。一般用高速钢（W18Cr4V 或 W9Cr4V2）制成，淬火后硬度可达 HRC62 ~ 68。柄部一般用 45 钢，淬硬至 HRC30 ~ 45。

②麻花钻的主要几何角度。麻花钻的主要几何角度有：顶角（2φ）、横刃斜角 φ、前角（γ_0）和后角（α_0），如图 9-57 所示。

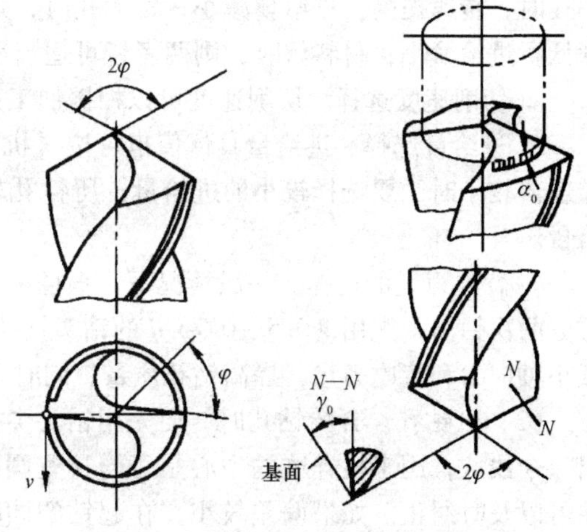

图 9-57　麻花钻的主要角度

顶角（2φ）是两主切削刃在其平行平面上的投影之间的夹角。顶角的大小可根据加工条件由钻头刃磨时决定，标准麻花钻的顶角 $2\varphi = 118° \pm 2°$；横刃斜角 φ 是横刃与主切削刃在钻头端面内的投影之间的夹角，它是在刃磨钻头时自然形成的，其大小与后角、顶角大小有关；前角（γ_0）是前刀面与基面之间的夹角，一般为 18° ~ 30°；后角（α_0）是后刀面与切削平面之间的夹角，一般为8° ~ 14°。

③标准麻花钻的刃磨。钻头的切削刃使用变钝后进行磨锐的工作称为刃磨。刃磨的部位是两个后面（即两条主切削刃），刃磨后的两条主切削刃要等长，顶角应被钻头的中心线平分，各几何角度要正确。

手工刃磨钻头是在砂轮机上进行的。砂轮的粒度一般为 46 ~ 80，砂轮的硬度最好采用中软级（K、L）的氧化铝砂轮。刃磨时操作者要站在砂轮的侧面位置上，右手握住钻头的头部作为定位支点，并掌握好钻头绕轴心线的转动和加在砂轮上的压力；左手握住钻头的柄部做上下摆动，如图 9-58 所示。钻头转动的目的是使整个后刀面都能磨到；而上下摆动是为了磨出一定的后角。两手的动作必须很好配合。由于钻头的后角在钻头的不同半径处是不相等的，所以摆动角度的大小要随后角的大小而变化。在刃磨过程中，要随时检查角度的正确性和对称性，同时还要随时将钻头浸入水中冷却，在磨到刃口时磨削量要小，停留时间也不宜过久，以防止切削部分过热而退火。

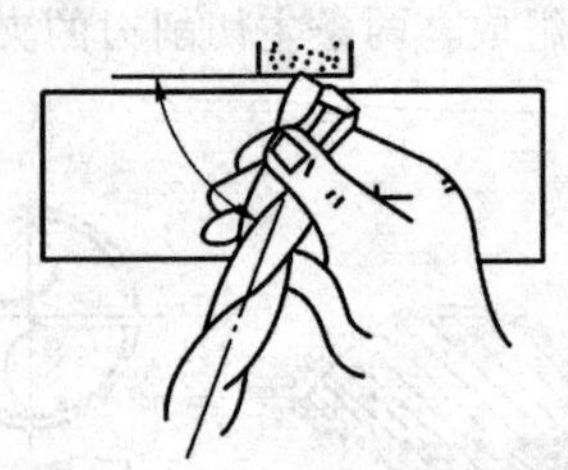
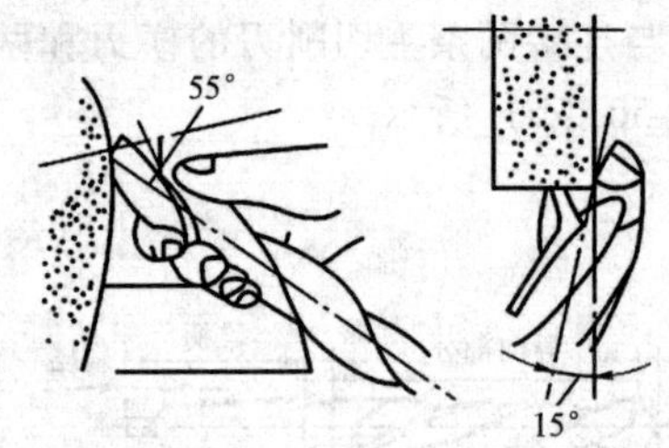

图 9-58　麻花钻的刃磨

3. 钻孔的步骤和方法

（1）钻孔前的准备。

①划线。工件在钻孔前一般要进行划线，在钻孔的位置划出孔径圆，并在孔径圆上打样冲眼，精度要求高的孔还要划出检验圆。钻孔中心的样冲眼要打得大些，以利于钻头定心。

②切削用量的选择。选择切削用量的基本原则是，在允许的范围内，尽量选择最大的进给量，当进给量受孔的表面粗糙度要求和钻头刚度限制时，要选较大的切削速度。一般情况下，钻小孔时，转速提高，进给量减小；钻大孔时，则转速降低，进给量适当加大。材料硬时，切削速度低，进给量小；材料软时，则两者皆可适当增大。

a. 切削速度选择。切削速度可以根据加工条件按《机械加工手册》选取。

b. 进给量选择。进给量具体值也可按《机械加工手册》选取，孔的精度要求较高和表面粗糙度值较小时，要选择较小的进给量；所钻孔较深，钻头刚度和强度较差时，也要取较小的进给量。

c. 背吃刀量的选择。一般情况下，直径小于 30 mm 的孔一次钻出；直径为 30 ~ 80 mm 的孔可分两次钻出，先用（0.5 ~ 0.7）d 的钻头钻孔，再用直径为 d 的钻头将所钻孔扩大。这样可以减小轴向力和背吃刀量，提高钻孔质量，同时可以保护机床。

（2）试钻孔。开始钻孔时，要先用钻头尖在孔中心处钻出一个浅坑，用来检查坑的中心是否与检查圆同心，如有偏差可以及时纠正。如果偏差较小，在起钻的同时用力将工件向偏差的反向移动来纠偏，也可以重新打样冲眼后再钻；如果偏差较大时，可用比较窄的錾子在偏差相对方向錾出几条槽，以减小此处切削阻力，达到纠偏目的，如图 9-59 所示。

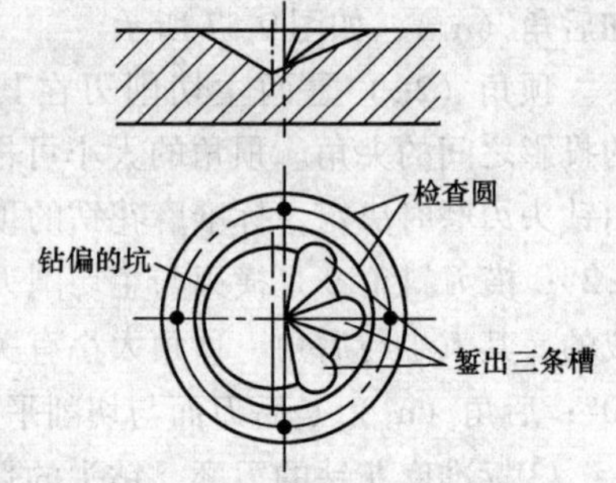

图 9-59　钻偏时的纠正方法

（3）正式钻孔。

①钻盲孔。钻盲孔时，要调整好钻床上的深度标尺挡块、安置控制长度量具或用粉笔做标记来控制钻孔深度，以免将孔钻深。

②钻通孔。钻通孔时，在孔即将被钻透时，要减小进给量，以防进给量突然过大，增大切削扭转抗力，造成钻头折断，或者使工件随钻头转动造成事故。

③钻较大的孔。钻较大的孔（直径在 30 mm 以上）时，应先钻小孔，然后扩孔。

④钻深孔。钻深孔（孔深大于孔径 4 倍）时，要不断退出钻头及时排屑和冷却，否则切屑堵塞会使钻头切削部分过热导致磨损甚至折断。

⑤钻半圆孔。钻半圆孔时，不能用简单的办法钻孔，要想办法凑成一个圆孔。

⑥在斜面上钻孔。在斜面上钻孔，为防止钻头引偏，钻孔时应先在斜面上锪出平面后再钻

孔；也可以用特殊钻套来引导钻头钻孔，如图 9-60 所示。

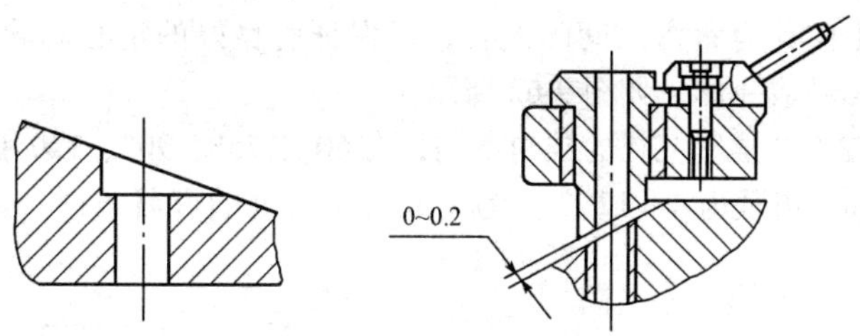

图 9-60 在斜面上钻孔

（4）钻削时的冷却润滑。钻削钢件时，为降低表面粗糙度一般使用机油作为切削液，但为了提高生产效率则更多地使用乳化液；钻削铝件时多用乳化液、煤油；钻削铸铁件时则用煤油。

4. 扩孔与锪孔

（1）扩孔。

①扩孔的定义和用途。扩孔是扩大已经加工出的孔（铸造、锻造或钻出的孔）。扩孔可以纠正已加工出的孔的轴线偏差，并使其获得较正确的几何形状和较小的表面粗糙度，扩孔属于半精加工，扩孔加工公差等级可达 IT10 ~ IT9，表面粗糙度值可达 $Ra12.5 \sim 3.2\ \mu m$。扩孔加工一般应用于孔的半精加工和铰孔前的预加工。扩孔加工如图 9-61（a）所示。

②扩孔工具。常用的扩孔工具有麻花钻、扩孔钻。一般扩孔常用麻花钻，当生产批量较大时，为提高生产效率，一般使用扩孔钻。

由于扩孔切削条件大大改善，所以扩孔钻的结构与麻花钻相比有很大的区别，如图 9-61（b）所示。其结构特点如下。

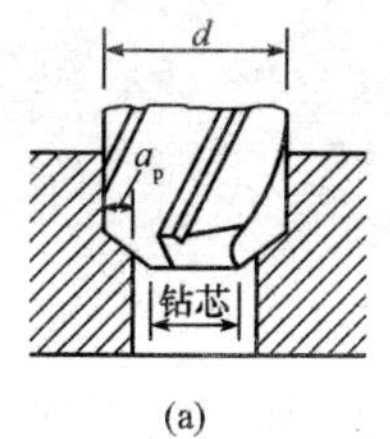

(a)

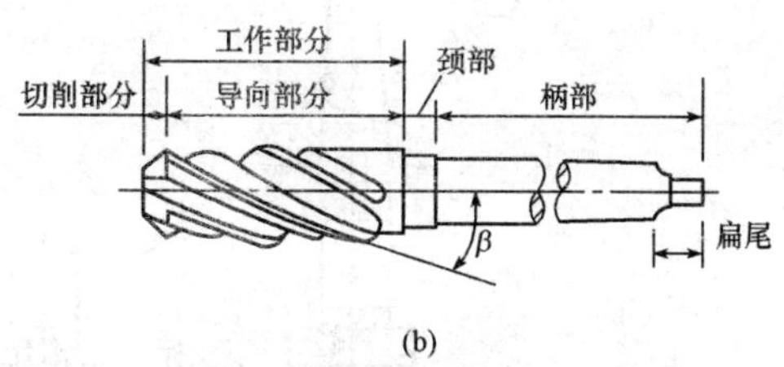

(b)

图 9-61 扩孔及扩孔钻

（a）扩孔；（b）扩孔钻

a. 由于中心不切削，没有横刃，切削刃只做成靠边缘的一段。

b. 由于扩孔产生切屑体积小，不需大容屑槽，扩孔钻可以加粗钻芯，提高刚度，工作平稳。

c. 由于容屑槽较小，扩孔钻可做出较多刀齿，增强导向作用。一般整体式扩孔钻 3 ~ 4 齿。

d. 由于背吃刀量较小，切削角度可取较大值，使切削省力。

扩孔加工时，除了铸铁和青铜材料外，一般都要使用切削液，其中乳化液用得最多。

（2）锪孔。

①锪孔的定义与用途。锪孔是用锪钻对工件上已经加工好的孔进行孔口形面的加工。如加工圆柱形沉头孔、锥形沉头孔和凸台端面等。锪孔的目的是保证孔端面与孔中心线的垂直度，以便使与孔连接的零件位置正确，连接可靠。

②锪孔工具。锪孔工具常用的有柱形锪钻（锪柱孔）、锥形锪钻（锪锥孔）、端面锪钻（锪端面）三种。

柱形锪钻端面刀刃起主要切削作用，其周刃作为副切削刃起修光作用。柱形锪钻前端有导柱，导柱直径与工件上的孔为紧密的间隙配合，以保证有良好的定心和导向。一般导柱是可拆的，也可把导柱和锪钻做成一体，如图9-62所示。

锥形锪钻的锥角按工件锥形沉孔的锥角不同，有60°、75°、90°、120°四种，其中90°用得最多，直径为12～60 mm，齿数为4～12个。为了改善钻尖处的容屑条件，每隔一齿将刀刃切去，如图9-63所示。

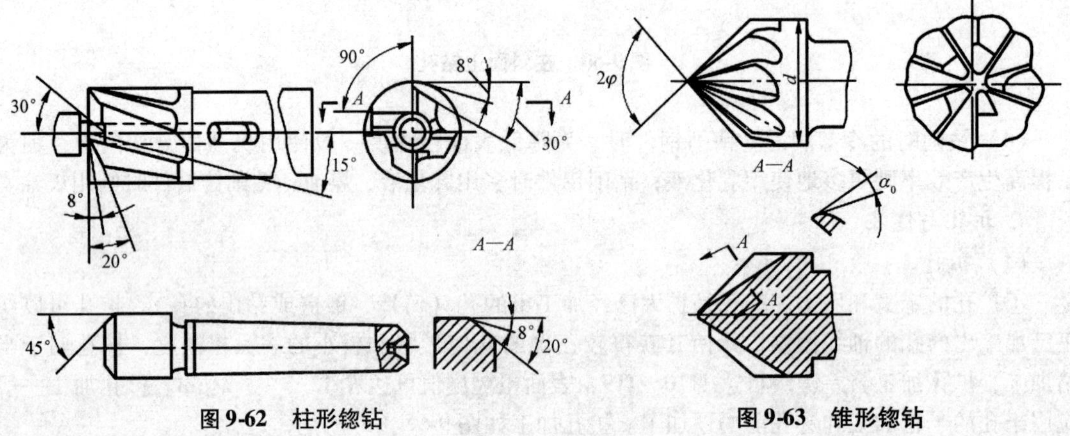

图9-62 柱形锪钻　　图9-63 锥形锪钻

端面锪钻，其端面刀齿为切削刃，前端导柱用来导向定心，以保证孔端面与孔中心线的垂直度，如图9-64所示。

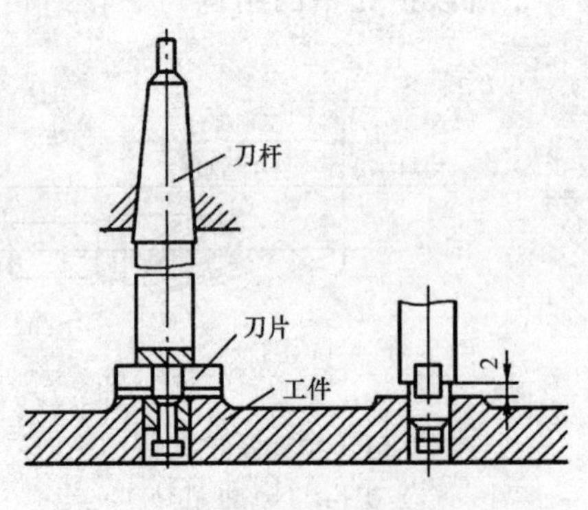

图9-64 端面锪钻

5. 铰孔

（1）铰孔的定义和用途。铰孔是指用铰刀从工件孔壁上切除微量金属层，以提高其尺寸精度和降低表面粗糙度的方法。它适用于对已钻、扩、镗孔的半精加工及精加工。一般公差等级可达IT7～IT6级，表面粗糙度值可达 *Ra*0.8～0.4 μm。

（2）铰孔工具。铰孔工具是铰刀。铰刀的刀齿数量多，切削余量小，所以切削阻力小，导向性好，加工精度高。铰刀通常用高速钢或高碳钢制成，使用范围较广。

铰刀按使用方法可分为手用铰刀和机用铰刀，如图9-65所示。手用铰刀为直柄，工作部分较长；机用铰刀多为锥柄，可装在钻床、车床或镗床上铰孔。

铰刀按形状可分为圆柱铰刀和圆锥铰刀。圆柱铰刀又可分为整体式铰刀和可调式铰刀。可调式铰刀结构如图9-66所示。

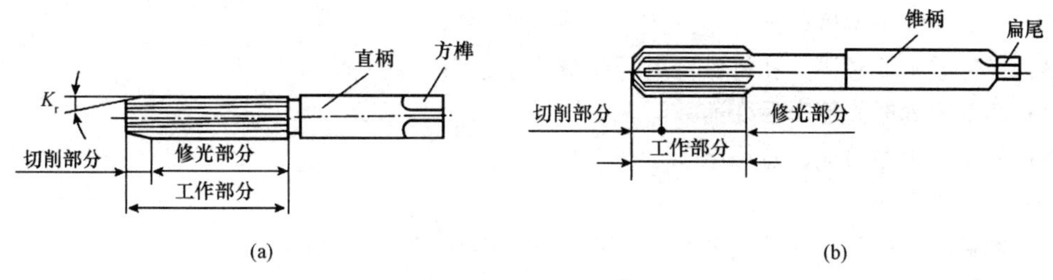

图 9-65　铰刀

（a）机用铰刀；（b）手用铰刀

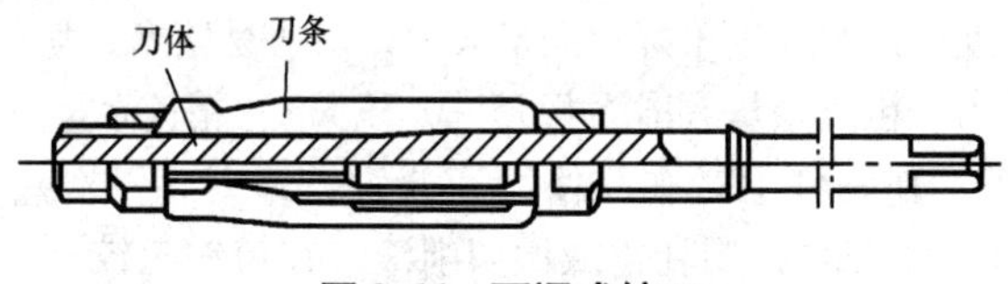

图 9-66　可调式铰刀

铰刀按容屑槽的形状不同，可分为直槽铰刀和螺旋槽铰刀。螺旋槽铰刀如图 9-67 所示，用螺旋槽铰刀铰孔时切削平稳，不会像普通铰刀那样产生纵向刀痕，铰出的孔光滑。有键槽的孔，用普通铰刀不能铰，因其切削刃会被键槽槽边钩住，此时只有采用螺旋铰刀。铰刀的螺旋槽方向一般是左旋，以避免铰削时因铰刀的正向转动而产生自动旋进的现象，并且左旋的切削刃容易使铰下的切屑被排出。

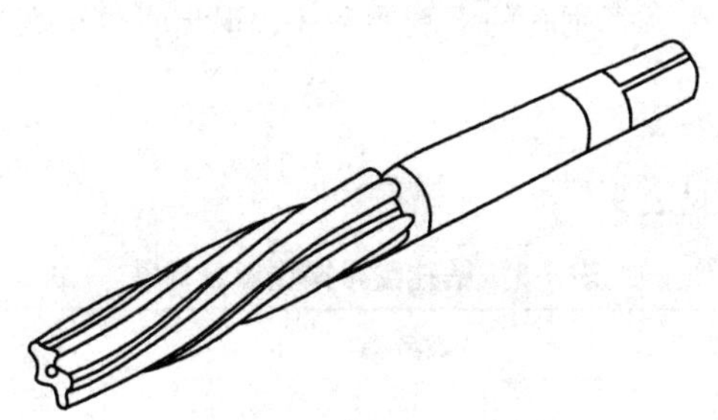

图 9-67　螺旋槽铰刀

锥铰刀用以铰削圆锥孔。常用的锥铰刀有以下四种。

①1∶10 锥铰刀。用以加工联轴器上与柱销配合的锥孔。

②莫氏锥铰刀。用以加工 0～6 号莫氏锥孔。

③1∶30 锥铰刀。用以加工套式刀具上的锥孔。

④1∶50 锥铰刀。用以加工圆锥定位销孔。

三、钻孔操作实习

在板料上练习钻孔、锪孔、铰孔加工。

四、实习注意事项

1. 钻孔注意事项

（1）钻孔时严禁戴手套，女同学必须戴工作帽。

（2）钻削时切削温度较高，不准用手拉或嘴吹铁屑。

（3）工件装夹要紧固，孔将钻穿时尽量减小进给力。

（4）需要变速时先停车后变速。

（5）使用手电钻时应注意用电安全。

2. 锪孔注意事项

（1）锪钻的刀杆和刀片装夹要牢固，工件夹持要稳定。

（2）锪钢件时，要在导柱和切削表面上加机油或切削液润滑。

3. 铰孔时要注意的问题

（1）铰削量的选择要合理。影响铰刀寿命和铰孔质量的因素主要是铰削余量，余量过小，不能铰去底孔留下的刀痕，使表面粗糙度不好；余量太大，切屑易堵塞，切削液不易进入切削区，使表面粗糙度差，易磨损铰刀。粗铰余量一般为0.15～0.35 mm；精铰余量一般为0.05～0.15 mm。

（2）正确使用切削液。在钢件上铰孔，使用高速钢铰刀时，一般用乳化液、硫化油、植物油润滑冷却；使用硬质合金铰刀时，用乳化液做切削液；在铸铁上铰孔一般不用切削液，如果粗糙度要求很小，可用煤油做切削液。

（3）铰刀不能倒转。在铰孔切削的过程中，铰刀不能倒转，即使退出时也要顺转，以防止切屑挤压铰刀而划伤内孔表面或铰刀损坏。

（4）手铰孔时两手用力要平衡，旋转铰杠的速度要均匀，铰刀不得摇摆，以保持铰削的稳定性，避免在孔的进口处出现喇叭口。

（5）机铰时要在铰刀退出后再停车，否则孔壁有刀痕，退出时孔也要被拉毛。铰通孔时，铰刀的校准部分不能全部出头，否则孔的下端要刮坏，退出时也很困难。

五、评分标准

钻孔实习操作评分标准见表9-5。

表9-5　钻孔实习操作评分标准

班级		姓名		学号	
实习内容	钻孔				
序号	检测内容	分值	扣分标准	学生自评	教师评分
1	钻孔前的准备	10	酌情扣分		
2	工件装夹正确	15	酌情扣分		
3	钻头选择、装夹正确	15	酌情扣分		
4	钻孔方法	30	酌情扣分		
5	钻孔检查	20	酌情扣分		
6	遵守纪律和安全规范	10	酌情扣分		
综 合 得 分		100			

思考与练习题

1. 麻花钻各组成部分的名称和作用是什么？

2. 钻削时切削用量包括哪些内容？如何正确选用？

3. 试述刃磨麻花钻横刃、主切削刃、前刃面的方法和目的。
4. 扩孔加工有何特点?
5. 钻孔时如何正确选择切削液?

实习六　攻螺纹和套螺纹

一、实习内容

攻、套 M8 螺纹。

二、工艺知识

1. 攻螺纹和套螺纹的定义和用途

攻螺纹（攻丝）是用丝锥在工件孔中加工出内螺纹，通常用于小尺寸的螺纹加工，特别适合单件生产和机修场合。

套螺纹（或称套丝、套扣）是用板牙在圆柱杆上加工出外螺纹的方法。

2. 攻螺纹和套螺纹的工具

（1）攻螺纹的工具。攻螺纹的工具主要是丝锥和铰杠。

①丝锥。

a. 丝锥的种类。丝锥的种类很多，钳工常用的有机用、手用普通螺纹丝锥，有圆柱管螺纹丝锥和圆锥管螺纹丝锥等。

b. 丝锥的构造。丝锥是用来加工较小直径内螺纹的成形刀具，一般选用合金工具钢 9SiCr 并经热处理制成。每个丝锥都由工作部分和柄部组成，如图 9-68 所示。工作部分是由切削部分和校准部分组成。轴向有几条（一般是三条或四条）容屑槽，相应地形成几瓣刀刃（切削刃）和前角。切削部分（即不完整的牙齿部分）是切削螺纹的重要部分，常磨成圆锥形，以便使切削负荷分配在几个刀齿上。头锥的锥角小些，有 5 ~ 7 个牙；二锥的锥角大些，有 3 ~ 4 个牙。校准部分具有完整的牙齿，用于修光螺纹和引导丝锥沿轴向运动。柄部有方头，其作用是与铰杠相配合并传递扭矩。

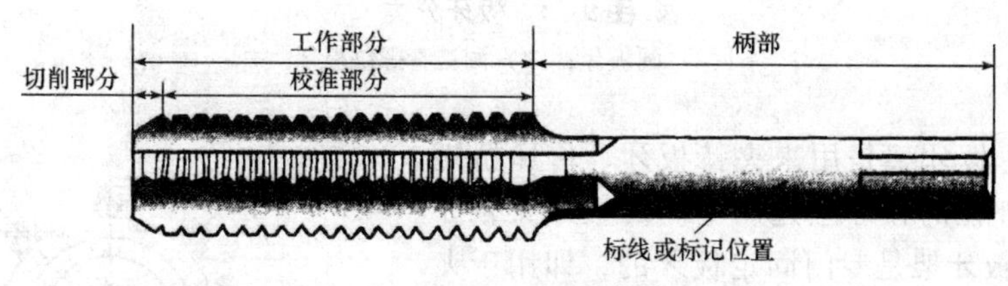

图 9-68　丝锥

c. 成组丝锥。为了减少切削力和延长使用寿命，一般将整个切削工作量分配给几支丝锥来承担。通常 M6 ~ M24 的丝锥每组有两支；M6 以下及 M24 以上的丝锥每组有三支；细牙螺纹丝锥为两支一组。

②铰杠。铰杠是用来夹持丝锥柄部的方榫，带动丝锥旋转切削的工具，一般用钢材制作。铰杠有普通铰杠和丁字铰杠两类，每类铰杠又分为固定式和可调式两种，如图 9-69 所示。

一般攻制 M5 以下的螺纹采用固定式普通铰杠。可调式普通铰杠的方孔尺寸可以调节，因此应用比较广泛。旋转手柄或旋转调节螺钉即可调节方孔的大小，以便夹持不同尺寸的丝锥。铰杠长度应根据丝锥尺寸大小进行选择，以便控制攻螺纹时的扭矩，防止丝锥因施力不当而扭断。

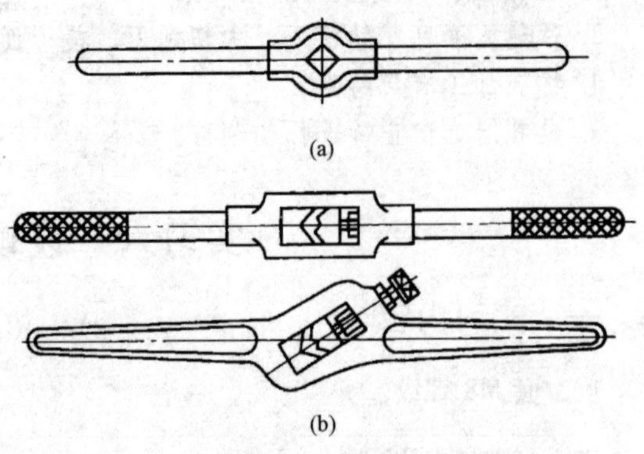

图 9-69　铰杠

（a）固定式铰杠；（b）可调式铰杠

（2）套螺纹的工具。

①板牙。板牙是加工外螺纹的刀具，用合金工具钢 9SiCr 制成，并经热处理淬硬。其外形像一个圆螺母，只是上面钻有 3 ~ 4 个排屑孔，并形成刀刃，如图 9-70（a）所示。

板牙由切屑部分、定位部分和排屑孔组成。板牙的切削部分为两端的锥角（$2K_r$）部分，它不是圆锥面，而是经铲磨而成的阿基米德螺旋面，形成的后角 $\alpha = 7° \sim 9°$，锥角 $K_r = 20° \sim 25°$。板牙的中间一段是校准部分，也是套螺纹时的导向部分。板牙的外圆有一条深槽和四个锥坑，锥坑用于定位和紧固板牙。板牙两端面都有切削部分，一端磨损后，可换另一端使用。

管螺纹板牙可分为圆柱管螺纹板牙和圆锥管螺纹板牙，其结构与圆板牙基本相仿。但圆锥管螺纹板牙只是在单面制成切削锥，如图 9-70（b）所示，因此，圆锥管螺纹板牙只能单面使用。

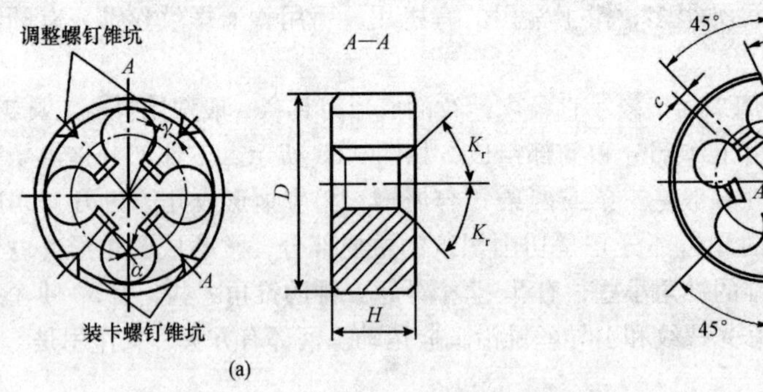

图 9-70　板牙分类

（a）圆板牙；（b）圆锥管螺纹板牙

②板牙架。板牙架是用来夹持板牙、传递扭矩的工具。不同外径的板牙应选用不同的板牙架，如图 9-71 所示。板牙架是专门固定板牙的，即用于夹持板牙和传递扭矩。板牙架上有装卡螺钉，将板牙紧固在架内，注意一定要使装卡螺钉的尖端落入板牙圆周的锥坑内。

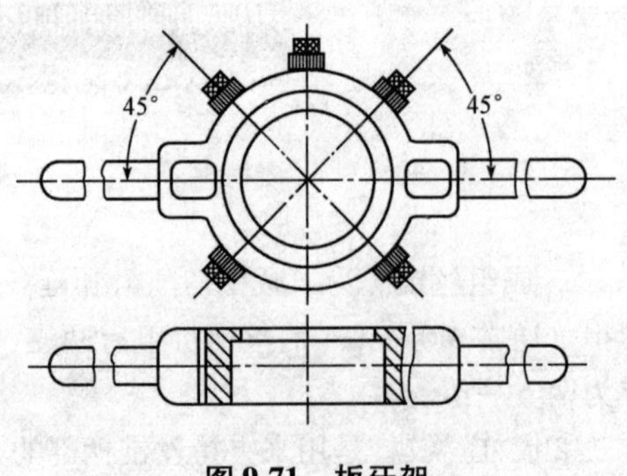

图 9-71　板牙架

3. 攻螺纹和套螺纹的基本操作

（1）攻螺纹的基本操作。攻螺纹操作如图 9-72 所示。

①攻螺纹时，丝锥必须放正，两手握住铰杠中部，均匀用力，使铰杠保持水平转动，并在转动过程中对丝锥施加垂直压力，使丝锥切入 1 ~ 2 圈。

②用钢直尺或90°角尺在两个互相垂直的方向检查，发现不垂直时，加以校正。

③丝锥位置校正并切入3～4圈时，只需均匀转动铰杠。每正转1/2～1圈要倒转1/4～1/2圈。

在攻螺纹过程中，要经常用毛刷对丝锥加注机油润滑。攻制不通螺孔时，丝锥上要做好深度标记。在攻螺纹过程中，还要经常退出丝锥，清除切屑。

④攻较硬材料或直径较大零件时，要头锥、二锥交替使用。在调换丝锥时，应先用手将丝锥旋入至不能旋进时，再用铰杠转动，以防螺纹乱牙。

(2) 套螺纹的基本操作。套螺纹操作如图9-73所示。

①按照规定确定圆杆直径，同时将圆杆端部倒成锥半角为15°～20°的锥体，锥体的最小直径要比螺纹的最小直径小。

②套螺纹开始时，要检查校正，应保持板牙端面与圆杆轴线垂直，避免切出的螺纹单面或螺纹牙一面深一面浅。

③开始套螺纹时，两手转动板牙的同时要施加轴向压力，当切入1～2牙后就可不加压力，只需均匀转动板牙，同攻螺纹一样要经常反转，使切屑断碎及时排屑。

④套好的螺纹可以用标准螺母试拧进去，但要注意别把螺纹弄坏。

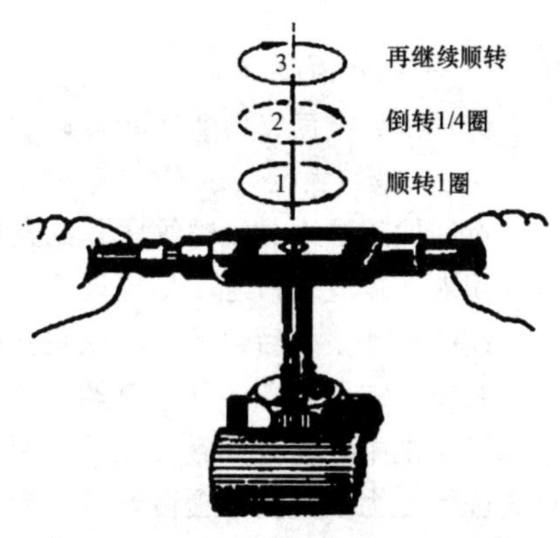

图9-72　攻螺纹

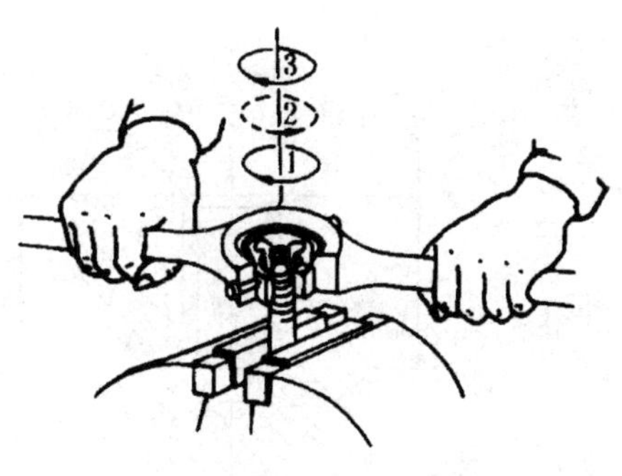

图9-73　套螺纹

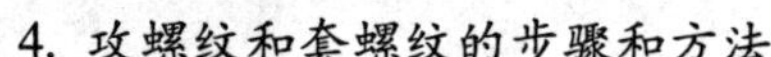
4. 攻螺纹和套螺纹的步骤和方法

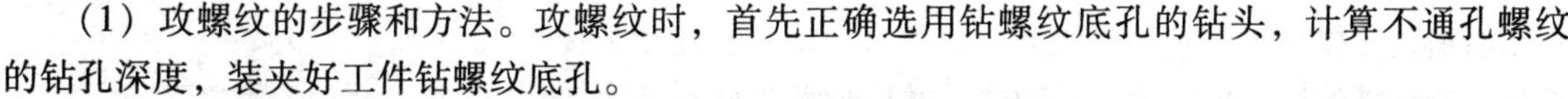
(1) 攻螺纹的步骤和方法。攻螺纹时，首先正确选用钻螺纹底孔的钻头，计算不通孔螺纹的钻孔深度，装夹好工件钻螺纹底孔。

螺纹底孔直径必须稍大于螺纹标准规定的螺纹小径，其值要根据工件材料的塑性大小和钻孔的扩张量来考虑，这样攻螺纹时既有足够的空隙来容纳切屑，又能保证加工出的螺纹得到完整的牙型。普通螺纹底孔直径可参考下列经验公式计算。

加工钢和塑性较大的材料，扩张量中等的条件下

$$D_1 = D - P \tag{9-1}$$

式中　D_1——螺纹底孔直径 (mm)；

D——螺纹大径 (mm)；

P——螺纹螺距 (mm)。

加工铸铁和塑性较小的材料，扩张量较小的条件下

$$D_1 = d - (1.05 - 1.1) P \tag{9-2}$$

式中各符号的意义和单位同前式。

螺纹底孔直径也可从有关手册上查到。

攻不通孔螺纹时，由于丝锥切削部分有导锥，端部不能切出完整的螺纹牙型，所以钻孔深度要大于所需螺纹的有效长度，如图9-74所示。钻孔深度可按以下经验公式计算。

$$L = L_1 + 0.7D \tag{9-3}$$

式中 L——钻孔深度（mm）；

L_1——螺纹有效长度（mm）；

D——螺纹大径（mm）。

注意，加工螺纹时，螺纹底孔的孔口必须倒角，而且倒角直径必须略大于螺纹大径，这样丝锥容易切入，螺纹孔口也不易出现毛刺。

螺纹底孔加工好后，下一步就是正确选用丝锥，选择合适的铰杠，先将头锥装在铰杠上，然后将丝锥插入螺纹底孔，开始攻丝，丝锥中心线要和螺纹底孔中心线平行。起攻时，一手按住铰杠中部沿丝锥中心线方向施加压力，另一手使丝锥缓慢顺时针旋进，也可以用两手握住铰杠两端均匀施加压力，使丝锥缓慢顺时针旋进，如图9-75所示。

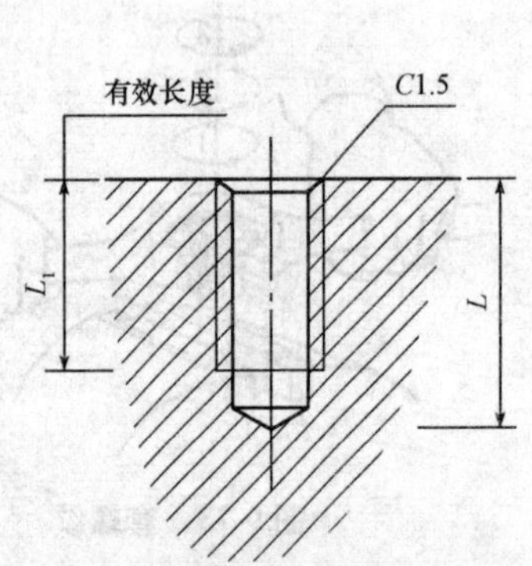

图9-74　不通孔螺纹底孔深度

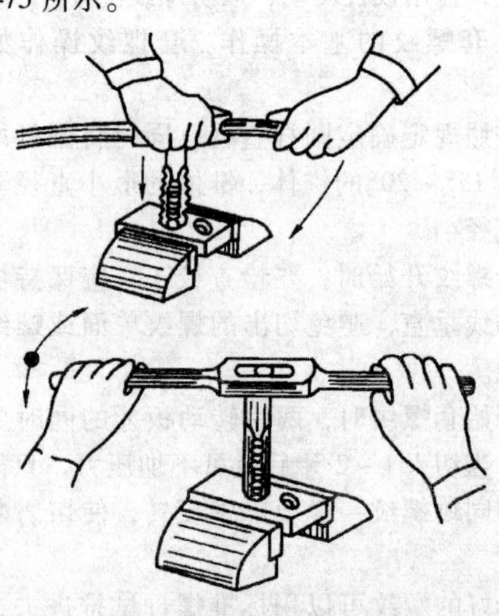

图9-75　攻螺纹起攻操作

当丝锥攻入1~2圈时，要用肉眼直接观察或用90°角尺在四个方向上检查丝锥是否与螺纹孔端面垂直，如图9-76所示。校正丝锥符合要求后，逐渐旋转丝锥，当丝锥的切削部分切入工件后，就只转动铰杠不再施加压力，为了使切屑折断排出，每转一圈后要反转1/4圈。攻完头锥后再攻二锥。

当螺纹不是通孔时，要在丝锥上做好深度标记，攻丝过程中要经常退出丝锥，以便清除切屑，防止丝锥折断。一般用磁性针棒吸出切屑，或用弯管吹去切屑。

攻丝时，为了减小切削阻力、提高螺孔表面质量、延长丝锥的使用寿命，应该使用切削液。一般钢件攻丝使用乳化液或机油润滑，铸铁件上使用煤油润滑。

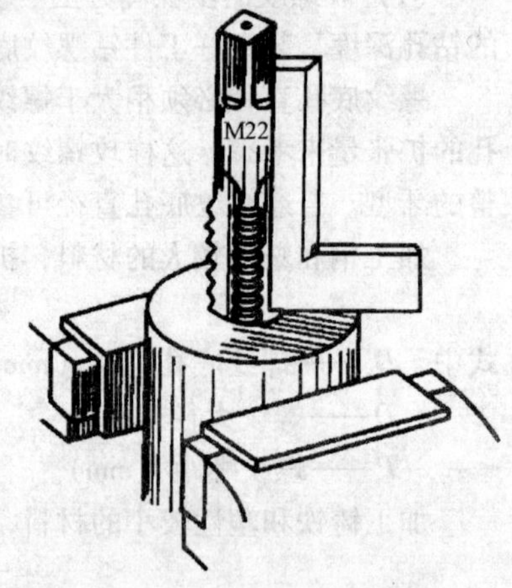

图9-76　检查丝锥垂直情况

（2）套螺纹的步骤和方法。套螺纹前要先确定工件直径，直径太大，板牙切入困难，直径太小，加工出的螺纹牙型不完整。由于材料的挤压变形，套螺纹时螺纹大径会稍有增大，所以工件直径应略小于螺纹大径，其尺寸可参考下面经验公式确定。

$$D_1 = D - 0.13P \tag{9-4}$$

式中　D_1——工件直径（mm）；

D——螺纹大径（mm）；

P——螺纹螺距（mm）。

工件端部应倒角，如图9-77所示，使小端直径略小于螺纹小径，以利于板牙对准工件和切入材料。工件一般用V形块或厚铜皮衬垫，端正、牢固地装夹在台虎钳中间。在不影响工件长度要求的前提下，尽可能伸出台虎钳短些。

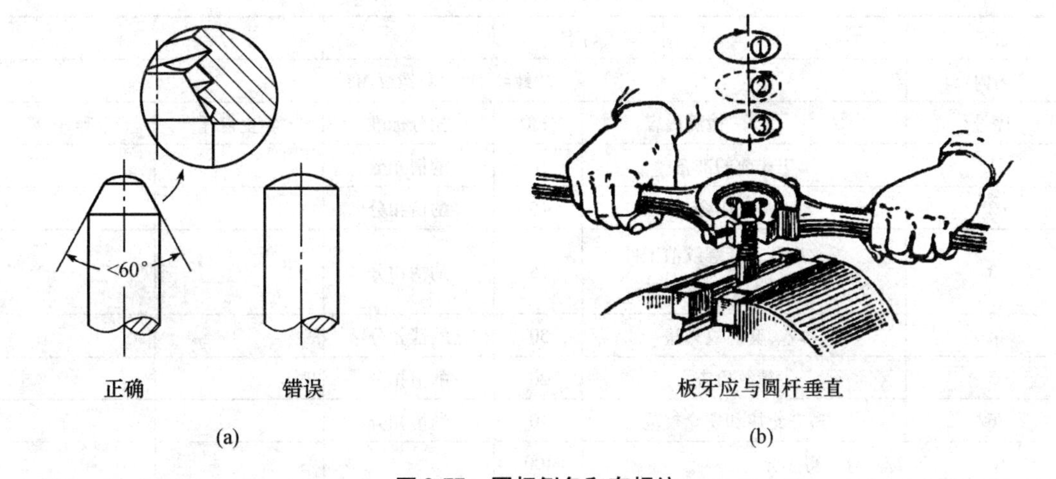

图9-77　圆杆倒角和套螺纹

（a）圆杆倒角；（b）套螺纹

起套时和攻螺纹起攻方法一样，保持板牙端面和工件中心线垂直，一手按住板牙架中部，沿工件轴线方向施压，另一手使板牙缓慢顺时针旋进。切入工件1～2圈时，检查板牙端面和工件中心线是否垂直，并不断调整使其符合要求，进一步旋转板牙，这时无须施加压力，板牙会自然切入工件，注意要使板牙反转折断切屑，直至套出全部螺纹为止。

钢件上套螺纹要用切削液或机油润滑，要求高的时候可用柴油或二硫化钼润滑。

三、攻、套螺纹操作实习

在板料上钻底孔并攻M8螺纹，在圆杆上套M8螺纹。

四、实习注意事项

1. 攻螺纹注意事项

（1）螺纹底孔直径不能太小。

（2）旋转铰杠感觉较吃力时，不能强行转动，应退出丝锥，清理切屑后继续攻丝。

（3）选择合适的铰杠手柄长度，以免旋转力过大折断丝锥。

（4）攻制不通孔螺纹时，要注意丝锥是否已经接触到孔底，以免继续硬攻，折断丝锥。

（5）使用成组丝锥时，要头锥、二锥、三锥依次使用。

2. 套螺纹注意事项

（1）套螺纹前要检查工件直径大小和端部倒角。

（2）每次套螺纹前应将板牙排屑槽内及螺纹内的切屑清除干净。

（3）套螺纹时切削扭矩很大，易损坏工件的已加工面，所以应使用硬木制的V形槽衬垫或用厚铜板作保护片来夹持工件。工件伸出钳口的长度，在不影响螺纹要求长度的前提下，应尽量短。

五、评分标准

攻、套螺纹实习操作评分标准见表9-6。

表9-6　攻、套螺纹实习操作评分标准

班级		姓名		学号	
实习内容	攻螺纹M8、套螺纹M8				
序号	检测内容	分值	扣分标准	学生自评	教师评分
1	工作前的准备	10	酌情扣分		
2	工具选用合理	15	酌情扣分		
3	螺纹底孔、套螺纹前工件直径大小正确	15	酌情扣分		
4	攻、套螺纹方法	30	酌情扣分		
5	螺纹检查	20	酌情扣分		
6	遵守纪律和安全规范	10	酌情扣分		
综　合　得　分		100			

思考与练习题

1. 钳工攻螺纹常接触的有哪几种？它们各有什么特点？
2. 成组丝锥在结构上是如何保证切削用量的分配的？
3. 攻螺纹的底孔直径是否等于螺纹小径？为什么？
4. 如何计算套螺纹时螺杆的直径？

实习七　刮　　削

一、实习内容

掌握刮削方法，做到刮削姿势正确，刀迹准确，刮点合理。

二、工艺知识

1. 刮削的定义和用途

刮削是指用刮刀刮除工件表面薄层金属的加工方法。刮削属于精加工。刮削时刮刀对工件既有切削作用，也有压光作用。刮削时在工件与校准工具或互配工件之间涂上一层显示剂，经过对研，使工件上较高的部位显示出来，然后用刮刀进行微量刮削。这样反复地显示和刮削，就能保证工件有较高的形位精度和互配件精密配合。

经刮削的工件表面会留下微浅刀痕，形成存油空隙，减少摩擦阻力，这可以改善工件表面质量，降低表面粗糙度，提高工件的耐磨性。

刮削常用于零件上需要相互配合的重要滑动表面，如滑动轴承、机床导轨等。刮削在机械制造、工具、量具制造和机器修理工作中得到广泛应用。刮削余量一般为 0. 05 ~ 0. 4 mm，具体数值应依刮削面积而定。其缺点是劳动强度比较大，生产效率比较低。

2. 刮削工具

（1）刮刀。刮刀一般用碳素工具钢 T10A ~ T12A 或轴承钢锻成，也有的刮刀头部焊上硬质合金用以刮削比较硬的金属。刮刀分为平面刮刀和曲面刮刀两种。

①平面刮刀。平面刮刀用于刮削平面和刮花，有普通刮刀和活头刮刀两种。活头刮刀有机械夹固式的，也有将刀头焊接到刀杆上的，如图 9-78 所示。

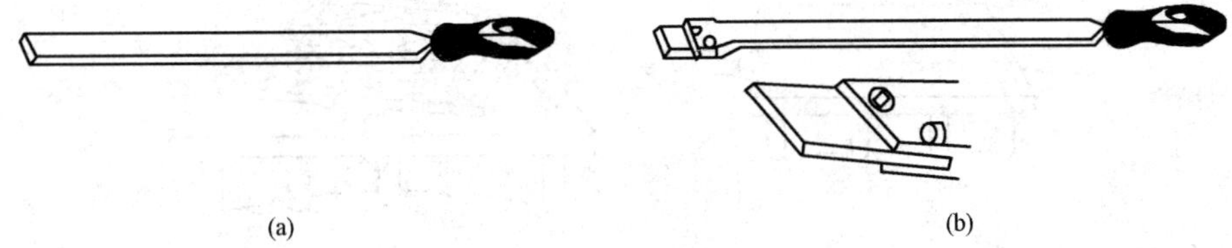

图 9-78　平面刮刀

（a）普通刮刀；（b）活头刮刀

平面刮刀按所刮表面精度又可分为粗刮刀、细刮刀和精刮刀三种，其头部形状如图 9-79 所示。如图 9-79（a）所示粗刮刀角度为 90° ~ 92. 5°，刀刃平直；如图 9-79（b）所示细刮刀角度为 95°左右，刀刃稍带圆弧；如图 9-79（c）所示精刮刀角度为 97. 5°左右，刀刃带圆弧；如图 9-79（d）所示韧性材料刮刀可磨成角 β_0 小于 90°，但只用于粗刮。

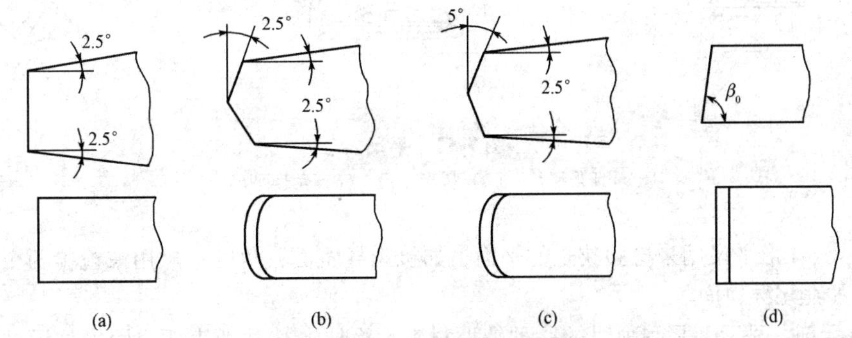

图 9-79　刮刀头部形状和角度

（a）粗刮刀；（b）细刮刀；（c）精刮刀；（d）韧性材料刮刀

②曲面刮刀。曲面刮刀用于刮削内圆弧面，常用的有三角刮刀、蛇头刮刀两种，如图 9-80 所示。三角刮刀由三角锉刀改制或用工具钢锻制，蛇头刮刀则由工具钢锻制。

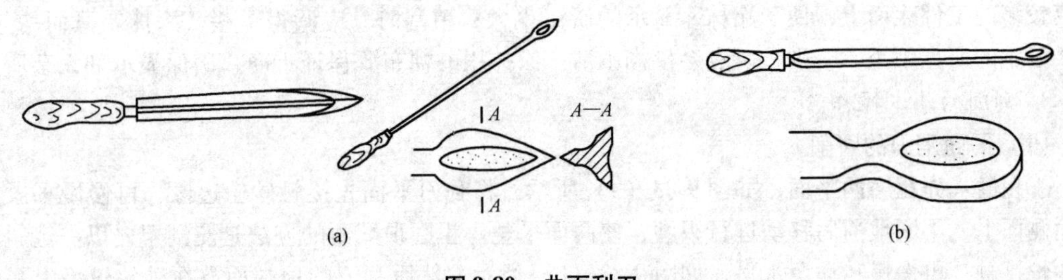

图 9-80　曲面刮刀

（a）三角刮刀；（b）蛇头刮刀

（2）校准工具。平面刮削常用的校准工具有校准平板和平尺，是用来推磨研点和检查被刮面准确性的工具，也称研具。刮削内圆弧面时，常用和内圆弧面相配合的轴作为校准工具，如果没有现成的轴，可以自制标准心轴做校准工具。

校准工具一般都是用耐磨铸铁铸造并经过时效处理，表面都经过精细刮削，具有良好的刚度、形位公差、表面粗糙度和稳定的尺寸。校准工具用来与工件刮削表面磨合，以接触点的多少和分布的疏密程度来判断被刮削平面的平面度，为刮削提供依据，也常用来检验刮削表面的精度。

①校准平板。如图 9-81 所示。

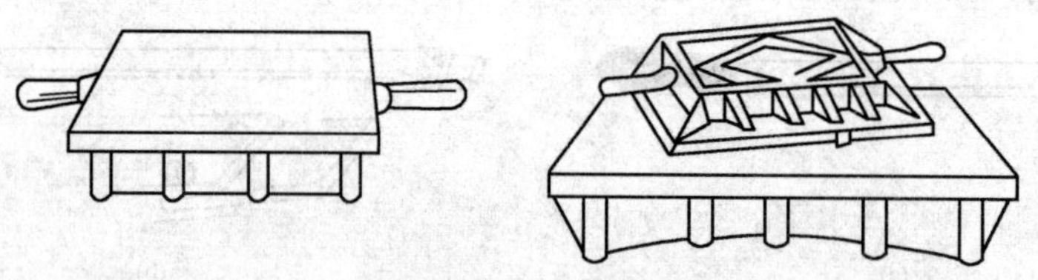

图 9-81　校准平板

②平尺。平尺有桥形平尺、I 形平尺及角度平尺，如图 9-82 所示。

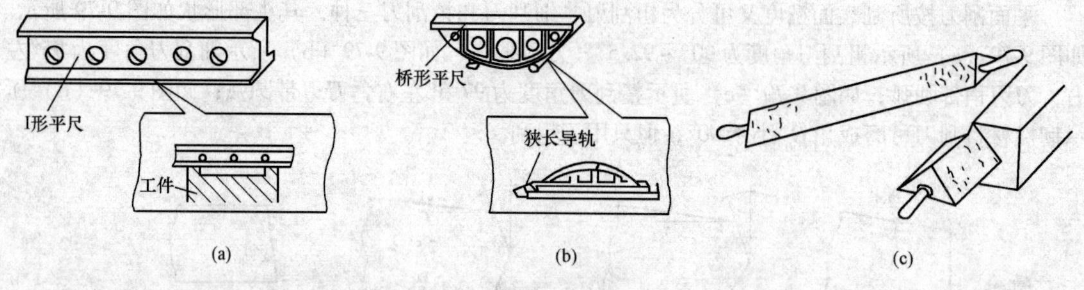

图 9-82　平尺

（a）I 形平尺；（b）桥形平尺；（c）角度平尺

桥形平尺、I 形平尺用来检验狭长的平面，如机床导轨面；角度平尺用来检验两个成角度的组合平面，如燕尾导轨面。

（3）显示剂。显示剂是刮削时的一种辅助材料，涂抹在被刮削表面，用来显示被刮削表面和校准工具的接触状况。常用的显示剂有红丹粉和蓝油两种。这两种显示剂颗粒极细，色泽鲜明、易扩散、对工件没有磨损和腐蚀、价格低。红丹粉主要用于铸铁件或钢件表面的刮削涂色；蓝油主要用于非铁合金刮削时的涂色。

调和显示剂时应注意：油量不宜太多，能保证调和均匀即可。粗刮时，可调得稀些，这样在刀痕较多的工件表面上，便于涂抹，显示的研点也大；精刮时，应调得干些，涂抹要薄而均匀，这样显示的研点细小，否则，研点会模糊不清。涂抹用的棉布要保证干净，确保显示剂无杂质。

3. 刮削的基本操作

（1）平面刮刀的磨削。

①粗磨：先粗磨两平面，如图 9-83（a）所示，将刮刀平面先接触砂轮边缘，再慢慢平放在砂轮侧面上，不断地前后移动进行刃磨，使两面平整。粗磨顶端面的方法是使刮刀先以一定斜角与砂轮接触，再慢慢转动至水平，如图 9-83（b）所示。然后刮刀的顶端面放在砂轮轮缘上平稳地左右移动进行刃磨，如图 9-83（c）所示。

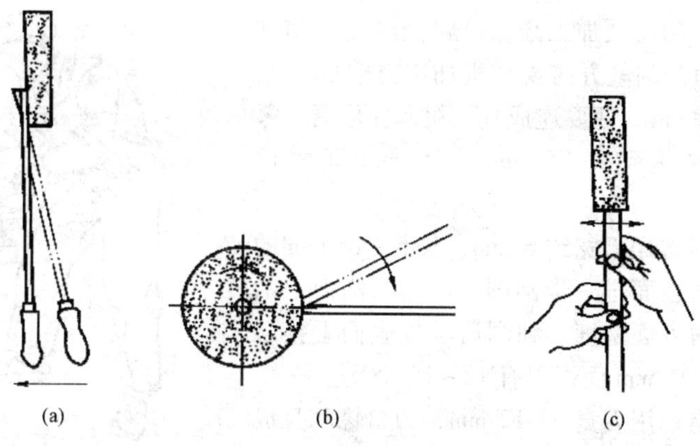

图 9-83　平面刮刀的粗磨

（a）粗磨两平面；（b）粗磨顶端面；（c）粗磨顶端面

②细磨：粗磨后的刮刀要在细砂轮上细磨，直至基本达到刮刀几何角度和形状的要求。磨削时要经常蘸水冷却，避免刃口部分过热而退火。

③精磨：细磨后的刮刀在油石上进行精磨。操作时在油石上加适量机油，先精磨两平面，再精磨端面。

（2）曲面刮刀的磨削。曲面刮刀的平面部分磨削和平面刮刀相同，只是曲面部分刃磨时，刮刀的运动方式不是简单地来回移动，而是一种复合运动。曲面刮刀一般磨出平面部分后，刃磨沟槽和曲面部分，先在砂轮机上粗磨，再用油石精磨。

4. 刮削的步骤和方法

（1）平面刮削的步骤和方法。

①刮削方法。刮削前先清理被刮削表面，然后涂抹显示剂，再用校准工具对研，使工件高点部位露出亮点来，然后用刮刀刮削。刮削时要注意刮削姿势，刮削姿势是钳工一项很重要的基本功，姿势不对，操作者感觉很累、生产效率低、刮出的表面质量差、不美观。平面刮削的方法有手刮削法和挺刮削法两种。

a. 手刮削法。右手握刮刀手柄，方法和握锉刀手柄相同，左手四指向下握住距刮刀头部约 50 mm 处。左脚向前跨一步，身体重心靠向左腿。刮刀和刮削面一般要成 25°～30°夹角。刮削时用刀头对准研点，身体前倾的同时，右手向前推刮刀，左手轻轻下压，并控制刮刀前进方向，随着研点被刮削的同时，左手在刮刀反弹的作用下迅速提起刀头，高度为 5～10 mm，完成一个刮削动作。如图 9-84 所示。

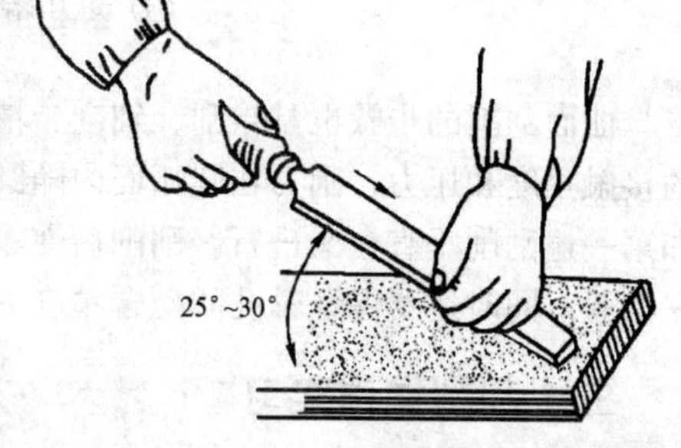

图 9-84　手刮削法

b. 挺刮削法。将刮刀手柄放在操作者小腹右下侧靠近胯部的地方，双手握住刀身，距刀刃 80～100 mm。挺刮时刮刀和刮削面一般要成 15°～25°夹角，将刮刀贴近研点处，下压刮刀，然后靠腿部和臀部的力量使刮刀向前推刮，此时双手施加的力由小到大，同时右手掌握刮刀前进方向，刮削长度够时，向上提起刮刀，双手施加的力由大到小，完成一个刮削的动作，如图 9-85 所示。

②刮削步骤。平面刮削的步骤有粗刮、细刮、精刮和刮花纹四个步骤。

a. 粗刮：粗刮是选用刃口较宽，为刀宽 2/3～3/4、刀身较长的粗刮刀，在工件加工面上刮去机械加工的刀痕、锈斑及加工余量。粗刮时需要施加较大而又均匀的压力；刮削方向要和机加工刀痕成45°；刮刀痕迹长，10～15 mm，还要连成片。粗刮完成后，零件表面上接触点要达到每25 mm×25 mm面积内有4～5个。

图9-85　挺刮削法

b. 细刮：细刮时选用刀宽约6 mm、长5～10 mm的细刮刀，将粗刮后的表面进一步刮削，增加刮削面上的接触点，提高零件的表面精度。细刮后零件表面上接触点要达到每25 mm×25 mm面积内有12～15个。

c. 精刮：精刮是选用刀宽4～12 mm、刃口锋利且成弧形的精刮刀，在细刮的基础上，进一步刮削加工表面，增加研点数，使工件符合精度及粗糙度要求。精刮时找点要准，落刀轻，起刀快，要把大的接触点刮削成几个均匀分布的小点。精刮后零件表面上接触点要达到每25 mm×25 mm面积内有20个以上。

d. 刮花纹：为了使精刮后的表面整齐美观，并有良好的储油润滑功能，一般要在刮好的平面上刮出有规律的、装饰性的花纹，有斜花纹、鱼鳞花纹、半月花纹等。不论刮削哪种花纹，每刮削一个花纹，都要做到四边刀轻而中部刀重。

（2）曲面刮削的步骤和方法。曲面刮削一般用来刮削滑动轴承的轴瓦、衬套等零件的内圆弧面。其步骤和方法与平面刮削基本相同，只是刮刀要用三角刮刀或蛇头刮刀。刮削姿势如图9-86所示。

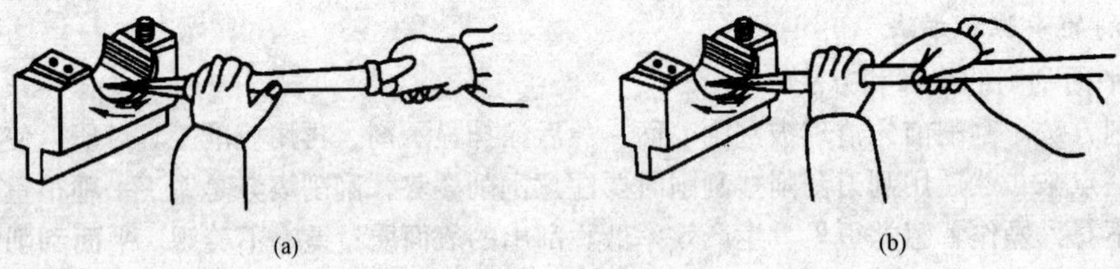

图9-86　曲面刮削姿势
（a）短刀柄刮削姿势；（b）长刀柄刮削姿势

曲面刮削的步骤也是粗刮、细刮、精刮和刮花纹四个步骤。刮削时，要控制好刮刀和圆弧面的接触角度和压力，刮刀在圆弧面内随圆弧运动，刀迹要和圆弧面中心线成45°，第二遍刮削要和第一遍刮削垂直交叉进行。刮削后使零件表面上的接触点在两端多些，中间少些，这样利于建立油膜，同时还要保证轴孔的配合精度。

三、刮削操作实习

在平板上进行刮削和检验，刮点10～12点/（25 mm×25 mm）。

四、实习注意事项

（1）推磨研具时，推研力量要均匀。工件悬空部分不得超过研具本身长度的1/4，以防失去重心掉落伤人。

（2）每研点刮削1次应改变刮削方向。

（3）落刀、提刀应防止振痕。

（4）每次研磨前平板都要擦拭干净，以避免细刮、精刮时研点有划痕。

（5）注意提高刮削质量，粗刮时要达到 2 ~ 3 点/（25 mm × 25 mm），细刮时用细刮刀达到 12 ~ 15 点/（25 mm × 25 mm）。精刮时用精刮刀达到 20 点/（25 mm × 25 mm）。尤其在细刮、精刮时，刀迹要清晰、大小相同。

五、评分标准

刮削实习操作评分标准见表 9-7。

表 9-7　刮削实习操作评分标准

班级		姓名		学号	
实习内容	刮削工件				
序号	检测内容	分值	扣分标准	学生自评	教师评分
1	刮刀的刃磨	10	酌情扣分		
2	显示剂的选用	10	酌情扣分		
3	刮削姿势	20	酌情扣分		
4	刮削方法	30	酌情扣分		
5	刮削检查	20	酌情扣分		
6	遵守纪律和安全规范	10	酌情扣分		
综　合　得　分		100			

思考与练习题

1. 什么是刮削？刮削的原理是什么？
2. 刮削有哪些特点和应用？
3. 说明粗刮和精刮的不同点。

实习八　机械装配

一、实训内容

机械装配的基本操作技能。

二、工艺知识

1. 机械装配的定义和用途

机械产品一般是由许多零件和部件组成的。按规定的技术要求，将若干个零件组合成部件或将若干个零件和部件组合成产品的过程，称为装配。前者称为部件装配，后者称为总装配。

机械装配是产品制造的最终工序，它主要包括装配、调整、检验、试验、油漆和包装等工作。机械装配在产品制造过程中占有非常重要的地位，因为产品的质量最终是由装配来保证的，装配工作对产品的正常运转、设计性能指标的实现、产品的使用寿命都有很大的影响。零件的质量是产品质量的基础，但装配过程不是将合格零件简单地连接在一起，而是按各级部装和总装的技术要求，通过校正、调整、平衡以及反复的检验来保证产品质量的一个复杂的过程。所以装配必须严格遵守装配工艺规程。

2. 装配工具

（1）螺钉旋具。有一字螺钉旋具、十字螺钉旋具等，如图9-87所示。

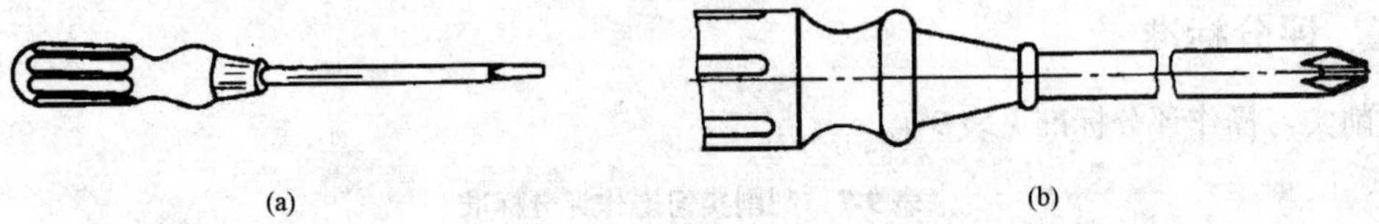

图9-87　螺钉旋具

（a）一字螺钉旋具；（b）十字螺钉旋具

（2）扳手。扳手有活扳手、呆扳手、套筒扳手、内六角扳手、梅花扳手、管子扳手等，如图9-88所示。

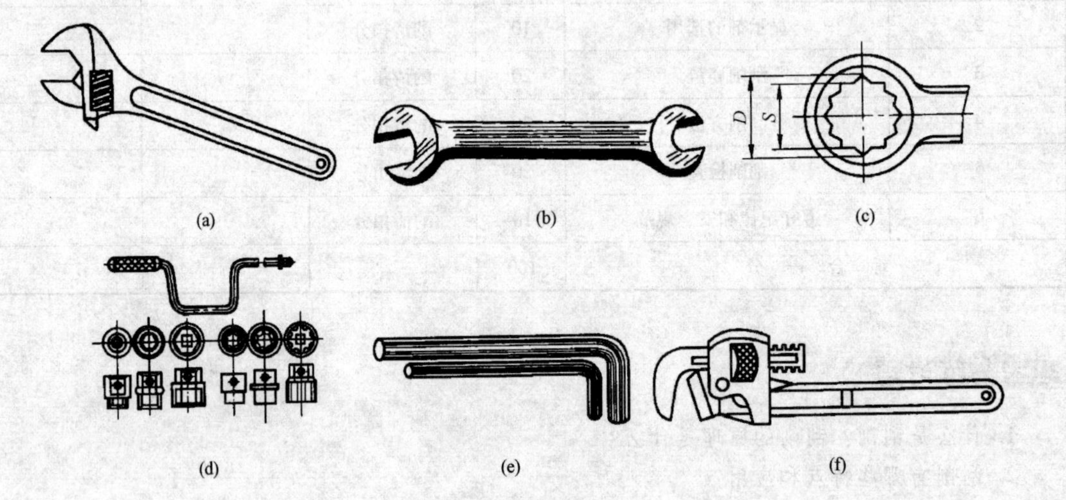

图9-88　扳手

（a）活扳手；（b）呆扳手；（c）梅花扳手；（d）套筒扳手；（e）内六角扳手；（f）管子扳手

3. 机械装配的工艺过程

（1）装配前的准备工作。

①仔细研究和熟悉产品装配图样、技术文件及工艺要求；了解产品的结构、用途、工作原理、零部件的作用以及相互的连接关系，掌握与装配零部件配套的零件的数量、重量以及装配的空间位置。

②制定装配工艺规程，确定装配的方法、顺序和准备所需的装配工具、材料。

③对装配的零件进行清洗和清理，除去零件上的毛刺、锈蚀、切屑、油污以及其他污物等，以获得所需的清洁度。这些处理对提高装配质量、延长零件使用寿命都很有必要。

④对重要部件的尺寸和形状、位置公差进行检查测量。

⑤对有些零部件还需要进行刮削等修配工作，有的要进行平衡试验、渗漏试验和气密性实验等。

（2）装配工作。对于一般产品按要求进行装配即可。而对于比较复杂的产品，其装配工作应分为组装、部件装配和总装配两个阶段。

①组件装配。组件装配表示将两个以上的零件连接组合成为组件的过程。如由轴、齿轮等零件组成的一根传动轴的装配，简称组装。

②部件装配。部件装配是指产品在进入总装配之前的装配工作。把产品划分成若干个装配单元是保证缩短装配工作周期的基本措施。因为划分成若干个装配单元，不仅可以在装配工作中组织平行装配作业，扩大装配工作面，而且还能使装配工作按流水线组织生产或组织协作生产。同时各处装配单元能够预先调整试验，各部分可以以比较完善的状态参与总装配，有利于保证产品的装配质量。

③总装配。总装配是把零件和部件装配成最终产品的工艺过程，简称总装。产品的总装通常在工厂的装配车间（或装配工段）内进行。但是在有些情况下（如重型机床、大型汽轮机和大型泵等），产品在制造厂内只能进行部件装配工作，而最终的产品必须在产品的使用安装现场完成总装工作。

（3）检验、调整、试运转。

①检验是按设计的技术要求对产品进行全面的检测，包括静态时的几何精度检验和动态时的工作精度检验等。如车床总装后要检验主轴中心线和床身导轨的平行度误差、中滑板导轨和主轴中心线垂直度误差以及前后两顶尖的等高度误差等。工作精度检验一般指切削试验，如车床进行车圆柱面、车端面及车螺纹试验。

②调整工作是调节零件或机构的相互位置、配合间隙、结合松紧等。其目的是使机构或机器工作协调，如轴承间隙、镶条松紧、蜗轮轴向位置的调整等。

③试运转包括机构或机器运转的灵活性、工作温升、密封性、振动、噪声、转速、功率和寿命等方面的检查。

（4）喷漆、涂防锈油、装箱。喷漆是为了防止不加工表面锈蚀，以及使机器外表美观。涂防锈油是使机器的工作表面及零件的已加工表面不生锈。装箱是为了便于运输。它们也都需要结合装配工序进行。

4. 装配方法

（1）一般装配方法。为了保证产品的工作性能和精度，应按照有关技术要求、产品结构、生产条件和生产批量不同采用不同的装配方法。一般可采用如下方法。

①完全互换装配法。零件完全互换，在装配时各配合零件不经修配、选择或调整即可达到装配精度要求的装配方法，称完全互换装配法。按完全互换装配法进行装配时，装配精度由零件制造精度保证。完全互换装配法的特点如下。

a. 装配操作简便，生产效率高。

b. 便于组织流水线作业及自动化装配。

c. 便于采用协作方式组织专业化生产。

d. 零件磨损后，便于更换。

但这种方法对零件的加工精度要求较高，制造费用也随之增大。因此，这种装配方法适用于配合零件较少、批量大的场合。

②分组选配装配法。相互配合的零件公差可以按照装配精度要求的允许偏差放大，对加工后的零件按实测尺寸分组，然后选取其中尺寸相当的零件进行装配，以达到配合要求。这种装配法的配合精度决定于分组数，增加分组数可以提高装配精度。

分组选配装配法常用于成批或大量生产，装配精度高、配合件的组成数少，又不便于采用调整装配的情况，如柴油机的活塞与缸套、活塞与活塞销、滚动轴承的内外圈及滚子等。

③调整装配法。在装配时选择配合副中一个零件制造成多种尺寸作为调整件，选用合适的

调整件以达到装配精度的方法，称为调整装配法。调整装配法的特点如下。

a. 装配时，零件不需要任何修配加工，只靠调整就能达到装配精度。

b. 可进行定期调整，故容易恢复配合精度。这对容易磨损或因温度变化而需改变尺寸的结构是很有利的。

c. 调整件容易降低配合副的连接刚度和位置精度，所以要认真仔细地调整，调整后，固定要坚实牢靠。

④修配装配法。在装配时修去指定零件上预留的修配量，以达到装配精度的方法，称为修配装配法。

修配装配法的特点如下。

a. 零件的加工精度要求降低。

b. 不需要高精度的加工设备，而又能得到很高的装配精度。

c. 装配工作复杂化，装配时间增加，故适宜于单件、小批量生产或成批生产中精度要求高的产品中采用。

（2）典型零部件的装配方法。

①螺纹连接的装配。螺纹连接是机器装配中最常用的、可拆卸的固定连接，它具有结构简单、连接可靠、装拆方便、成本低等优点。其装配要点如下。

a. 用螺钉、螺母连接零件时，应做到用手能自动旋入，然后用扳手拧紧。

b. 螺栓、螺母要清洗干净，用于连接螺钉、螺母的贴合表面也要干净、平整光洁，端面应与连接件轴线垂直，使受力均匀。

c. 装配成组的螺栓、螺母时，应按一定顺序拧紧，以保证零件贴合面受力均匀，如图 9-89 所示。每个螺母拧紧到 1/3 的松紧程度以后，再按 1/3 的程度拧紧一遍，最后依次全部拧紧，这样每个螺栓受力比较均匀，不致使个别螺栓过载。

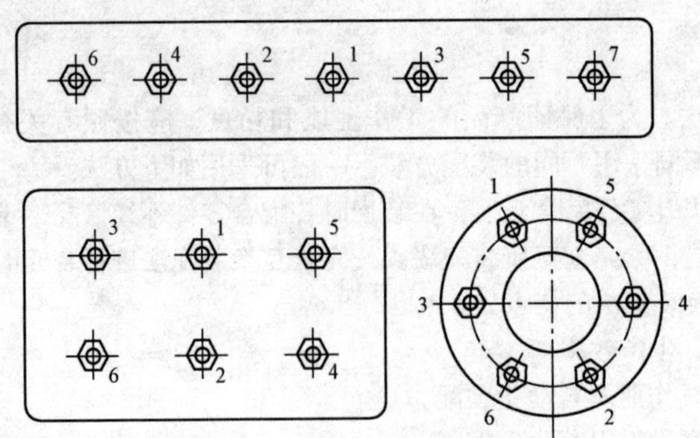

图 9-89　成组螺母拧紧的顺序

d. 螺栓、螺母间的配合应松紧适当，紧固时用力大小要合适，太大的话会使螺栓伸长拉断，太小又不能保证连接的可靠性，有具体预紧力值要求的螺纹连接，装配时要用专门工具。

e. 螺栓、螺母紧固后，螺栓应露出螺母 2 ~ 4 个螺距；沉头螺钉紧固后，顶头应埋入机件内。

f. 有锁紧要求的螺纹连接，用双螺母锁紧，薄螺母应在厚螺母之下。

②键连接的装配。键连接也属于可拆连接，常用于轴套类零件传动中，通过键来传递运动和扭矩。常用的连接键有平键、半圆键、楔键、花键等，如图 9-90 所示为平键连接。

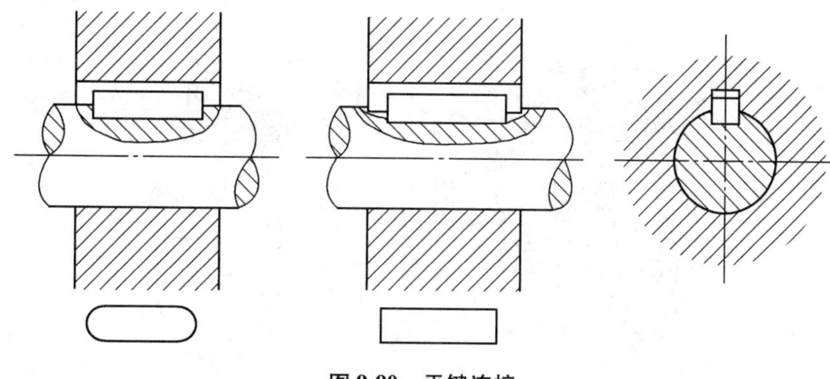

图 9-90　平键连接

平键连接装配步骤如下。

a. 装配前，去除键和键槽边的毛刺，修配键侧和槽的配合。

b. 装配平键，在键配合面涂油，再将键轻轻地敲入轴槽内，并与槽底接触。

c. 按装配要求安装轴上配件。配件的键槽侧面与键侧面配合要符合要求，键的顶面与配件的槽底应留有间隙。

③销连接的装配。常见的销连接零件有圆柱销和圆锥销，主要用于定位和连接，如图 9-91 所示。销连接也属于可拆连接。

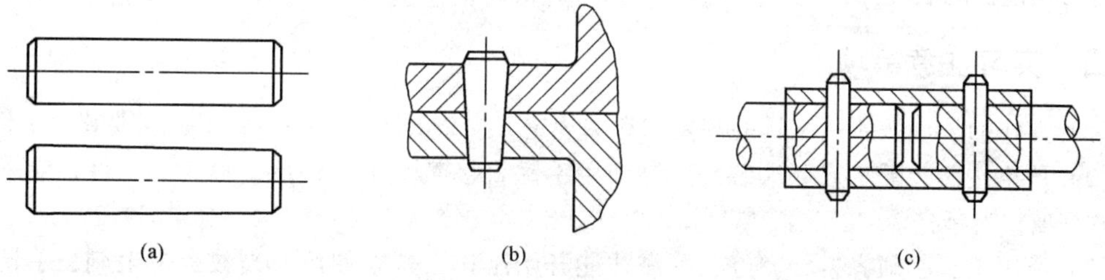

图 9-91　销及其作用

（a）圆柱销和圆锥销；（b）定位作用；（c）连接作用

销零件装配时，被连接的两孔需配钻、铰，并达到较高的精度。圆柱用于固定零件、传递动力，装配时在销子上涂油，用铜棒轻轻敲入。圆柱销不宜多次装拆，否则会降低定位精度和连接的可靠性。圆锥销具有 1∶50 的锥度，多用于定位以及经常拆装的场合，装配时一般边铰孔边试装，以销钉能自由插入孔中的长度约占总长的 80% 为宜，然后轻轻敲入。

④滚动轴承的装配。滚动轴承一般由外圈、内圈、滚动体和保持架组成，如图 9-92 所示。

在一般情况下，滚动轴承内圈与轴配合，外圈与箱体或机架上的支撑孔配合。内圈随轴转动，外圈固定不动，因此内圈与轴的配合比外圈与支撑孔的配合要紧一些。滚动轴承的配合，一般是较小的过盈配合或过渡配合。常用铜锤或压力机压装。滚动轴承的装配要求如下。

a. 装配前清洗、检查滚动轴承以及和轴承相配合的轴颈的尺寸精度、表面粗糙度等，确定装配方法。

b. 装配前在滚动轴承和与之相配合的零件表面涂抹一层润滑油，以利于装配。

c. 装配时一般将滚动轴承上带有标记的一端向外，便于检查型号。

d. 压装滚动轴承时，压力只能施加在过盈配合的套圈上，不能通过滚动体传递压力。

e. 采用温差法装配时，滚动轴承的加热温度为 80～100 ℃，加热时间根据滚动轴承的大小

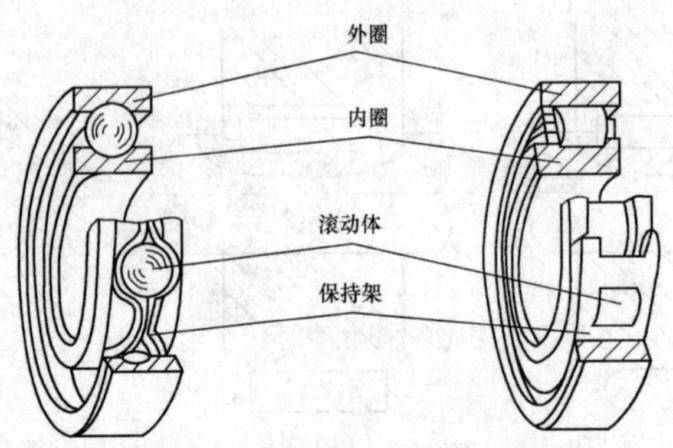

图 9-92　滚动轴承的结构

而定，一般为 10 ~ 30 min，冷却温度不得低于 - 80 ℃。如果轴承与轴有加大的过盈配合时，最好将轴承吊在温度为 80 ~ 90 ℃的机油中加热，然后趁热装入。

f. 采用压装装配时，在锤子或压力机等施力体和滚动轴承受力套圈之间要垫上材料比较软的套筒、铜棒等，避免损伤轴承。

三、装配操作实习

进行减速器的装配操作。

四、实习注意事项

（1）操作前，应按所用工具的需要和有关规定，穿戴好防护用品，女工长发要装入工作帽。

（2）严格按照装配工艺要求装配，严禁用手锤直接敲击轴、轴承、轴套等工件，应采用木板或软金属垫着锤击。

（3）所用工具必须齐备、完好、可靠才能开始工作，禁止使用有裂纹、带毛刺、手柄松动等不符合安全要求的工具。

（4）使用电动工具时，应检查是否有漏电现象，工作时应接上漏电开关，并且注意保护导电软线，避免发生触电事故，使用电动工具时，必须戴绝缘手套。

（5）工作完毕，必须清理工作场地，将工具和零件整齐地摆放在指定位置上。

（6）产品试车前应将各防护、保险装置安装牢固，并检查机器内是否有遗留物。试车时四周不准站人，严禁对安全保险装置有问题的产品试车。

五、评分标准

减速器装配评分标准见表 9-8。

表 9-8　减速器装配评分标准

班级		姓名		学号	
实习内容	减速器装配				
序号	检测内容	分值	扣分标准	学生自评	教师评分
1	装配前的准备	10	酌情扣分		
2	合理使用工具	10	酌情扣分		

续表

班级		姓名		学号	
3	装配工艺正确	20	酌情扣分		
4	装配精度调整是否规范	10	酌情扣分		
5	配合工件表面装配时应加注润滑油	10			
6	工件装配定位正确	10			
7	装配后运转正常	10	酌情扣分		
8	操作后工作场地清理	10			
9	遵守纪律和安全规范	10	酌情扣分		
综 合 得 分		100			

思考与练习题

1. 什么是装配？装配的要求有哪些？
2. 装配前需要做哪些准备工作？
3. 装配的形式有哪几种？各应用在哪些场合？
4. 简述装配方法的种类及各自特点。

热处理

第一节　热处理概述

一、热处理的特点及应用

机器零件在制造过程中要经过冷、热加工等许多工序，其间往往要穿插一些热处理工序。钢件的热处理是把钢件按预定的工艺规范加热、保温和冷却，以改变钢件的组织，从而得到所需要性能的一种工艺方法。

热处理与铸造、锻压、焊接、切削加工等方法不同，它只改变材料的性能，而不能改变工件的尺寸和形状。

在机械制造中，热处理具有很重要的地位。例如钻头、锯条、铣刀、冲模等，必须有高的硬度和耐磨性才能保持锋利，才能达到加工金属的目的，因此除了选用合适的材料外，还必须进行热处理。又如车床上的齿轮、主轴和花键轴等，其局部表面要求有较高的硬度及耐磨性，其他部分则要求有强度、韧性相匹配的综合力学性能，这些要求只有通过热处理才能达到。此外，热处理还可改善坯料的工艺性能，如可以改善材料的切削加工性，这可使切削省力、刀具磨损小，且工件表面质量高。

钢的热处理要根据零件的形状、大小、材料及性能等要求采取不同的加热速度、加热温度、保温时间以及冷却速度，因而有不同的热处理方法，常用的热处理可分为钢的普通热处理和钢的表面热处理两类。普通热处理可分为退火、正火、淬火和回火；表面热处理可分为表面淬火和化学热处理。

钢的热处理工艺过程如图 10-1 所示，包含加热、保温、冷却三个流程。

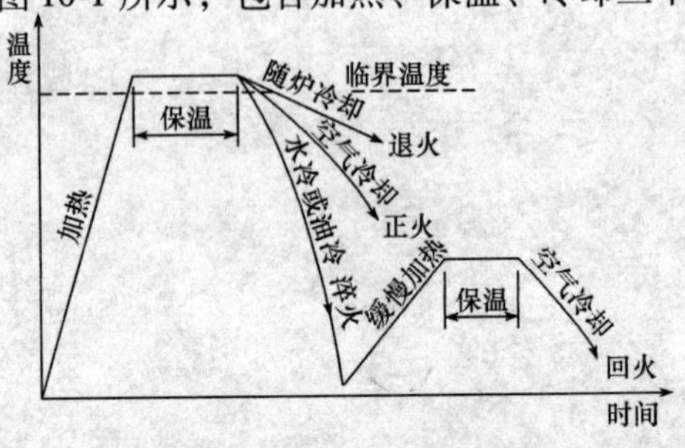

图 10-1　钢的热处理工艺过程

1. 加热

以一定的速度把零件加热到规定的温度范围。这个温度范围根据不同的金属材料、不同的热处理要求而定。

2. 保温

在加热温度下保温一定时间，使工件全部热透。

3. 冷却

以某种速度把工件冷却下来。

二、热处理实习安全操作规程

热处理实习时必须遵守以下安全操作及劳动保护要求。

（1）操作人员在工作前要穿戴好规定的劳保用品，生产场地不准穿高跟鞋、拖鞋，不准赤膊操作。

（2）工作场地经常保持清洁整齐，通道畅通，工作物不准堆放过高，以免碰倒伤人。

（3）工作场地应配备必要的消防器材，操作人员应具有一定的防火、防爆、防毒、防烫伤和防触电的一般知识。

（4）电炉装炉和出炉时，必须先断电，轻拿轻放，不要碰坏炉底和炉衬。

（5）盐炉操作必须安装良好的抽风设备，工件入炉前要预热，往炉内加盐时一定要预先烘干，以防因潮湿引起熔盐爆炸伤人。

（6）使用砂轮操作者必须站在砂轮机侧面，以免砂轮破裂飞出伤人。

思考与练习题

1. 试述热处理的特点和应用举例。

2. 热处理工艺过程有哪三个阶段？

第二节 钢的普通热处理实习

一、实习内容

齿轮毛坯调质处理操作实习。

二、工艺知识

1. 热处理设备

热处理车间的常用设备有加热炉、测温仪表、冷却设备及检验设备等。

（1）加热炉。热处理加热炉是热处理车间的主要设备，通常按下列方法分类：按热能来源分为电阻炉、燃料炉；按工作温度分为高温炉（>1 000 ℃）、中温炉（650～1 000 ℃）和低温炉（<650 ℃）；按工艺用途分为正火炉、退火炉、淬火炉、回火炉、渗碳炉等；按外形和炉膛形状分为箱式炉、井式炉等；按加热介质分为空气炉、浴炉、真空炉等。

常用的热处理加热炉主要有电阻炉和浴炉。

①箱式电阻炉。其炉膛由耐火砖砌成，侧面和底面布置有电热元件（铁铬铝或镍铬电阻

丝）。通电后，电能转换为热能，通过对流和辐射对工件进行加热。

如图 10-2 所示为中温箱式电阻炉，其最高使用温度为 950 ℃，功率有 30 kW、45 kW、60 kW 等规格，可根据工件大小和装炉量的多少选用。

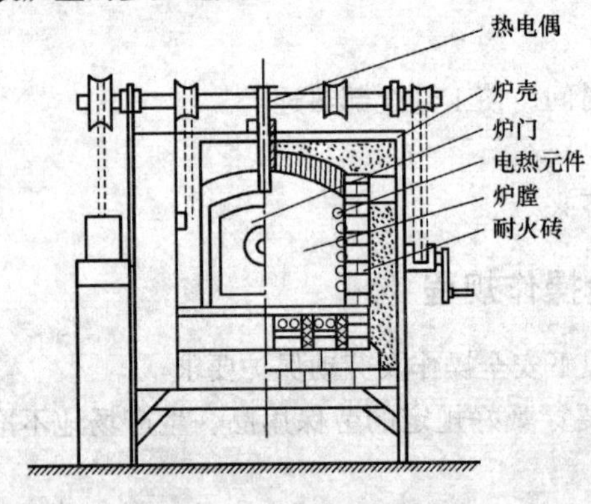

图 10-2　中温箱式电阻炉

中温箱式电阻炉应用最广泛，可用于碳素钢、合金钢件的退火、正火、淬火以及固体渗碳等。

②井式电阻炉。这类炉子因炉口向上、形如井状而得名。图 10-3 所示为井式电阻炉，它适用于长短工件的垂直悬挂加热，可减少工件的弯曲变形。另外，因其炉口向上，可用吊车起吊工件，能大大减轻劳动强度，所以应用较为广泛。

目前我国生产的中温井式电阻炉最高工作温度为 950 ℃，有 30 kW、35 kW、55 kW、70 kW 四种规格。

③盐浴炉。热处理浴炉是采用液态的熔盐或油类作为加热介质的热处理设备，按其所用液体介质的不同，浴炉可分为盐浴炉及油浴炉。

盐浴炉的优点是结构简单，制造容易，加热快而均匀，工件氧化脱碳少，便于细长工件悬挂加热或局部加热，可以减少工件变形。盐浴炉可进行正火、淬火、化学热处理和局部加热淬火、回火等。

图 10-4 所示为插入式电极盐浴炉，其工作原理为在插入炉膛（坩埚）的电极上通以低电压、大电流的交流电，借助熔盐的电阻发出热量，使熔盐达到要求的温度，以加热熔盐中的工件。

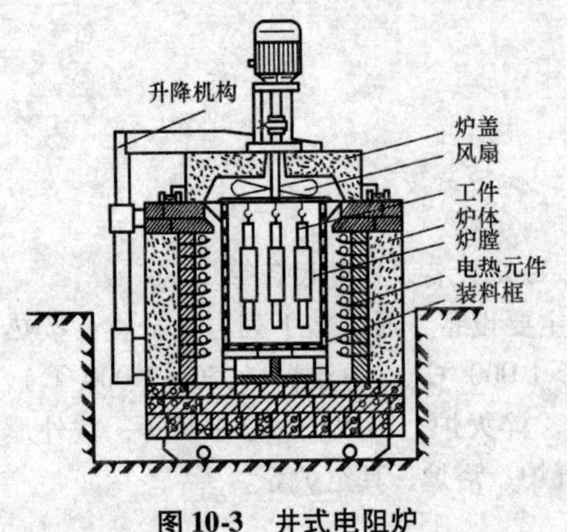

图 10-3　井式电阻炉

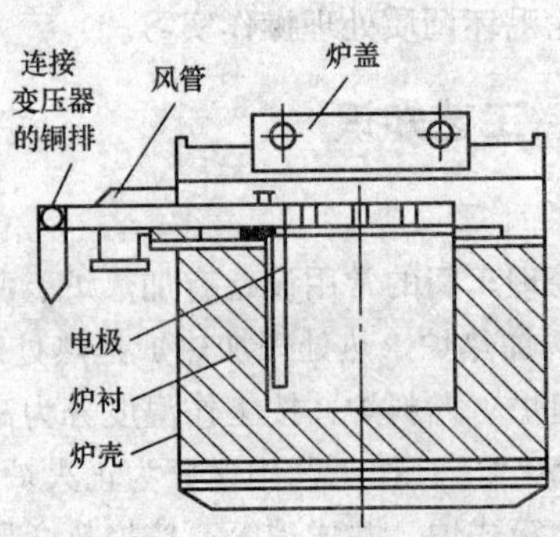

图 10-4　插入式电极盐浴炉

（2）测温仪表。加热炉的温度测量和控制主要是利用热电偶、温度控制仪表及开关器件，其精度直接影响热处理的质量。

（3）冷却设备。冷却水槽和油槽是热处理生产中主要的冷却设备。通常用钢板焊接而成，槽的内外涂有防锈油漆，槽体设有溢流装置，油槽的底部或靠近底部的侧壁上开有事故放油孔。

（4）检验设备。热处理质量的检验设备主要有检验硬度的硬度计、测量变形的检弯机以及检验内部组织的金相显微镜等。

2. 钢的普通热处理工艺及其操作

（1）退火。退火是将工件加热到一定温度（碳钢一般加热到750～900 ℃，视钢中含碳量而定），保温一定时间，然后缓慢（一般为随炉冷却或灰冷）冷却的热处理工艺。退火的目的是：降低钢的硬度，提高塑性，以利于切削加工及冷变形加工；使材料内部的组织均匀化、细化；消除内应力，并为以后的热处理做好准备。

退火主要用于铸件、锻件或焊件。退火的工艺规范要根据工件的具体要求确定。如果仅是为了消除内应力进行退火，一般是将工件加热到500～600 ℃，保温一段时间后，随炉缓慢冷却到200～300 ℃以下出炉，称为去应力退火。如果为了消除由于冷变形所造成的强度和硬度升高、塑性和韧性下降的现象，可把工件加热到600～700 ℃，保温后再缓慢冷却，以恢复塑性和韧性，称为再结晶退火。

退火加热时，温度控制应准确，温度过低达不到退火的目的，温度过高又会造成过热、过烧、氧化和脱碳等缺陷。操作时还应注意零件的放置方法，对于细长工件的退火，最好在井式炉中垂直吊装，以防工件由于自身重力引起变形。

（2）正火。正火是将工件加热到一定温度（碳钢一般加热到780～920 ℃），保温适当时间，然后出炉空冷的热处理工艺。由于正火的冷却速度比退火快，因此正火工件比退火工件的组织细密，强度和硬度稍高，而塑性和韧性稍低，内应力消除不如退火彻底。

正火是一种方便而又经济的热处理方法。对于低碳钢工件，通常用正火而不用退火，这不仅可获得较满意的力学性能和切削加工性，而且生产率高，又不占用设备。对于一般结构的零件，可采用正火作为最终的热处理；对于高碳钢件，正火是为以后的淬火做准备，以防淬火时工件开裂。

（3）淬火。钢的淬火是将钢加热到临界温度［Ac3（亚共析钢）或Ac1（过共析钢）］以上温度（碳钢一般加热到780～860 ℃），保温一段时间，使之全部或部分奥氏体化，然后以大于临界冷却速度的冷速快冷到Ms以下（或Ms附近等温）进行马氏体（或贝氏体）转变的热处理工艺。通常也将铝合金、铜合金、钛合金、钢化玻璃等材料的固溶处理或带有快速冷却过程的热处理工艺称为淬火。淬火的主要目的是提高钢的强度和硬度，增加耐磨性，配合适当的回火，可使钢的力学性能在很大范围内得到调整，并能减小或消除淬火产生的内应力，降低钢的脆性。

常用的淬火介质有水和油。水的价格便宜且冷却能力强，若在水中溶入少量的盐，冷却能力更强，适用于碳钢的淬火；油也是应用较广的淬火介质，其冷却能力较低，但可以防止工件产生裂纹等缺陷，适用于合金钢的淬火。

淬火操作时，除正确选择加热温度、保温时间和冷却介质外，还要根据工件的形状选择正确的浸入方式。如果浸入方式不当，会使工件各部分冷却不一致，造成较大的内应力，产生变形、开裂或局部淬不硬等缺陷。对于细长的轴类或杆类工件，应垂直浸入淬火介质中；对于厚薄不均匀的工件，应先将厚度较大的部分浸入淬火介质中；对于薄壁的环状工件，应使其轴线垂直地浸入淬火介质中；对于截面不均匀的工件，应倾斜一定的角度浸入淬火介质中；对于薄而平的圆盘类工件，应直立浸入淬火介质中。图 10-5 列举了几种常用的工件浸入方式。

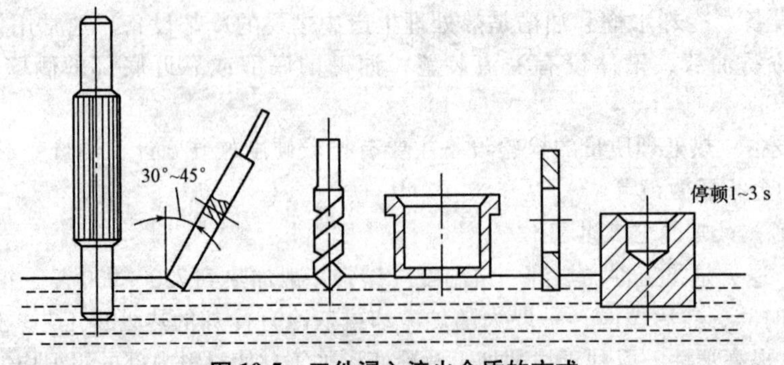

图 10-5　工件浸入淬火介质的方式

影响淬火质量的主要因素是淬火加热温度、冷却剂的冷却能力及工件投入冷却剂中的方式等。一般情况下，合金钢的加热温度取决于钢中的含碳量。淬火保温时间主要根据零件的有效厚度来确定。

（4）回火。回火是将淬火后的工件重新加热到 Ac1 以下的某一温度（一般在 150 ~ 650 ℃），保温一定时间，然后冷却到室温的热处理工艺。生产中，工件的淬火和回火是紧密联系的工序，回火是淬火后紧接着进行的一种操作，通常也是工件热处理的最后一道工序。因此，把淬火和回火的联合工艺称为最终热处理。正确进行回火对提高产品质量有很大意义。

淬火钢回火的目的有两个。一是减小内应力和降低脆性。由于淬火时冷却速度快，所以淬火工件存在着很大的内应力，如不及时回火往往会产生变形，甚至开裂。二是调整工件的力学性能。工件淬火后硬度高、脆性大，为了满足对各种工件不同性能的要求，可通过回火调整其硬度、强度、塑性和韧性。

回火操作主要是控制回火温度，回火温度越高，工件的韧性越好，内应力越小，但硬度和强度也下降得越多。根据回火温度的不同，回火可分为三种。

①低温回火。低温回火的温度为 150 ~ 250 ℃，其目的是减小工件淬火后的内应力和脆性，而保持其高的硬度和耐磨性，主要用于刃具、量具及冲模。

②中温回火。中温回火的温度一般为 350 ~ 500 ℃，其目的是减少内应力，使工件获得高的弹性极限，同时又具有一定的韧性和硬度。弹簧、锻模等常采用中温回火，某些要求具有较高强度的轴、轴套、刀杆等也采用中温回火，目的都是获得强度和韧性的适当配合。

③高温回火。高温回火的温度为 500 ~ 650 ℃，习惯上把淬火加高温回火称为调质处理。高温回火的主要目的是使工件获得既有一定的强度和硬度，又有良好的塑性和韧性相配合的综合力学性能，其广泛应用于加工中碳钢、合金钢制造的重要结构零件，如轴、齿轮、连杆等。

3. *硬度测定*

硬度是金属表面局部体积内抵抗因外物压入而引起的局部塑性变形、压痕或划痕的能力。硬度是衡量金属软硬的依据，是材料力学性能的重要指标之一。热处理后工件的质量常用测量硬度的方法来检验。硬度的表示方法很多，最常用的是布氏硬度（HBW）和洛氏硬度（HR）。

（1）布氏硬度。布氏硬度的测试原理如图 10-6 所示，它是在规定荷载 P 的作用下，将直径为 D 的硬质合金球以相应的试验力压入试样表面，保持一定时间后，卸除荷载，用读数显微镜测出压痕直径 d，据此计算压痕球面积，求出单位面积所受的压力，用以作为金属的硬度值。材料越硬，d越小，布氏硬度值越大。

布氏硬度的特点是测试结果比较准确，因此用途广泛，但它不适于测试高硬度金属以及太薄的试样。

（2）洛氏硬度。洛氏硬度的测试原理如图 10-7 所示。它利用金刚石圆锥压头或钢球在规定的初始试验力和主试验力先后作用下压入被测材料的表面，卸载后测定压入的深度，再根据公式计算出洛氏硬度值。

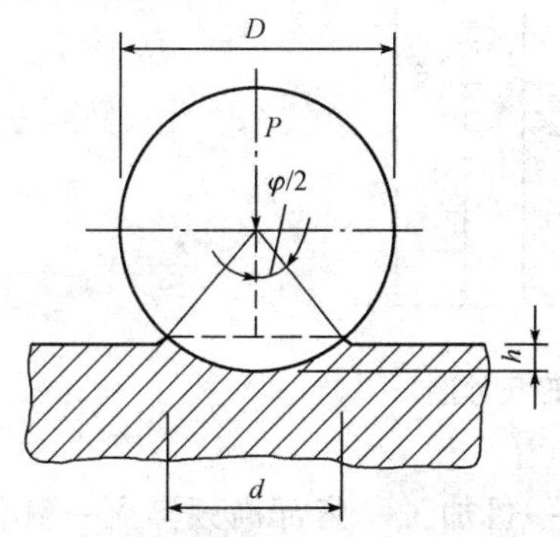

图 10-6 布氏硬度测试原理图

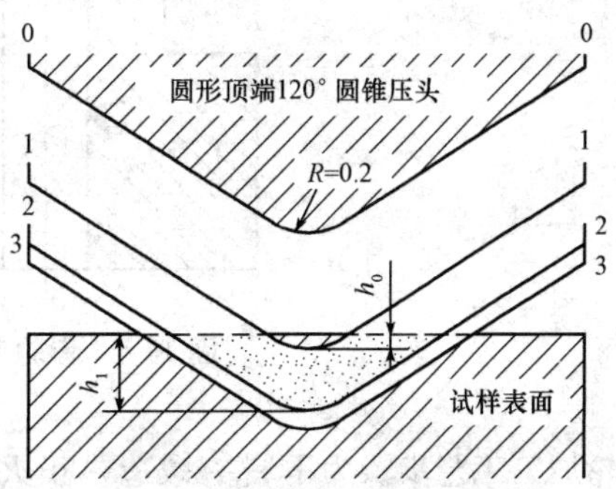

图 10-7 洛氏硬度测试原理图

根据压头形式和荷载的不同，洛氏硬度可分 HRA、HRB 和 HRC 三种。HRA 采用 120°金刚石圆锥压头，用于测试硬质合金、表面淬火层或渗碳层；HRB 采用 ϕ1. 587 5 mm 硬质合金球，用于测试较软的金属，如退火钢、灰铸铁、有色金属等；HRC 采用 120°金刚石圆锥压头，用于测试淬火钢、调质钢等较硬金属。

4. 常见的热处理缺陷

零件在热处理（尤其是淬火）时，若工艺参数选择不合适、仪表误差过大或操作不当，都会产生缺陷。常见的缺陷有过热、过烧、氧化、脱碳、硬度不足或不均、变形及裂纹等。

（1）过热和过烧。若加热温度过高或保温时间太长，会使钢的晶粒粗大，即过热。过热将导致钢的塑性和韧性降低。当加热温度接近熔点时，会使钢的晶界氧化或局部熔化，即过烧。过热的工件可以通过正火加以补救，而过烧的零件只能报废。

（2）氧化和脱碳。钢在氧化性介质中加热时，会使工件表面氧化和脱碳。氧化使工件表面金属烧损影响工件的尺寸和表面粗糙度，降低钢的强度；脱碳使工件表面贫碳，导致工件硬度和耐磨性下降。防止氧化和脱碳的措施是在盐浴、保护气氛或真空中加热。

（3）硬度不足或不均。硬度不足或不均都将影响到工件的使用寿命。产生硬度不足或不均的主要原因是：加热温度过低、保温时间太短及淬火介质选择不当、工件浸入淬火介质的方式不正确。

（4）变形和开裂。零件淬火时由于冷却速度较快，很容易产生淬火应力而导致变形和开裂。如细长件的弯曲、薄板件的弯曲、孔的涨大或缩小等。当变形量超过零件的精度要求而无法挽救时，就不能继续使用了；产生裂纹的零件均应判为废品。

三、齿轮毛坯调质处理的操作实习

1. 毛坯图样及技术要求

如图 10-8 所示为一齿轮毛坯的外形尺寸，材料为 45 钢，数量为 200 件，技术要求为调质处理 HRC24 ~ 28。

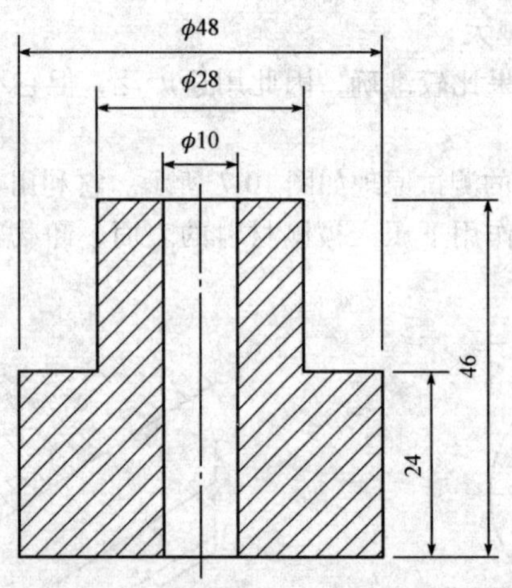

图10-8　齿轮毛坯的外形尺寸图

该齿轮加工工艺步骤为下料→锻造→正火+调质→机加工→齿部高频淬火→氧化处理→入库。

该齿轮下料后经锻造成形，并进行正火以消除锻造应力和细化晶粒。锻造加工余量较大，可保证调质的批量机加工。

2. 操作前的准备

（1）核对工件卡上零件的尺寸、材料、数量、技术要求是否与实物相符。

（2）检查选用设备是否符合零件的热处理要求及设备的完好性，这里选用RTX－30箱式电阻炉；选定加热温度为（810±10）℃、回火温度为（520±10）℃后，把控温仪表的温度调至所需温度值，做好加热炉的升温工作。

3. 操作实习过程

（1）装炉。每炉装8件，将工件均匀地间隔分布在炉底板上。由于箱式电阻炉离炉门处的温度偏低，所以最外一排零件不要离炉门太近，可相距200 mm左右。

（2）保温。根据齿轮毛坯的有效厚度，保温时间为12 min。因零件刚装炉，炉温有所下降，保温时间从炉温回升至工艺温度开始计算。

（3）淬火。每位学生手持淬火工具，打开炉门，有序地把淬火坯件取出空冷2～3 s后迅速浸入NaCl水溶液中上下移动，但不要露出水面，直至冷却取出。

（4）硬度检查。把淬火后的坯件中ϕ28 mm的断面放在砂纸上打磨至表层硬化物去除，显出全部本色为止，擦拭干净后，放在洛氏硬度计的载物平台上进行硬度检查。一般在淬火件的一个平面的不同位置测三点硬度，如三点硬度值均大于或等于HRC50为合格。

（5）回火。把淬火后的齿轮坯件放入（520±10）℃的炉子内保温1.5 h，出炉水冷。

（6）硬度检查。第二次回火硬度检查仍然是用第一次淬火硬度检查的毛坯件进行。检查前再次把ϕ28 mm的断面放在砂纸上打磨并擦净。检查三点的硬度结果，均在HRC24～28范围为合格。

四、实习注意事项

（1）实习操作前应了解热处理设备的结构、特点和使用方法，并在实习老师的指导下正确使用热处理设备。不得随意开启炉门和触摸电气设备。

（2）热处理实习操作时，工件进炉、出炉应先切断电源，然后送取工件，以防触电。

（3）工件进入油槽要迅速，淬火油槽周围禁止堆放易燃易爆物品。

（4）经热处理出炉的工件应尽快放入介质中，或置于远离易燃物的空地上。严禁手摸或随意乱扔。

（5）车间内的化学药品、熔盐、油等，未经许可不得随意触摸或品尝。

（6）各种废液、废料应分类存放，统一回收和处理，禁止随意倾入下水道或垃圾箱，防止污染环境。

五、评分标准

齿轮毛坯调质处理的实习操作评分标准见表 10-1。

表 10-1　齿轮毛坯调质处理的实习操作评分标准

班级		姓名		学号	
实习内容	齿轮毛坯调质处理				
序号	检测内容	分值	扣分标准	学生自评	教师评分
1	操作前准备充分	20	酌情扣分		
2	装炉正确	20	酌情扣分		
3	保温操作过程正确	10	酌情扣分		
4	淬火过程正确	10	酌情扣分		
5	两次硬度检查过程正确	20	酌情扣分		
6	回火过程正确	10	酌情扣分		
7	遵守纪律和安全规范	10	酌情扣分		
综　合　得　分		100			

思考与练习题

1. 常用的热处理方法有哪些？
2. 如何选择退火和正火？
3. 水淬和油淬有什么不同？应如何加以选择？
4. 在热处理时，对于形状不同的工件，应采用何种浸入方法？
5. 什么叫调质处理？钢件调质处理后，其力学性能有什么特点？

第三节　钢的表面热处理实习

一、实习内容

钢件表面气体渗碳实习操作。

二、工艺知识

1. 表面淬火

表面淬火是将工件表面快速加热到淬火温度，然后冷却，使表面获得淬火组织而心部仍然保持原始组织的热处理工艺。其目的是满足某些零件表面硬心部韧性的要求。表面淬火热处理主要用于承受冲击荷载而且表面又要耐磨的零件，如齿轮、凸轮、传动轴等。常用的表面淬火方法有感应加热表面淬火和火焰加热表面淬火。

（1）感应加热表面淬火。感应加热表面淬火是指利用感应电流通过工件所产生的热效应，使工件表层很快加热到淬火温度，随即快速冷却的淬火工艺。如图10-9所示，将工件放在铜管制成的感应线圈内，给感应线圈通以一定频率的交流电，在感应线圈周围产生交变磁场，通过电磁效应在工件内产生同频率的感应电流。由集肤效应可知，感应电流在工件截面上的分布是不均匀的，表层电流密度大，中心部分几乎为零。依靠电流在工件内产生的电阻热效应，使工件表层在几秒钟内就被加热到淬火温度，立即喷水冷却，即能达到表面淬火的目的。

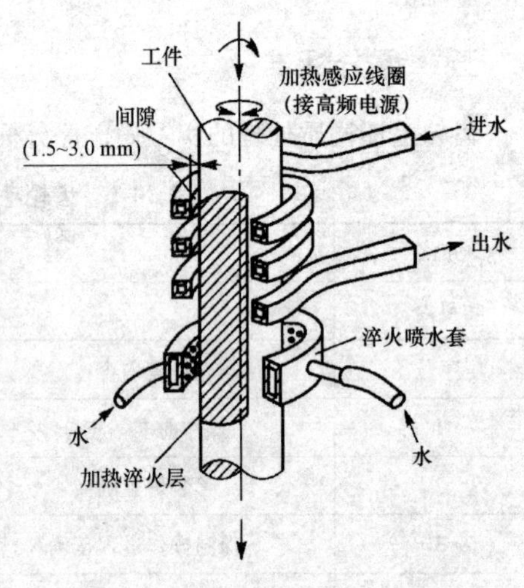

图10-9　感应加热表面淬火示意图

感应加热表面淬火工件的淬硬层深度取决于电流频率。频率越高，淬硬层深度越浅。按电流频率高低不同，感应加热表面淬火分为高频感应加热（100～1 000 kHz）、中频感应加热（0.5～10 kHz）和工频感应加热（50 Hz），其淬硬层深度分别为1～2 mm、2～10 mm和10～15 mm。

（2）火焰加热表面淬火。火焰加热表面淬火是用强烈火焰（氧－乙炔火焰或氧－煤气火焰）将工件表面加热到淬火温度，随即喷水冷却，从而获得预期的硬度和淬硬层深度的一种表面淬火方法，如图10-10所示。

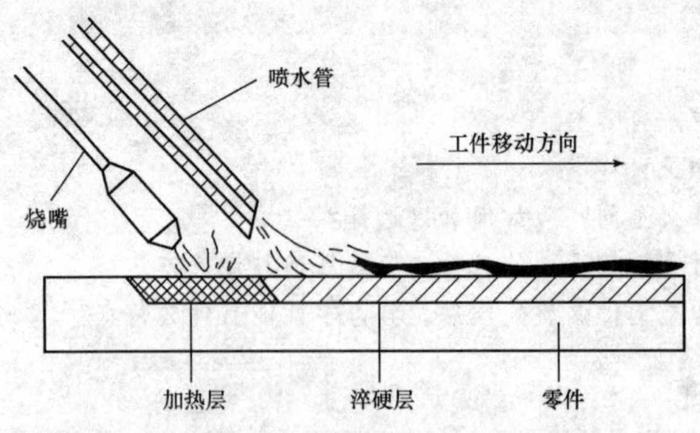

图10-10　火焰加热表面淬火示意图

火焰加热表面淬火方法的淬硬层深度一般为2～6 mm，可用于中碳钢和中碳合金钢的表面强化，也可用于铸铁件，如灰铸铁和合金铸铁件等的表面强化。

火焰加热表面淬火方法操作简便，不需特殊设备，成本低，淬火表面部位不受限制，但火焰控制困难，易过热，生产率低。它主要用于单件、小批量及大型零件的表面淬火。

2. 化学热处理

化学热处理是将钢件置于一定介质中加热和保温，使介质中某些元素的活性原子渗入钢件表面层，以改变钢件表面层的化学成分，从而达到使钢件表面具有某些特殊的力学或物理、化学性能的一种热处理工艺。化学热处理是热处理技术中发展最快也是最活跃的领域。与其他热处理方法相比较，其主要特点是除了组织发生变化外，钢件表面层的化学成分也发生改变，导致表面层的组织和性能发生更大幅度的改变。

化学热处理的目的是强化工件表面，显著提高工件表面硬度、耐磨性和疲劳强度；改善工件表面的物理和化学性能，提高工件的耐蚀性和抗氧化性。

根据渗入元素的不同，化学热处理有多种方法，如渗碳、渗氮、碳氮共渗、氮碳共渗及渗金属元素如铝、铬等。

(1) 渗碳。渗碳是一种应用广泛的热处理方法，它是向钢的表面渗入碳原子。其目的是使工件表面具有高硬度和高耐磨性，而心部仍保持一定的强度及较高的塑性和韧性。

渗碳有气体渗碳、液体渗碳和固体渗碳之分，其中气体渗碳因生产率高、劳动条件好、渗碳质量容易控制而得到广泛的应用。

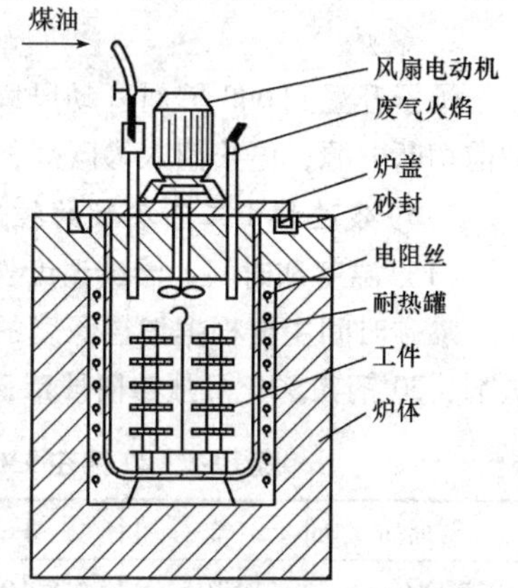

图 10-11　气体渗碳法示意图

气体渗碳法如图 10-11 所示，它是向密封的加热炉中通入气体渗碳剂（如天然气、煤气、煤油等），加热到一定温度（一般为 900 ~ 950 ℃）后保温，产生活性碳原子，并使之渗入工件表面层，再由表面层向内扩散。渗碳层的深度与保温时间有关，保温时间越长，则渗碳层的厚度越大。最厚的渗碳层可为 0.8 ~ 1.2 mm。渗碳工件所用的原材料一般为低碳钢或低碳合金钢。

经渗碳后的工件仅改变工件表面层的化学成分。为提高工件表面的硬度和耐磨性，仍需对工件进行淬火和低温回火处理。渗碳处理主要用于承受冲击荷载并在强烈摩擦条件下工作的零件，如活塞销、凸轮轴和汽车变速齿轮等。

(2) 渗氮。渗氮（氮化）是向钢的表面渗入氮原子。其目的是提高零件表面的硬度、耐磨性、耐蚀性及疲劳强度。应用最广的是气体渗氮。

气体渗氮是向井式炉中通入氨气，利用氨气受热分解来提供活性氮原子。由于氨的分解从 20 ℃以上开始，铁素体对氮有一定的溶解能力，所以渗氮温度不高，不超过钢的 Ac1 温度。为 500 ~ 570 ℃，因此，渗氮件的变形很小，比渗碳及表面淬火的变形小得多。

应用最广泛的渗氮用钢是 38CrMoAl，钢中的 Cr、Mo、Al 等合金元素在渗氮过程中形成高度弥散、硬度极高而且非常稳定的氮化物，如 CrN、MoN、AlN 等，使工件表面硬度达到 HRC72 左右，具有很高的耐磨性，因此，钢在渗氮后不需要再进行淬火处理。

渗氮的主要缺点是生产周期长，如要得到 0.3 ~ 0.5 mm 的渗层，常需要 20 ~ 50 h，因此生产率低，成本较高。另外，渗氮层较脆，不能承受冲击。工件上不需要渗氮的部分可采用镀铜或镀锡保护，也可留出加工余量，渗氮后再磨去。渗氮需要专门的渗氮钢，使其应用受到一定的限制，主要用于处理高精度、受冲击荷载不大的耐磨件，如精密机床主轴、镗床的镗杆等。

(3) 碳氮共渗和氮碳共渗。碳氮共渗是同时向工件表面渗入碳原子和氮原子的过程，分为碳氮共渗和氮碳共渗。碳氮共渗以渗碳为主，其温度比渗碳低，零件变形小，耐磨性和疲劳寿命比渗碳高，故对某些零件可用碳氮共渗来代替渗碳。氮碳共渗以渗氮为主，其温度比渗氮高，生产周期短，成本较渗氮低，故可用于齿轮、气缸套等耐磨性要求较高的零件。

三、RQ型井式渗碳炉中气体渗碳操作实习

1. 渗碳前的准备

（1）设备检查。按照井式渗碳炉操作规程检查设备，确保其运转正常。

（2）零件的准备。渗碳工件和试棒入炉前应进行表面清理，去除油腻、污垢、水迹等。不需要渗碳的部位应预先进行防渗处理，常用的方法有涂料保护法、堵孔法等。

2. 装炉

炉子升温到600 ℃时开动风扇，800 ℃时开始滴入渗碳剂，升温到渗碳温度，即可装炉。装炉前切断电源，停止滴入渗碳剂，零件之间应留出5 ~ 10 mm的空隙，以保证气流循环畅通。

3. 渗碳过程中工艺参数的控制

（1）温度和时间。渗碳温度选择900 ~ 950 ℃，一般以920 ~ 930 ℃使用最多。

渗碳时间主要根据渗层深度的要求来确定，表10-2是RQ型井式渗碳炉用煤油和甲醇作为渗碳剂，20钢在930 ℃强渗阶段渗碳时的时间与渗碳层深度之间的关系。

表10-2　20钢在930 ℃强渗阶段渗碳时的时间与渗碳层深度之间的关系

时间/h	2	3	4	5	6	7	8
深度/mm	≥0.5	0.8 ~ 0.9	1 ~ 1.1	1.2 ~ 1.3	1.3 ~ 1.4	1.4 ~ 1.5	1.5 ~ 1.6

（2）渗碳剂滴量的控制。炉子越大、渗碳温度越高、装炉零件的总面积越大，渗碳剂的滴量就越大。渗碳操作时，渗碳剂的滴量以每分钟滴入渗碳剂的体积（mL）计算。以75 kW井式渗碳炉为例，在每炉装的零件总面积为2 ~ 3 m^2时，强渗阶段煤油的滴量应为2.8 ~ 3.2 mL/min，即每分钟（84 ± 5）滴，甲醇的滴量应为5 mL/min，约每分钟150滴。

4. 出炉

渗碳过程结束后，降温至870 ~ 880 ℃出炉空冷。

四、实习注意事项

（1）点燃从渗碳炉中排出的废气，通过观察排气管火焰颜色和长度可判断炉内情况。炉内工作正常时火焰稳定，呈浅黄色，火焰长度一般为80 ~ 120 mm。在渗碳过程中，要经常通过火焰来检查炉盖和风扇轴处是否漏气。

（2）温度在760 ℃以下禁止向炉内滴煤油，但允许滴入甲醇或乙醇来维持炉内压力。

五、评分标准

气体渗碳实习评分标准见表10-3。

表10-3　气体渗碳实习评分标准

班级		姓名		学号	
实习内容	气体渗碳				
序号	检测内容	分值	扣分标准	学生自评	教师评分
1	操作前准备充分	30	酌情扣分		

续表

班级		姓名		学号	
2	装炉正确	20	酌情扣分		
3	渗碳过程中工艺参数的控制正确	20	酌情扣分		
4	出炉操作正确	20	酌情扣分		
5	遵守纪律和安全规范	10	酌情扣分		
综　合　得　分		100			

思考与练习题

1. 什么是表面淬火？常用的表面淬火方法有哪些？
2. 感应加热表面淬火的原理是什么？

第十一章

数控加工与特种加工

第一节　数控机床概述

随着社会生产和科学技术的飞速发展，机械制造技术发生了深刻的变化，机械产品日趋精密复杂，且改型频繁，尤其是在宇航、军事、造船等领域所需的零件，精度要求高，形状复杂，批量又小。传统的机械加工设备已难以适应市场对产品多样化的要求。为了满足多样化需求，以数字控制技术为核心的数控机床应运而生。

1948 年，美国帕森斯公司受美国空军委托与麻省理工学院伺服机构研究所合作进行数控机床的研制工作。1952 年，世界上第一台三坐标立式数控铣床试制成功，但第一台工业用数控机床直到 1954 年 11 月才生产出来。

我国数控机床的研制是从 1958 年起步的，由清华大学研制出了最早的样机。早期的数控机床控制系统采用电子管，其体积大、功耗高，只在军事部门应用，只有当微处理机用于数控机床后，数控机床的应用才真正得到了普及。

一、数控机床的定义

国际信息联盟第五技术委员会对数控机床做了定义：数控机床是一个装有程序控制系统的机床。该系统能够逻辑地处理具有使用号码或其他符号编码指令所规定的程序。定义中的控制系统就是数控系统。也就是说，数控机床是由数控系统与被它控制的机床本体组成。

数控系统是用数字化信息实现机床自动加工的一种自动控制系统。自 1952 年以来，数控系统的发展已经历了五代。发展初期数控系统所用的电子器件为电子管。1959 年以后，数控系统发展进入第二代，采用晶体管和印制电路板。1965 年以后，数控系统发展到第三代，采用小规模集成电路，数控系统的可靠性得到进一步提高。以上三代数控系统，其数控功能完全由数字逻辑电路构成的专用硬件逻辑电路实现，称为硬件数控系统或普通数控系统，简称 NC 数控系统。1970 年以后，数控系统发展进入第四代，采用小型计算机，许多功能都采用专用程序来实现，将控制程序存储在专用的小型计算机的存储器中，构成所谓控制软件，这样就提高了数控系统的可靠性和运算速度，并且使数控系统的体积大大减少。1976 年以后，数控系统发展到第五代，采用以微处理机为核心的微型计算机数控系统。第四代和第五代数控系统其数控功能由硬件和软件共同完成，称为软件数控系统或计算机数控系统，简称 CNC 数控系统。

现代的数控系统进一步向高精度、高速度和多功能方向发展。不仅控制的轴数大为增加，而且其功能也远远超出控制刀具轨迹与机床动作的范畴，并能实现自动编程、自动测量、自动诊断与通信联络等功能。

二、数控机床的工作原理

数控机床的工作原理如图 11-1 所示。首先根据被加工零件的图样，将工件的形状、尺寸及技术要求等，采用手工或计算机按运动顺序和所用数控机床规定的指令代码及程序格式编写加工程序单，并将这些程序代码存储在穿孔纸带、磁带、磁盘及其他计算机用通信方式等信息载体上（或直接用键盘输入），然后经输入装置，读出信息并送入数控机床数字控制装置。数字控制装置就依照这些代码指令进行一系列处理和运算，变成脉冲信号，并将其输入机床驱动装置，带动机床传动机构，使机床工作部件有次序地按要求的程序自动进行工作（如工件夹紧与放松、冷却液的开闭、刀具的自动更换、各轴的进给等），从而加工出符合图样要求的零件。

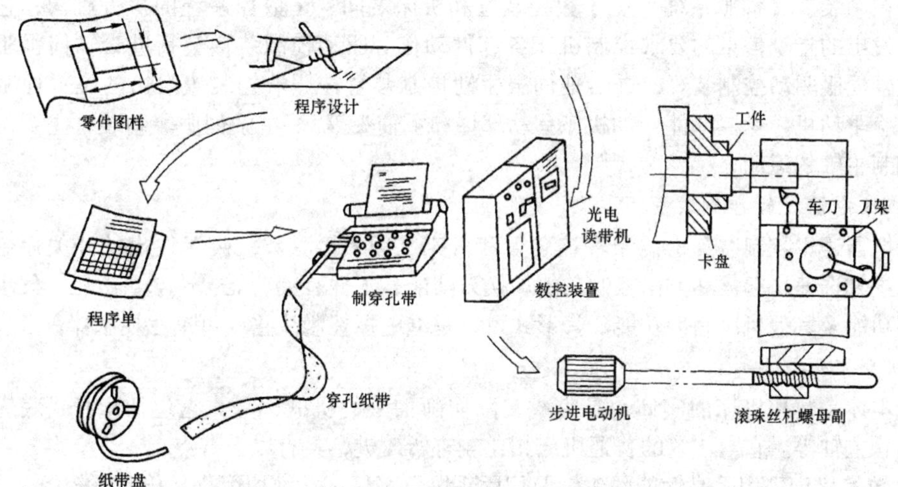

图 11-1　数控机床工作原理

三、数控机床的组成

数控机床是由数控系统与机床本体组成的。数控系统一般由输入/输出装置、数控装置、驱动控制装置、机床电器逻辑控制装置四部分组成，机床本体为被控对象，如图 11-2 所示。

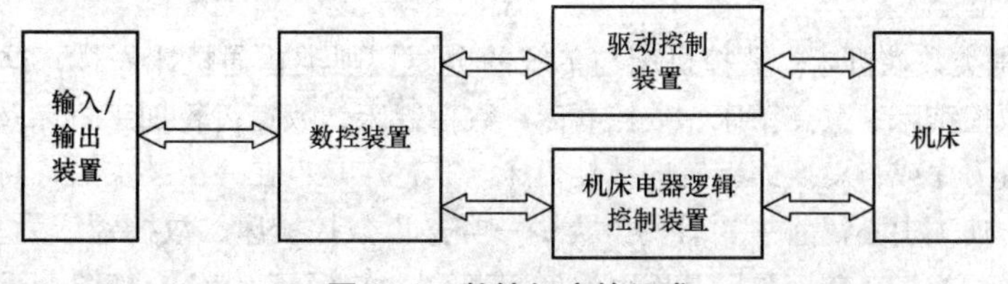

图 11-2　数控机床的组成

1．输入/输出装置

输入装置将数控加工程序等各种信息输入数控装置，输入内容及数控系统的工作状态可以通过输出装置观察。常用的输入/输出装置有纸带阅读机、盒式磁带录音机、磁盘驱动器、CRT

及各种显示器件。通过各种输入装置，控制介质上的数控加工程序被数控装置所接收。控制介质就是指将零件加工信息传送到数控装置的信息载体。控制介质有多种形式，常用的有穿孔带、穿孔卡、磁带和磁盘等。有些数控机床采用数码拨盘、数码插销或利用键盘直接将程序及数据输入。另外，随着CAD/CAM技术的发展，有些数控设备还可利用CAD/CAM软件在其他计算机上编程，然后通过计算机与数控系统通信，将程序和数据直接传送给数控装置。

2. 数控装置

数控装置是数控系统的主要组成部分，是数控机床的控制中心。它的主要功能是：正确识别和解释数控加工程序，对解释结果进行各种数据计算和逻辑判断处理，经过输出装置可将数控装置运算控制器发出的控制命令送到伺服系统，带动机床完成相应的运动。也就是说，数控装置可完成各种输入、输出任务。

目前均采用微型计算机作为数控装置。微型计算机的中央处理单元（CPU）又称为微处理器，是一种大规模集成电路，它将运算器、控制器集成在一块集成电路芯片中。

3. 驱动控制装置

驱动控制装置（伺服系统）位于数控装置和机床之间，是数控系统的执行机构，它能按照数控装置发出的指令信息的要求控制机床各部件动作。驱动控制装置包括进给轴伺服驱动控制装置和主轴伺服驱动控制装置，进给轴伺服驱动控制装置按照数控装置发出的位置控制命令和速度，正确驱动机床受控部件（如机床移动部件和主轴头等）。主轴伺服驱动装置主要由速度控制单元控制主轴的运动。

4. 机床电器逻辑控制装置

机床电器逻辑控制装置也位于数控装置和机床之间，接受数控装置发出的开关命令，主要完成机床主轴选速、起停和方向控制功能，换刀功能，工件装夹功能，冷却、液压、气动、润滑系统控制功能及其他机床辅助功能。其形式可以是继电器控制线路或可编程控制器。

5. 机床本体

机床本体是数控机床的实体，是完成实际切削加工的机械部分，它包括床身、底座、工作台、床鞍、主轴等。它与传统的普通机床相比较有所改进，具有以下特点：

(1) 数控机床采用了高性能的主轴及伺服系统，机械传动结构简化，传动链较短。

(2) 机械结构具有较高的刚度、阻尼精度及耐磨性，热变形小。

(3) 更多地采用高效传动部件，如滚珠丝杠副、直线滚动导轨等。

数控机床还配有各种辅助装置，其作用是配合机床完成对零件的加工。

四、数控机床的分类

1. 按工艺类型分类

(1) 金属切削类数控机床。数控机床与传统的金属切削类普通机床一样，这类数控机床主要包括数控车床、数控铣床、数控钻床、数控磨床、数控镗床、数控齿轮加工机床及加工中心等。加工中心也称为具有刀库或自动换刀装置的数控机床。其特点是：在一次装夹后，可以进行多道工序的集中连续加工。加工中心目前主要有两大类：一类是以数控铣床、数控镗床为基础发展起来的，称作铣削中心；另一类是在数控车床基础上发展起来的，称作车削中心，如图11-3所示。

(2) 金属成形类数控机床。金属成形类数控机床主要包括数控弯管机、数控组合冲床、数控转头压力机等。这类机床起步晚，但发展较快。

(3) 数控特种加工机床。数控特种加工机床主要包括数控线（电极）切割机床、数控电火花加工机床、数控火焰切割机和数控激光切割机等。

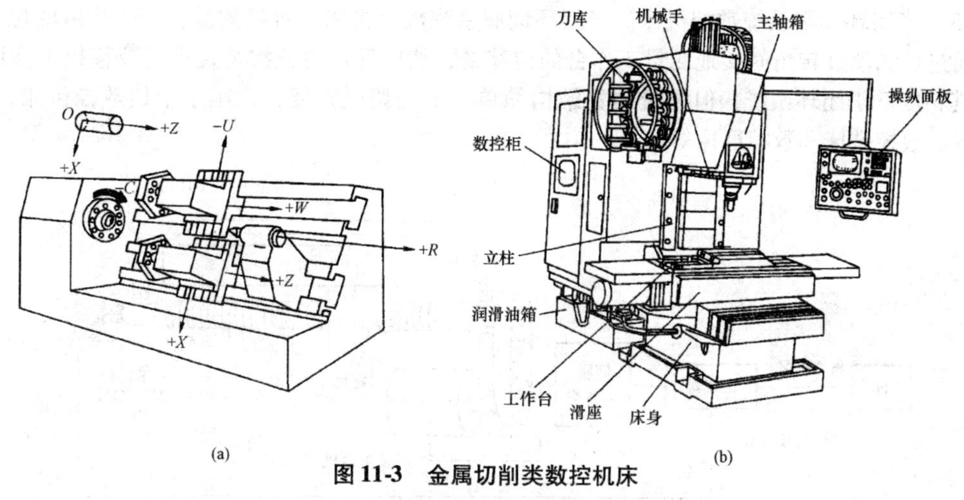

图 11-3　金属切削类数控机床

（a）车削中心；（b）铣削中心

（4）其他类型的数控机床。其他类型的数控机床主要有数控三坐标测量机床等。

2. 按伺服系统类型分类

（1）开环伺服系统数控机床。开环伺服系统数控机床构造简单，它没有位置测量装置和反馈装置（图 11-4），不能对移动工作台实际移动距离进行位置测量并反馈回来与原指令值进行比较校正，适用于控制精度和速度都不太高的场合。

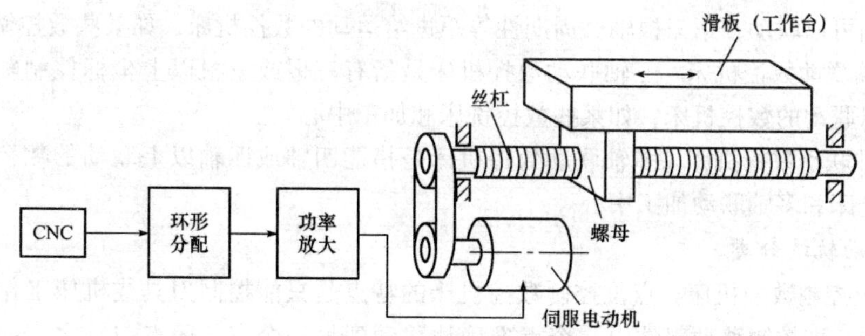

图 11-4　开环伺服系统数控机床

（2）闭环伺服系统数控机床。闭环伺服系统数控机床有位置测量装置和反馈装置（图 11-5）。加工中将实际测量的结果反馈到数控装置中，与输入的指令进行比较及校正，直至差值为零，即实现移动部件的最终精确定位。其特点是加工精度高，但结构复杂，设计和调试较困难，主要用于一些精度较高的数控镗铣床，超精度数控车床和加工中心等。

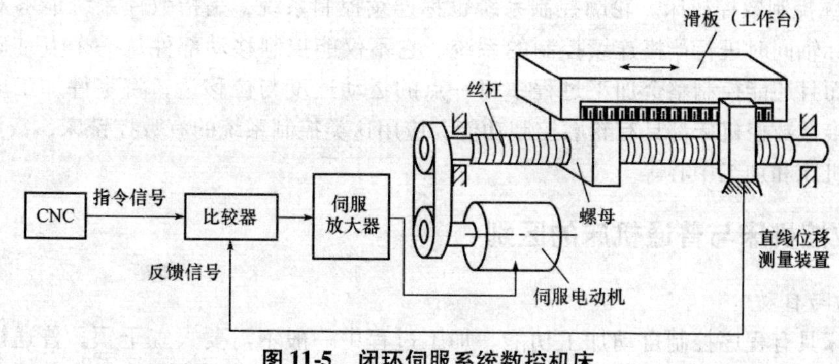

图 11-5　闭环伺服系统数控机床

(3) 半闭环伺服系统数控机床。半闭环伺服系统数控机床不直接测量机床工作台的位移量，而是通过检测丝杠转角间接地测量工作台的位移量，然后反馈给数控装置进行位移校正（图11-6）。其精度低于闭环系统，但测量装置结构简单，安装调试方便，常用于中档数控机床，如数控车床、数控铣床和数控磨床等。

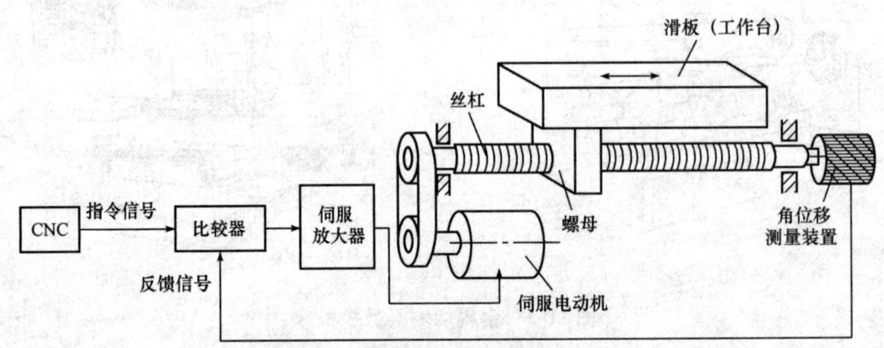

图11-6　半闭环伺服系统数控机床

3. 按联动轴数分类

(1) 两轴联动数控机床。两轴联动数控机床是指控制的轴中只有其中的两根轴可以联动的数控机床，如数控车床、某些数控铣床。

(2) 两轴半联动数控机床。两轴半联动数控机床是指有三根坐标控制轴（X，Y，Z），其中的任意两根轴可以联动，第三根轴做周期性等距进给运动的数控机床，如某些数控铣床。

(3) 三轴联动数控机床。三轴联动数控机床是指有三根或三根以上坐标控制轴，其中的任意三根轴可以联动的数控机床，如某些数控铣床和加工中心。

(4) 多轴联动数控机床。多轴联动数控机床是指能四轴或四轴以上联动的数控机床，如多轴联动数控铣床和多轴联动加工中心。

4. 按运动轨迹分类

(1) 点位控制数控机床。点位控制数控机床的特点是只能控制刀具或机床工作台等移动部件的终点位置，即控制移动部件由一个点准确地移动到另一个点，而点与点之间的运动轨迹没有严格要求。在移动的过程中刀具不进行任何切削加工。应用这类控制系统的数控机床有数控钻床、数控坐标镗床、数控冲床、数控点焊机、数控折弯机和数控测量机等。

(2) 直线控制数控机床。直线控制数控机床的特点是既要控制起点与终点之间的准确位置，又要在刀具沿直角坐标方向分两步到达目的点时，控制这两点之间运动的速度和轨迹，并且在移动过程中要进行切削。应用这类控制系统的有某些数控车床和数控铣床、数控钻床等。

(3) 轮廓控制数控机床。轮廓控制系统也称连续控制系统，是指数控系统能够对两个或两个以上的坐标轴同时进行严格连续控制的系统。它不仅能控制移动部件从一个点准确地移动到另一个点，而且还能控制整个加工过程中每一点的运动速度与位移量，将零件加工成一定的轮廓形状。大多数数控机床都具有轮廓控制功能，应用这类控制系统的有数控铣床、数控车床、数控齿轮加工机床和加工中心等。

五、数控机床与普通机床的区别

1. 手动与自动

数控机床具有程序控制自动加工功能，加工过程中一般不需要人工干预。普通机床加工过程全部由人工控制。

2. 数控机床有CRT屏幕显示功能

CRT屏幕可以显示加工程序、多种工艺参数、加工时间、刀具运动轨迹以及工件图形等。数控机床一般还具有自动报警显示功能，根据报警信号或报警提示，可以迅速查找机器故障，而普通机床不具备上述功能。

3. 数控机床主传动和进给传动采用直流或交流无级调速伺服电动机

数控机床一般没有主轴变速箱，传动链短。而普通机床主传动和进给传动一般采用三相交流异步电动机，由变速箱实现多级变速以满足工艺要求，机床传动链长。

数控机床与普通机床最显著的区别是当加工对象改变时，数控机床只需改变加工程序，不需要对机床作较大的调整即能加工出各种不同的工件。因此，数控机床具有加工精度高、生产效率高、经济效益好的特点，数控机床还可大大减轻劳动强度、改善劳动条件和劳动环境，并且有利于生产管理的现代化。

思考与练习题

1. 何谓数控机床？数控机床是由哪几部分组成的？
2. 简述数控机床的分类方法。
3. 简述数控机床与普通机床的区别。

第二节　数控编程技术

一、数控编程的内容

在数控机床上加工零件时，要把零件的全部工艺过程、工艺参数及其他辅助动作，按动作顺序，根据数控机床规定的指令格式编写数控加工程序，输入到数控装置中，从而指挥机床运动。因此，数控编程是指从零件图样到获得数控加工程序的全部工作过程，如图11-7所示。

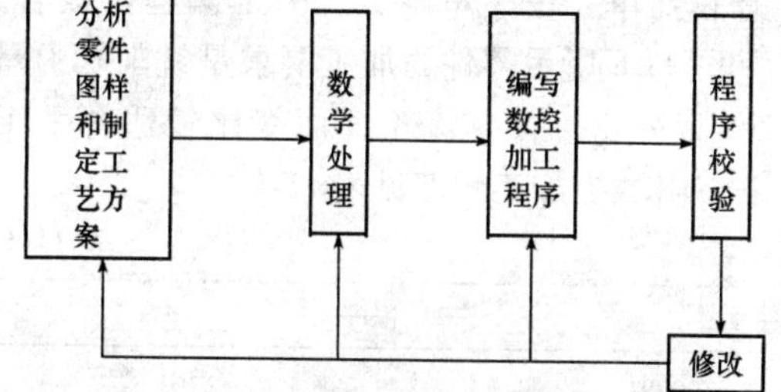

图11-7　数控编程的内容及步骤

数控编程主要有下述内容。

1. 分析零件图样和制定工艺方案

这项工作的内容包括：对零件图样要求的形状、尺寸、精度、材料及毛坯形状和热处理方法进行分析，明确加工内容和要求；确定加工方案；选择适合的数控机床；确定工件的定位基准；选用刀具及夹具；确定对刀方式和选择对刀点；确定合理的走刀路线及选择合理的切削用量等。

2. 数学处理

由于数控系统一般均具有直线插补与圆弧插补功能，对于由圆弧和直线组成的较简单的零件，只需要计算出零件轮廓上相邻几何元素交点或切点的坐标值，得出各几何元素的起点、终点、圆弧的圆心坐标值等，就能满足编程要求。当零件的几何形状与控制系统的插补功能不一致时，就需要进行较复杂的数值计算，一般需要使用计算机辅助计算，否则难以完成。如果数控系统无刀具补偿功能，还应该计算出刀具中心的运动轨迹。

3．编写数控加工程序

完成上述工艺处理及数值计算工作后，即可编写零件加工程序。程序编制人员使用数控系统的程序指令，按照规定的程序格式，逐段编写数控加工程序。编程人员应对数控机床的功能、程序指令及代码十分熟悉，才能编写出正确的数控加工程序。

4．程序输入

程序的输入可以通过键盘直接将程序用 MDI 方式或 EDIT 方式输入数控系统。也可以先制作控制介质（如穿孔带、磁带、磁盘等），再将控制介质上的程序通过计算机通信接口 RS232 输入数控系统。

5．程序检验

对具有图形模拟显示功能的数控机床，可通过显示走刀轨迹或模拟刀具对工件的切削过程来对程序进行检查。对无此功能的数控机床通常可采用机床空运转的方式来检查机床动作和运动轨迹的正确性，以检验程序。以上方法只能证明运动轨迹的正确性，但不能查出被加工零件的精度。因此，需要对工件进行首件试切，当发现误差时，应分析误差产生的原因，加以修正。

二、数控编程的方法

数控加工程序的编制方法主要有手工编程和自动编程两种。

1．手工编程

手工编程是指数控编程各个阶段的工作主要由人工来完成，即从分析零件图样和制定工艺方案、数学处理、编写数控加工程序直至程序校验等各个步骤，均由人工完成。一般对于点位加工或几何形状不太复杂的零件，编程计算较简单，程序量不大，手工编程比较合适。如图 11-8 所示零件的加工要求是铣削吃刀量为 5 mm 外轮廓面，该轮廓面就比较适合手工编程，其数控加工程序见表 11-1。

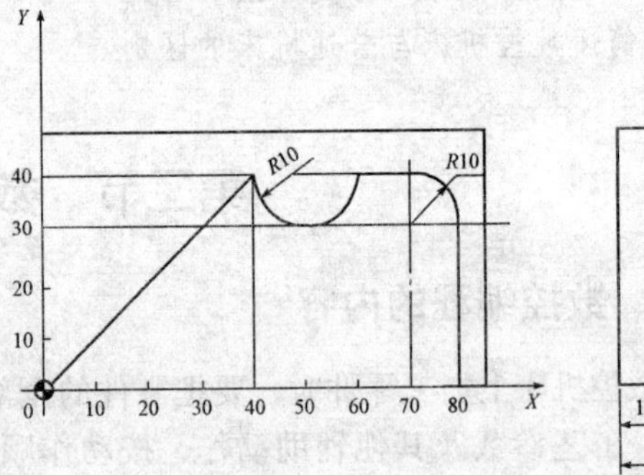

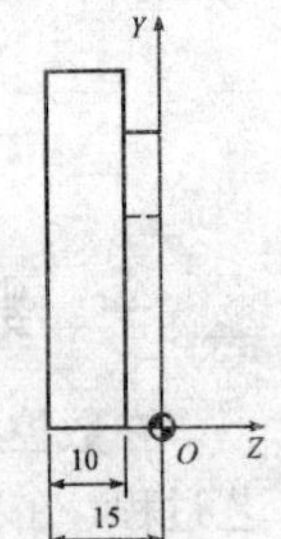

图 11-8　手工编程举例

表 11-1　数控加工程序

程序	注释
00001;	程序名
N10 G92 X－15 Y－15 Z10;	建立工件加工坐标系
N20 M03 5600;	主轴正转，转速 600 r/min
N30 G01 Z－5 F60 M08;	下刀至切削平面
N40 G41 X0 Y0 D03;	建立刀具半径左补偿
N50 X40 Y40;	直线插补至 X40、Y40 点
N60 G03 X60 Y40 110 J0;	逆时针圆弧插补至 X60、Y40 点
N70 G01 X70;	直线插补至 X70、Y40 点
N80 G02 X80 Y30 10 J－10;	顺时针圆弧插补至 X80、Y30 点
N90 G01 Y0;	直线插补至 X80、Y0 点
N100 X0;	直线插补至 X0、Y0 点
N1110 G40 X－15 Y－15 M09;	撤销刀具半径补偿
N120 G00 Z10 M05;	抬刀至安全平面
N130 M02;	程序结束

对于一些复杂零件，特别是具有曲面的零件等，即使由简单几何元素组成，但手工编程工作量大，易出错。所需的时间是数控加工时间的数倍甚至数十倍，所以不能满足生产需要，常需采用自动编程。

2. 自动编程

自动编程也称计算机辅助编程，是编程人员在编程过程中除分析零件图样和制定工艺方案由人工进行外，其余工作均根据加工图样利用自动编程专用软件编制数控加工程序的过程。即自动编程时，交点、切点坐标或刀具位置等数据的计算，加工程序的编制等工作，均由计算机自动完成。自动编程系统还附有典型零件的加工程序供调用，这些都大大减轻了编程人员的劳动强度，缩短了编程时间，使效率提高了几十甚至上百倍，也提高了编程精度，同时，自动编程系统还可显示刀具中心轨迹，仿真模拟机床加工，可检验数控加工程序的正确性。

三、数控编程技术的发展

数控编程技术是数控技术应用中的关键环节之一，也是目前 CAD/CAM 系统中最能明显发挥效益的环节之一，在实现加工自动化、提高加工精度和加工质量、缩短产品研制周期等方面发挥着重要作用。由于生产实际的强烈需求，国内外都对数控编程技术进行了广泛的研究，并取得了丰硕成果。

如前所述，数控编程就是从零件图样到获得数控加工程序的全过程。它的主要任务是计算出加工走刀中的刀位点的坐标值。

1. 数控编程技术的发展概况

为了解决数控加工中的零件编程问题，20 世纪 50 年代麻省理工学院（MIT）设计了一种专门用于机械零件数控加工程序编制的语言，称为 APT，即语言数控自动编程。由于 APT 有许多不便之处，20 世纪 70 年代后期出现了像 UGII、Pro/E、MasterCAM 等图形交互式自动编程系统，这些系统都有效地解决了几何造型、零件几何形状的显示，交互设计、修改及刀具轨迹生成，走刀过程的仿真显示、验证等问题，推动了 CAD 和 CAM 向一体化方向发展。到了 20 世纪 80 年代，在 CAD/CAM 一体化概念的基础上，逐步形成了计算机集成制造系统（CIMS）及并行工程（CE）的概念。目前，为了适应 CIMS 及 CE 发展的需要，数控编程系统正向集成化和智能化方向发展。

2. 数控刀具轨迹生成

数控编程的核心工作是生成刀具轨迹，然后将其离散成刀位点，经后置处理产生数控加工程序，目前数控刀具轨迹生成的方法主要有以下三种。

（1）基于点、线、面和体的 NC 刀轨生成方法。

（2）基于特征的 NC 刀轨生成方法。

（3）CAM 系统中的 NC 刀轨生成方法。

3. 数控仿真技术

数控加工仿真系统利用计算机来模拟实际的加工过程，是验证数控加工程序的可靠性和预测切削过程的有力工具，可减少工件的试切，提高生产效率。

数控机床加工零件是靠数控加工程序控制完成的。为确保数控加工程序的正确性，防止加工过程中干涉和碰撞的发生，在实际生产中，常采用试切的方法进行检验。但这种方法费工费料，代价昂贵，使生产成本上升，还要占用数控机床，增加了产品加工时间和生产周期。后来又采用轨迹显示法，即以划针或笔代替刀具，以着色板或纸代替工件来仿真刀具运动轨迹的二维图形（也可以显示二维半的加工轨迹），这种方法也有相当大的局限性。因此，采用计算机仿真方法代替试切，具有非常重要的意义。目前数控仿真技术正向提高模型的精确度、仿真计算实时化和改善图形显示的真实感等方向发展。

思考与练习题

1. 简述手工编程的内容与步骤。
2. 自动编程相对于手工编程有何优点？

第三节 数控加工

一、数控加工的定义

数控加工就是根据零件图样及其加工工艺等要求编制好数控加工程序，并将其输入数控系统中，控制数控机床刀具与工件之间的相对运动，从而完成零件的加工过程。

随着我国数控机床用户的不断增加，应用领域的不断扩大，努力提高数控加工技术水平，已成为推动我国数控技术在制造业中应用与发展的重要环节。数控加工技术水平的提高，除与数控机床的性能和功能紧密相关外，数控加工工艺与数控加工程序也起着相当重要的作用。在数控加工过程中，如果数控机床是硬件的话，数控加工工艺和数控加工程序则相当于软件，两者缺一不可。

所谓数控加工工艺，就是用数控机床加工零件的一种方法。它是伴随着数控机床的产生、发展而逐步完善起来的一种应用技术，是人们大量数控加工实践的经验总结。

数控加工与普通机床加工在方法和内容上很相似，不同点主要表现在控制方式上。以机械加工中小批零件为例，在普通机床上加工，就某道工序而言，其工步的安排、机床运动的先后次序、走刀路线、位移量及相关切削参数的选择等，虽然也有工艺文件说明，但实际上往往是由操作者自行考虑和确定的，而且是用手工操作方式来进行控制的。如果采用自动车床、仿型车床或仿型铣床加工，虽然也能达到对加工过程实现自动控制的目的，但其控制方式是通过预先配置的凸轮、挡块或靠模来实现的。而在数控机床上，传统加工过程中的人工操作均被数控系统的自动控制所取代。其工作过程是：首先要将被加工零件图上的几何信息和工艺信息及开关量信息数字化，即将刀具与工件的相对运动轨迹、加工过程中主轴转速和进给速度、冷却液的开关、工件和刀具的交换等动作，按规定的代码和格式编成数控加工程序，然后将该程序送入数控系统，数控系统则按照程序的要求，先进行相应的运算、处理，然后发出控制命令，使各坐标轴作相互协调的运动，从而实现刀具与工件之间的相对运动，自动完成零件的加工。可见，实现数控加工，编程是关键。但必须对编程前的数控工艺做必要的准备工作和编程后的善后处理工作。严格说来，数控编程也属于数控加工工艺的范畴。

二、数控加工的特点

数控加工与普通机床加工相比，除具有自动化程度高、加工精度高、加工质量稳定、生产效率高、经济效益好、有利于生产管理的现代化、初期投资大、设备使用及维修费用高等特点外，还具有如下特点。

1. 数控加工工艺内容十分明确、具体、详细

数控加工工艺不仅包括详细描述的切削加工步骤，而且还包括工夹具型号、规格、切削用量和其他特殊要求的内容以及标有数控加工坐标位置的工序图等。在自动编程中，更需要确定更详细的各种工艺参数。

2. 数控加工工艺工作相当准确而且严密

数控机床自适应性较差，不能像普通机床加工时可以根据加工过程中出现的问题由操作者自由

地进行调整。比如攻螺纹时，在普通机床上，操作者可以随时根据孔中是否挤满了切屑而决定是否需要退一下刀或先清理一下切屑再干，而数控机床却不可以，因此，这些情况必须事先由数控工艺员精心考虑，否则可能会导致严重的后果。另外，普通机床加工零件时，通常是经过多次“试切”来满足零件的加工精度要求，而数控加工则是严格按照程序规定的尺寸进给的，因此要准确无误。在实际工作中，由于一个字符、一个小数点或一个逗号的差错而酿成重大机床事故和质量事故的例子屡见不鲜。因此，数控加工工艺设计要求更加严密、准确，即必须注意加工过程中的每一个细节，做到万无一失。尤其是在对图形进行数学处理、计算和编程时，一定要准确无误。

3. 数控加工工艺的特殊要求

（1）由于数控机床较普通机床的刚度高，所配的刀具也较好，因而在同等情况下，所采用的切削用量通常比普通机床大，加工效率也较高。选择切削用量时要充分考虑这些特点。

（2）由于数控机床的功能复合化程度越来越高，因此，工序相对集中是现代数控加工工艺的特点，明显表现为工序数目少、工序内容多，并且由于在数控机床上尽可能安排较复杂的工序，所以数控加工的工序内容要比普通机床加工的工序内容复杂。

（3）由于数控机床加工的零件比较复杂，因此在确定装夹方式和夹具设计时，要特别注意刀具与夹具、工件的干涉问题。

4. 数控加工程序的编写、校验与修改是数控加工工艺的一项特殊内容

制定数控加工工艺的着重点在于整个数控加工过程的分析，关键在确定走刀路线及生成刀具运动轨迹。复杂表面的刀具运动轨迹生成需借助自动编程软件，既是编程问题，当然也是数控加工工艺问题，这也是数控加工工艺与普通机械加工工艺最大的不同之处。

思考与练习题

1. 数控加工与普通机床加工在控制方式上有何不同？
2. 简述数控加工的特点。

第四节　特种加工概述

20 世纪 40 年代，苏联科学家拉扎连柯夫妇在研究开关触点遭受火花放电腐蚀损坏的现象和原因时，发现电火花的瞬时高温可使局部的金属熔化、气化而被腐蚀掉，从而开创和发明了电火花加工。此后人们相继探索研究新的不主要依靠机械能而主要依靠其他能量去除材料的加工方法，解决传统的切削加工方法很难实现，甚至根本无法实现的零件加工，继而产生了特种加工技术。

特种加工（Non - Traditional Machining，NTM）也被称为非传统加工技术，其加工原理是将电能、热能、光能、声能、电化学能、化学能及特殊机械能等多种能量或其组合施加到工件被加工的部位上，从而实现材料去除。其特点为：

（1）加工范围不受材料力学性能的限制，可加工任何硬的、软的、脆的、耐热或高熔点金属及非金属材料。

（2）易于加工复杂型面、微细表面以及柔性零件。

（3）能获得良好的表面质量，热应力、残余应力、热影响区及毛刺等均较小。

（4）各种加工方法易复合形成新的工艺技术，便于推广应用。

表 11-2 所列为常用特种加工方法的综合比较。

表 11-2　常用特种加工方法的综合比较

<table>
<tr><th>加工方法</th><th>可加工材料</th><th>工具损耗率（%）最低/平均</th><th>材料去除率 mm^3/min^{-1} 平均/最高</th><th>尺寸精度/mm 平均/最高</th><th>表面粗糙度 Ra/μm 平均/最高</th><th>主要适用范围</th></tr>
<tr><td>电火花加工（EDM）</td><td rowspan="4">任何导电的金属材料，如硬质合金、耐热钢、不锈钢、淬火钢等</td><td>0.1/10</td><td>30/3 000</td><td>0.03/0.003</td><td>6.3/0.04</td><td>从微米级的孔、槽到数米的超大型模具、工件等，如异形孔、微孔、深孔、锻模等加工，强化表面，刻字，涂覆</td></tr>
<tr><td>电火花线切割（WEDM）</td><td>极小（可补偿）</td><td>5/100</td><td>0.01/0.002</td><td>3.2/0.16</td><td>切割各种冲模、样板、喷丝板异形孔等，也可以切割半导体或非导体</td></tr>
<tr><td>电解加工（ECM）</td><td>不损耗</td><td>100/10 000</td><td>0.1/0.01</td><td>0.8/0.1</td><td>从小零件到 1 t 重的大型工件，如涡轮叶片、机匣、炮管螺钉，各种异形孔、锻模等型腔加工、抛光、去毛刺</td></tr>
<tr><td>电解磨削（EGM）</td><td>1/50</td><td>1/100</td><td>0.02/0.001</td><td>0.8/0.04</td><td>硬质合金等难加工材料的磨削，如硬质合金工具、量具、轧辊、小孔、深孔、细长杆磨削以及超精光整研磨、珩磨</td></tr>
<tr><td>超声加工（USM）</td><td>任何脆性材料</td><td>0.1/10</td><td>1/50</td><td>0.03/0.005</td><td>0.4/0.1</td><td>加工硬脆材料，如玻璃、金刚石等的型孔、型腔、切割、雕刻等</td></tr>
<tr><td>激光加工（LBM）</td><td rowspan="3">任何材料</td><td rowspan="3">不损耗（三束加工，没有成形的工具）</td><td rowspan="2">瞬时去除率很高。受功率限制，平均去除率不高</td><td rowspan="2">0.01/0.001</td><td rowspan="2">0.3/0.1</td><td>加工各种金属、半导体与非导体，能打孔、切割、焊接、热处理等</td></tr>
<tr><td>电子束加工（EBM）</td><td>在各种难加工材料上打微孔、镀膜、焊接、切缝、蚀刻等</td></tr>
<tr><td>离子束加工（IBM）</td><td>很低</td><td>0.000 01</td><td>0.006</td><td>对工件表面进行超精加工、超微量加工、抛光、蚀刻、注入、镀覆等</td></tr>
<tr><td>水射流切割（WJC）</td><td>钢铁、石材</td><td>不损耗</td><td>>300</td><td>0.2/0.1</td><td>20/5</td><td>在各种难加工材料上打微孔、切缝、蚀刻、焊接等</td></tr>
<tr><td>快速成型（RP）</td><td colspan="3">增材加工，无可比性</td><td>0.3/0.1</td><td>10/5</td><td>新产品开发。快速制作样件、模具</td></tr>
</table>

思考与练习题

1. 什么是特种加工，特点有哪些？
2. 常用的特种加工方法有哪几种？

第五节　电火花加工

电火花加工（Electrical Discharge Machining，EDM），又称放电加工或电蚀加工，是一种利用电、热能量进行加工的工艺方法。

一、电火花加工原理

1. 电火花加工的条件

电火花加工是基于电火花腐蚀原理，当工具电极与工件电极相互靠近时，极间形成脉冲性火花放电，在电火花通道中产生瞬时高温，使金属局部熔化，甚至气化，从而将金属蚀除下来。电火花加工必须具备下列条件：

（1）必须是脉冲式瞬时放电，并具有足够的放电强度。放电持续时间为 $10^{-7}\sim10^{-3}$s，放电通道的电流密度需达到 $10^5\sim10^6$ A/cm²，以便能量集中于加工面的某局部点，使材料熔化和气化。

（2）必须在液体绝缘介质（如煤油等，又称为工作液）中进行。以有利于产生脉冲性的火花放电，同时，液体介质可以排除电蚀产物，并能冷却电机和工作表面。

（3）具有适当的放电间隙（通常为几微米到几百微米）。因此，工具电机需有自动进给和调整装置。

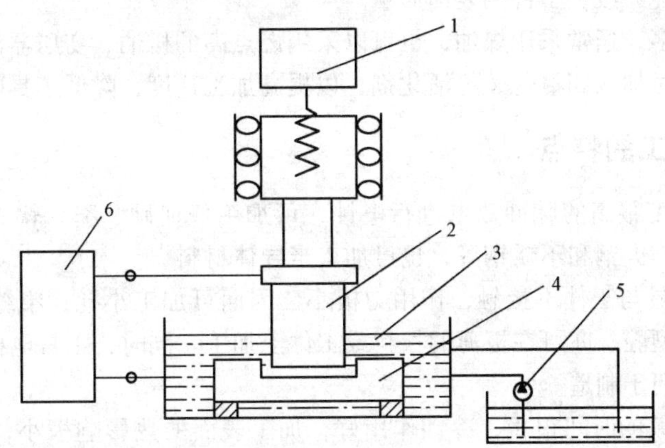

图 11-9　电火花加工原理示意图

1－自动进给调节装置；2－工具电极；3－工作液；4－工件电极；5－工作液泵；6－脉冲电源

图 11-9 所示为电火花加工原理示意图。它由脉冲电源、自动进给调节装置、工作液循环系统、工具电极等组成。电火花加工过程是在工作液中进行的。将脉冲电压加至两电极，同时使工具电极不断接近工件电极。当两电极上的最近点达到一定距离时，工作液被击穿，形成脉冲放电，在放电通道中瞬时产生大量热能，使材料熔化甚至气化而产生爆炸力，将融化的金属抛离工

件表面，并被循环的工作液带走，工件便留下一个小坑，如此重复进行脉冲放电，就能将工件加工出与工具电机相对应的型腔或型面。加工过程如图 11-10 所示。

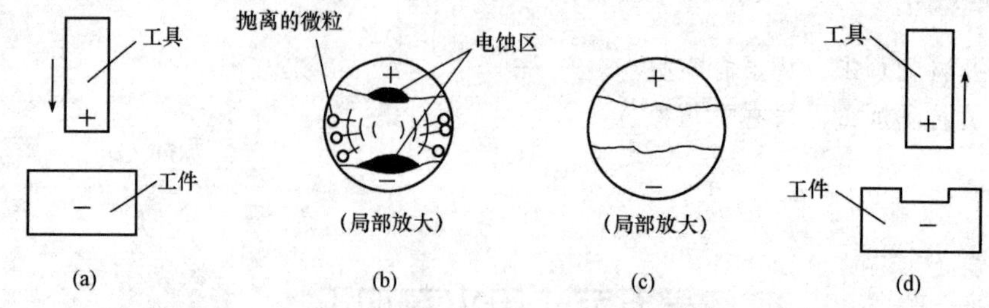

图 11-10　电火花加工过程示意图

（a）工具电极向工件靠近；（b）两极最近点，工作液被电离击穿，产生火花放电，局部金属熔化、汽化并被抛离；（c）多次脉冲放电后，加工表面形成无数小凹坑；（d）工具电极的截面形状“复印”在工件上

2. 工具电极

工具电极应选用导电性好、耐蚀性高和造型容易的材料，常用的有石墨、纯铜、黄铜、钼、铸铁和钢。石墨多用于型腔加工，纯铜和黄铜多用于穿孔加工，钢和铸铁多用于冷冲凹模加工，钼丝和黄铜丝多用于小孔、微孔的加工和切割加工。

工具电极的形状与工件的型腔、型孔基本相符，但在垂直于进给的方向上，工具电极截面应根据火花放电间隙值作相应的修正。在深度方向上，需考虑加工深度、工具电机端部损耗量，夹持部分长度和重复使用时的增长量。

3. 工作液

电火花加工所用的工作液，其主要作用是：有较高的绝缘性，以便产生脉冲性的火花放电，防止出现电弧放电；压缩放电通道，使放电能量集中在较小的区域内；排除电蚀产物，加速工具电极的冷却，减少损耗，改善工件的表面质量。

工作液的种类较多，通常采用煤油，也可以采用燃点高的机油、变压器油、锭子油或者它们与煤油的混合液，有时加入四氯化碳等活化剂，以提高加工速度，降低工具电极的损耗。

二．电火花加工的特点

（1）利用能量密度很高的脉冲放电进行电蚀，可加工任何硬、脆、软、韧和高熔点的导电材料，如硬质合金、淬火钢和不锈钢等，也可加工半导体材料。

（2）加工时，工具与工件不接触，作用力极小，因而可加工小孔、窄缝等微细结构以及各种复杂截面的型孔和型腔，亦可在极薄的板料或工件上加工。同时，工具电极材料的硬度无需高于工件材料，从而也便于制造。

（3）脉冲放电持续的时间很短，冷却作用好，加工表面的热影响极小，因此也可以加工热敏感性很强的材料。

（4）直接利用电能进行加工，便于实现加工自动化。通过调整电脉冲参数，可在同一机床上依次进行粗、精加工。

思考与练习题

1. 电火花加工原理是什么？

2. 电火花加工的特点有哪些？

第六节 电火花线切割加工

电火花线切割加工（Wire Cut EDM，WEDM）是在电火花加工基础上发展起来的一种工艺方法，其基本原理是利用移动的细金属导线（铜丝或钼丝）作电极，对工件进行脉冲火花放电、切割成形。依电极丝运动速度不同，分高速走丝和低速走丝两种方式，我国首创生产的电火花线切割机床多采用高速（6～11 m/s）双向走丝方式，国外生产的电火花线切割机床，都采用低速（1～15 m/min）单向走丝方式。近年来，我国也开始大批生产低速走丝线切割机床。高速走丝线切割机床采用专用的水基乳化液作为工作液；低速走丝线切割机床采用去离子水作为工作液，少数或用煤油作工作液。

一、电火花线切割加工原理及特点

1. 电火花线切割加工原理

电火花线切割加工是使工具线电极和工件之间产生脉冲火花放电，除去工件材料而进行切割加工的。图 11-11 所示为电火花切割加工示意图。作为工具电极的钼丝，在储丝筒带动下做正反向交替移动。脉冲电源的负极接电极丝，正极接工件。在电极丝和工件之间喷注工作液，工作台在水平面的两个坐标方向上，各自按预定的要求由数控系统驱动做伺服进给移动，即可合成各种曲线轨迹，把工件切割成型。

当切割封闭型孔时，工具电极丝需穿过工件上预加工的小孔，再绕到储丝筒上。

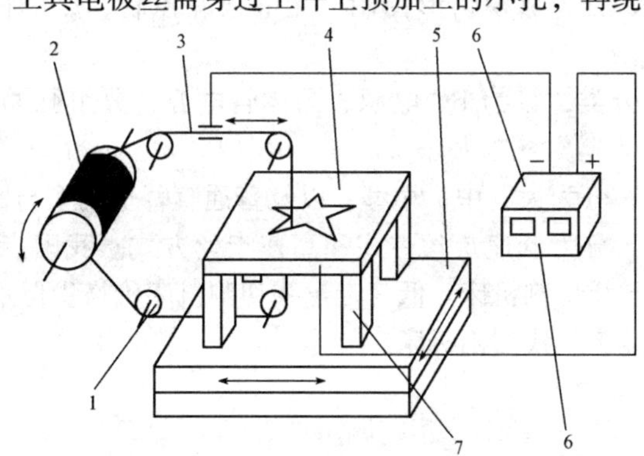

图 11-11 快走丝电火花切割加工原理

1－导向轮；2－储丝筒；3－工具电极（钼丝）；4－工件；5－工作台；6－脉冲电源；7－绝缘垫

2. 电火花线切割加工特点

（1）由于电极工具是直径较小的细丝，故脉冲宽度、平均电流等不能太大，加工工艺参数的范围较小，属中、精正极性电火花加工，工件常接电源正极。

（2）采用水或水基工作液，不会引燃起火，容易实现安全无人运转，但由于工作液的电阻率远比煤油小，因而放电间隙较大，电极丝又在移动，故不易产生电弧放电。

（3）省掉了成形的工具电极，大大降低了成形工具电极的设计和制造费用，缩短了生产准备时间，这对新产品的试制是很有意义的。

（4）由于电极丝比较细，可以加工微细异形孔、窄缝和复杂形状的工件。由于切缝很窄，且只对工件材料进行“套料”加工。实际金属去除量很少，材料利用率很高。

（5）由于采用移动的长电极丝进行加工，使单位长度电极丝的损耗较少，电极丝损耗对加工精度的影响比较小，特别是在低速走丝线切割加工中，电极丝一次性使用，电极丝损耗对加工精度的影响更小。

（6）不能加工盲孔类零件表面和阶梯形表面（立体形状表面）。

电火花线切割加工有许多突出的长处，因而在国内外发展都较快，已获得了广泛的应用，目前国内外的线切割机床已占电加工机床的60%以上。电火花线切割加工广泛应用于加工各种通孔模具、成形刀具、样板、异形截面的工件，并可切割微缝、窄槽等微细结构和某些工艺品。图11-12 所示为电火花线切割加工的示例。

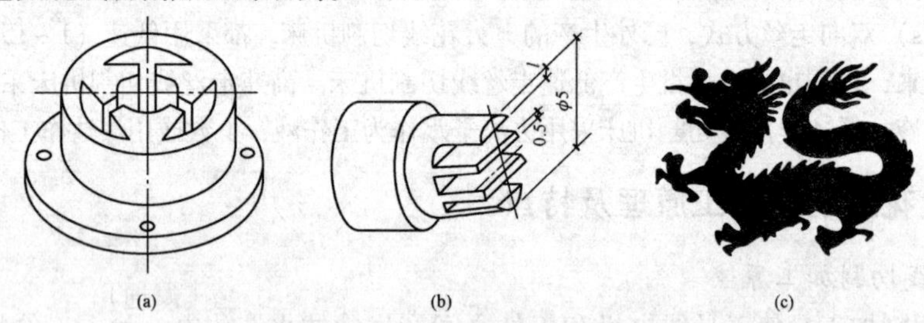

图 11-12　电火花线切割加工示例

（a）加工冷冲凹模；（b）加工电火花穿孔异形电极；（c）切割工艺品

二、电火花线切割的分类

（1）按控制方式分类，分为靠模仿形控制、光电跟踪控制、数字程序控制及微机控制等，前两种方法现已很少采用。

（2）按脉冲电源形式分类，分为 RC 电源、晶体管电源、分组脉冲电源及自适应控制电源等，RC 电源现已不用。

（3）按加工特点分类，分为大、中、小型，以及普通直臂切割型与锥度切割型等。

（4）按走丝速度分类，分为低速走丝方式和高速走丝方式。我国广泛采用高速走丝线切割机床，国外则采用低速走丝线切割机床。低速走丝线切割机床价格贵但切割精度高，近年来在高速走丝线基础上发展了中速走丝线切割机床。

三、线切割机床

线切割机床按电极丝运动的线速度，可分为高速走丝线切割机床和低速走丝线切割机床。电极丝运动速度在 7 ~10 m/s 范围内的为高速走丝线切割机床，低于 0. 25 m/s 的为低速走丝线切割机床，常用的 DK7732 机床为高速走丝线切割机床。DK7632 机床为低速走丝线切割机床，其含义为：D 为机床类代号，表示“电加工机床”；K 为机床特性代号，表示“数控”（亦可用 G 表示“高精度”，M 表示“精密”）；第 1 个数字 7 为组别代号，表示“电火花线切割机床”；第 2 个数字 7 或 6 为型号代号，7 表示“高速走丝”，6 表示“低速走丝”；最后两位数 25 或 32 为基本参数代号，表示工作台横向宽度或行程为 250 mm 或 320 mm。中走丝线切割机床属高速走丝类，编号第 2 个数字也是 7。所谓中走丝，并非指走丝速度介于高速与低速之间，而是指复合走丝线切割，其原理是在粗加工时采用高速（8 ~12 m/s）走丝，精加工时采用较低速（1 ~3 m/s）走丝，这样工作相对平稳，抖动小，并通过多次切割减少材料变形及钼丝损耗带来的误差，提高了加工质量。加工精度介于高速走丝与低速走丝之间，可达 0. 006 mm，Ra0. 8μm。高速和中速走丝加工时常采用 DX 型乳化液的水溶液作为加工工作液，常规比例是 1∶ 10（乳化液 1 份，水 10 份）。

DK7732 高速走丝微机控制线切割机床由机床本体、脉冲电源、微机控制装置、工作液循环系统等部分组成。

四、数控电火花线切割编程

数控线切割机床的控制系统是根据人的“命令”控制机床进行加工的，所以首先必须把将要进行线切割加工的图形，用线切割控制系统所能接受的“语言”编好“命令”，输入控制系统（控制器）。这种“命令”就是线切割程序，编写这种“命令”的工作称为编程。

编程方法分手工编程和计算机辅助编程两种。手工编程是线切割工作者的一项基本功，它能使你比较清楚地了解编程所需要进行的各种计算和编程的原理与过程。手工编程线切割程序有3B、4B、5B、ISO和EIA等，使用最多的是3B格式，但在国外厂家用得最多的是ISO格式。但由于手工编程的计算工作比较繁杂，费时间，随着计算机技术的飞速发展，通过计算机强大的计算功能，采用计算机辅助编程可大大减轻编程工作者的劳动强度，并大幅度地减少编程所需要的时间。数控线切割机床一般都带有计算机辅助绘图和编程程序。可在机床显示屏上完成绘制零件图、程序生成、模拟加工和控制加工等。现已发展到直接采用通用绘图软件，如AutoCAD、CAXA等绘图软件，通过后置处理，自动生成加工程序，除直接在机床上绘制零件图外，也可在其他CAD软件上绘制零件图，以DXF或DAT文件格式传输到机床上，还可以通过扫描仪获取手绘设计的艺术图案，经处理并导成轮廓图后传输到机床上，切割出艺术品。自动编程生成的程序为3B、4B或ISO代码。可直接控制机床加工或输出打印等。

五、数控高（中）速走丝电火花线切割基本操作

数控高（中）速走丝电火花线切割加工时一般有如下准备和操作：

1. 机床开机及关机

开机：旋起“急停”按钮→打开机床电源“ON”→按下“启动”按钮。

关机：按下“停止”按钮→按下“急停”按钮→关闭机床电源“OFF”。

2. 工件装夹及找正

工件装夹及找正对加工精度有直接影响。工件装夹有压板装夹、磁性夹具和专用夹具。

压板装夹包括桥式支撑、悬臂式支撑和垂直刃口支撑三种，其中桥式支撑是最常用的装夹方法，具有装夹稳定、平行度易保证等特点。磁性夹具采用磁性工作台或磁性表座夹持工件，靠磁力吸住工件，不需压板和螺钉，工件不会因压紧而变形，操作方便。在批量生产时，可采用根据零件结构设计的专用夹具，可大大提高加工精度和装夹速度。

工件装夹时，还必须配合找正进行调整，使工件的定位基准面与机床的工作台面或进给方向保持平行，以保证切割表面与基准面之间的相对位置精度。使用千分表来找正是应用最广泛的方法。

3. 电极丝的安装

（1）穿丝操作。当要在工件中部切割孔时（如凹模），需先在切割起始点位置加工出一穿丝孔，将电极丝穿过工件，再拉动电极丝头，依次从上至下绕过各导轮、导电块至储丝筒，将丝头拉紧并用丝筒的螺钉固定。

（2）电极丝垂直的调整。穿丝完成后，应找正和调整电极丝对工作台的垂直度，保证电极丝与工作台垂直。找正方法有目测火花找正和找正器找正。

目测火花找正是在通电走丝时，利用规则的六面体或直接以工件工作面为基准，目测电极丝与参照面的火花上下是否一致。调整控制电极丝锥度的两个轴来找正。找正器找正不需通电和走丝，找正器上有两个测量头（分别有两个指示灯显示是否接触到测量头）。使两个测量头与电极丝进行接触，当两个指示灯同时亮，说明丝已垂直。

（3）找中心孔。穿入的电极丝中心须与穿丝孔中心重合，以保证加工位置准确，机床可自动完成找中心孔过程。

4. 机床控制界面操作

各机床厂家使用的控制软件不同，用户界面也有所不同，但功能类似。机床开机后一般为手动模式界面，根据屏幕界面显示的功能提示和菜单等，主要有以下操作：

（1）直接输入已编好的程序或进入自动编程系统。

（2）进入自动编程系统时，用系统自带的CAD图形绘制系统绘制零件图，或直接打开导入的DXF图形文件。

（3）加工参数设定。如坐标系、加工起点、切割方向、偏置方向、偏置量、开液压泵、开储丝筒和电参数等。

（4）生成数控程序。可生成ISO、3B和4B等格式的数控程序，并可保存。

（5）模拟加工。模拟加工时只进行轨迹描画，机床不运动。加工前建议先模拟运行一遍，以检验程序是否有误，如有会提示错误所在行（或所在位置）。

（6）加工执行。单击“加工”按钮开始加工，加工过程中可暂停和恢复加工。

思考与练习题

1. 简述电火花线切割加工过程。
2. 高速走丝与低速走丝的区别有哪些。

第七节　激光加工

激光加工（Laser Beam Machining，LBM）是利用激光束与物质相互作用的特性对材料（包括金属与非金属）进行加工。

一、激光加工的原理与特点

激光是一种强度高、方向性好、单色性好的相干光。由于激光的发散角小和单色性好，理论上可以聚焦到尺寸与光的波长相近的（微米甚至亚微米）小斑点上，加上它本身强度高，故可以使其焦点处的功率密度达到10^7~10^{11} W/cm^2，温度可达10 000 ℃以上。在这样的高温下，任何材料都将瞬时急剧熔化和汽化，并爆炸性地高速喷射出来，同时产生方向性很强的冲击。因此，激光加工是工件在光热效应下产生高温熔融和受冲击波抛出的综合过程。如图11-13所示。

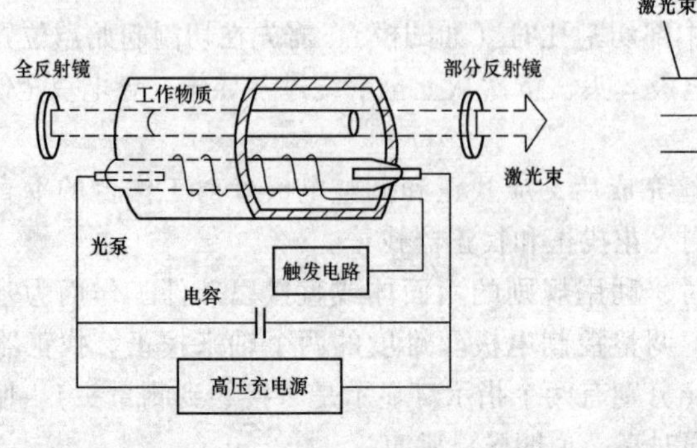

图11-13　激光加工示意图

激光加工的特点主要有以下几个方面：

（1）加工材料范围广，几乎对所有的金属和非金属材料都可以进行激光加工，特别适合高硬度、高熔点合金及陶瓷、宝石、玻璃、金刚石等脆性材料。

（2）一机多能，多功能激光机能在一台设备上完成焊接、切割、热处理等多种加工。

（3）适应性强。既可在真空中加工，又可在大气中加工，或通过透明材料进行加工，并且可用反射镜将激光束送往远离激光器的隔离室或其他地点进行加工。

（4）加工质量好，加工时不需用刀具，属于非接触加工，无机械加工变形。加工精度可达0.01～0.001 mm，表面粗糙度Ra0.1μm；工件无受力变形，热影响区和受热变形小。

（5）受工件形状限制小，激光能聚焦成极小的光斑，可进行微细和精密加工，如微细窄缝、微型孔的加工（如ϕ0.1 mm，孔径比100∶1）和异形孔。

（6）加工效率高，无须加工工具和特殊环境，且可控性好，便于自动控制连续加工，实现自动化生产。如用激光进行深熔焊时，效率比埋弧焊提高30倍。

（7）成本高，设备复杂，价格较贵。

（8）防止激光伤害，激光加工虽无加工污染和有害射线，但要注意激光对人体特别是眼睛的伤害。

二、激光加工的基本设备

激光加工的基本设备由激光器、导光聚焦系统和加工机（激光加工系统）三部分组成。

1. 激光器

激光器是激光加工的重要设备，它的任务是把电能转变成光能，产生所需要的激光束。根据工作介质不同，激光器分为气体激光器、固体激光器和光纤激光器。气体激光器有二氧化碳激光器、氩离子激光器等，具有连续输出功率大、效率高的特点。固体激光器有红宝石激光器，钕玻璃激光器、YAG（掺钕的钇铝石榴石）激光器等。具有体积小、结构强度高的特点。光纤激光器使用掺稀土元素玻璃光纤作为增益介质的激光器，光能在该光纤内形成高功率密度激光，无须谐振腔光学镜片。因为不同物质激发出的激光波长不同，所以激光也呈现出红、绿、蓝等不同颜色。由于He－Ne（氦－氖）气体激光器所产生的激光不仅容易控制，而且方向性、单色性及相干性都比较好，因而其在机械制造的精密测量中被广泛采用。而在激光加工中则要求输出功率与能量大，目前多采用二氧化碳气体激光器及红宝石、钕玻璃、YAG等固体激光器。

2. 导光聚焦系统

根据被加工工件的性能要求，光束经放大、整形、聚焦后作用于加工部位，这种从激光器输出窗口到被加工工件之间的装置称为导光聚焦系统。

3. 激光加工系统

激光加工系统主要包括床身、能够在三维坐标范围内移动的工作台及机电控制系统等。

随着电子技术的发展，许多激光加工系统已采用计算机来控制工作台的移动，实现激光加工的连续工作。

三、激光加工的应用

根据激光束与材料相互作用机理，激光加工可分为激光热加工和光化学反应加工两类。激光热加工是指利用热效应来完成加工过程，包括激光切割、激光打标、激光打孔、激光焊接、激光热处理、激光熔敷、激光强化、微加工和激光烧结快速成型等；光化学反应加工是借助高密度高能光子引发或控制光化学反应的加工过程，包括光化学沉积、立体光刻、激光刻蚀和光固化快速成型等。激光加工作为先进制造技术已广泛应用于汽车、电子、电器、航空航天、冶金、通讯、医疗和机械制造等领域，在提高产品质量、劳动生产率，实现自动化，无污染和减少材料消耗等方面起到越来越重要的作用。

1. 激光切割

激光切割是一种应用最为广泛的激光加工技术。它是利用激光束聚焦成很小光点（其最小直径可小于0.1 mm），使焦点处达到很高的功率密度（可超过10^6 W/cm^2）。这时光束输入（由光能转换）的热量远远超过被材料反射、传导或扩散部分，材料很快加热至汽化温度，蒸发形成孔洞。随着光束与材料相对线性移动，使孔洞连续形成宽度很窄（如0.1 mm左右）的切缝。切边受热影响很小，基本没有工件变形。

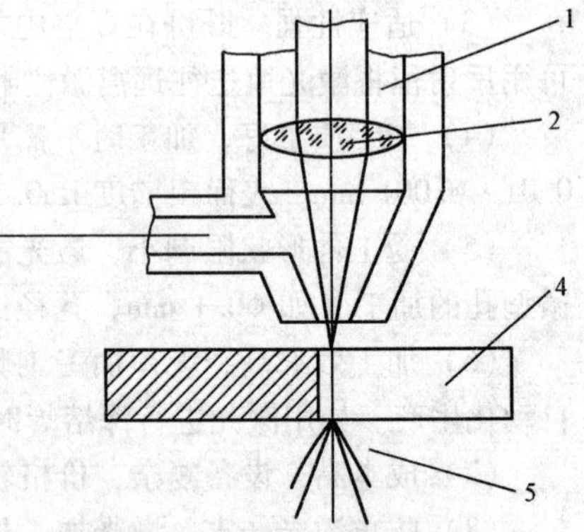

图 11-14 激光切割装置示意图

1－激光束；2－聚焦透镜；3－辅助气体；4－工件；5－熔渣

切割过程中还添加与被切材料相适合的辅助气体。

切割钢件时利用氧作为辅助气体与熔融金属产生放热化学反应氧化材料，同时帮助吹走割缝内的熔渣；切割聚丙烯等塑料时，使用压缩空气；切割棉、纸等易燃材料时使用惰性气体。进入喷嘴的辅助气体还能冷却聚焦透镜，防止烟尘进入透镜座内污染镜片并导致镜片过热。激光切割装置如图11-14所示。

在激光切割过程中，由于激光对被切割材料不产生机械冲击和压力，再加上激光切割切缝小，便于自动控制，故在实际中常用来加工玻璃、陶瓷、各种精密细小的零部件。激光切割大多采用大功率的CO_2激光器，设备基本构成如图11-15所示，由CO_2激光器、激光电源、光学系统、工作台、控制系统、冷却系统、聚焦系统等部分组成。可接受图案文件格式：DWG，DXF。适合材料：各种金属材料及部分非金属材料。

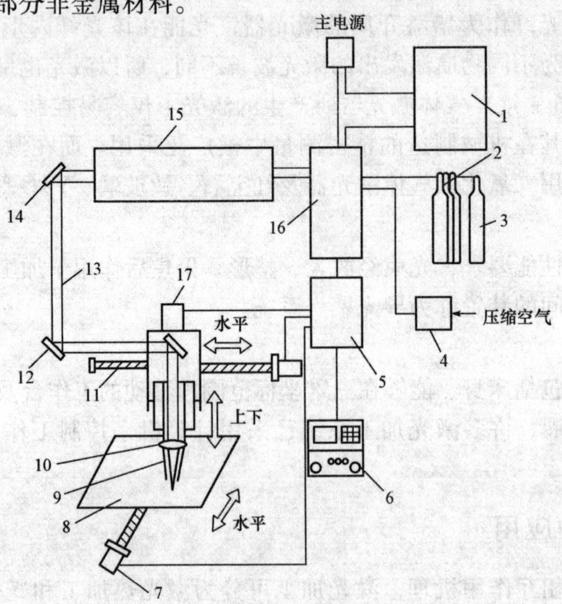

图 11-15 典型的CO_2激光切割设备的基本构成

1－冷却水装置；2－激光气瓶；3－辅助气体瓶；4－空气干燥器；5－数控装置；6－操作盘；7－伺服电动机；8－切割工作台；9－割炬；10－聚焦透镜；11－丝杠；12－反射镜；13－激光束；14－反射镜；15－激光发生器；16－激光电源；17－伺服电动机和割炬驱动装置

2. 激光打标

激光打标是指利用高能量的激光束照射在工件表面，光能瞬时变成热能，使工件表面迅速产生蒸发，从而在工件表面刻出任意所需要的文字和图形，以作为永久防伪标志。

激光打标的特点是非接触加工，可在任何异型表面标刻，工件不会变形和产生内应力，适于金属、塑料、玻璃、陶瓷、木材、皮革等各种材料；标记清晰、永久、美观，并能有效防伪；标刻速度快，运行成本低，无污染，可显著提高被标刻产品的档次。

激光打标广泛应用于电子元器件、汽（摩托）车配件、医疗器械、通信器材、计算机外围设备、钟表等产品和烟酒食品防伪等行业。

3. 激光打孔

随着近代工业技术的发展，硬度大、熔点高的材料应用越来越多，并且常常要求在这些材料上打出又小又深的孔，例如，钟表或仪表的宝石轴承，钻石拉丝模具，化学纤维的喷丝头以及火箭或柴油发动机中的燃料喷嘴等。这类加工任务，用常规的机械加工方法很困难，有的甚至是不可能的，而用激光打孔，则能比较好地完成任务。

激光打孔一般采用复制法（采用与被加工孔形状相同的光点进行复制打孔）和轮廓迂回法（以一定的位移量连续地彼此叠加而形成所需要轮廓）的打孔方式。特点是加工能力强，效率高，几乎所有的材料都能用激光打孔；打孔孔径范围大，从 0.01 mm 到任意大孔；激光打孔为非接触式加工，不存在工具磨损及更换问题；由于激光能量在时空内的高度集中，故打孔效率非常高；激光还可以打斜孔（不垂直于加工表面）；激光打孔不需要抽真空，能在大气或特殊成分气体中打孔，利用这一特点可向被加工表面渗入某种强化元素，实现打孔的同时对成孔表面的激光强化。

4. 激光焊接

激光焊接是用激光束将被焊金属加热至熔化温度以上熔合而成焊接接头，从而达到连接的目的。

按激光束的输出方式不同，可以把激光焊分为脉冲激光焊和连续激光焊，若根据激光焊时焊缝的形成点，又可以把激光焊分为热导焊和深熔焊，前者使用激光功率低，熔池形成时间长，且熔深浅，多用于小型零件的焊接；后者使用激光功率密度高，激光辐射区金属熔化速度快，在金属熔化的同时，伴随着强烈的冷化，能获得熔深较大的焊缝，焊缝的深宽比较大。

激光焊接速度快，热影响区小，焊接质量高，特别适用于精密、热敏感部件的焊接，既可焊接同种材料，也可焊接异种材料，还可透过透明体进行焊接，以防杂质污染和腐蚀，适用于真空仪器元件的焊接。

思考与练习题

1. 简述激光加工设备中激光器的分类。
2. 激光切割过程中，辅助气体的作用有哪些？

第八节　其他常用特种加工技术

一、超声波加工

超声波加工（Ultrasonic Machining，USM），又称超声加工，是利用超声振动工具作用于悬浮液磨料时，磨料便以极高的速度强力冲击加工表面；同时由于悬浮液磨料的搅动，使磨料以高速度抛磨工件表面，使其局部材料破碎成粉末，以进行穿孔、切割和研磨等的加工方法。其中磨料的撞击作用是主要的。因此，材料愈硬脆，愈易遭受撞击破坏，愈适合进行超声波加工。

超声波加工的主要特点如下：

(1) 适合于加工各种硬脆材料，特别是某些不导电的非金属材料，如玻璃、陶瓷、石英、硅、玛瑙、宝石、金刚石等；也可以加工淬火钢和硬质合金等材料，但效率相对较低。

(2) 由于工具材料硬度很高，故易于制造形状复杂的型孔。

(3) 加工时宏观切削力很小，不会引起变形、烧伤。表面粗糙度 Ra 值很小，可达 0.1μm，加工精度可达 0.03～0.005 mm，而且可以加工薄壁、窄缝、低刚度的零件。

(4) 加工机床结构和工具均较简单，操作维修方便。

(5) 生产率较低。这是超声波加工的一大缺点。

二、快速成型技术

快速成型技术（Rapid Prototyping Manufacturing，RPM）是由 CAD 模型直接驱动的快速制造任意复杂形状三维物理实体的技术总称。其主要采用了分层制造的思想，这一思想的形成与计算机技术、数控技术、激光技术、材料和机械科学的发展和集成是分不开的，具有鲜明的时代特征。

1. 快速成型技术的特点

快速成型技术与传统材料加工有本质的区别，并显示出诸多的优越性：

(1) 高度的柔性和适应性。快速成型技术可以用于制造任意复杂的几何形状的零件，不受传统机械加工方法中刀具无法达到某些型面的限制。

(2) 直接采用 CAD 模型驱动。设计出 CAD 模型后，其后续工作全部由计算机自动化处理，无须多人数天进行大量工作。

(3) 建立在高度技术集成的基础之上。它不需要传统的刀具或工装等生产准备工作，从而大大缩短了新产品的开发成本和周期。

(4) 快速成型所用的材料类型丰富多样，应用领域广泛。

(5) 加工过程中无振动、噪声和废料，没有刀具、夹具的磨损和切削力所产生的影响。

2. 快速成型技术的应用

(1) 设计验证。快速成型技术作为一种可视化工具，用于设计验证、产品评估，在投入大量的资本进行批量生产之前，及时发现产品设计中存在的问题，沟通设计者及制造者、消费者之间的交流。

(2) 功能测试。使用快速成型技术制作的原型可直接进行装配、检验、干涉检查和模拟产品真实工作情况的一些功能试验，如运动分析、应力分析、流体和空气动力学分析等。

（3）可制造性、可装配性检验。对于开发结构复杂的新产品（如汽车、飞机、卫星、导弹等），可事先验证零件的可制造性、零件之间的相互关系以及部件的可装配性。

（4）快速模具制作。快速成型技术与传统制造工艺相结合制造模具和金属零件。

（5）技术生物医疗方面的应用。外科医生可利用该技术制作病例模型，如在进行复杂外科手术之前，先用快速成型技术制作相应器官的原型，在原型上进行模拟外科实验，以提高手术的成功性。

思考与练习题

1. 简述超声波加工的原理。
2. 简述快速成型技术的特点。

第十二章 数控机床仿真实训

第一节 数控机床仿真概述

近年来，随着数控加工技术在机械制造业中的广泛应用，大部分高校与中职学校开始培训此类人才，并且在金工实训阶段也逐步增加数控加工这门实训课程。然而，传统的培训方式是一人一机，而一台数控机床的价格动辄几万至几十万元，其培训消耗更为惊人。学生在短暂的实训学习的过程中，如果理论学习不足，稍微犯点错误，就有可能导致机床损坏甚至无法正常工作。很多学校的机床数量难以满足培训要求，仅仅做到讲解演示的教学作用，所以无法真正培养高素质高技能的人才。

一、数控仿真系统的定义

数控仿真系统是基于计算机应用技术对数控机床加工操作过程进行模拟仿真的一门新技术。该技术面向实际生产过程的机床仿真操作，加工过程三维动态的逼真再现，能使每一个学生对数控加工建立感性认识，可以反复动手进行数控加工操作，提高了学生的实际操作能力。

二、数控机床仿真的特点

既然是仿真，那么软件中的机床就是虚拟的，而这种虚拟的机床在功能上却并不比实际的机床逊色，综合来看，数控机床仿真具有以下特点：

（1）具有比较全面的机床结构。实际中的机床，因价格及生产目标等原因，分成了经济型、普通型和全功能型数控系统。仿真软件中的机床及其附属设备都是齐全的，这种全面的机构能模仿真实机床的任何功能而不致因为采用某种近似替代而导致某种结构和信息的失真或丢失，具有与真实机床完全相同的界面风格和对应功能。

（2）可以模拟机床操作的全过程。如毛坯定义、工件装夹方案的选择、压板安装、基准对刀、选择安装刀具和机床操作方式等，都可以直接实现。尤其是刀具的选择，系统采用的是刀具库统一管理刀具材料、特性参数库，含数百种不同材料、类型和形状的车刀、铣刀，支持用户自定义刀具及相关特性参数，故所选刀具的面是非常广的，不会像现实中一样受经费的限制。

（3）具有即时检测与测量功能。机床运行时可能会因为程序或操作的原因出现撞刀或超行程等错误，仿真软件的碰撞检测功能能即时提供报警或提示；加工完毕后，可以实现基于刀具切削参数、零件粗糙度等各方面的测量，为下道工序做准备。

（4）具有标准数据接口及网络功能。用户能将其他 CAD/CAM 软件，如 UG、Pro/E、Mastercam 等产生的 NC 程序，直接调入软件中加工。其强大的网络功能，可实现远程教育，不仅在局域网上具有双向互动的教学功能，还具有基于互联网进行双向互动的远程教学功能。

（5）具有实用灵活的考试系统。可用于远程网络学习、作业、考试等，并实现答卷保存、自动评分、成绩查询和分析等，轻松实现无纸化的考核与测评。

第二节　数控车床仿真

一、实习内容

通过斯沃数控仿真软件（SWCNC）完成基于 FANUC OiT 数控系统的数控车床的操作。

二、基本操作

1. 数控仿真软件面板

在 SWCNC 中，可以将软件界面划分为视图工具栏区域、数控系统屏幕区域、编程面板区域、操作面板区域、主窗口屏幕区域、操作工具条区域等几个主要区域，如图 12-1 和图 12-2 所示。

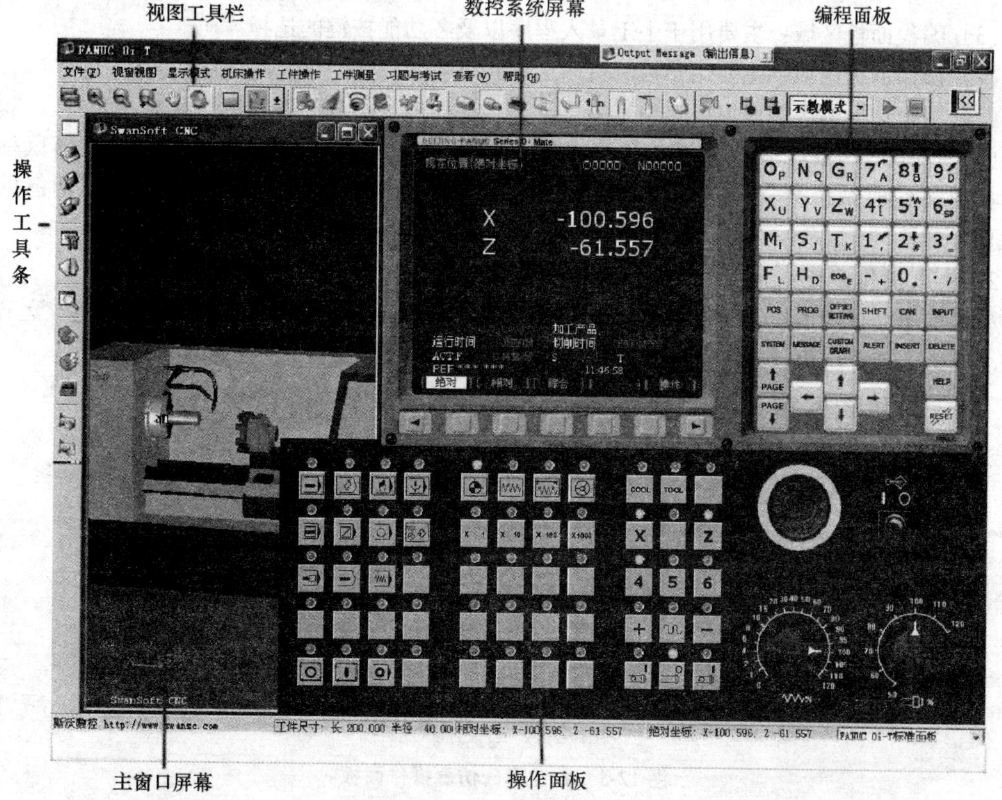

图 12-1　数控车床面板

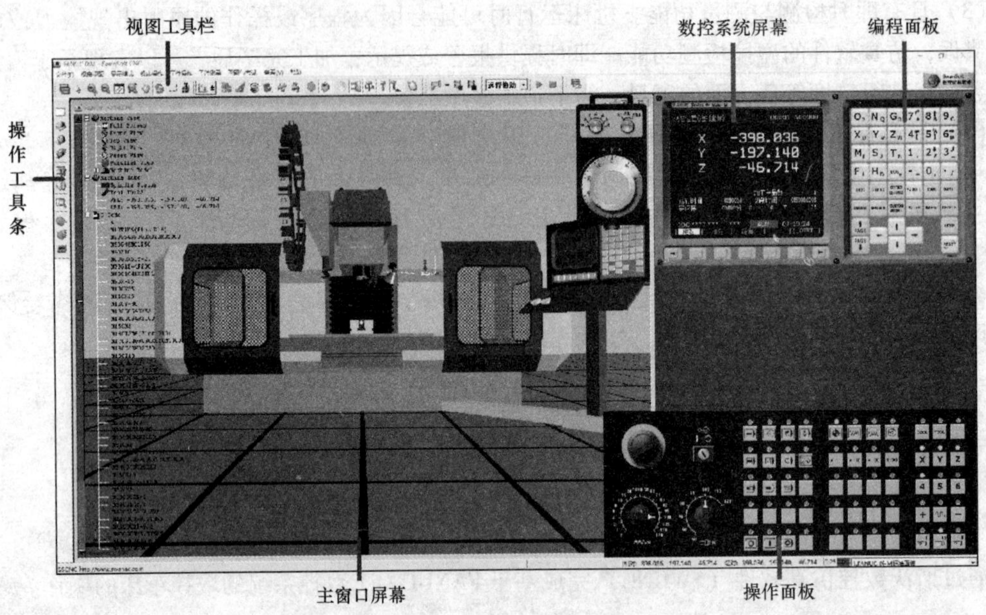

图 12-2　数控铣床面板

（1）视图工具栏区域：包含了软件的常用功能的快捷键，可据此快速实现相应的功能。

（2）数控系统屏幕区域：能够显示加工程序、工艺参数、加工时间、刀具运行轨迹等情况。

（3）编程面板区域：主要用于手工录入程序以及各功能按键的选择。

（4）操作面板区域：主要用于控制机床运行状态。

（5）主窗口屏幕区域：主要是用来多角度、多层面展现仿真设备的工作状况。

（6）操作工具条区域：全部命令可以通过屏幕左侧工具条上的按钮来执行。当鼠标指针指向各按钮时系统会立即提示其功能名称，同时在屏幕底部的状态栏里显示该功能的详细说明。

2. 机床操作面板

机床操作面板位于软件界面的右下侧，如图 12-3、图 12-4 所示，由模式选择按钮、运行控制开关等多个部分组成，每一部分的详细说明见表 12-1。

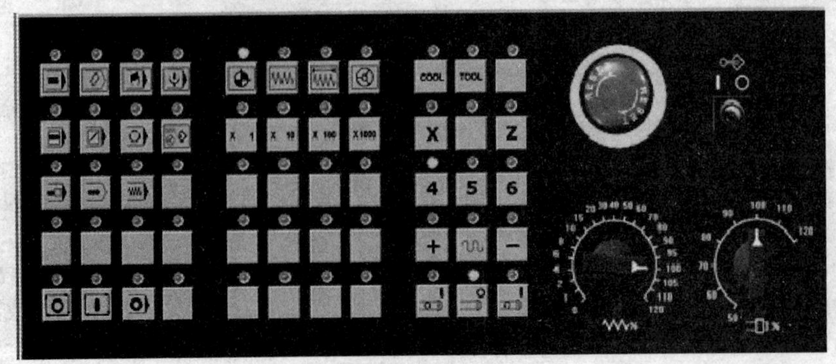

图 12-3　数控车床仿真操作面板

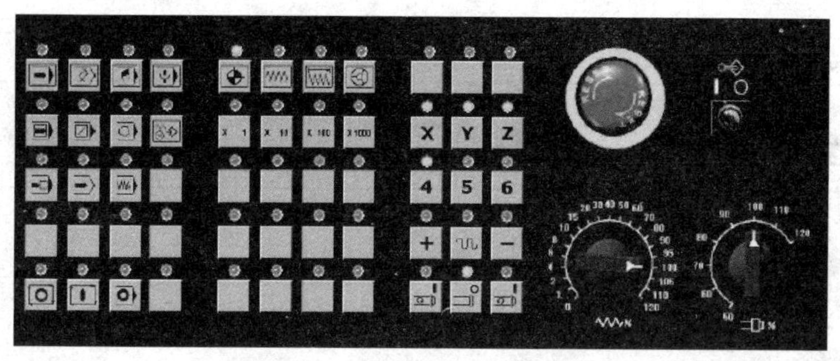

图 12-4　数控铣床仿真操作面板

表 12-1　数控车（铣）床仿真操作面板各按钮功能

按钮	功能
	AUTO：自动加工模式
	EDIT：用于直接通过操作面板输入数控程序和编辑程序
	MDI：手动数据输入
	INC：增量进给
	HND：手轮模式移动台面或刀具
	JOG：手动模式，手动连续移动台面和刀具
	REF：回参考点
	程序运行开始；模式选择旋钮在 AUTO 和 MDI 位置时按下有效，其余时间按下无效
	程序运行停止；在程序运行中，按下此按钮停止程序运行
	手动开机床主轴正转
	手动开机床主轴反转

续表

按钮	功能
	手动停止主轴
X Z + −	手动移动机床台面
X 1 X 10 X 100 X1000	单步进给倍率选择按钮。选择移动机床轴时，每一步的距离：×I 为 0.001 mm，×10 为 0.01 mm，×100 为 0.1 mm，×1 000 为 1 mm。置鼠标指针于按钮上，单击鼠标左键选择
	进给速度（F）调节旋钮。调节程序运行中的进给速度，调节范围从 0% ~120%。置鼠标指标于旋钮上，单击鼠标左键转动
	主轴转速度调节旋钮。调节主轴转速，调节范围从 0% ~120%
	通过选择手轮上的方向并摇动手轮可控制刀具运动
	机床空运行。按下此键，各轴以固定的速度运动
	手动示教
TOOL	在刀库中选刀

续表

按钮	功能
	程序编辑锁定开关。置于“ ”位置，可编辑或修改程序
	程序重启动。由于刀具破损等原因自动停止后，程序可以从指定的程序段重新启动
	机床锁定开关。按下此按钮，机床各轴被锁住，只能程序运行
	MOD 程序停止。程序运行中，MOD 停止
	紧急停止旋钮

3. 数控系统操作面板

数控系统操作面板也称为 CRT/MDI 面板，由数控系统屏幕和编程面板键盘两部分组成，在数控车床仿真控制面板的上半部分，如图 12-5 所示。

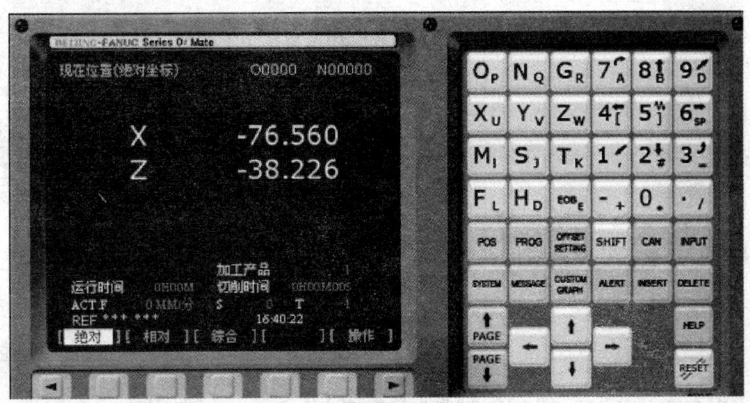

图 12-5　数控系统操作面板

各键示意与功能见表 12-2。

表 12-2　操作面板各键示意与功能

键	功能
ALTER	替换键，用输入的数据替换光标所在的数据
DELTE	删除键，删除光标所在的数据或者删除一个程序或者删除全部程序

续表

键	功能
INSERT	插入键，把输入区之中的数据插入当前光标之后的位置
CAN	取消键，消除输入区内的数据
EOB E	回车换行键，结束一行程序的输入并且换行
SHIFT	上挡键
PROG	程序显示与编辑页面
POS	位置显示页面。位置显示有三种方式，用 PAGE 按钮选择
OFSET SET	参数输入页面。按第一次进入坐标系设置页面，按第二次进入刀具补偿参数页面，进入不同的页面以后，用 PAGE 按钮切换
SYSTM	系统参数页面
MESGE	信息页面，如“报警”
CUSTM GRAPH	图形参数设置页面
HELP	系统帮助页面
RESET	复位键
↑ PAGE	向上翻页
PAGE ↓	向下翻页
↑	向上移动光标
↓	向下移动光标

续表

键	功能
←	向左移动光标
→	向右移动光标
INPUT	输入键，把输入区内的数据输入参数页面
O P　N Q　G R　7 A　8 B　9 C X U　Y V　Z W　4 [　5]　6 SP M I　S J　T K　1 ,　2 #　3 = F L　H D　EOB E　- +　0 *　. /	数字/字母键用于输入数据到输入区域，系统自动判别取字母还是取数字。字母和数字键通过 SHIFT 键切换输入，如 0—P，7—A

三、手动操作机床

1. 开机准备、回参考点

模拟开启机床，通过机床操作面板上的按键，将刀具移动到机床的参考点，操作步骤如下：

（1）单击“急停”旋钮，此时机床解除急停状态，单击“程序保护”旋钮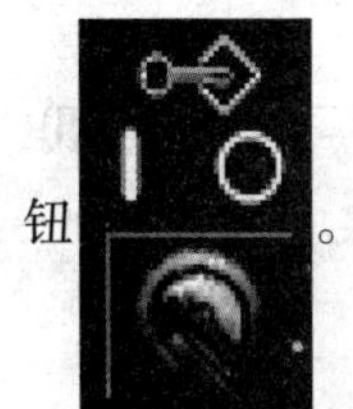。

（2）按键进入回参考点模式。

（3）依次单击 Z 、X 按钮，此时右上面板出现 X 0.000 Z 0.000，机床上的显示灯高亮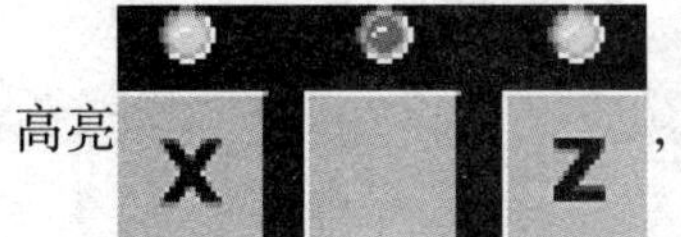

，即完成回参考点操作。

2. 机床参数设置

在菜单栏执行“机床操作”→“参数设置”→“机床参数”命令，设置成现有机床对应的参数。

3. 显示设置

在菜单栏选择“视窗视图”选项，可设置机床、毛坯、刀具、切削液等显示形式等功能。

4. 工件的定义与安装

（1）毛坯设置。执行“工件操作”→“设置毛坯”命令，系统弹出图 12-6 所示的“设置毛坯”对话框，在其中设置毛坯尺寸。

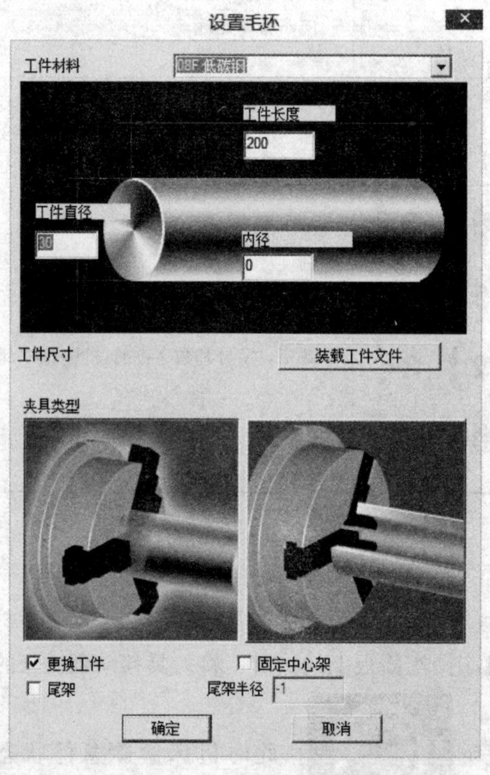

图 12-6 “设置毛坯”对话框

（2）工件位置微调。执行“视窗视图”→“2D 视图”命令，机床模型显示为二维模式，单击工具栏中 工件位置微调--> 按钮，可以调节工件装夹的位置，如图 12-7 所示。

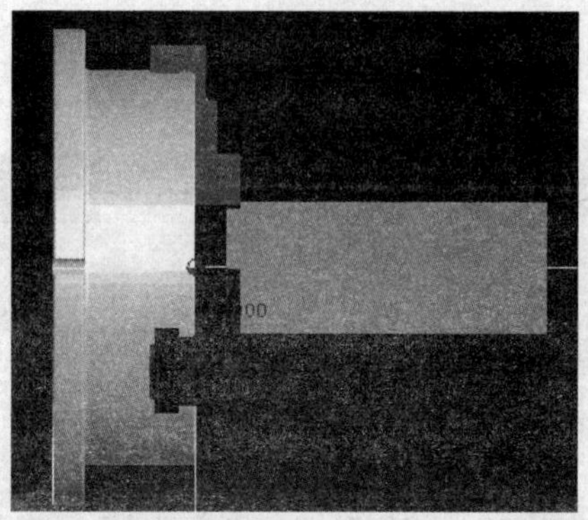

图 12-7 工件位置微调

5. 刀具的选择和安装

执行“机床操作”→“刀具管理”命令，系统弹出“刀具库管理”对话框，如图 12-8 所示。单击“刀具库管理”中的“添加”按钮，弹出“添加刀具”对话框，如图 12-9 所示，选择刀具类型如“外圆车刀”，接着选择刀片类型如 75°菱形刀片，然后依次修改刀体参数、刀片参数以及主偏角，选择好之后单击“确定”按钮，这样“刀具数据库”中就有用户设置好的备用刀具，选择需要的刀具，比如编号为 001 的“外圆车刀”，选中之后单击“添加到刀盘”按钮，选择 01 号刀号，最后单击“确定”按钮，刀具选择并安装完毕。其他 3 把刀具使用同样的方法进行安装。

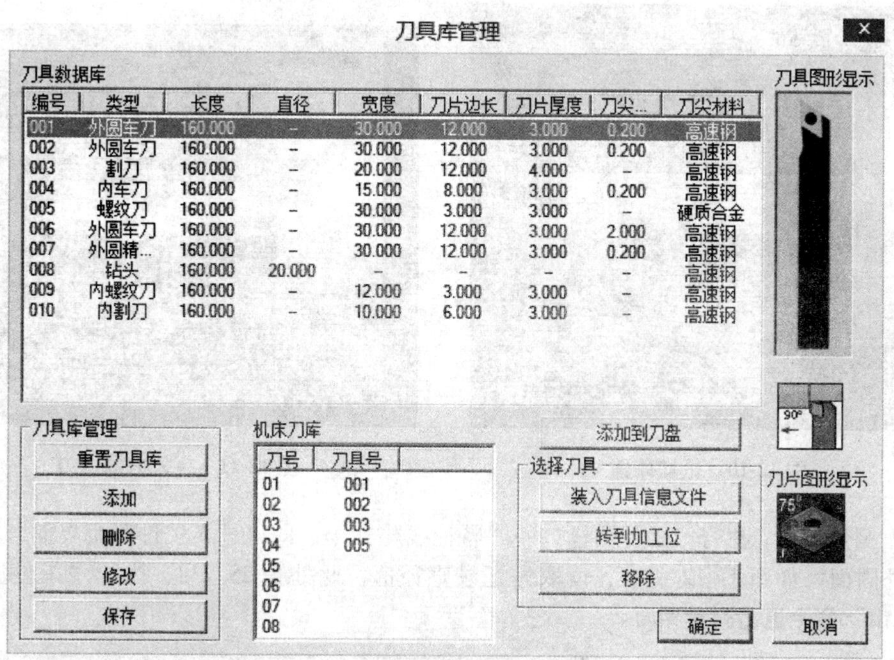

图 12-8　“刀具库管理”对话框

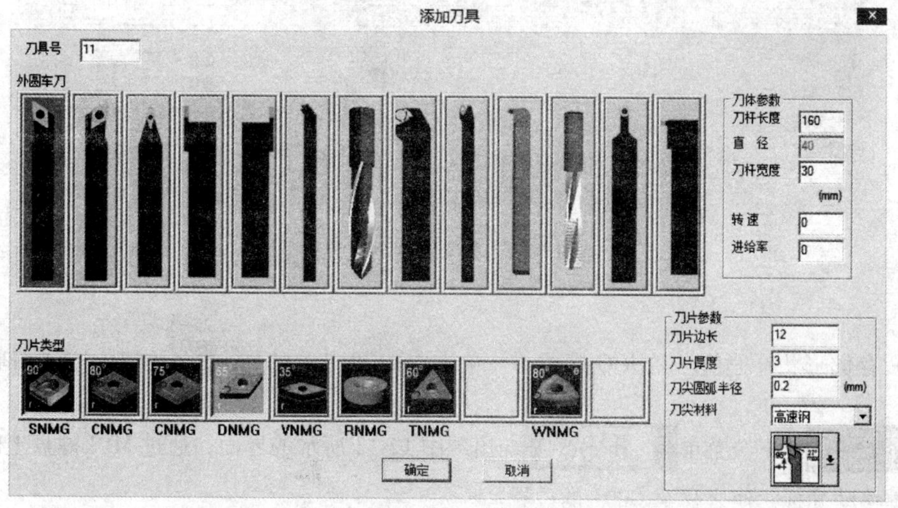

图 12-9　“添加刀具”对话框

6. 手动试切对刀

（1）试切外圆。执行“视窗视图”→“2D视图”命令，机床模型显示为二维模式，单击操作面板上的“手动”按钮进入手动方式，在MDI模式下，按 PROG 键进入，输入“M03 S200”命令，单击“循环启动”按钮使主轴正转，移动X、Z轴使刀具接近工件，如图12-10所示，保证X轴不动，沿+Z方向退刀，单击“主轴停止”按钮，如图12-11所示。

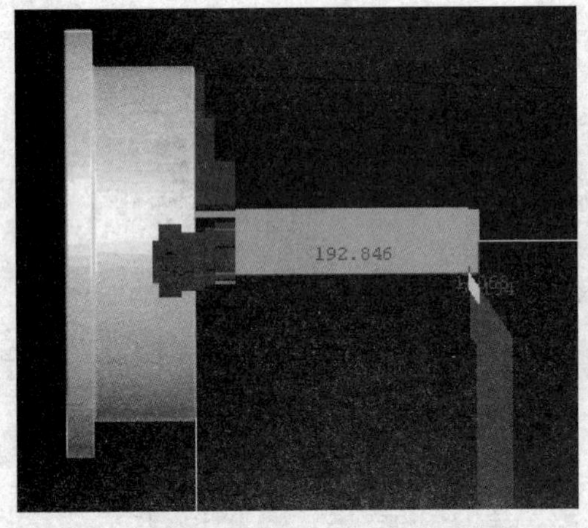

图12-10　试切外圆

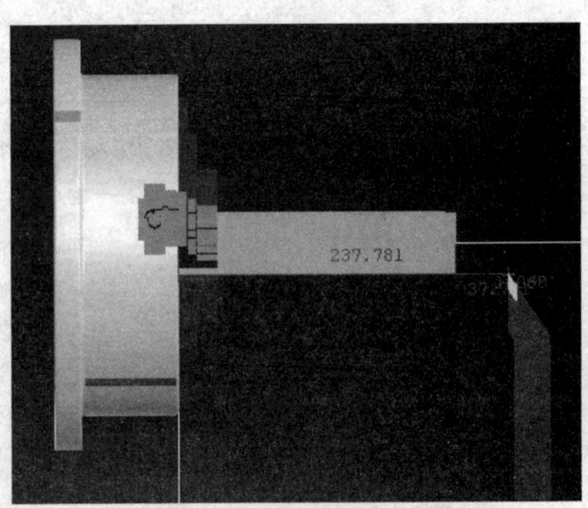

图12-11　+Z方向退刀

（2）测量工件。执行“工件测量”→“特征线”命令，即可进入工件测量界面，单击刚刚车削的外圆面，如图12-12所示，读取并记录直径值，此处为28.738，执行“工件测量”→“测量退出”命令退出测量界面。

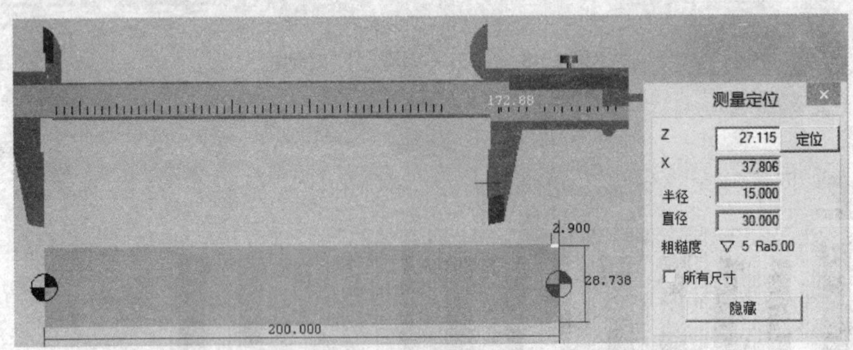

图12-12　车床工件测量界面

（3）存储形状补偿值。在JOG模式下，单击MDI键盘上的 OFFSET SETTING 按钮，按“拓展”键找到[补正]的下级菜单[形状]，出现图12-13所示的界面，通过MDI键盘上的上下左右箭头键移动光标，使之移至G001的位置。

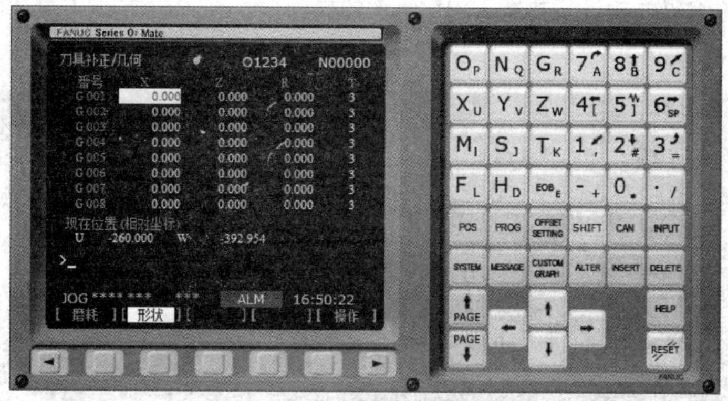

图 12-13　刀具补偿数据界面

输入 X 方向测量的直径值 X28.738，然后按“测量”键，测量出来的形状补偿值为 -260.000，如图 12-14 所示。

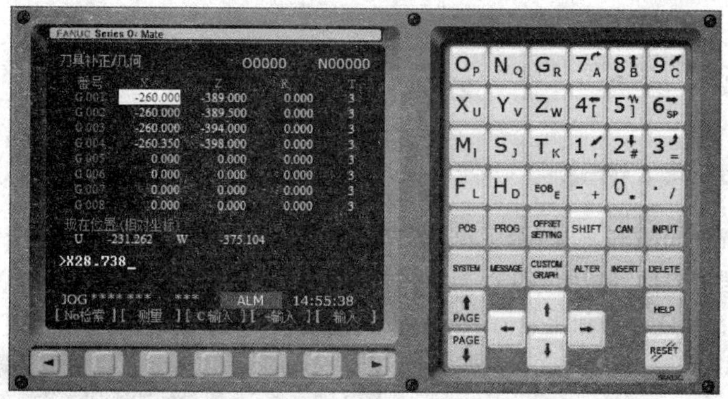

图 12-14　设置 X 方向的形状补偿值界面

（4）试切端面并存储补偿值。单击“主轴正转”按钮，移动机床各轴切削端面，然后保持 Z 轴不动，沿正向退刀，单击“主轴停止”按钮。输入 Z0.，按“测量”键，测量出来的形状补偿值为 -389.000，如图 12-15 所示。

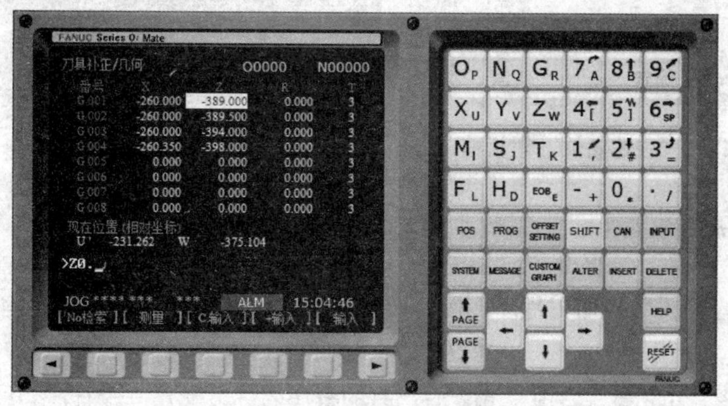

图 12-15　设置 Z 方向的形状补偿值界面

（5）刀尖方位编码的输入。在图12-16所示的界面中，在刀尖方位T处，输入3，表示刀尖的方位。

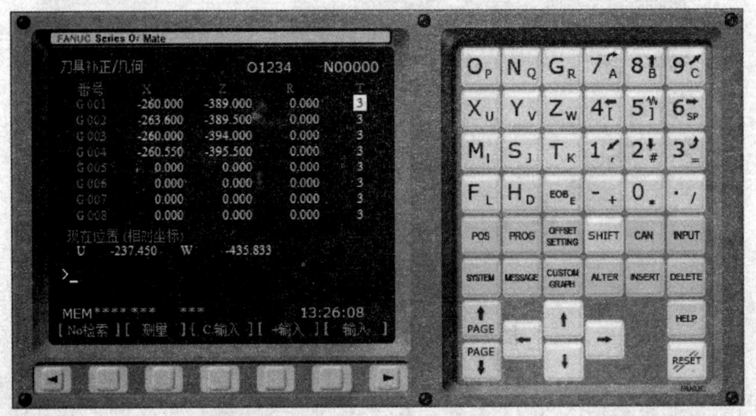

图12-16　刀尖方位编码的输入

（6）另外3把刀可以采用“快速对刀”的功能进行对刀。按 TOOL 键进行依次换刀，例如换到2号刀，单击左侧工具栏 工件设置的下级菜单“快速定位”，弹出“快速定位”对话框，选择中心位置，如图12-17所示，单击“确定”按钮后刀尖移至毛坯正中间，如图12-18所示，然后调出补偿值界面，按照（3）、（4）、（5）的操作输入形状补偿值，X方向只需要输入X0进行测量即可，换3号刀和4号刀以同样的方法进行快速对刀。

图12-17　“快速定位”对话框

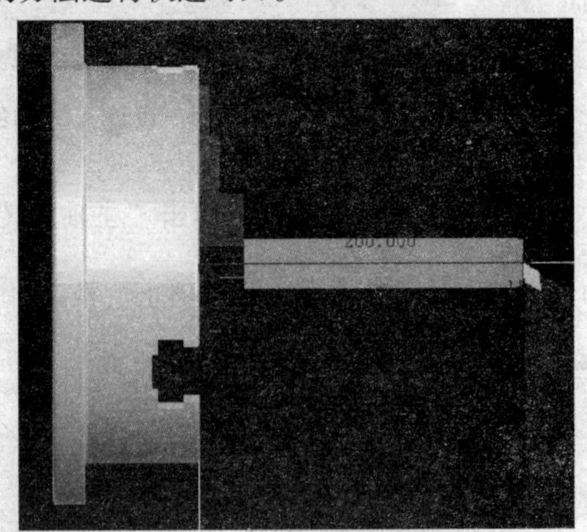

图12-18　刀尖移至毛坯正中间

7. 输入数控加工程序

（1）MDI键盘输入数控加工程序。按 键进入编辑模式，单击MDI键盘上的 PROG 按钮，进入程序管理，单击[DIR]查看已有的程序名称，新建一个程序，通过MDI键盘上的

“数字/字母”键，键入程序库中没有的程序名如“O1234”，打开程序保护锁开关

，按 INSERT 键，程序建立完成，进入新程序输入界面。通过 MDI 键盘上的“数字/字母”键输入程序，系统自动输入并存储数控加工程序。

（2）MID 键盘修改数控加工程序。单击 CAN 按钮（删除当前输入的单个字符）或者 DELETE 按钮（删除已经编辑好的内容）删除需要修改的程序部分，输入程序后自动保存。

（3）导入数控加工程序。先新建一个 txt 格式或者 cnc 格式的文本文档，把事先编制好的程序或者后置处理成功的程序复制进去并保存，再新建一个程序，输入程序名称，比如程序“O1234”，建立好新程序后，执行“文件”→“打开”命令，文件类型选择“NC 代码文件”，如图 12-19 所示，选择编制好的程序文件，打开即可完成数控加工程序的导入。

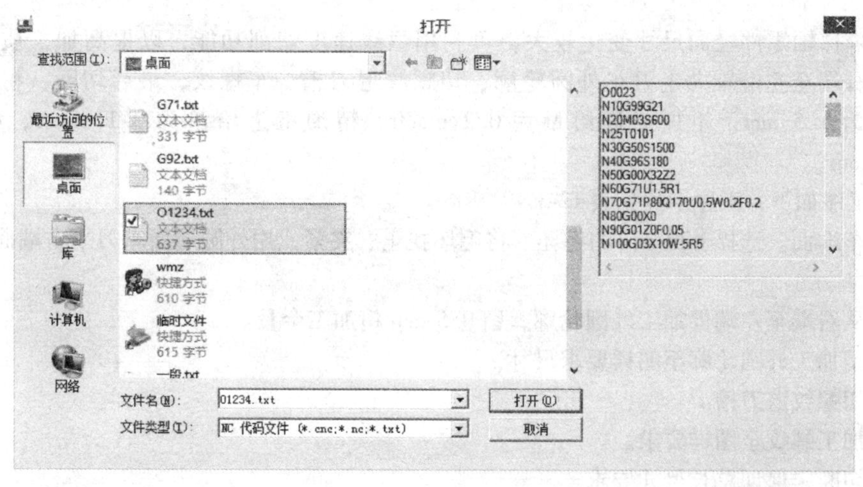

图 12-19　导入外部程序

8. 仿真加工

数控加工程序导入数控系统后，单击操作面板上“自动运行”按钮，再单击“循环启动”按钮，机床开始自动加工，直至完成。

四、实例

1. 零件图及其工艺分析

零件分析：如图 12-20 所示，该工件为阶梯轴零件，其成品最大直径为 28 mm，由于直径较小，毛坯可以采用 ϕ30 mm 的圆柱棒料，加工后切断即可，这样可以节省装夹料头，并保证各加工表面间具有较高的相互位置精度。装夹时注意控制毛坯外伸量，提高装夹的刚性。

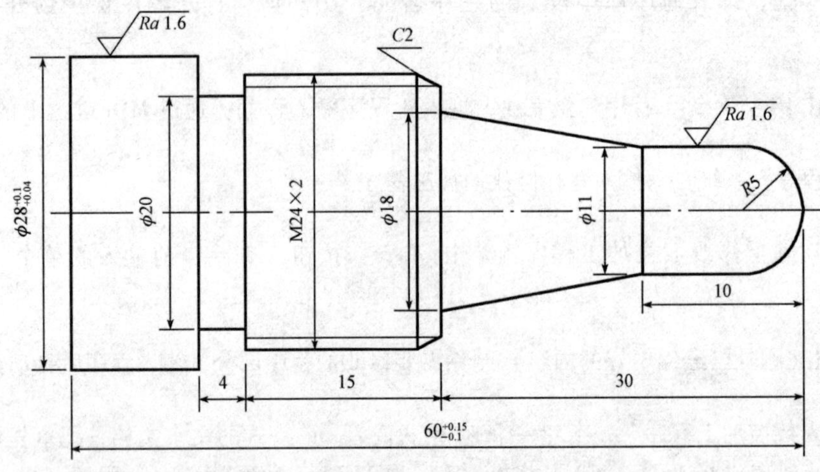

图 12-20　零件图

2. 工艺分析

由于阶梯轴零件径向尺寸变化较大，可利用恒线速度切削功能，以提高加工质量和生产效率。从右端至左端轴向走刀车外圆轮廓，切螺纹退刀槽，车螺纹，最后切断。粗加工每次背吃刀量为 1.5 mm，粗加工进给量为 0.2 mm/r，精加工进给量为 0.1 mm/r，精加工余量为 0.5 mm。

加工工序如下，工序卡片见表 12-3。

（1）车端面。选择 φ30 mm 的毛坯，将毛坯找正、夹紧，用外圆端面车刀平右端面，并用试切法对刀。

（2）从右端至左端促加工外圆轮廓，留 0.5 mm 精加工余量。

（3）精加工外圆轮廓至图样要求尺寸。

（4）切螺纹退刀槽。

（5）加工螺纹至图样要求。

（6）切断，保证总长尺寸要求。

（7）去毛刺，检测工件各项尺寸要求。

表 12-3　实例工序卡片

序号	工艺内容	刀号	刀具规格	刀尖半径/mm	主轴转速/（$r \cdot min^{-1}$）	进给速度/（$mm \cdot r^{-1}$）
1	粗加工外轮廓	1	75°菱形刀片	0.2	600	0.2
2	精加工外轮廓	2	35°菱形刀片	0.2	/	0.05
3	切螺纹退刀槽	3	4 mm 刀宽	/	/	0.1
4	车螺纹	4	60°刀片	0.2	600	2
5	切断	3	4 mm 刀宽	/	500	0.1

3. 加工程序

加工程序见表 12-4。按“输入数控加工程序”方法进行导入。

表 12-4　数控加工程序

程序	注释
O1234	程序名
N10G99 G21	定义米制输入、每转进给方式编程
N20M03 S600	主轴正转，$n = 600$ r/min
N25T0 101	换 T01 号外圆车刀，并调用 1 号刀补
N30G50 S1 500	定义最大主轴转速，$n = 1\ 500$ r/min
N40G96 S180	恒表面速度切削
N50G00 X32 Z2	快速点定位
N60G71 U1. 5 R1	外径粗加工循环
N70G71 P80 Q170 U0. 5 W0. 2 F0. 2	外径粗加工循环
N80G00 X0	精车路线 N80 - N170
N90G01 Z0 F0. 05	
N100G03 X10 W - 5 R5	
N110G01 Z - 10	
N115X11	
N120X18 Z - 30	
N130X19. 8	
N140X23. 8 W - 2	
N150Z - 49	
N160X28	
N170Z - 62	精车路线 N80 - N170
N180X30	退刀
N190G00 X100 Z100	退刀至换刀点
N200T0 202	换 T02 号精车刀，并调用 2 号刀补
N210G96 S220	恒表面速度切削
N220G70 P80 Q170	用 G70 循环指令进行精加工
N230G00 X100 Z100	快速返回到换刀点
N240T0 303	换 T03 号 4 mm 外切槽刀，并调用 3 号刀补
N250G96 S120	恒表面速度切削

续表

程序	注释
N260G00 X35 Z-49	快速点定位
N270G01 X20 F0.1	切槽
N280G00 X32	退刀
N290X100 Z100 G97 S600	取消恒表面速度切削
N310T0 404	换 T04 号外螺纹车刀，并调用 4 号刀补
N320M03 S600	主轴正转，$n=600$ r/min
N330G00 X25.8 Z-27	快速点定位到螺纹循环起点
N340G92 X23.1 Z-47 F2	第一刀车进 0.9 mm
N350X22.5	第二刀车进 0.6 mm
N360X21.9	第三刀车进 0.6 mm
N370X21.5	第四刀车进 0.4 mm
N380X21.4	第五刀车进 0.1 mm
N390G00 X100 Z150	快速返回到换刀点
N400T0 303	换 T03 号 4 mm 外切槽刀，并调用 3 号刀补
N410M03 S500	主轴正转，$n=500$ r/min
N420G00 X30 Z-64	快速定位到切断起始位置
N430G01 X-1 F0.1	切断
N440G00 X32	退刀
N450G00 X100 Z100	快速返回到换刀点
N460M30	程序结束，返回程序头

4. 加工效果

仿真完成加工的效果如图 12-21 和图 12-22 所示。

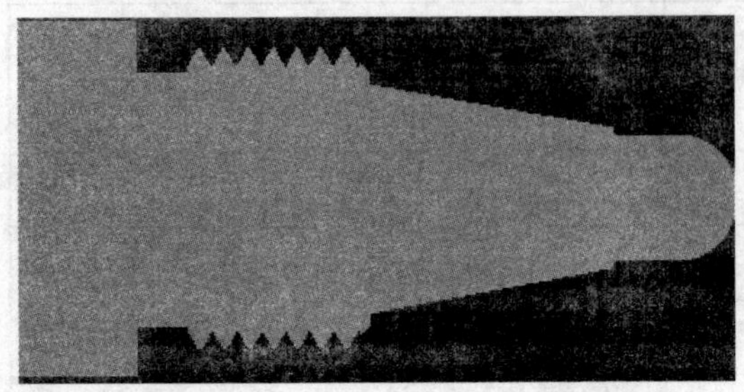

图 12-21　二维模式下的加工效果图

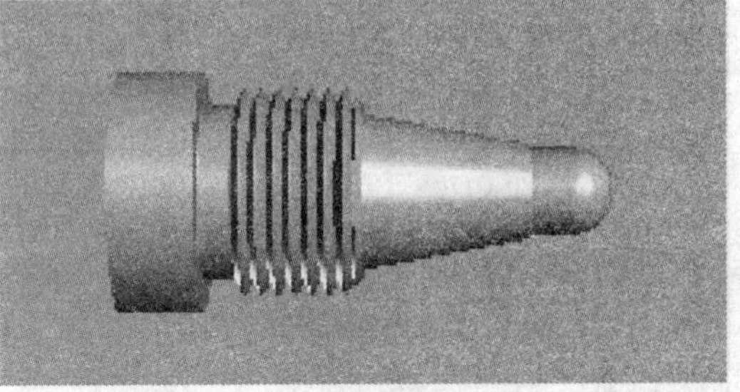

图 12-22　三维模式下的加工效果图

思考与练习题

参照图 12-20 所给零部件在 FANUC OiT 数控系统的数控车床上进行仿真。

第三节　数控铣床仿真

一、实习内容

通过斯沃数控仿真软件（SWCNC）完成基于 FANUC OiM 数控系统的数控铣床的操作。

二、基本操作

同第二节数控车床仿真的“二、基本操作”相关内容。

三、手动操作机床

1. 开机准备、回参考点

模拟开启机床，通过机床操作面板上的按键，将刀具移动到机床的参考点，操作步骤如下：

（1）单击“急停”旋钮，此时机床解除急停状态，单击“程序保护”旋钮。

（2）按键进入回参考点模式。

（3）依次单击 Z、X、Y 按钮，待显示屏幕上出现下列图标的显示 X 0.000 Y，、

机床上的显示灯高亮，即完成回参考点操作。

2. 工件的定义与安装

（1）毛坯设置。执行“工件操作”→“设置毛坯”命令，系统弹出图 12-23 所示的“设置毛坯”对话框，在其中设置毛坯尺寸。

（2）工件安装。执行“工件操作”→“工件装夹”命令，弹出“工件装夹”对话框，选择“平口钳装夹”方式，利用“加紧上下调整”按钮可上下调节，“加紧左右调整”按钮可左右调节，都可以调节工件在平口钳装夹的位置，如图 12-24 所示。执行“工件操作”→“工件放置”命令，弹出“工件放置”对话框，可以调整在平面的位置 X 方向、Y 方向和旋转角度，如图 12-25 所示。

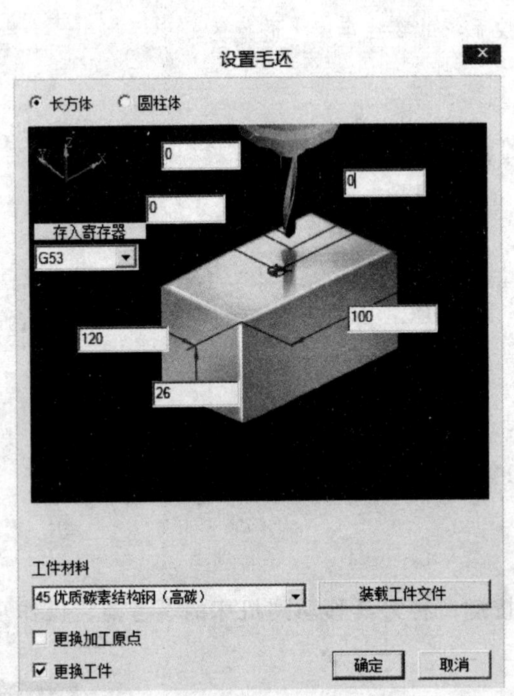

图 12-23 “设置毛坯”对话框

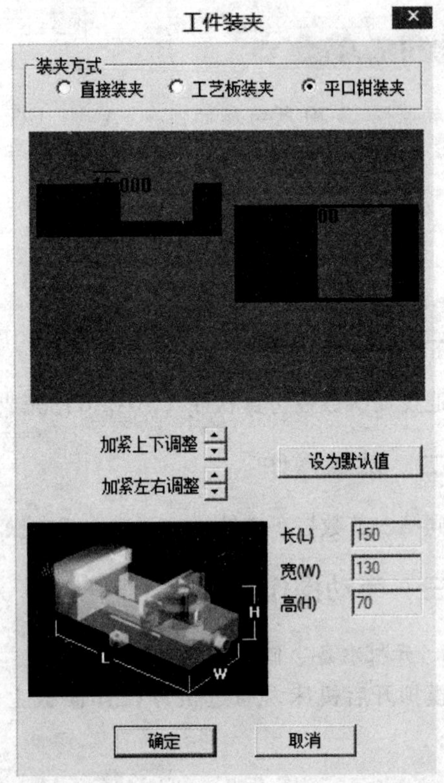

图 12-24 工件装夹

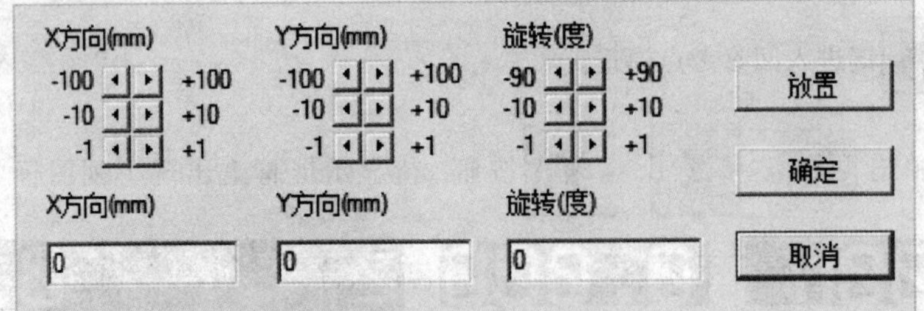

图 12-25 工件放置

3. *刀具的选择和安装*

执行“机床操作”→“刀具管理”命令，系统弹出“刀具库管理”对话框，如图 12-26 所示。单击“刀具库管理”中的“添加”按钮，弹出“添加刀具”对话框，如图 12-27 所示。选择刀具类型，例如选择“面铣”，然后依次修改刀具参数，选择好之后单击“确定”按钮，这样刀具数据库中就有用户设置好的备用刀具。选择需要的刀具比如编号为 001 的“面铣”，选中之后单击“添加到刀库”，选择“01”号刀位，最后单击“确定”按钮，刀具选择并安装完毕。其他刀具使用同样的方法进行安装。双击“001”刀具号可以修改刀具信息，如图 12-28 所示。

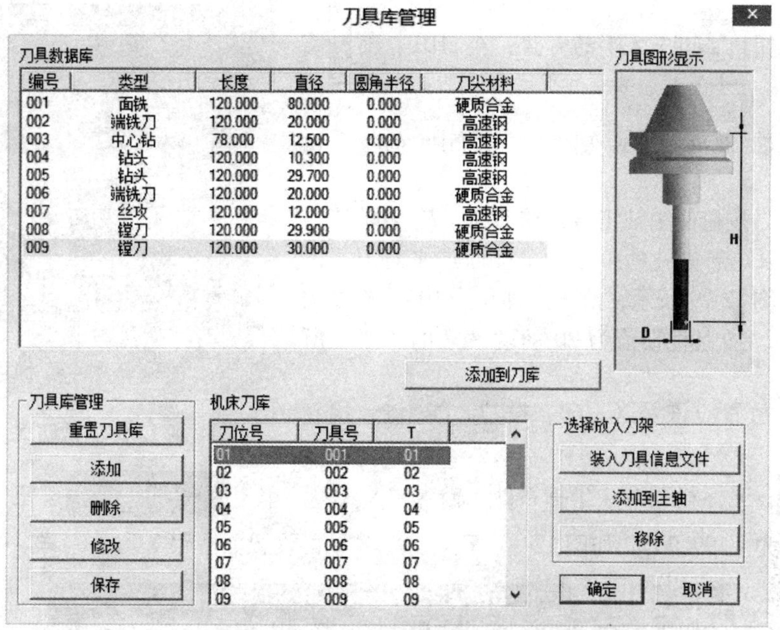

图 12-26　“刀具库管理”对话框

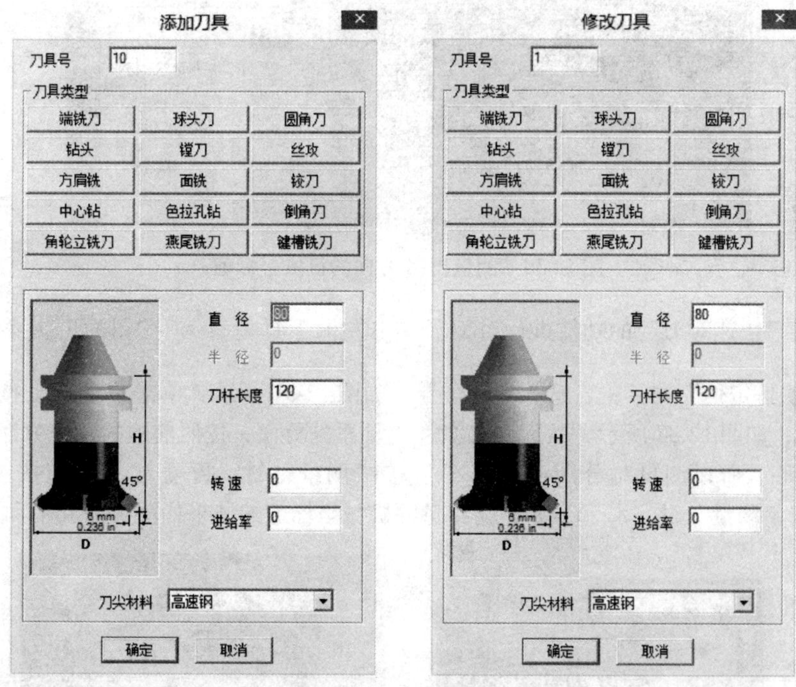

图 12-27　“添加刀具”对话框　　**图 12-28　“修改刀具”对话框**

4. 手动试切对刀

（1）找 X、Y、Z 方向的坐标。在机床刀库中选择一把刀作为基准刀，比如选择 2 号刀“端铣刀”，选择好之后，单击“添加到主轴”按钮，端铣刀就被安装到了主轴上，单击操作面板上的“手动”按钮进入手动方式，在 MDI  模式下，按 PROG 键进入，输入“M03 S200”命令，单击“循环启动”按钮使主轴正转，移动X、Y、Z轴使刀具接近工件，以矩形工件的中心为坐标原点来对刀，试切X方向，如图12-29所示，由于工件长为100，所以到中心一半为50，加上直径值为20的端铣刀的一半，所以此时测量的位置应该是 X－60，按 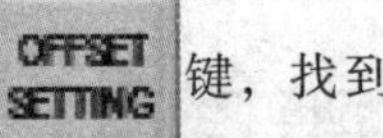 键，找到

图 12-29　试切 X 方向

［坐标系］，光标移至G54坐标系处，输入“X－60”单击［测量］按钮，测量出X方向的机械坐标为－399.965，如图12-30所示。Y、Z轴的设置方法跟X方法一样。

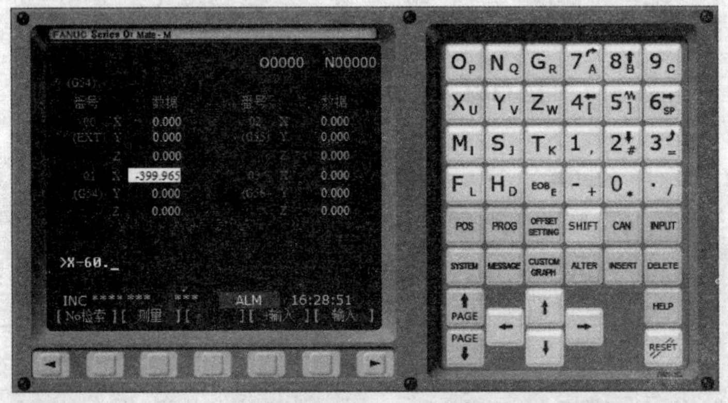

图 12-30　测量出 X 方向的机械坐标值

（2）采用“快速对刀”的功能进行对刀。单击左侧工具栏按钮的下级菜单“快速定位”，弹出“快速定位”对话框，选择中心位置，如图12-31所示。单击“确定”按钮后刀尖移至毛坯正中间，如图12-32所示，然后调出G54坐标系的界面，按照前述的操作方法，此处对准的是毛坯的中心，所以测量时分别输入“X0”按“测量”键，再输入“Y0”按“测量”键、输入“Z0”按“测量”键，X、Y、Z方向测量的机械坐标值的结果如图12-33所示。

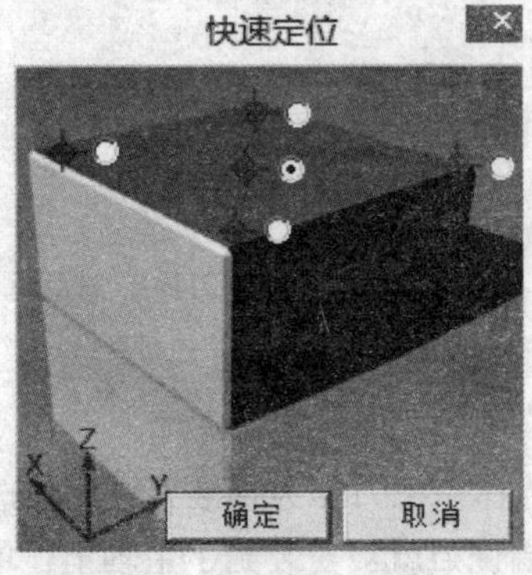

图 12-31　“快速定位”对话框

图 12-32　刀尖移至毛坯正中间

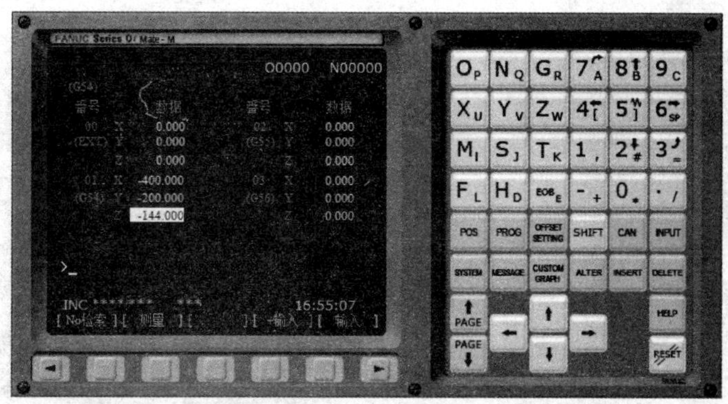

图 12-33 快速定位 X、Y、Z 方向测量的机械坐标值

（3）存储形状补偿值。在 JOG 模式下，单击 MDI 键盘上的 OFFSET SETTING 按钮，按“拓展”键找到 [补正] 菜单，出现图 12-34 所示的界面，通过 MDI 键盘上的上下左右箭头键移动光标，使之移至 G001 的位置。

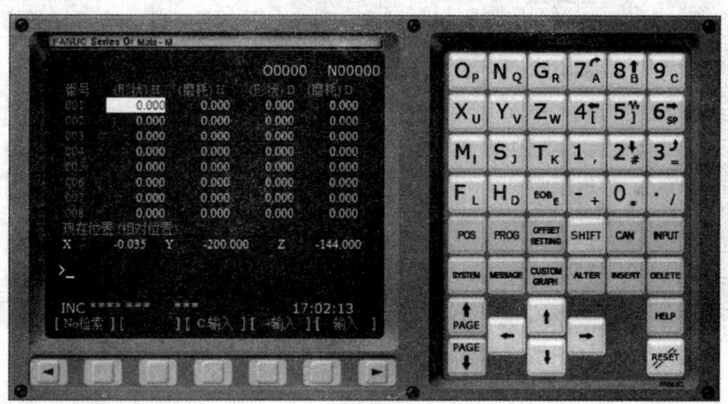

图 12-34 存储形状补偿值

由于设置刀具的时候除了 3 号刀（中心钻）长度不是 120 mm，其余刀具都设置成了 120 mm，所以这里只需要调整 3 号刀具的长度补偿值；单击左侧工具栏 的下级菜单“Z 向对刀仪选择 100 mm”，效果如图 12-35 所示；可以通过首轮模式移动基准刀，使刀尖触及 Z 向对刀仪，直至对刀仪的指示灯高亮，如图 12-36 所示；此时，按 POS 键，进入坐标显示模式，按 Zw 键，使 Z 坐标高亮，如图 12-37 所示，按 [起源] 键使相对坐标清零；换 3 号刀中心钻，同样的方法移至 Z 向对刀仪表面，使指示灯高亮，看一下 Z 方向的相对坐标值，输入形状补偿值 H 处，如图 12-38 所示。

图 12-35　Z 向对刀仪选择

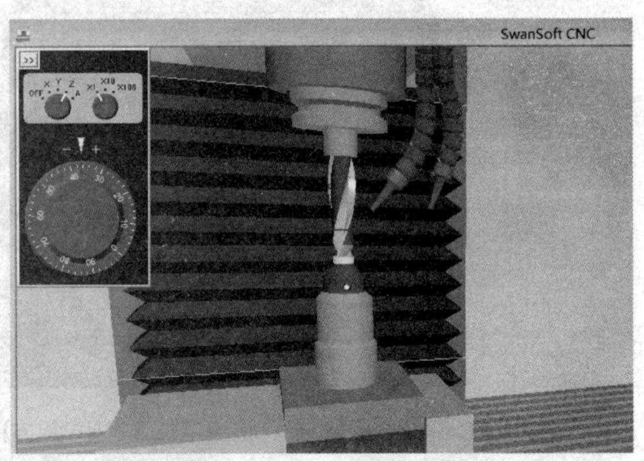

图 12-36　对刀仪的指示灯高亮

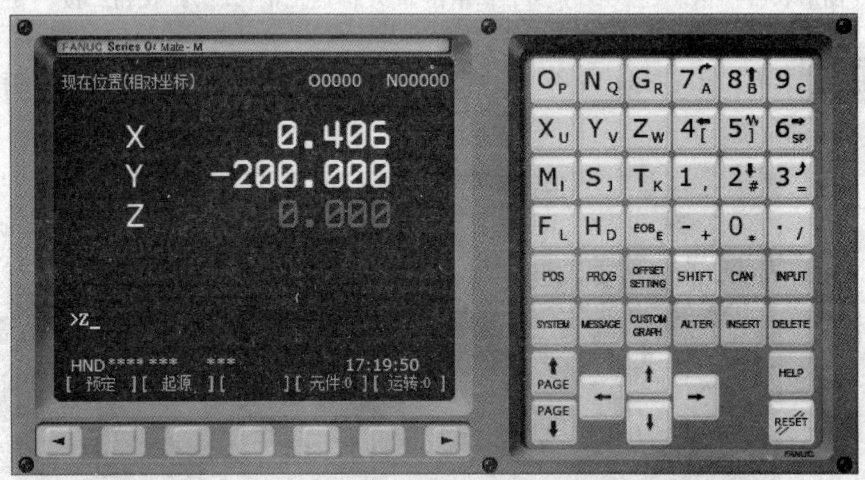

图 12-37　相对坐标 Z 高亮

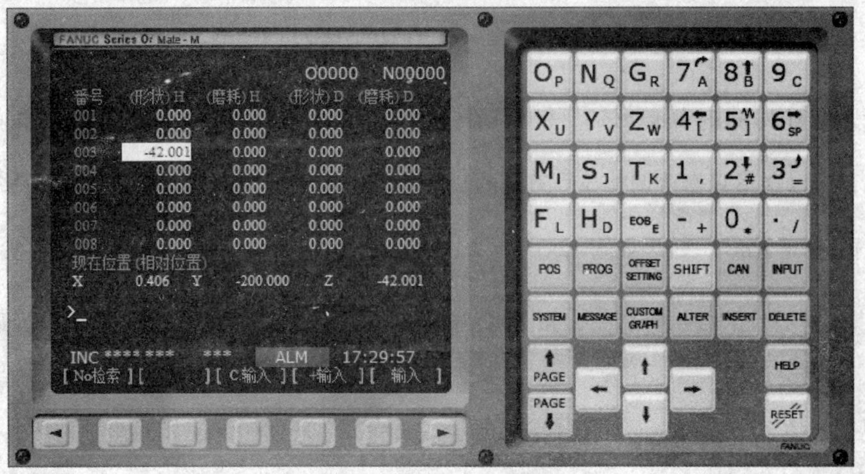

图 12-38　3 号刀的形状补偿值

（4）存储半径补偿值。这里输入的是刀具的直径值，由于 2 号刀是粗加工的刀具，所以按照刀具工艺表输入 20.4，6 号刀是精加工的刀具，按照刀具工艺表输入 20，如图 12-39 所示。

5. 输入数控加工程序

同“第二节数控车床仿真”的“三、手动操作机床”中“7. 输入数控加工程序”相关内容。

6. 仿真加工

数控加工程序导入数控系统后，单击操作面板上“自动运行”按钮，再单击“循环启动”按钮，机床开始自动加工，直至完成。

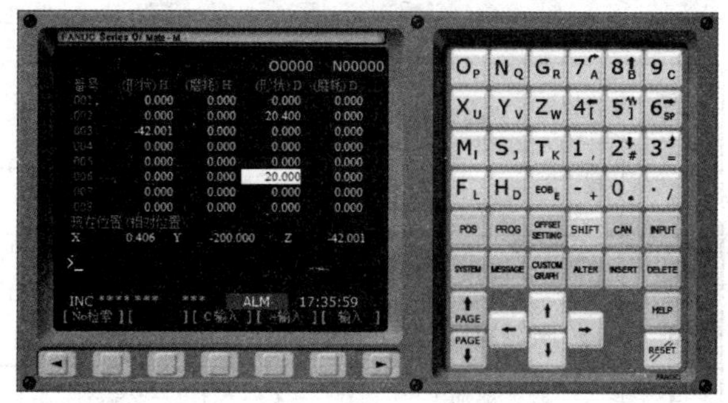

图 12-39　存储半径补偿值

四、实例

1. 零件图及其工艺分析

零件分析：如图 12-40 所示，零件包含了外形轮廓、型腔和孔等。型腔都是封闭的，中间的大孔用铣刀进行精加工。

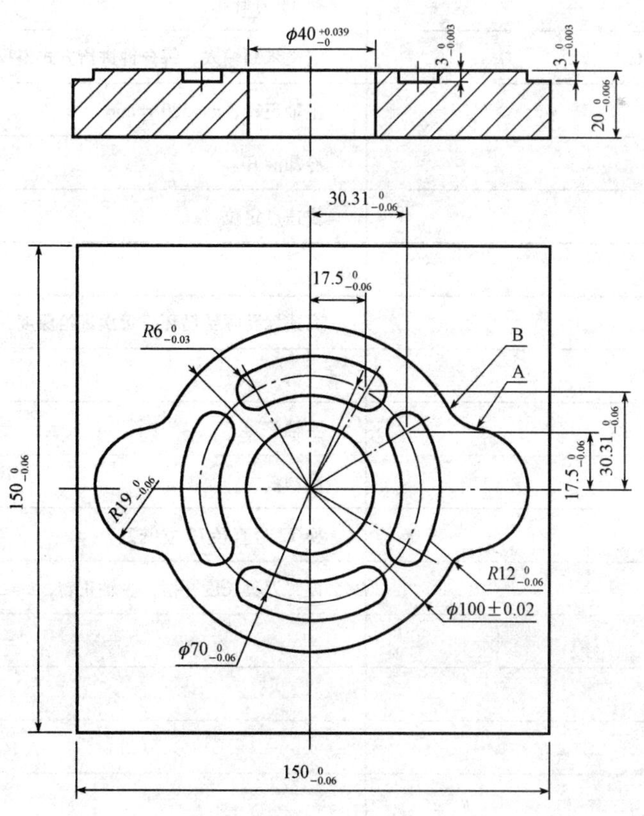

图 12-40　零件图

2. 工艺分析

由于该零件对称，结构较好，可先钻孔，再用立铣刀进行扩孔及加工外轮廓，最后加工圆弧槽，工序见表12-5。

表12-5 实例工序卡片

序号	工艺内容	刀号	刀具规格	刀具直径/mm	主轴转速/（$r \cdot min^{-1}$）	进给速度/（$mm \cdot min^{-1}$）
1	钻孔	1	麻花钻	16	500	200
2	铣孔	2	立铣刀	12	3 000	1 000
3	外轮廓加工	2	立铣刀	12	3 000	1 000
4	圆弧槽加工	3	立铣刀	10	3 000	800

3. 加工程序

加工程序见表12-6。按“输入数控加工程序”方法进行导入。

表12-6 数控加工程序

程序	注释
O1303	程序名
N10T1M6	换T1号麻花钻
N20G54G17G80G90G00G40	定义米制输入、每分钟进给方式编程
N25G43Z50H1S500M3	主轴正转，$n=500$ r/min
N30M8	冷却液开
N40G00X0Y0	快速点定位
N50Z2	
N60G73Z-28R1Q3F200	高速深孔啄钻循环，每次进给深度3 mm
N70G80Z50	
N80M5	主轴停
N90M9	冷却液关
N100T2M6	换T2号直径12立铣刀
N110G43H2Z50S3000M3	设置刀具长度补偿，主轴正转，$n=3\ 000$ r/min
N115M8	
N120G00X0Y0	
N130Z2	
N140#1=0	

续表

程序	注释
N150#2 = 1	
N160G41X20Y0D2	设置刀补以满足公差要求
N170WHILE［#1GE - 22］DO1	铣孔循环，螺旋下刀
N180G3I - 20Z#1F1 000	
N190#1 = #1 - #2	
N200END1	循环结束
N210G0Z2	
N220G40X0Y0	
N230G00X - 80Y - 80	开始粗铣外形，先去边角
N240G01Z - 3F1 000	
N250G41X - 70D2	
N260Y65	
N270X70	
N280Y - 65	
N290X - 70	
N310G00Z2	
N320G40X0Y - 80	
N330#11 = 19/2	计算圆弧交点，为加工外轮廓作准备
N340#12 = 19 * ［#11/50］	
N350#13 = 50 - #12	
N360#14 = SQRT［19 * 19 - #12 * #12］	
N370#1 = 1 600	
N380#2 = 200	
N390WHILE［#1GE1 000］DO1	开始采用比例缩放的方式去除外轮廓余量
N400G51X0Y0P#1	开始比例绽放
N410G00G41X0Y - 60D2	
N420G01Z - 3. 01F1 000	快速定位到切断起始位置
N430Y - 50F1 000	切断
N440Z - 3. 01	退刀

续表

程序	注释
N450G02X－#13Y－#14R50，R12	快速返回到换刀点
N460Y#14R19，R12	程序结束，返回程序头
N470X#13Y#14R50，R12	
N480Y－#14R19，R12	
N490X0Y－50R50	
N500G91G03Y－20R10	
N510G90G0Z2	
N520G40X0Y－80	
N530#1＝#1－#2	
N540END1	
N550G00Z50	
N560G50	结束缩放
N570M5	
N580M9	
N590T3M6	换T3号直径10立铣刀
N600G43Z50H3S3 000M3	
N610M8	
N620G00X0Y0	
N630Z2	
N640#1＝ASIN［17.5/35］	计算圆弧槽起始角度，为使用极坐标做准备
N650#11＝0	#11为坐标旋转角度
N660#12＝90	坐标旋转增量
N670WHILE［#11LT360］DO1	开始圆弧槽的加工循环
N680G68X0Y0R#11	开始坐标旋转
N690G17G16	开始极坐标
N700G0G41X41Y－#1D3	
N710G01Z－3F1000	
N720G03X41Y#1R41	
N730X29R6	

续表

程序	注释
N740G2X29Y－#1R29	
N750G3X41R6	
N760G00Z2	
N770G15G40X0Y0	取消极坐标
N780#11 = #11 + #12	
N790END1	
N800G69	取消坐标旋转
N810G0Z50	
N820M9	
N830M5	
N840M30	

4. 加工效果

仿真完成加工的效果如图 12-41 所示。

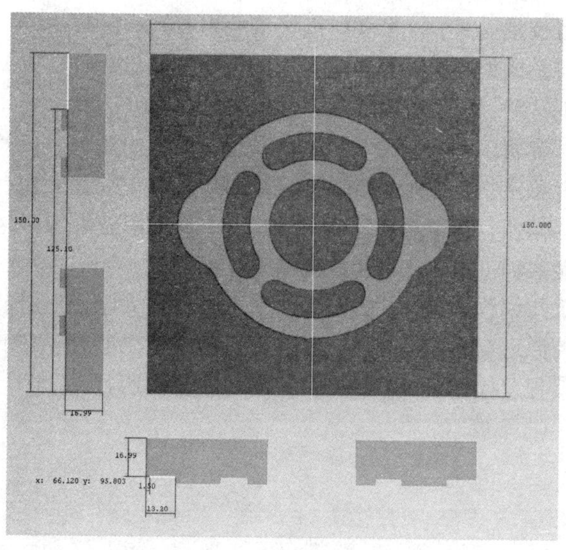

图 12-41　二维模式下的加工效果

思考与练习题

参照图 12-40 所给零部件在 FANUC OiM 数控系统的数控铣床上进行仿真。

参 考 文 献

[1] 王飞. 金工实训 [M]. 北京：北京邮电大学出版社，2014.
[2] 刘霞. 金工实习 [M]. 北京：机械工业出版社，2009.
[3] 高美兰. 金工实习 [M]. 北京：机械工业出版社，2006.
[4] 段维峰，翟德梅. 金工实训教程 [M]. 北京：机械工业出版社，2012.
[5] 陈文明，高殿玉. 金属工艺学实习教材 [M]. 北京：机械工业出版社，1992.
[6] 刘培德，余新萍. 金工实习 [M]. 2 版. 北京：高等教育出版社，2006.
[7] 金禧德. 金工实习 [M]. 3 版. 北京：高等教育出版社，2008.
[8] 邱言龙，陈玉华，张兵. 钳工入门 [M]. 2 版. 北京：机械工业出版社，2008.
[9] 蒋增福. 钳工工艺与技能训练 [M]. 北京：中国劳动社会保障出版社，2001.
[10] 魏峥. 金工实习教程 [M]. 北京：清华大学出版社，2004.
[11] 杜文宁. 模具钳工工艺与技能训练 [M]. 北京：中国劳动社会保障出版社，2002.
[12] 邵刚. 金工实训 [M]. 北京：电子工业出版社，2004.
[13] 杨昆. 金工实训 [M]. 北京：机械工业出版社，2002.
[14] 王茂元. 机械制造技术 [M]. 北京：机械工业出版社，2002.
[15] 侯旭明. 工程材料及成型工艺 [M]. 北京：化学工业出版社，2003.
[16] 全燕鸣. 金工实训 [M]. 北京：机械工业出版社，2001.
[17] 司乃钧，许德珠. 金属工艺学 [M]. 北京：高等教育出版社，1998.
[18] 机械工业职业技能鉴定指导中心. 初级铣工技术 [M]. 北京：机械工业出版社，1999.
[19] 李卓英，尹锦云，檀萍，等. 金工实习教材 [M]. 北京：北京理工大学出版社，1995.
[20] 王新民. 焊接技能实训 [M]. 北京：机械工业出版社，2004.
[21] 詹华西. 数控加工与编程 [M]. 西安：西安电子科技大学出版社，2004.
[22] 严爱珍. 机床数控原理与系统 [M]. 北京：机械工业出版社，1999.
[23] 顾京. 数控加工编程及操作 [M]. 北京：高等教育出版社，2003.